통계학

STATISTICS

개정판

통계학

STATISTICS

개정판

| 홍찬식 지음 |

서울경제경영

개정판을 내면서

책을 낸지 이미 삼년 반이 지났다. 생각하는 것을 싫어하지 않는 사람이라면 누구나 수학에 대한 두려움 없이 통계분석 방법과 사고의 틀을 익힐 수 있도록 하자는 것이 목적이었다. 모든 개념과 절차들을 쉬우면서도 정확하게 소개하려 노력하였고, 개념의 이해에 필수적이지 않다는 생각에서 미적분은 철저히 배제하였다. 대신 점차 중요해지고 있는 통계패키지 이용방법을 습득할 수 있도록 필요한 내용을 엑셀 부록 형태로 각 장의 끝에 달아 놓았다. 통계학은 수학의 일부이고, 수학문제는 손으로 답을 계산하는 것이라는 잘못된 관념을 타파해 보고자 연습문제에도 엑셀을 이용해야만 하는 문제들을 섞어 놓았다.

그러나 출판된 책을 받아든 순간 개정의 필요성을 절감하게 되었다. 나름대로 쉽게 설명하려 고심해서 쓴 부분이 오히려 이해하기 어렵게 되어 있기도 하고, 심지어 설명이 잘못된 곳까지 나타났다. 그림들도 매우 미숙하고 예나 요약 등의 체제가 통일되어 있지 않은 것도 눈에 거슬렸다. 게다가 수많은 오탈자! 이렇게 저자의 눈에도 부족하기 짝이 없는 책을 그래도 꾸준히 읽어준 독자들에게 진심으로 미안하고 또한 감사한다. 덕분에 개정판을 낼 기회를 가지게 되었다.

개정판에서는 우선적으로 설명을 다듬고 체제를 통일하여 읽을 만한 책이 되도록 최선을 다하였다. 통계학 입문서에서 다루어야할 내용은 크게 변하는 것이 아니기 때문에 큰 틀은 그대로 유지하였다. 여전히 한 학기 강의에서 다룰 수 있는 분량보다 조금 많은 정도이고, 일부 도움이 될 만한 증명을 부록 형태로 삽입했을 뿐 설명의 수준도 전과 동일하다. 다만 다음 두 가지 내용은 새로이 추가하였다.

첫째, 중위수의 표본분포를 소개하였다. 대부분의 통계학 입문서와 마찬가지로 이 책에서도 앞부분에서는 여러 가지 기술통계량들을 소개하지만 실제로 표본분포를 구하여 통계적 추론에까지 이용하는 것은 평균과 분산 등으로 매우 한정되어 있다. 특히 중위수, 사분위수, 십분위수 등은 현실에서 많이 접하는 통계량이지만 자료가 주어졌을 때 계산하는 방법과 의미 이외에는 전혀 설명이 되어 있지 않다. 이들을 대표하는 중위수의 표본분포를 공부하는 것은, 모수와 통계량, 통계량의 표본분포 등의 개념을 익히고 나아가 통계적 추론의 올바른 이해에 도움이 되지 않을까 기대한다.

둘째, 연속형 확률변수와 관련된 개념을 최소한의 미적분을 이용하여 설명하였다. 현실에서의 통계분석은 거의 대부분의 변수들을 이산형이 아닌 연속형 확률변수로 취급하고 있다. 통계학의 개관만을 목적으로 한다면 직관적으로 이해하기 쉬운 이산형 확률변수를 통해 확률분포, 기대값, 누적분포함수 등을 공부하는 것으로도 충분할 것이다. 그러나 고급과정으로 올라가면 갑자기 예컨대 모든 기대값이 적분으로 정의되어 있어 당황하게 된다. 이산형과 연속형 사이의 간격을 메우는 중간 단계가 필요하다고 판단하여 미적분으로 정의되거나 유도되는 개념들을 쉽고 간략하게 소개해 보았다.

보다 충실한 내용을 갖추기 위해, 그리고 전과 같은 실수를 하지 않기 위해 노력하였으나 여전히 부족한 점이 많이 남아있을 것이다. 모든 것은 저자의 책임이며 독자들의 많은 질책을 바란다.

2011년 2월

초판 들어가는 글

통계학을 처음 공부하는 사람들이 통계적 추론의 기본 개념들을 이해하고 응용할 수 있도록 이 책을 쓴다. 미분과 적분을 모르는 것으로 가정하였으므로 집합과 함수, 그리고 함수의 그래프 등에 대한 고등학교 수준의 이해만 되어 있다면 누구나 이 책을 통해 쉽게 통계학에 접근할 수 있을 것이다.

하지만 통계학에는 수많은 학자들의 깊은 사고가 배어 있다. 항상 '왜?'라는 질문을 던지며 끈기 있게 읽어 나가는 태도를 갖추어야 통계학을 올바로 이해할 수 있다. 수식의 늪에 빠져 정작 중요한 개념들을 놓쳐서는 안 될 것이므로 직관적이고 논리적인 설명을 강조하였다. 본문에 포함시키면 읽어 나가는 흐름이 끊어질 염려가 있는 증명이나 유도 등은 각주나 부록에 수록해 놓았다. 또 많은 경우 '…… 으로 알려져 있다'는 표현으로 입문서의 수준에서 증명하기 어려운 결과들을 소개하였다. 그러나 이 경우에도 왜 그런 결과를 예상할 수 있는지에 대한 설명은 소홀히 하지 않으려 노력하였다. 단순히 분석기법을 암기하려 하지 말고 왜 이렇게 분석해야 하는지를 이해해야 한다.

통계학을 공부할 때 컴퓨터의 활용이 얼마나 편리하고 중요한가는 이제 더 이상 말할 필요조차 없는 시대가 되었다. 이 책은 다른 통계학 책들에 비해 매우 적은 수의 수표를 제공하고 있다. 왜냐하면 모든 수표에 등장하는 숫자들은 컴퓨터를 이용하여 간단히 구할 수 있기 때문이다. 변화한 시대에 맞추어 독자들도 책 뒤의 수표를 뒤적이기보다 항상 컴퓨터를 가까이 하는 자세를 갖추어야 할 것이다.

이 책은 엑셀을 이용하여 모든 예제와 연습문제를 해결할 수 있도록 설명하고 있다. 난수표를 제공하는 대신 엑셀로 난수를 생성하는 방법을 설명하였고, 각종 확률의 계산도 확률분포표보다는 엑셀을 활용하도록 하였다. 특히 누구나 이용하고 있으면서도 확률분포표로는 구하기 어려운 p-값을, 예제와 연습문제에서 적극적으로 다루어 독자들이 여기에 친숙해질 수 있도록 하였다. 다만, 처음 공부하는 사람들이 분포의 개념을 이해하는데 필요하다고 생각하여 표준정규분포를 비롯한 세 개의 분포에 대해서만 표를 이용할 수 있도록 해 두었다. 그리고 여러 단계의 계산과정이 필요한 예제나 연습문제를 계산기로 따라가 보면 답이 조금 틀리는 경우가 발생할 것이다. 계산기 사용 시의 근사오차 때문이니 반드시 엑셀을 이용하여 다시 답을 구해보기 바란다.

처음부터 끝까지 일관된 흐름이 있도록 최대한 노력하였다. 주제별로 하나하나 공부한 이후에 전체적으로 통독을 해볼 것을 권한다. 예제와 연습문제를 빼고 본문만 읽어 나간다면, 그리고 각 주제에 대한 부분적인 이해가 웬만큼 되어 있다면, 며칠 정도의 시간이면 충분할 것이다. 통계분석이 어떤 논리에 의해 진행되는 것인지 분명하게 정리될 것으로 생각한다.

나는 항상 제12장의 내용을 충분히 다루지 못한 채 강의를 마치곤 한다. 하지만 마지막 시간에 아이큐 테스트란 명목 하에 다중선형회귀분석과 분할표(contingency table)의 컴퓨터 출력물을 보여주고 이것이 도대체 무슨 가설을 검정하고 있으며 분석 결과는 무엇인지 학생들에게 물어본다. 전혀 다루어보지 않은 모형들임에도 불구하고 올바른 답이 나오지 않은 경우는 없었다. 독자들이 통계적 추론의 기본 개념들을 충분히 익혀 이런 상태에 도달하도록 하는 것이 바로 이 책을 쓰는 주목적이다.

아직 불완전한 상태로 책을 펴내게 되었지만 그동안 많은 피드백을 준 숙명여대 경제학부 학생들에게 감사한다. 그리고 나의 난필을 파일로 만들어준 조은영양과 책으로 편집해준 지인북스에 감사한다.

2007년 8월

용문 연수리에서

목차

목차

chapter

01 서론

statistics

01 서론

현대인은 자료의 홍수 속에서 살고 있다. 인터넷의 발달로 이제는 일반인들도 정부기관이나 사회단체 등에서 작성하는 수많은 통계 자료들에 손쉽게 접근할 수 있게 되었고, 언론매체들은 하루도 빠짐없이 이들 자료를 요약한 정보를 제공하고 있다. 정보통신기술의 발전은 앞으로 보다 다양한 분야에서 훨씬 많은 자료가 생산될 것임을 예고하고 있다.

자료를 수집하여 필요한 정보를 얻어내는 것은 생활의 일부가 되어가고 있다. 직장에서의 성공을 위해서 뿐만 아니라 가정에서의 자녀교육이나 재테크를 위해서도 숫자와 거리를 두며 살아서는 곤란한 세상이 이미 도래한 것이다. 특히 경제, 경영분야의 대학생들은 경제학이나 경영학을 올바로 공부하기 위해서도 통계자료를 수집하여 분석하는 방법을 반드시 익혀두어야 한다.

통계학은 자료를 수집하여 분석함으로써 자료가 가진 정보를 올바로 해석할 수 있도록 해 주는 학문이다. 통계학의 이해를 위해서는 우리에게 주어지는 자료는 전체가 아니라 그 일부만을 관측한 것이라는 점을 인식하는 것이 가장 중요하다. 특정 대통령후보에 대한 지지율은 모든 국민의 관심사이다. 하지만 우리에게 주어지는 것은 전국의 모든 유권자를 조사한 지지율이 아니라 보통 천명 남짓한 유권자들을 조사한 지지율이다. 부분을 보고 전체에 대한 추론을 하는 것이 바로 통계학이다.

제2장 이후의 본론에 들어가기에 앞서 모집단과 표본, 모수와 통계량 등의 개념을 잘 이해해 두어야 한다. 전체에 대한 올바른 추론을 위해서는 우리에게 주어지는 부분이 전체를 잘 대표하고 있어야 한다. 모집단을 잘 대표하는 표본을 추출하기 위해 어떤 방법이 이용되고 있는지에 대해서는 제1.3절에서 간략히 소개할 것이다. 그리고 통계적 추론에서 확률이 핵심적인 역할을 한다는 것을 강조하지 않을 수 없다. 부분을 보고 전체에 대해 행하는 추론은 확률적 명제가 될 수밖에 없기 때문이다.

1.1 기술통계학과 추론통계학

통계학을 크게 둘로 구분할 수 있다. 먼저 수집된 자료를 이해하기 쉽도록 요약하여 기술(describe)하는 것을 기술통계학(descriptive statistics)이라 한다. 통계청에서 매월 실시하는 가계조사는 전국의 약 9,000가구를 대상으로 가계의 수입과 지출에 관련된 약 30개 항목을 조사한다. 그 중 하나인 가구당 월평균소득에 대해서만 약 9,000개의 숫자가 자료로 얻어지고 있다. 아무리 직관력이 뛰어난 사람이라 하더라도 9,000개의 숫자를 훑어보고 자료가 무엇을 말하고 있는지 파악할 수는 없을 것이다. 원하는 정보를 얻기 위해서는 목적에 맞도록 자료를 요약하는 과정이 반드시 필요하다.

제2장에서는 기술통계학에서 흔히 사용하는 여러 가지 방법을 설명할 것이다. 크게 보면 자료의 특성을 파악할 수 있도록 자료를 평균, 중위수, 분산 등 몇 개의 숫자로 요약하는 방법, 도수분포표 등의 표로 나타내는 방법, 그리고 히스토그램 등의 그림으로 나타내는 방법이 있다.

하지만 제2장은 결코 기술통계학의 모든 것을 설명하고 있다고 볼 수 없다. 자신이 관심을 가지고 있는 정보를 얻기 위해 어떤 방법으로 자료를 요약하면 좋을지 항상 창의적인 사고를 해야 한다. 예를 들어 가계조사 자료를 이용하여 소득분배의 불평등 정도를 알아보고자 할 때, 제2장에서 소개할 개념 중 사분위범위를 이용할 수 있다. 사분위범위란 전체를 100가구로 볼 때 25위 가구의 월평균 소득과 75위 가구의 월평균 소득의 차이를 말한다. 하지만 이보다 10위 가구와 90위 가구의 차이가 소득분배의 불평등을 파악하는데 더 유용한 지표가 될 수도 있지 않을까? 또 상위계층과 중산층의 차이를 살펴보려면 10위 가구와 50위 가구의 월평균 소득 차이를 계산해 보는 것이 좋지 않을까? 자료로부터 자신이 알고 싶은 정보를 얻기 위해 다양한 방법으로 자료를 요약해 보아야 한다. 표나 그림으로 자료를 요약할 때도 마찬가지이다.

기술통계학이 자료의 특성을 파악하는 매우 중요한 수단임에는 틀림없으나 통계학은 여기서 그치지 않는다. 5년마다 실시하는 인구주택총조사 등의 예외가 있긴 하지만, 대부분의 자료는 우리가 관심을 가지고 있는 집단 전체를 관측한 것이 아니다. 가계조사의 경우 9,000가구면 매우 많은 수이긴 하지만 1,600만 가구에 비하면 극히 일부에 불과하다. 일부만 관측한 자료를 효율적으로 이용하여 전체에 대해 추론하는 것이 바로 **추론통계학**(inferential statistics)이다.

수학의 한 분야라 할 수 있는 확률이론은 추론통계학의 핵심적인 기초를 형성하고 있다.

우리에게 주어지는 자료는 한 세트의 숫자들뿐이지만 전체에 대해 올바른 추론을 하기 위해서는 다른 숫자들이 주어질 수도 있었다는 사실을 반드시 고려해야 한다. 만약 다른 9,000가구가 가계조사의 대상으로 선정되었더라면 다른 9,000개의 숫자가 가구소득으로 우리에게 주어질 것이고 이들의 평균소득은 기존의 월 317만원과 다른 값을 가지게 될 것이다. 표본가구들의 평균소득이 어떤 값을 얼마의 확률로 가질 것인지를 파악해야 전가구의 평균소득에 대한 추정과 가설검정이 가능해지는 것이다. 제3장에서 제6장까지 추론통계학에 필요한 확률이론을 공부하게 될 것이다.

1.2 모집단과 표본

관심의 대상인 집단 전체를 **모집단**(population)이라 하고 모집단의 부분집합을 **표본**(sample)이라 한다. 가계조사에서는 전체 약 1,600만 가구가 모집단이고 조사대상 9,000가구가 표본이다. 유권자를 대상으로 하는 여론조사에서는 전체 약 3,900만 명의 유권자가 모집단이고 조사대상 약 1,000명이 표본이다.

모집단의 특성을 나타내는 값을 **모수**(parameter)라 하고 표본의 특성을 나타내는 값을 **통계량**(statistic)이라 한다. 전체가구의 평균소득, 전체 유권자들의 특정 법안이나 후보에 대한 지지율은 모수이고 표본으로 선정된 9,000가구의 평균소득, 1,000명 유권자들의 지지율은 통계량이다. 추론통계학은 통계량을 통해 모수의 값에 대한 추정과 가설검정 등 통계적 추론을 하는 학문이다.

여기서 반드시 기억해 두어야 할 것은 모수는 **미지의 고정된 상수**(unknown but fixed constant)라는 점이다. 물론 모집단에 속하는 모든 원소들을 조사하는 전수조사(census)를 한다면 모수의 값을 알 수 있을 것이다. 하지만 보통 비용과 시간상의 제약 때문에 전수조사를 하지 못하며 때로는 전수조사가 불가능하기도 하다. 예를 들어 어떤 공정으로 생산된 제품의 불량률을 알아보고자 하는 경우 모집단은 앞으로 생산될 제품까지 포함할 것이므로 이들까지 모두 조사해 볼 방법은 없을 것이다. 따라서 표본조사에 의존하여 통계분석을 할 수밖에 없다고 볼 때 모수의 값은 미지인 것이다. 그렇지만 모수의 값은 고정된 상수임이 분명하다. 표본이 어떻게 추출되든 모수의 값이 변하지는 않을 것이다.

반면 통계량은 표본추출에 따라 여러 가지 다른 값을 가질 수 있다. 9,000가구의 평균소득은 어떤 가구들이 표본으로 선정되느냐에 따라 값이 달라진다. 1,000명 유권자의 지지율도 마찬가지다. 통계량은 표본추출에 따른 변동을 보이는 **확률변수**(random variable)이다. 확률변수에 대해서는 제4장에서 자세히 공부하게 될 것이다.

추론통계학에서 확률변수인 통계량의 값을 보고 미지의 고정된 상수인 모수의 값에 대해 추론을 할 때 가장 중요한 개념은 통계량의 **표본오차**(sampling error)이다. 표본오차란 통계량과 모수의 차이를 말한다. 9,000가구의 평균소득과 전체 1,600만 가구의 평균소득의 차이가 바로 표본오차의 한 예이다. 하나의 구체적인 표본에서 얻은 월 317만원이 얼마의 표본오차를 가지고 있는지는 알 수 없다. 모수인 전가구 평균소득이 미지이기 때문이다. 하지만 표본을 관측하기 이전의 상황으로 돌아가 생각해 보면 9,000가구를 조사하여 평균소득을 계산할 때 예컨대 10만원 이상의 표본오차를 범할 가능성이 얼마인지 평가할 수 있게 된다. 추론통계학은 확률이론의 도움을 받아 통계량이 가지는 표본오차를 평가함으로써 모수에 대한 올바른 추론을 가능하게 한다.

표본오차의 발생원인은 '우연'이라 할 수 있다. 표본을 선정하는 과정에서 우연히 고소득가구가 많이 포함되면 표본가구의 평균소득이 전가구 평균소득을 상회하는 표본오차가 나타날 것이고 반대의 경우엔 전가구 평균소득을 하회하는 표본오차가 발생할 것이다. 그러나 이러한 양방향의 표본오차는 표본크기가 커질수록 서로 상쇄되어 갈 것으로 예상할 수 있다. 사실 표본크기가 커질수록 큰 표본오차를 범할 가능성이 작아진다는 것이 표본오차의 중요한 특징이다. 9,000가구 평균소득이 10만원 이상의 표본오차를 가질 가능성과 90만 가구 평균소득이 동일한 표본오차를 가질 가능성을 비교해보라.

그러나 표본오차와 달리 표본이 커지더라도 상쇄되지 않는 오차를 통계량이 가질 수 있다. 주로 모집단을 잘 대표하지 못하는 표본이 추출되는 경우이다. 연구비를 충분히 쓸 수 없는 석사과정 대학원생들이 논문작성에 필요한 설문조사를 자신이 다니는 대학의 학부 강의 수강생들을 대상으로 실시하는 것을 가끔 보게 된다. 연구대상이 전국의 대학생이라 할 때 표본이 모집단을 잘 대표할지 의심스럽다. 조사결과가 일정한 방향으로 치우칠 가능성이 크며 학내의 조사대상자 수를 더 늘인다 하여도 여전히 치우침이 해소되기는 어려울 것이다. 이와 같은 이유로 발생하는 오차를 **비표본오차**(nonsampling error) 또는 **편의**(bias)라고 한다.

우리는 비표본오차나 편의가 없는 표본을 가정하고 추론통계학을 공부해 나갈 것이다. 하지만 실제 자료를 분석하거나 결과를 해석할 때는 모집단을 잘 대표하는 표본을 이용하고 있는지 잘 살펴보아야 할 것이다.

1.3 실험계획과 표본조사

통계분석에 이용할 자료를 얻는 방법은 크게 실험계획과 표본조사가 있다. 실험계획은 특정 요인이 연구자가 관심을 가진 변수에 미치는 영향을 알아보고자 할 때 이용된다. 예를 들어 교육방법에 따라 교육효과가 다르게 나타나는지 알고 싶다면 다른 조건이 유사하다고 볼 수 있는 대상자들을 몇 개의 집단으로 구분한 다음 각각 다른 교육방법을 이용하여 교육시킨 후 교육효과를 측정해 보는 것이 바람직할 것이다. 여기서 중요한 것은 대상자들의 IQ 등 교육방법 이외의 다른 요인들의 영향이 측정된 교육효과에 혼합되지 않도록 해야 한다는 점이다. 잘 설계된 실험계획에서 얻은 자료는 주어진 요인의 영향을 분석하는 데 매우 유용하다. 이 책에서는 제11장의 분산분석에서 실험자료를 분석하는 방법을 설명할 것이다.

하지만 통제된 실험이 불가능한 경제, 경영의 많은 문제에서는 표본조사를 통해 자료를 수집할 수밖에 없다. 실험계획에서 다른 요인의 영향을 통제하는 것이 중요하다면 표본조사에서는 앞 절에서 설명한 바와 같이 모집단을 잘 대표하는 표본을 추출하는 것이 매우 중요하다. 이 절에서는 모집단을 잘 대표하는 표본을 효율적으로 추출하기 위해 이용되는 표본추출 방법들을 간략하게 소개한다.

가장 흔히 쓰이는 방법은 단순 **무작위추출법**(simple random sampling)이다. 모집단에 속하는 모든 원소들이 표본에 포함될 가능성이 동일하도록 표본을 추출하는 방법이다. 난수표를 이용하거나 엑셀 등의 통계 패키지를 이용하면 모든 숫자가 동일한 발생빈도를 가지도록 만들어진 소위 **난수**(random numbers)를 얻을 수 있다. 모집단이 N개의 원소로 구성되어 있다면 각 원소에 1부터 N까지의 번호를 부여한 다음 예컨대 처음 n개의 난수에 해당하는 원소를 선택해 나가면 크기 n의 단순 무작위 표본을 얻을 수 있다. 난수를 이용하여 단순 무작위표본을 추출하는 방법에 대해서는 제7장에서 상세히 살펴볼 것이다.

모든 원소들이 표본에 포함될 가능성이 동일하도록 표본을 추출하였으므로 단순 무작위표본은 모집단을 잘 대표한다고 볼 수 있다. 이 책에서는 실험자료를 이용하는 제11장을 제외하고 제7장 이후의 모든 통계적 추론에서 단순 무작위표본을 가정할 것이다.

모집단이 매우 클 때에는 난수에 해당하는 원소를 모집단에서 식별해 나가는 과정에 상당한 시간이 소요될 수 있다. 이때 첫 원소만 무작위로 추출하고 그 다음부터는 k번째 원소들을 체계적으로 추출하는 방법을 이용하면 보다 간편하게 표본을 얻을 수 있다. 예를 들어 10,000명 중 200명을 표본으로 추출하고자 하는 경우 모집단 목록의 처음 50명 중에서 한명을 난수를 이용하여 무작위로 추출한 다음 이후 50번째 사람을 계속 선택해 나가면 200명을 추출할 수 있다. 첫 번째 사람이 3번이었다면 53번, 103번,....., 9,953번을 표본으로 추출하는 것이다. 이러한 표본추출법을 **계통추출법**(systematic sampling)이라 한다. 첫 번째 원소를 무작위로 추출하였기 때문에 계통추출법으로 추출한 표본은 단순 무작위표본과 동일한 성질을 가지는 것으로 간주한다.

매우 이질적인 모집단을 층(stratum)이라 부르는 몇 개의 집단으로 구분하고 각 층에 일정한 표본 수를 할당한 다음 층별로 단순무작위표본을 추출하는 것을 **층화추출법**(stratified sampling)이라 한다. 층을 구분하는 기준으로는 지역, 산업, 나이 등을 표본설계 목적에 따라 선택할 수 있으며 층화추출법에서 중요한 것은 하나의 층 내의 원소들이 가능한 한 동질적이어야 한다는 점이다. 층 내의 원소들이 동질적이면 적은 수의 표본으로도 그 층의 특성을 잘 파악할 수 있을 것이기 때문이다. 또한 층화추출법을 이용하면 단순 무작위추출을 할 때 발생할 수 있는 특정 층에서 집중적으로 표본이 추출되는 위험을 사전에 방지할 수도 있다.

보통 층의 크기에 비례하여 표본 수를 할당한다. 예를 들어 유권자 조사를 할 때 광역시도를 층으로 선택하였다면 각 광역시도에 유권자 수에 비례하는 표본수를 할당하는 것이다. 이렇게 함으로써 특정 광역시도에서 지나치게 많거나 지나치게 적은 수의 표본이 추출될 위험을 예방할 수 있다. 하지만 특정 층이 매우 동질적이라는 것을 사전에 알고 있는 경우에는 해당 층에 비율보다 적은 표본 수를 할당하기도 한다. 대통령후보의 고향 사람들은 굳이 다른 지역과 같은 수를 조사하지 않더라도 투표성향을 파악할 수 있을 것이기 때문이다. 대체로 층화추출법은 단순 무작위추출에 비해 적은 수의 총 표본수를 요하는 것으로 알려져 있다.

모집단을 집락(cluster)이라 부르는 집단으로 구분하고 일정수의 집락을 무작위로 추출한 다음 선택된 집락에서 단순 무작위표본을 추출하는 방법을 **집락추출법**(cluster sampling)이라 한다. 집락을 구분하는 기준으로는 보통 지역이 이용되며 층화추출법에서와는 달리 집락 내의 원소들이 이질적일 때 효율적인 표본추출 방법이 된다. 특히 모든 집락이 모집단의 축소판일 정도로 집락 내에 다양한 원소가 포함되어 있는 경우라면 소수의 집락만 조사하여도 모집단을 잘 파악할 수 있는 표본을 얻을 수 있다.

예를 들어 서울시민을 대상으로 한 표본조사의 경우 서울의 25개 구를 집락으로 설정할 수 있고 이 중 몇 개 구를 선택한 다음 선택된 구에서 단순 무작위표본을 추출하는 것이 집락추출법이다. 하나하나의 구가 서울을 잘 대표할 수 있는가에 집락추출법의 성공 여부가 달려 있다.

대체로 집락추출법은 단순 무작위추출법이나 층화추출법에 비해 많은 수의 표본을 요하는 것으로 알려져 있다. 하지만 선택된 집락에 조사원을 파견하면 비교적 빠른 시간 내에 많은 관측이 가능하므로 이를 통해 표본조사의 비용을 절감할 수 있다는 것이 집락추출법의 장점이라 할 수 있다.

1.4 회귀분석

경제, 경영이론은 가격이 상승하면 수요량이 감소한다든가 이자율이 상승하면 주가가 하락한다는 등 대부분 두 변수 사이의 관계에 대해 말하고 있다. 이러한 이론이 현실을 잘 설명하는지 실증적으로 분석하기 위해서는 두 변수 사이의 관계를 통계자료를 이용하여 파악할 수 있는 도구가 필요하다. **회귀분석**(regression analysis)은 바로 이러한 목적으로 개발된 통계적 기법이다. 제12장에서는 회귀분석의 입문으로 단순선형회귀모형을 자료를 이용하여 추정하고 검정하는 방법을 다루고 있다. 독립변수와 종속변수라 부르는 오직 두 개의 변수만을 고려하고 있기 때문에 '단순' 회귀모형이고 두 변수 사이의 관계를 선형으로 가정하고 있기 때문에 '선형' 회귀모형이다.

경제, 경영이론을 공부한 사람이면 모든 이론에 '다른 조건이 일정하다면'이라는 단서가 붙어 있다는 것을 기억할 것이다. 수요의 법칙은 다른 조건이 일정하고 오직 가격만 상승한다면 그 재화에 대한 수요량이 감소한다는 것이다. 수요의 법칙이 현실과 부합하는지 알아보기 위해서는 소득이나 다른 재화의 가격 등 수요에 영향을 미치는 모든 요인들의 값이 일정한 상태에서 가격과 수요량을 관측해 보아야 할 것이다. 하지만 대부분의 경우 이러한 통제된 실험은 불가능하거나 실현가능성이 없다고 보아야 할 것이다. 따라서 관측된 자료를 이용하여 얻은 단순회귀분석 결과는 많은 한계점을 가질 수밖에 없다. 분석 결과 독립변수인 가격의 1% 상승이 종속변수인 수요량의 1% 감소를 가져오는 것으로 나타났다 하더라도 수요량의 감소가 가격 이외의 다른 요인들의 변화에 의한 것인지 아니면 가격 상승에 의한 것인지 구분하기 어렵기 때문이다.

통제된 실험을 하지 않고도 다른 요인들의 값이 일정한 상태에서 두 변수 사이의 관계에 대한 올바른 추론이 가능하려면 모형을 다중 선형회귀모형으로 확장할 필요가 생긴다. 하나의 종속변수를 둘 이상의 독립변수로 설명하는 모형이 '다중' 선형회귀모형이다.

사실 회귀분석은 매우 방대한 내용을 담고 있는 분야이다. '다중' 선형회귀모형, '비선형' 회귀모형을 이용하여 자료를 분석할 수도 있고, 설사 단순 선형회귀모형을 이용한다 하더라도 모형의 적합성을 검정하고 그 결과에 따라 다른 분석 방법을 사용하는 등 다루어야 할 토픽이 너무 많다. 회귀분석은 이 책의 내용을 공부한 후 보다 고급과정에서 상세히 다룰 수밖에 없다. 보통 회귀분석, 계량경제학 또는 계량경영학 등의 과목에서 회귀분석을 다루고 있다.

하지만 제12장에서 공부할 단순 선형회귀분석에 모든 회귀분석의 기초를 이루는 핵심적인 개념들이 들어 있다. 이것을 제대로 익혀 두는 것은 보다 고급과정으로의 진전을 위해 반드시 거쳐야할 단계라 할 수 있다. 그리고 단순 선형회귀분석을 잘 이해하기 위해서는 제7장부터 제10장까지의 추정과 가설검정이 잘 소화되어 있어야 한다. 물론 추정과 가설검정을 위해서는 제3장부터 제6장까지 다루고 있는 확률이론의 기초가 튼튼해야 한다.

이 책에서 공부할 내용들은 수없이 쏟아지는 자료들의 의미를 올바로 이해하여 합리적인 의사결정을 하는데 필요한 기초지식을 담고 있다. 또한 보다 고급과정의 공부를 위한 좋은 발판이 되기를 기대한다.

chapter 02

자료의 요약과 중요한 기술통계량들

statistics

02 자료의 요약과 중요한 기술통계량들

수집된 자료를 이해하기 쉬운 형태로 요약하여 특성을 파악하는 것은 통계분석에서 가장 먼저 수행해야 할 중요한 과제이다. 제2.1절에서 다룰 도수분포와 히스토그램은 수많은 숫자들로 구성된 자료를 한 눈에 파악할 수 있도록 해주는 도구이다. 우리나라의 소득분배가 어느 정도 불균등한지를 알아보기 위해서는 예컨대 10만 가구의 연간소득을 숫자로 제시하는 것보다 이들을 도수분포표나 히스토그램으로 만들어 보여 주는 것이 훨씬 효과적일 것이다.

자료를 몇 개의 숫자로 요약해 보는 것도 자료의 특성을 파악하는 데 매우 유용하다. 제1장에서 설명한 바와 같이 자료를 요약한 숫자들을 통계량이라 부르며 다양한 목적에 따라 다양한 통계량이 작성되고 있다. 제2.2절에서는 자료의 위치를 파악하기 위한 통계량들을 설명할 것이다. 평균, 중위수, 최빈값 등은 자료의 중심위치를 파악하기 위한 통계량들이다. 때로는 예컨대 상위 10% 또는 하위 25%에 해당하는 값은 얼마인지에 관심을 가지는 경우가 있으며, 이런 목적으로 작성하는 통계량으로 사분위수, 십분위수, 백분위수 등이 있다.

제2.3절에서는 자료의 변동성을 측정하기 위한 분산, 표준편차, 사분위범위 등의 통계량에 대해 설명할 것이며, 제2.4절은 처음부터 도수분포 형태로 제시된 자료를 이용하여 평균과 분산을 계산하는 방법을 다룰 것이다. 마지막으로 제2.5절에서는 두 개의 변수에 대한 자료가 주어질 때 이들의 특성을 파악하기 위한 산포도와 상관계수에 대해 설명할 것이다.

2.1 도수분포와 히스토그램

자료를 몇 개의 계급구간으로 나눈 다음 각 구간에 속하는 항목의 수를 표로 만든 것을 **도수분포**(frequency distribution)라 한다. 계급구간을 몇 개로 해야 하는지에 대해서 정해진 법칙은 없다.[1] 도수분포를 작성하는 목적은 자료를 일목요연하게 파악할 수 있도록 하는 데 있으므로 계급구간의 수가 지나치게 많아서는 안 될 것이다. 계급구간의 수가 지나치게 적어도 자료의 변동성을 파악하기 어려울 것이다. 보통 5개에서 15개 정도를 적절한 계급구간의 수로 보고 있으며, 자료가 클수록 더 많은 계급구간을 설정하게 된다.

계급구간의 넓이는 대체로

$$\frac{\text{최대값} - \text{최소값}}{\text{계급구간의 수}}$$

로 정해지지만 나눗셈 과정에서 의미 없는 숫자가 나올 경우에는 근처의 적당한 값으로 잡아주면 된다. 그리고 계급구간은 서로 중복되어서는 안 되며, 자료에 포함된 모든 항목이 단 하나의 계급구간에 속할 수 있어야 한다.

[예2.1]

한 은행에서 25명의 고객들을 대상으로 서비스 받을 때 까지 기다린 시간(단위 : 분)을 조사한 자료가 다음과 같다. 이 자료를 도수분포로 요약해 보자.

2	5	10	12	4
7	11	5	8	9
25	16	6	5	18
13	8	14	3	9
4	8	3	8	17

먼저 자료가 그다지 크지 않으므로 5개의 계급구간으로 나누기로 하자. 최대값이 25, 최소값이 2이므로 계급구간의 넓이는 $\frac{25-2}{5} = 4.6$ 정도로 잡으면 된다. 하지만 4.6분 단위로

1) 몇 가지 제시된 법칙이 있기는 하다. 그 중 하나가 연습문제 2.1에 소개되어 있다.

계급구간을 설정하는 것은 그리 바람직해 보이지 않는다. 5분 단위로 5개의 계급구간을 정하고 각 구간에 속하는 항목의 수, 즉 도수(frequency)를 계산하면 [표2.1]을 얻을 수 있다. 이것이 위 자료의 도수분포이다.

표 2.1 대기시간의 도수분포

계급구간	도수
0 ~ 5	8
6 ~ 10	9
11 ~ 15	4
16 ~ 20	3
21 ~ 25	1
합	25

도수대신 **상대도수**(relative frequency)를 표로 만들어 자료를 요약하기도 한다. 상대도수란 도수를 항목의 총수로 나눈 값을 말하며, 각 계급구간에 대해 상대도수를 구하여 표로 만든 것을 상대도수분포라 부른다. [예2.1]의 자료에는 총 25개의 항목이 포함되어 있으므로 각 계급구간의 도수를 25로 나누어 상대도수를 구할 수 있으며, 이를 정리한 것이 [표2.2]의 상대도수분포이다. 상대도수의 합은 반드시 1이어야 한다.

표 2.2 대기시간의 상대도수분포

계급구간	상대도수
0 ~ 5	0.32
6 ~ 10	0.36
11 ~ 15	0.16
16 ~ 20	0.12
21 ~ 25	0.04
합	1

자료를 표로 요약하는 대신 그래프로 표현할 수도 있다. 도수분포 또는 상대도수분포를 막대그림표로 나타낸 것을 **히스토그램**(histogram)이라 한다. [그림2.1]의 (a)는 도수를 그리고 (b)는 상대도수를 히스토그램으로 나타낸 것이다. 대기시간의 분포가 대체로 어떠한지 파악하기에 매우 편리하며 두 히스토그램은 동일한 모습을 보인다는 것을 알 수 있다. 그러나 (a)와

그림 2.1 세 종류의 히스토그램

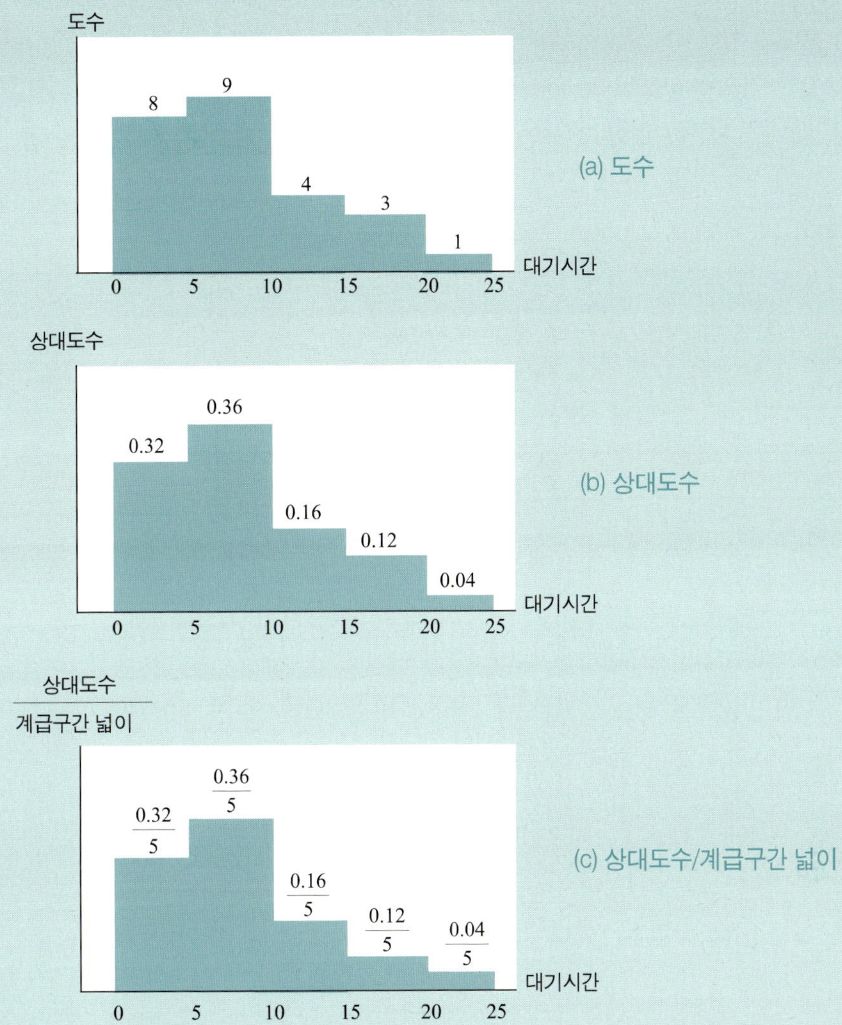

(b)의 히스토그램에서는 면적의 합이 1이 되지 않으므로, 종축에 도수나 상대도수 대신 $\frac{\text{상대도수}}{\text{계급구간 넓이}}$를 표시하기도 한다. 이것이 [그림2.1]의 (c)이며, 역시 그래프의 형태는 변함이 없다는 것을 알 수 있다.

때로는 도수분포와 상대도수분포 대신 **누적도수분포**(cumulative frequency distribution) 또는 **누적상대도수분포**(cumulative relative frequency distribution)를 작성하기도 한다. 한 계급구간의 누적

도수는 이 계급구간의 상한보다 같거나 작은 값을 가지는 항목의 총수를 말하며, 누적상대도수는 누적도수를 항목의 총수로 나눈 값이다. 누적상대도수를 해당 계급구간까지의 상대도수의 누적 합으로 이해해도 좋을 것이다. [표2.1]의 도수분포와 [표2.2]의 상대도수분포로부터 [표2.3]과 같은 누적도수분포 및 누적상대도수분포를 얻을 수 있다. [표2.3]을 보면 예를 들어 고객 25명 중 대기시간이 20분 이하인 사람이 24명이었고, 비율로는 96%였음을 알 수 있다.

[표 2.3] 대기시간의 누적도수 분포와 누적상대 도수분포

계급구간	누적도수	누적상대도수
0 ~ 5	8	0.32
6 ~ 10	17	0.68
11 ~ 15	21	0.84
16 ~ 20	24	0.96
21 ~ 25	25	1.0

히스토그램에서 분포곡선으로

자료의 분포를 히스토그램으로 나타낼 때 관측치의 수가 많아지면 계급구간의 수를 증가시킨다고 하였다. 관측치의 수가 셀 수 없을 정도의 무한대로 증가한다면 히스토그램의 모습이 어떻게 변화해 나갈 것인지 생각해 보자. 히스토그램은 종축에 무엇을 나타내는가에 따라 세 가지 종류가 있다고 하였다. 여기서는 종축에 $\frac{\text{상대도수}}{\text{계급구간의 넓이}}$ 를 나타내어 면적의 합이 1이 되도록 만들어 준 [그림2.1]의 (c)와 같은 히스토그램을 상정할 것이다.

수집된 자료는 학생들의 수능성적이라 하자. 만약 50명의 수능성적을 관측했다면 히스토그램은 [그림 2.2]의 (a)처럼 5개 정도의 계급구간을 가지게 될 것이다. 매년 응시하는 약 80만명의 수능성적을 모두 관측했다면 이제는 [그림2.2]의 (b)처럼 수 십 개의 직사각형으로 구성된 히스토그램을 얻게 될 것이다. 계급구간의 수가 증가하는 것과 동시에 계급구간의 넓이는 (a)에 비해 매우 작아지고 있음에 유의하라.

응시자의 수가 셀 수 없을 정도로 무한히 증가하여 관측된 수능성적이 0과 200사이의 모든 실수값을 다 가지게 되는 상황이라면 히스토그램은 어떤 모습을 가지게 될 것인가? 계급구간의 수가 무한히 증가하면서 계급구간의 넓이는 점차 0으로 작아지고 이에 따라

히스토그램은 [그림2.2]의 (c)처럼 매끄러운 곡선으로 변해가게 될 것이다. 면적의 합이 1인 히스토그램의 '극한'이므로 이 곡선 아래의 면적 역시 1이다. 이것을 **분포곡선**이라 부른다. 많은 변수들, 예컨대 시험점수, 소득 등등의 분포를 분포곡선으로 나타내는 경우를 흔히 보게 된다. 하지만 앞에서 살펴본 것처럼 분포곡선은 해당변수가 셀 수 없을 정도로 많은 일정구간의 실수값을 모두 가질 수 있다는 것을 전제로 그려지는 것이다. 현실에서 이런 경우를 찾는 것은 아마 불가능할 것이다. 예를 들어 전 세계 모든 사람이 우리나라 수능시험에 응시한다해도 수능성적이 가질 수 있는 값은 최대 15억 가지에 불과할 것 아닌가?

우리는 분포곡선을 (b)와 같은 수 십 개 또는 수 백 개의 직사각형으로 이루어진 히스토그램을 '근사적으로' 표현한 것으로 이해해야 한다. 실용적인 목적으로는 (b)와 같은 못생긴 히스토그램이 유용할 수도 있다. 실제로 수능시험을 주관하는 교육과정 평가원은 수험생들의 편의를 위해 1점 단위의 도수분포표를 발표하고 있으며 이것을 그림으로 나타내면 바로 (b)와 유사한 히스토그램이 될 것이다. 하지만 수능성적의 통계이론적 분석을 위해서는 분포곡선으로 자료의 분포를 나타내는 것이 훨씬 유용하게 된다. 제 7장 이후의 통계적 추론에서 우리는 대부분의 변수들의 모집단에서의 분포가 일정한 형태의 분포곡선을 따르는 것으로 가정할 것이다.

그림 2.2 히스토그램에서 분포곡선으로

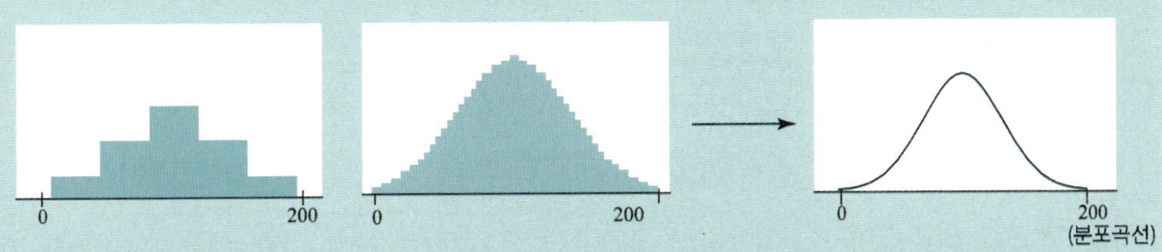

(a) $n = 50$ (b) $n = 80$만 (c) $n = \infty$

2.2 자료의 위치를 나타내는 통계량

자료의 중심위치를 파악하기 위해 계산하는 통계량으로 가장 널리 이용되는 것은 표본평균 또는 간단히 **평균**(average, 또는 mean)이다. 평균은 자료에 포함된 관측치들을 모두 더한 후 관측치의 수로 나눈 값을 말한다. 만약 자료의 n개 관측치들을$(X_1, X_2, \cdots\cdots, X_n)$의 기호로 나타낸다면, 평균은

$$\bar{X} = \frac{1}{n}\sum_{i=1}^{n} X_i \tag{2.1}$$

으로 정의한다. 예를 들어 5명의 체중을 관측한 자료가 60, 55, 65, 70, 65(kg)라면 평균은 $\frac{1}{5}(60+55+65+70+65) = 63$(kg)이 된다.

자료의 중심위치를 나타내는 통계량으로서 평균 다음으로 많이 쓰이는 것이 **중위수**(median)이다. 중위수는 자료를 크기 순으로 정리 할 때 중간에 위치하는 값을 말하며 n이 홀수 일 때에는 $\frac{n+1}{2}$번째로 큰(또는 작은) 값이 중위수이고 짝수일 때에는 $\frac{n}{2}$번째와 $\frac{n}{2}+1$번째 수의 평균이 중위수가 된다. 앞에서 예로 든 5명의 체중을 오름차순으로 정리하면 55, 60, 65, 65, 70이 되며 $\frac{5+1}{2} = 3$번째 값인 65가 체중의 중위수가 된다.

중위수는 정의상 그 이상의 값을 가지는 관측치가 50%이상이고 또한 그 이하의 값을 가지는 관측치가 50%이상이다.[2] 체중의 예에서 중위수 이상의 체중을 가진 사람이 $\frac{3}{5} = 0.6$, 즉 60%이고 중위수 이하의 체중을 가진 사람이 $\frac{4}{5} = 0.8$, 즉 80%이다. 평균은 이러한 성질을 만족하지 않는다. 평균 63kg이하의 체중을 가진 사람은 $\frac{2}{5} = 0.4$, 즉 40% 밖에 되지 않는다.

주로 평균을 계산하여 자료의 중심위치를 파악하지만, 때로는 중위수가 보다 바람직할 때가 있다. 평균은 소수의 극단적으로 크거나 극단적으로 작은 관측치에 의해 매우 큰 영향을 받는다. 위의 체중의 예에서 70이 사실은 120을 잘못 기록한 것이었다 하자. 즉, 5명의 체중이

---

2) 자료의 분포가 [그림2.2]의 (c)와 같은 분포곡선을 따른다고 가정하면, 중위수를 '이 값보다 작은 값이 50%, 그리고 이 값보다 큰 값이 50%인 수'로 보다 쉽게 정의할 수 있다.

55, 60, 65, 65, 120이었다 하자. 평균은 하나의 극단적인 값 때문에 이전의 63에서 73으로 증가해 버린다. 73이 이 다섯 명의 체중을 잘 대표하는 수치일까? 반면, 중위수는 전과 마찬가지로 65임에 유의하라.

극단적으로 크거나 작은 값이 자료에 포함되어 있을 가능성이 있을 때에는 평균과 함께 중위수를 계산하는 것이 자료의 중심위치를 파악하는데 매우 유용하다. 예컨대 10만 가구의 소득에 대한 자료가 주어져 있을 때 평균만을 계산하면 수백억의 연간 소득을 올린 소수의 가구 때문에 전체를 잘 대표하지 못하는 수치를 얻을 가능성이 있다. 중위수를 계산해 봄으로써 전체 가구소득의 중심위치를 보다 잘 파악할 수 있을 것이다.

자료의 중심위치를 나타내는 통계량으로 **최빈값**(mode)을 계산하기도 한다. 최빈값은 관측된 도수가 가장 많은 값을 말한다. 5명 체중의 예에서 65가 2번으로 가장 많이 관측되었다. 따라서 65가 체중의 최빈값이 된다.

때로는 상위 10% 또는 하위 25%에 해당하는 값이 얼마인지 관심을 가지게 되는 경우가 있으며, 이런 목적으로 계산하는 통계량으로 **백분위수**(percentile) **십분위수**(decile), 및 **사분위수**(quartile)가 있다.

제 p백분위수는 이 값보다 작은 관측치가 p %, 그리고 이 값보다 큰 관측치가 $(100-p)$% 가 되도록 만드는 값을 말한다. 보통 제 p 백분위수는 n개의 항목으로 구성된 자료를 오름차순으로 정리했을 때

$$i = \frac{p}{100} \cdot (n+1)$$

번째에 해당하는 값으로 계산한다. 이 값이 정수가 아니면 다소 번거로운 보간법을 이용한다. 하지만 엑셀의 percentile 함수 등 통계 패키지를 이용하여 쉽게 모든 백분위수를 계산할 수 있으므로 굳이 번거로운 절차를 익히려 노력할 필요는 없다. 백분위수의 개념을 이해하는 것이 보다 중요한 일이다.

제 50백분위수는 중위수와 같다는 것을 쉽게 이해할 수 있다. 백분위수 중 10의 배수에 해당하는 위치의 값들을 십분위수라 부른다. 제 1십분위수는 제 10백분위수를 말하며 제 9십분위수는 제 90백분위수이다. 또한 백분위수 중 25의 배수에 해당하는 위치의 값들을 사분위수라 부른다. 제 1사분위수는 제 25백분위수, 제 2사분위수는 제 50백분위수, 즉 중위수와 같고, 그리고 제 3사분위수는 제 75백분위수와 같다.[3)]

3) 엑셀은 백분위수를 계산해 주는 percentile 함수와는 별도로 사분위수를 계산해 주는 quartile 함수를 내장하

그림 2.3 사분위수

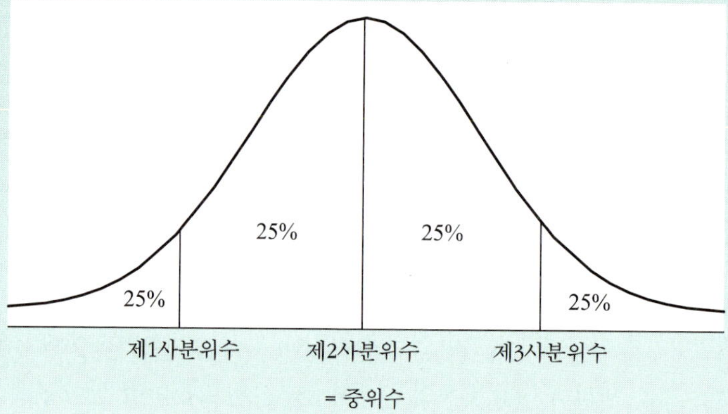

사분위수의 개념을 [그림2.3]을 통해 기억해 두면 편리할 것이다. [그림2.3]은 번거로움을 피하기 위해 [그림2.1]과 같은 히스토그램 대신 매끈하고 연속인 곡선으로 자료의 분포를 나타낸 다음, 세 개의 사분위수가 어디에 위치하는 값인지 표시하고 있다.

[예2.2]

[예2.1]에서 본 25명 고객의 대기시간 자료로 돌아가 보자. 이 장의 부록에서는 엑셀을 이용하여, 이 자료의 위치를 나타내는 통계량들이 아래의 표와 같다는 것을 보여주고 있다.

평균 : 9.2	중위수 : 8	최빈값 : 8
제1 사분위수	5	
제2 사분위수	8	
제3 사분위수	12	
제90 백분위수	16.6	
제10 백분위수	3.4	

중심 위치를 나타내는 통계량 중 평균이 중위수보다 크다는 것을 알 수 있다. 이 자료의 분포를 나타내는 [그림2.1]의 히스토그램을 보면 좌우대칭이 되지 못하고 오른쪽으로 꼬리가 긴 비대칭의 모습을 하고 있다. 이러한 분포를 가진 자료에서는 일반적으로 '평균>중위수'의

고 있다. 사분위수가 널리 이용되고 있기 때문이다.

그림 2.4 평균, 중위수, 최빈값 사이의 관계

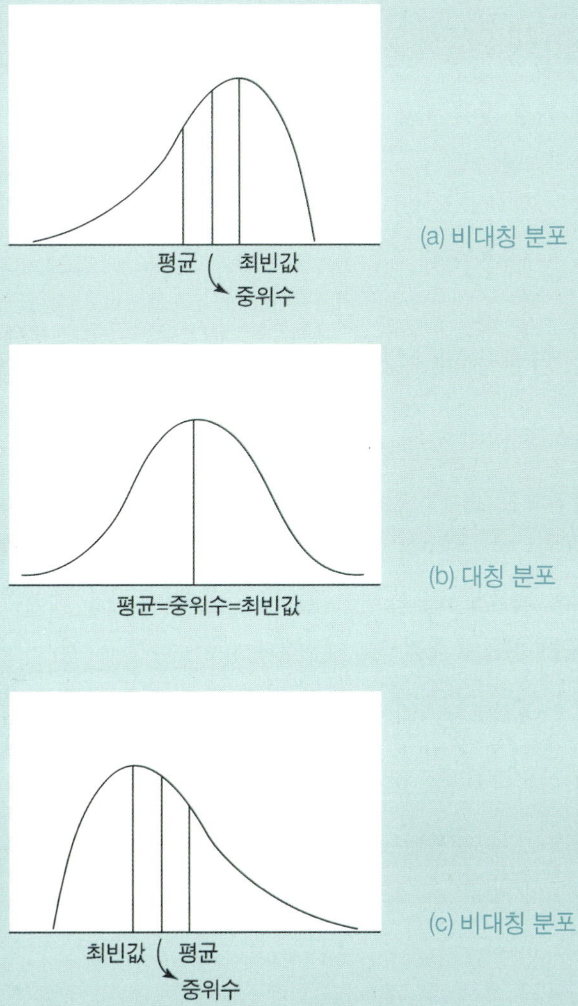

관계가 성립한다. 반대로 왼쪽으로 긴 꼬리를 가진 비대칭분포에서는 '평균 < 중위수'임을 관측하게 된다.

[그림2.4]는 평균, 중위수, 최빈값 사이에 성립하는 일반적인 관계를 보여주고 있다. (b)와 같이 분포가 대칭일 경우에는 셋이 일치하지만, (a)나 (c)처럼 비대칭분포일 경우에는 항상 중위수가 평균과 최빈값의 사이에 위치하게 된다.

2.3 자료의 변동성을 나타내는 통계량

자료의 변동성을 측정하는 것도 자료의 특성을 파악하는데 매우 유용하다. 자료의 변동성을 측정하기 위해 가장 많이 이용되는 것은 표본분산 또는 간단히 **분산**(variance)이라 불리는 통계량이다. 표본자료를 $(X_1, X_2, \ldots\ldots, X_n)$이라 할 때, 분산은

$$s^2 = \frac{1}{n-1}\sum_{i=1}^{n}(X_i - \bar{X})^2 \tag{2.2}$$

으로 정의한다. $X_i - \bar{X}$는 i번째 관측값 X_i를 평균($\bar{X}$)으로부터의 편차 형식으로 나타낸 값이며 이들의 합은 반드시 0이 된다. 즉 $\sum_{i=1}^{n}(X_i - \bar{X}) = 0$이다. (2.2)의 분자는 편차제곱의 합이므로, 평균으로부터 큰 편차를 보이는 값이 많을수록 분산은 큰 값을 가진다. 큰 변동성을 보이는 자료일수록 분산이 커지는 것이다. (2.2)의 분모는 관측치의 수에서 1을 뺀 $n-1$로서 $n-1$을 보통 편차 제곱합의 **자유도**(degrees of freedom)라 부른다. 분산을 계산할 때 관측치의 수 대신 자유도로 나누어주는 이유에 대해서는 제 8장에서 공부하게 될 것이다. 여기서는 다만 분산을 계산할 때 n개의 편차$(X_i - \bar{X})$들이 제곱하여 더해져 있지만, 이들은 합이 0 (즉, $\sum_{i=1}^{n}(X_i - \bar{X}) = 0$)이라는 하나의 제약 하에 놓여있기 때문에 편차 제곱합의 자유도를 $n-1$이라 한다는 것만 언급해 둔다.

[그림2.5]는 분산이 큰 자료와 작은 자료를 그림으로 나타내어 비교하고 있다. [그림2.5]의 (a)와 (b)의 자료는 동일한 평균을 가지고 있지만, (a)의 자료는 넓은 범위에 흩어져 있고

그림 2.5 분산이 큰 자료와 작은 자료

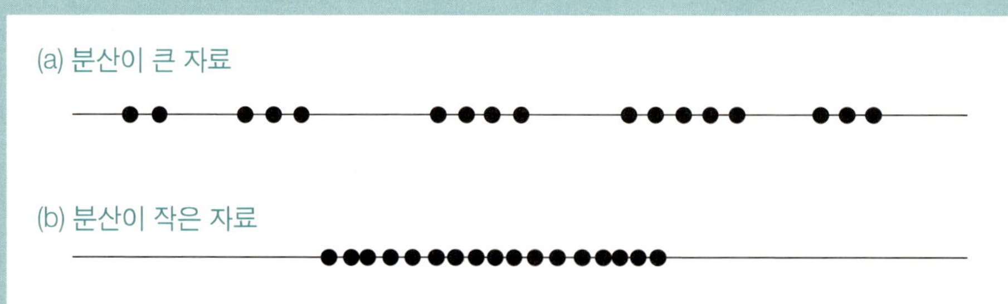

(b)의 자료는 평균 주변에 밀집되어 있다. (a)의 자료가 더 큰 변동성을 보이고 있으며 따라서 분산도 큰 값으로 나타나게 된다.

분산의 제곱근을 **표준편차**(standard deviation)라 부르며 보통 s의 기호로 나타낸다. 즉, 표준편차는

$$s = \sqrt{s^2} \tag{2.3}$$

으로 정의한다. 분산과 마찬가지로 변동성이 큰 자료일수록 표준편차는 큰 값을 가지게 된다.

분산과 표준편차는 0보다 작은 값을 가질 수 없다. (2.2)를 보면 분산은 편차제곱들의 합이다. 분산과 표준편차가 0의 값을 가지는 경우는 모든 편차들이 0인 경우밖에 없으며, 이는 자료의 모든 항목들이 동일한 값을 가지는 경우이다. 이처럼 자료가 전혀 변동성을 가지지 않는 특수한 경우에만 분산과 표준편차가 0의 값을 가진다.

[예2.3]

5명의 체중을 관측한 자료가 60,55,65,70,65라 할 때 체중의 분산과 표준편차를 구해보자

먼저 평균은 앞에서 계산한 바와 같이 $\bar{X} = 63$이다. 따라서 분산은

$$\begin{aligned} s^2 &= \frac{1}{5-1}\{(60-63)^2 + (55-63)^2 + (65-63)^2 + (70-63)^2 + (65-63)^2\} \\ &= \frac{130}{4} = 32.5 \end{aligned}$$

이고 표준편차는

$$s = \sqrt{32.5} = 5.7$$

이 된다.

분산과 표준편차가 자료의 변동성을 측정하는 매우 유용한 통계량임에는 틀림없으나, 이들도 평균과 마찬가지로 소수의 극단적인 값들에 의해 지나치게 큰 영향을 받는다. 분산의 정의 (2.2)를 보면, 평균으로부터 아주 먼 값, 소위 이상치(outlier)라고 불리는 값들이 자료에 포함되어 있을 경우 이들의 편차가 제곱되어 더해짐으로써 분산의 값이 지나치게 커져 버릴 것으로 예상된다. [예2.3]의 체중 자료로 돌아가서 70이 120을 잘못 기록한 것이었다 하면,

분산과 표준편차는 각각 707.5와 26.6으로 대폭 증가해 버린다. {60,55,65,120,65}의 자료가 [예2.3]의 원래 자료에 비해 이처럼 큰 변동성을 가지고 있다고 보아도 되겠는가?

소수의 극단적인 값들의 영향을 크게 받지 않는 변동성 척도로는 **사분위 범위**(IQR, interquartile range)가 많이 이용된다. 사분위범위는 제3 사분위수(Q_3)와 제1 사분위수(Q_1)의 차이, 즉

$$IQR = Q_3 - Q_1$$

을 말한다. 소수의 극단적인 값들이 자료에 포함되어 있더라도 이들은 사분위수 나아가 사분위 범위에는 큰 영향을 미치지 못한다.

사분위 범위가 변동성의 척도로 많이 이용되고 있으나, 반드시 25위와 75위의 차이로 변동성을 측정해야 할 이유는 없다. 예를 들어 10위와 90위의 차이로 변동성을 측정하면 안 되는 것일까? 소득분배의 불평등도를 측정하고자 하는 경제학자들 중에는 소득의 표준편차와 함께, 제90 백분위수(P_{90})와 제10 백분위수(P_{10})의 차이, $P_{90} - P_{10}$ 을 이용하는 사람들도 있다. 백분위수를 이용하면 자신의 분석목적에 맞는 다양한 변동성 척도를 만들어 낼 수 있는 것이다. 단, $P_{90} - P_{10}$에는 사분위범위에 해당하는 '이름'이 붙어있지는 않다.

자료의 변동성을 측정하기 위해 최대값과 최소값의 차이를 계산하기도 하며 이를 **범위**(range)라고 부른다. 즉,

$$범위 = 최대값 - 최소값$$

이다. 하지만 범위는 한 두 개의 극단적인 값에 의해 결정되므로, 변동성의 척도로 쉽게 이용할 수 있는 통계량은 아니다.

[예2.4]

[예2.1]에 주어진 자료에 대하여 변동성을 나타내는 통계량을 구해보자.

먼저 [예2.2]에서 구한 사분위수들을 이용하면, 사분위 범위는

$$IQR = Q_3 - Q_1 = 12 - 5 = 7$$

이고, 최대값은 25, 최소값은 2이므로 범위는

$$범위=최대값-최소값=25-2=23$$

가 된다. 한편 이 장의 부록에서는 엑셀을 이용하여 이 자료의 분산과 표준편차를

$$s^2 = 30.83, \qquad s = 5.55$$

로 계산하는 방법을 설명하고 있다.

2.4 도수분포 형태의 자료

때로는 도수분포의 형태로만 자료가 주어지는 경우가 있다. 이 절에서는 이러한 자료를 이용하여 평균과 분산 및 표준편차를 계산하는 방법에 대해 설명하고자 한다.

30명의 전문가가 내년도 우리나라의 경제성장률을 전망한 결과가 [표2.4.]와 같다고 하자. 각 전문가별 전망치 30개가 자료로 주어져 있다면 (2.1)와 (2.2)를 이용하여 평균과 분산을 계산할 수 있겠지만, [표2.4]의 요약된 자료만 주어져 있기 때문에 정확한 평균과 분산을 구할 수는 없다. 하지만, 각 계급구간의 중앙값이 도수만큼 관측된 것으로 '추정'하여 근사적인 평균과 분산을 계산할 수 있다.

[표 2.4] 내년도 경제성장률 전망

전망치(%)	도수
0 ~ 2	4
2 ~ 4	12
4 ~ 6	8
6 ~ 8	6
합계	30

먼저 평균은

$$\overline{X} = \frac{1 \times 4 + 3 \times 12 + 5 \times 8 + 7 \times 6}{30} = 4.07$$

그리고 분산은

$$s^2 = \frac{(1-4.07)^2 \times 4 + (3-4.07)^2 \times 12 + (5-4.07)^2 \times 8 + (7-4.07)^2 \times 6}{30-1}$$
$$= 3.79$$

로 근사할 수 있다. 물론 표준편차는 $s = \sqrt{3.97} = 1.95$이다.

일반적으로 i번째 계급구간의 중앙값 (즉, $\frac{\text{상한}+\text{하한}}{2}$)을 m_i, 도수를 f_i라 하면, 평균과 분산은

$$\begin{aligned} \bar{X} &= \frac{1}{n}\sum f_i m_i \\ s^2 &= \frac{1}{n-1}\sum\left(m_i - \bar{X}\right)^2 f_i \end{aligned} \tag{2.4}$$

로 구할 수 있다. 단, $n = \sum f_i$는 모든 계급구간 도수의 합으로 총 관측치의 수이다.

때로는 '8 % 이상' 또는 '0 % 미만' 등의 열린 계급구간을 가진 도수분포가 주어지기도 한다. 이럴 경우에는 열린구간의 중앙값을 알 수 없으므로 위의 식을 이용하여 평균이나 분산을 구할 수 없다. 중위수와 사분위범위 등을 계산하여 자료의 중심위치와 변동성을 파악해 볼 수밖에 없다. 사실, 열린구간이 도수분포에 포함된 이유는 다른 값들과 매우 동떨어진 소수의 극단적인 값들이 존재하기 때문일 것이다. 따라서 이런 경우에는 중위수와 사분위 범위가 평균과 분산보다 오히려 나은 통계량이라 할 수 있을 것이다.

2.5 산포도와 상관계수

이 절에서는 두 변수에 대해 관측된 자료를 요약하는 방법에 대해 알아볼 것이다. 각각의 변수에 대해 도수분포나 기술통계량들을 구하는 것은 지금까지 공부한 바와 다를 것이 없다. 따라서 이 절에서는 주로 두 변수 사이의 관계를 파악할 수 있도록 자료를 요약하는 방법을 다루게 될 것이다.

두 변수 X와 Y에 대해 관측된 자료는

$$(X_1, Y_1), (X_2, Y_2), ..., (X_n, Y_n) \tag{2.5}$$

의 형태로 표시할 수 있다. (2.5)가 기업의 광고비 지출액(X)과 매출액(Y)을 n개의 기업을 대상으로 조사한 자료라면, (X_i, Y_i)는 i번째 기업의 광고비 지출액과 매출액을 나타나게 된다. (2.5)의 자료를 이용하여 X와 Y의 평균과 분산을 앞의 두 절에서 설명한 바와 같이 구할 수 있다. 다만, 변수가 둘이므로 X의 평균과 분산을 $\bar{X}$, s_x^2의 기호로, 그리고 Y의 평균과 분산을 $\bar{Y}$, s_y^2의 기호로 나타내 주면 될 것이다.

두 변수 사이에는 어떤 관계가 있을까? 이 질문에 대한 답을 얻기 위한 그림으로는 **산포도**(scatter diagram)가 가장 많이 이용된다. 산포도는 하나의 변수를 횡축에, 그리고 다른 하나의 변수를 종축에 측정한 다음 각 표본점을 좌표평면 상의 점으로 나타낸 [그림2.6]과 같은 그림이다. (2.5)와 같이 n번의 관측치가 주어져 있다면 [그림2.6]의 각 산포도에는 n개의 점이 나타나게 된다.

산포도를 통해 두 변수 사이의 관계를 어느 정도 파악할 수 있다. 만약 산포도가 [그림2.6]의 (a)나 (b)와 같은 모습으로 그려진다면, X가 증가할 때 Y도 '평균적으로' 증가하는 경향이 있음을 알게 된다. 또 (a)의 산포도보다는 (b)의 산포도가 X와 Y사이에 보다 '밀접'한 관계가 있음을 나타낸다는 것도 쉽게 이해할 수 있다.

산포도에 나타난 두 변수 사이의 관계를 하나의 숫자로 요약한 통계량으로 공분산과 상관계수가 있다. 먼저 **공분산**(covariance)은

$$s_{xy} = \frac{1}{n-1}\sum_{i=1}^{n}\left(X_i - \bar{X}\right)\left(Y_i - \bar{Y}\right) \tag{2.6}$$

그림 2.6 산포도

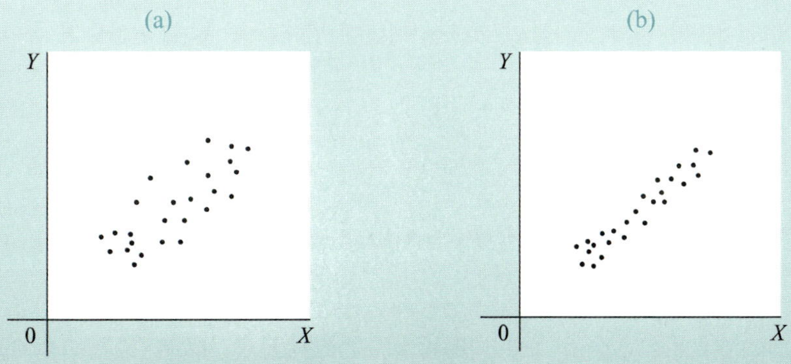

그림 2.7 공분산과 산포도

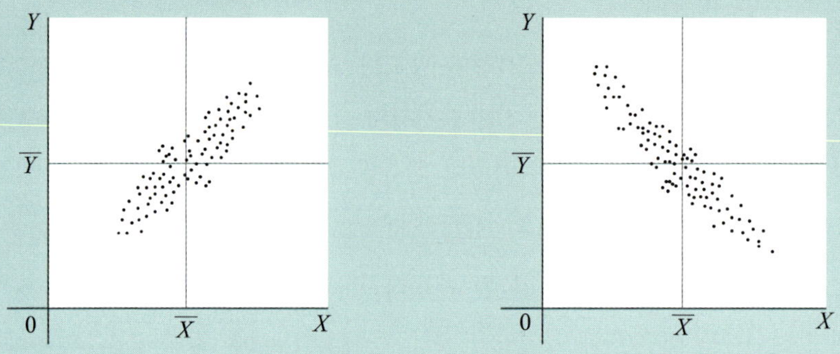

(a) $s_{xy} > 0$ 인 경우　　(b) $s_{xy} < 0$ 인 경우

로 정의된다.[4] 분산과 달리 공분산은 부호가 정해져 있지 않다. (2.6)을 보면 두 변수가 모두 자신의 평균보다 높은, 즉 $X_i - \overline{X}$와 $Y_i - \overline{Y}$가 모두 0보다 큰 관측치나, 두 변수가 모두 자신의 평균보다 낮은, 즉 $X_i - \overline{X}$와 $Y_i - \overline{Y}$가 모두 0보다 작은 관측치가 많으면 공분산은 양의 값을 가진다. [그림2.7]의 (a)와 같은 경우이다. 표본평균점 $(\overline{X}, \overline{Y})$를 중심으로 할 때 제1 사분면과 제3 사분면에 보다 많은 점이 나타나고 있다. 반면 [그림2.7]의 (b)에서는 제2 및 제4 사분면에 보다 많은 점이 나타나고, 이들의 $(X_i - \overline{X})(Y_i - \overline{Y})$값은 모두 음(−)이므로 공분산의 값이 음수가 된다.

[예2.5]

5개 중소기업의 월간 광고비 지출액 (X, 단위: 만원)과 매출액(Y, 단위: 만원)이 [표2.5]와 같았다고 하고 두 변수 사이의 공분산을 구해 보자.

[표2.5]의 마지막 열의 숫자들이 공분산 계산에 필요한 두 변수 편차들의 곱이고 그 합은 67,200이다. 따라서 공분산은

$$s_{xy} = \frac{1}{5-1} \times 67,200 = 16,800$$

---

4) 엑셀 등의 통계 패키지들은 공분산을 $\frac{1}{n}\sum(X_i - \overline{X})(Y_i - \overline{Y})$로 계산하고 있다. 예를 들어 엑셀의 covariance 함수는 이 식에 따라 공분산을 계산해 준다. 하지만 우리는 후술할 상관계수를 (2.9)와 같이 간편하게 정의하기 위해 '편의'상 (2.6)을 공분산의 정의로 받아들이자. n이 충분히 클 경우에는 n으로 나누거나 $n-1$로 나누거나 큰 차이가 없다는 것도 밝혀둔다.

이 된다. 공분산이 0보다 크므로 광고비 지출액이 높은 기업이 평균적으로 높은 매출액을 기록한 것으로 볼 수 있다.

[표2.5] 광고비 지출액과 매출액 사이의 공분산

기업	X(광고비, 만원)	Y(매출액, 만원)	$X_i - \bar{X}$	$(Y_i - \bar{Y})$	$(X_i - \bar{X})(Y_i - \bar{Y})$
1	120	2,500	7	280	1,960
2	90	2,100	−23	−120	2,760
3	150	2,200	37	−20	−740
4	135	3,100	22	880	19,360
5	70	1,200	−43	−1,020	43,860
합계	565	11,100	0	0	67,200

공분산은 부호만 의미가 있을 뿐 크기는 아무런 의미를 가지지 못한다. [예2.5]에서 만약 매출액을 천만원 단위로 측정하였다면 [표2.5]의 Y에 대한 자료가 2.5, 2.1, 2.2, 3.1, 1.2 등으로 기록될 것이다. 동일한 자료를 가지고 측정단위를 바꾼다고 해서 두 변수 사이의 관계가 변했다고 할 수는 없을 것이다. 하지만 공분산의 값은 [예2.5]에 계산한 16,800의 $\frac{1}{1000}$인 16.8로 나타나게 된다. 공분산은 자료의 측정단위에 따라 얼마든지 커질 수도 있고 작아질 수도 있으므로 공분산의 크기에 아무런 의미를 부여할 수 없는 것이다. 일반적으로

$$\begin{aligned} V_i &= a + bX_i \qquad i = 1, 2, ..., n \\ W_i &= c + dY_i \end{aligned} \tag{2.7}$$

로 자료를 변환한다면 X, Y사이의 공분산 s_{xy}와 V, W사이의 공분산 s_{vw}사이에는

$$s_{vw} = bd\, s_{xy} \tag{2.8}$$

의 관계가 성립한다.[5)]

측정단위에 따라 크기가 변하는 공분산의 단점을 보완한 통계량이 **상관계수**(correlation coefficient)이다. 상관계수는

$$r = \frac{s_{xy}}{s_x s_y} \tag{2.9}$$

5) [연습문제 2.19]로 남겨둔다.

로 정의한다. 공분산을 두 변수의 표준편차의 곱으로 나누어 준 것이 바로 상관계수이다. 공분산과 표준편차의 정의를 보면 상관계수는

$$r = \frac{\sum(X_i - \overline{X})(Y_i - \overline{Y})}{\sqrt{\sum(X_i - \overline{X})^2}\sqrt{\sum(Y_i - \overline{Y})^2}}$$

로 계산할 수 있다는 것도 분명하다.

표준편차는 0보다 작은 값을 가질 수 없으므로 상관계수의 부호는 공분산과 동일하다. 상관계수의 값이 양일 때, 두 변수 사이에는 양의 상관관계가 존재한다고 하며, 한 변수의 값이 클 때 다른 변수의 값도 커지는 경향이 있음을 뜻한다. 공분산의 값이 양인 것과 동일한 의미를 가지는 것이다. 반대로 상관계수의 값이 음이면 두 변수 사이에 음의 상관관계가 존재한다고 한다. 그리고 상관계수가 0이면 두 변수 사이에 아무런 상관관계가 없다고 말한다.

[예2.6]

[예2.5]의 자료에서 X와 Y사이의 상관계수를 구해보자.

먼저 [표2.5]에 나타나 있지는 않지만, X와 Y의 표준편차를 구해보면

$$s_x = 32.71 \qquad s_y = 690.65$$

가 나온다. 이 값과 앞에서 구한 공분산의 값 $s_{xy} = 16,800$을 이용하면 상관계수는

$$r = \frac{16,800}{32.71 \times 690.65} = 0.74$$

가 된다. $r > 0$이므로 두 변수사이에 양의 상관관계가 존재한다고 할 수 있다.

앞에서 설명한 바와 같이 상관계수의 부호는 공분산의 부호와 동일한 의미를 가진다. 하지만 상관계수는 공분산과 달리 항상 -1과 1사이의 값을 가지게 되며, 상관계수의 값이 1에 가까울수록 두 변수 사이에 보다 '밀접'한 양의 상관관계가 존재한다고 해석할 수 있다. 마찬가지로 상관계수의 값이 -1에 가까우면 두 변수 사이에 보다 '밀접'한 음의 상관관계가 존재하는 것이다. 극단적인 경우로 두 변수 사이에

$$Y_i = aX_i + b, \qquad i = 1, 2, \ldots\ldots, n$$

의 정확한 선형관계가 존재하는 경우에만 상관계수의 값이 1($a > 0$인 경우)또는 -1($a < 0$인 경우)의

값을 가지게 된다.[6] 상관계수의 값과 전형적인 산포도의 모습은 [그림2.8]과 같다.

마지막으로 상관계수는 변수들의 측정단위를 바꾸어도 불변이다. 위의 [예2.8]에서 매출액 (Y)을 천 만원 단위로 측정한다 하여도 상관계수는 여전히 0.74임을 쉽게 확인할 수 있을 것이다.

그림 2.8 상관계수와 산포도

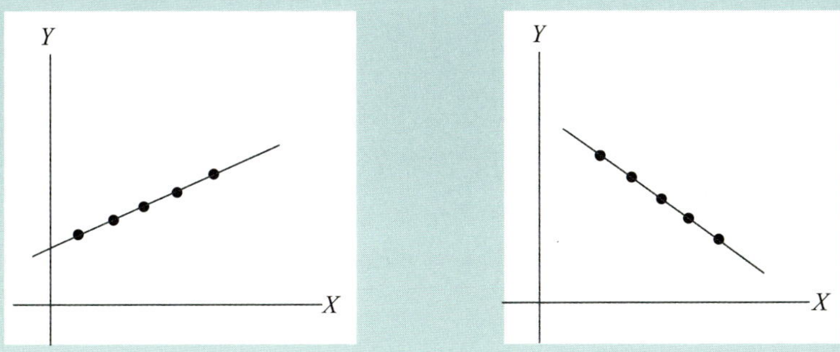

(a) r=1　　(a) r= –1

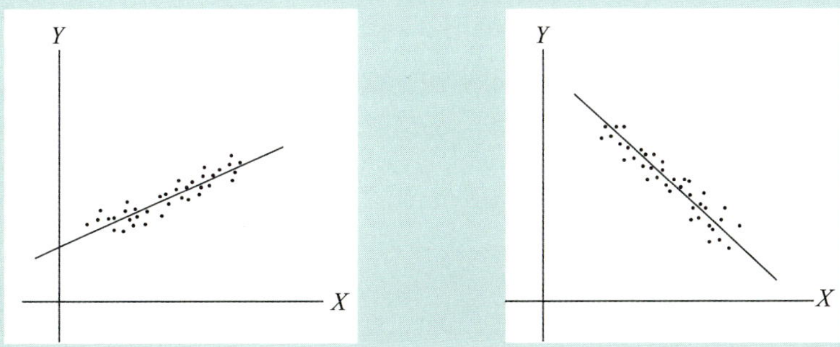

(a) r=0.9　　(a) r=–0.9

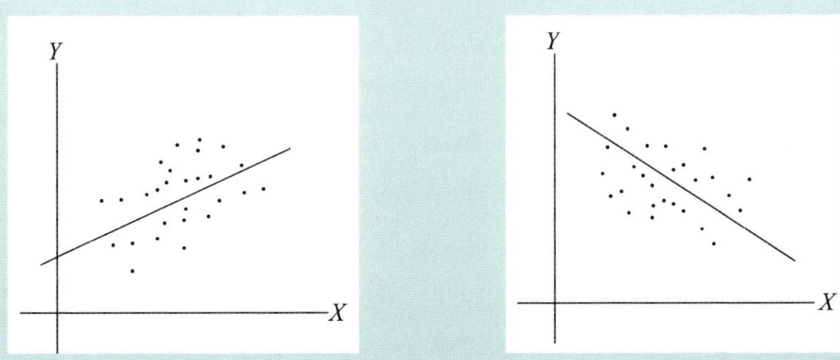

(a) r=0.3　　(a) r=–0.3

6) [연습문제 2.20]으로 남겨둔다.

A2 엑셀을 이용한 통계량과 히스토그램

1. 통계량의 계산

엑셀은 평균, 분산, 사분위수 등의 통계량을 손쉽게 계산할 수 있도록 많은 함수를 내장하고 있다. [그림2.A.1]의 상단과 같이 자료를 입력해 둔 다음, 아래와 같은 방식으로 이 함수들을 이용하면 된다.

단계1. 결과를 출력할 셀(B8)을 클릭해 둔다.
단계2. 함수마법사 아이콘 fx을 클릭한다.
단계3. 통계 범주의 average 함수를 선택한다.
단계4. [그림2.A.1]의 하단과 같이 대화 창에 데이터 범위 A2:E6을 입력한다.
단계5. 확인 버튼을 누른다.

B8셀에 평균이 9.2로 계산되어 나오는 것을 관찰할 수 있을 것이다. 단계2~단계5 대신, 수식 입력줄에

=average(A2:E6)

를 직접 입력하고 엔터키를 눌러도 동일한 결과를 얻는다. 단, average함수가 어떤 인수를 요구하는지 잘 알고 있어야 쓸 수 있는 방법이다.

제2장에서 공부한 다른 통계량들을 구하는 함수와 필요한 인수는 다음과 같다. 자료가 [그림2.A.1]에서와 같이 A2:E6셀에 입력되어 있는 것으로 가정하고 있다.

분산	=var(A2:E6)
표준편차	=stdev(A2:E6)
중위수	=median(A2:E6)
제1 사분위수	=quartile(A2:E6,1)
제3 사분위수	=quartile(A2:E6,3)
제90 백분위수	=percentile(A2:E6,0.9)
제10 백분위수	=percentile(A2:E6,0.1)

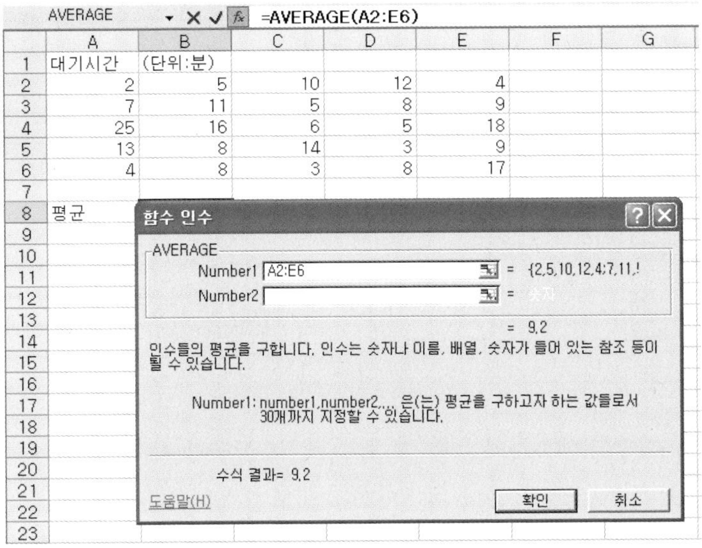

	A	B	C	D	E
1	대기시간	(단위:분)			
2	2	5	10	12	4
3	7	11	5	8	9
4	25	16	6	5	18
5	13	8	14	3	9
6	4	8	3	8	17

[그림2A.1]

2. 도수분포와 상대도수분포

대기시간의 도수분포를 구하기 위해서는 먼저 [그림2A.2]와 같이 각 계급구간의 '상한'을 B9-B13에 입력해 둔 다음 아래의 단계를 밟으면 된다.

단계1. 결과를 출력할 영역 C9-C13을 지정한다.

단계2. 함수마법사 아이콘 fx을 클릭한다.

단계3. 통계 범주의 frequency 함수를 선택한다.

단계4. 대화창에서 Date-array에 A2:E6, Bins-array에 B9:B13을 입력한다.

단계5. Ctrl키와 Shift키를 누른 상태에서 엔터키를 친다.

여기서 주의할 점은 결과가 하나의 셀이 아니라 둘 이상의 셀을 포함하는 영역에 출력될 경우에는 확인 버튼을 눌러서는 안 된다는 점이다. 단계5에서 설명한 바와 같이 반드시

Ctrl + Shift + Enter

를 눌러 주어야 한다.

	A	B	C	D	E	F
1	대기시간	(단위:분)				
2	2	5	10	12	4	
3	7	11	5	8	9	
4	25	16	6	5	18	
5	13	8	14	3	9	
6	4	8	3	8	17	
7						
8	계급	상한	도수			
9	0 - 5분	5				
10	6 - 10분	10				
11	11 - 15분	15				
12	16 - 20분	20				
13	21 - 25분	25				
14						

[그림2A.2]

[그림2.A.3]에는 frequency 함수를 이용하여 구한 각 계급구간의 도수가 나와 있다. 이제 상대도수를 구해 보자. 먼저 C14셀에

=SUM(C9:C13)

으로 도수의 합 25를 계산해 둔다. D9셀에 [그림2.A.3]과 같이

=C9/$C$14

를 입력하고 엔터키를 누르면 0~5분 계급구간의 상대도수가 0.32(=8/25)로 출력된다. 다른 계급구간의 상대도수는 엑셀의 자동채우기 기능을 이용하면 쉽게 계산할 수 있다.

[그림2.A.3]에서 보는 것처럼

C9셀의 오른쪽 아래 사각형 버튼을 선택한 후
마우스를 누른 채로 C13셀까지 드래그(drag)하고
마우스를 놓으면

C10 ~ C13셀이 해당 계급의 상대도수로 채워진다.

7					
8	계급	상한	도수	상대도수	
9	0 - 5분	5	8	=C9/$C$14	
10	6 - 10분	10	9		
11	11 - 15분	15	4		
12	16 - 20분	20	3		
13	21 - 25분	25	1		
14			25		
15					

[그림2A.3]

위의 (*)에서 도수의 합 C14셀을 $C$14로 해준 것은 바로 이 자동 채우기 과정을 염두에 둔 것이다. (*)와 유사한 계산으로 자동채우기를 할 때 도수는 C9셀에서 시작하여 마우스를 드래그한 방향으로 C10, C11, · · ·, C13으로 바뀌어야 하지만, 도수의 합은 C14셀의 값을 계속 이용해야 한다. 이런 목적으로 이용하는 $C$14의 참조를 C14셀에 대한 절대참조라 한다. (*)의 C9와 같은 셀 참조는 상대참조라 부른다.

3. 히스토그램

앞에서 구한 상대도수분포를 막대그래프로 나타내기 위해서는 **차트마법사**를 클릭 한 다음 엑셀이 안내하는 대로 다음의 4단계를 밟으면 된다.

단계1. 차트 종류 **세로막대형**을 선택하고 다음을 누른다.
단계2. **데이터 범위** $D$9:$D$13를 입력하고
계열 탭을 눌러 **X축 레이블** $B$9:$B$13을 입력하고 다음을 누른다.
단계3. **제목** 대기시간의 분포, **X축** 대기시간, **Y축** 상대도수를 입력하고 다음을 누른다.
단계4. **출력 위치**를 선택하고 마침을 누른다.

위의 과정을 성공적으로 마쳤으면 [그림2A.4]를 얻게 될 것이다.

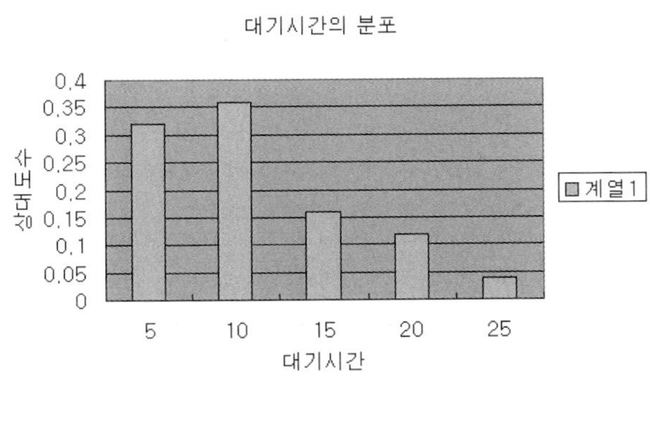

[그림2A.4]

연습문제

2.1. 스터지스의 공식(Sturges' formula)은 도수분포 작성시 계급구간의 수를

$$1 + 3.3\log(n)$$

에 가까운 정수로 하는 것이 바람직하다고 본다. 여기서 n은 자료의 크기이고 로그는 밑수가 10인 상용로그이다. 자료의 크기가 다음과 같을 때 스터지스의 공식에 의하면 몇 개의 계급구간으로 도수분포를 작성해야 하는가?

(1) $n = 30$

(2) $n = 50$

(3) $n = 100$

(4) $n = 200$

2.2. 한 시사 주간지 구독자의 연령별 분포가 다음과 같이 조사되었다.

연령	구독자 수
21 ~ 30	1,420
31 ~ 40	2,500
41 ~ 50	1,590
51 ~ 60	850
61 ~ 70	325

(1) 상대도수분포를 구하라

(2) (1)에서 구한 상대도수분포를 히스토그램으로 나타내어라

(3) 누적상대도수분포를 작성하라

2.3. 다이어트 프로그램에 참여한 5명의 한 달간 체중감량이 5, 10, 7, 1, 9(kg)이었다. 평균과 분산, 그리고 표준편차는 얼마인가?

2.4. 한 대기업에서 올해 대리승진 시험을 치른 30명의 성적이 아래와 같았다;

75	55	86	76	67	95	68	79	71	75
80	83	70	61	66	77	82	74	80	80
56	75	62	67	72	85	91	80	75	88

(1) 평균과 중위수는 얼마인가?

(2) 분산과 표준편차는 얼마인가?

(3) 범위와 사분위 범위를 구하라.

2.5. 연습문제 2.4의 자료를 이용하여 다음 질문에 답하라.

(1) 도수분포를 구하라.

(2) 30명의 점수 대신 이를 요약한 도수분포만 주어졌다고 가정하고, 도수분포부터 평균, 분산 및 표준편차를 구하라. 연습문제 2.4에서 30명의 점수로부터 구한 것과 동일한 값을 얻게 되는가?

2.6. 연습문제 2.2의 자료를 이용하여 이 시사주간지 구독자의 평균연령을 구하라. 연령의 분산과 표준편차는 얼마인가?

2.7. 한 전자회사는 두 부문으로 구성되어 있으며, 반도체 부분에 4,000명, 그리고 가전부문에 6,000명의 직원이 있다. 지난 해 성과급을 포함한 반도체 부분의 연봉은 평균 4,500만원이었고 가전부문의 평균연봉은 3,700만원이었다. 이 회사의 지난해 평균연봉은 얼마인가?

2.8. 다음 명제가 옳은지 그른지 밝히고 그 이유를 설명하라.
연습문제 2.7의 전자회사에서 반도체부문 연봉의 표준편차는 1,000만원이고 가전부문 연봉의 표준편차가 500만원이었다면 전체적으로는 연봉의 표준편차가 700만원이다.

2.9. 다음 명제가 옳은지 그른지 밝히고 그 이유를 설명하라.
흔히 소득이 중위소득의 50%에서 150%인 가구를 중산층으로 정의한다. 이때 언제나 전 가구의 50%가 중산층에 포함된다.

2.10. 다음의 관계가 성립함을 보여라

(1) $\sum_{i=1}^{n}\left(X_i - \bar{X}\right) = 0$

(2) $\sum_{i=1}^{n}\left(X_i - \bar{X}\right)^2 = \sum_{i=1}^{n} X_i^2 - n\bar{X}^2$

2.11. 엑셀의 var 함수는 표본분산 s^2을 계산해 주는 함수이다. var 함수의 도움말로 아래와 같은 설명이 있었던 적이 있다.

var 함수를 계산하는 식은 다음과 같습니다;

$$\frac{n\sum_{i=1}^{n} X_i^2 - (n-1)(\sum_{i=1}^{n} X_i)^2}{n(n-1)}$$

이 함수는 (2.2)의 s^2을 올바로 계산하고 있는가?

2.12. 학생 다섯 명이 제출한 과제물에 대한 평가점수가 10점 만점에 5, 7, 4, 3, 6점이었다.

(1) 평균과 표준편차는 얼마인가?

(2) 100점 만점으로 환산할 때 점수의 평균과 표준편차는 얼마인가?

(3) 교수는 100점 만점으로 환산한 후 과제물이 다소 어려웠다고 판단하여 모든 학생에게 20점의 기본점수를 더해 주기로 하였다. 평균과 표준편차는 어떻게 변하는가?

2.13. 연습문제 2.12의 내용을 일반화해보자. X_i들의 평균을 $\bar{X}$, 표준편차를 s_x라 하자. $Y_i = a + bX_i,\ i = 1, 2, \cdots\cdots, n$이라 할 때, Y_i들의 평균과 표준편차는

$$\bar{Y} = a + b\bar{X}$$
$$s_y = bs_x$$

임을 보여라. 단, a와 b는 상수이고 $b > 0$이다.

2.14. 관측치 X_i에서 평균을 빼고 표준편차로 나누어 준 값

$$Z_i = \frac{X_i - \bar{X}}{s_x},\quad i = 1, 2, \cdots\cdots, n$$

를 X_i의 표준화점수($z-score$)라고 부른다. 그리고 관측치를 표준화점수로 변환하는 과정을 표준화라고 한다.

(1) 관측치 18, 20, 17, 24, 21을 표준화하라.

(2) 표준화 점수의 평균과 분산 및 표준편차는 얼마인가?

2.15. 일반적으로 연습문제 2.14에서 정의한 표준화점수 Z_i들의 평균과 분산은 0과 1임을 보여라.

2.16. 두 변수 X와 Y에 대한 다섯 번의 관측치가 다음과 같다.

X_i	1	2	3	4	5
Y_i	1	3	2	6	5

(1) X를 횡축에, 그리고 Y를 종축에 측정한 산포도를 그려라. 두 변수 사이에 어떤 평균적인 관계가 존재하는 것으로 보이는가?

(2) X와 Y사이의 공분산은 얼마인가?

(3) X와 Y사이의 상관계수는 얼마인가?

2.17. 어느 기업의 근로자 5명에 대해 주당 운동 횟수(X)와 연간 결근일수(Y)를 조사한 결과가 다음과 같다.

X_i	3	2	6	0	1
Y_i	1	4	0	6	3

(1) X를 횡축으로 한 산포도를 그려라. 두 변수 사이에 어떤 평균적인 관계가 존재하는 것으로 보이는가?

(2) X와 Y사이의 공분산은 얼마인가?

(3) X와 Y사이의 상관계수는 얼마인가?

2.18. 한 대학교의 입학처에서는 수능 성적과 내신 성적의 반영비율을 결정하기 위한 참고자료로 학생들의 입학 후 학업성취도와 수능 성적 및 내신 성적간의 상관관계를 조사해 보기로 하였다. 입학처로부터 학생 400명의 수능 성적, 내신 성적, 그리고 입학 후 2년간의 평균 학점에 관한 자료를 받은 아르바이트 학생 영희는 엑셀을 이용하여 수능 성적과 평균학점 사이의 상관계수는 0.4, 그리고 내신 성적과 평균 학점사이의 상관계수는 0.7이라는 결과를 얻었다.

(1) 수능 성적이 높은 학생일수록 학업성취도가 높은 경향이 있다고 할 수 있는가?

(2) 내신 성적이 높은 학생일수록 학업성취도가 높은 경향이 있다고 할 수 있는가?

(3) 수능 성적보다 내신 성적이 학업 성취도와 보다 밀접한 관계가 있다고 볼 수 있는가?

(4) 결과를 가지고 입학처에 가던 영희는, 수능은 600점, 내신은 400점, 그리고 평균학점은 4.5점이 만점이었음을 생각해 내고 크게 당황하였다. 영희는 결과를 어떻게 수정해야 하는가?

2.19. X_i와 Y_i를 (2.7)과 같이 V_i와 W_i로 변환할 때 (2.8)의 관계가 성립함을 보여라.

2.20. 두 변수 X와 Y에 대한 관측치 사이에

$$Y_i = a + bX_i, \quad i = 1, 2, \cdots\cdots, n$$

의 정확한 선형관계가 존재하면, 두 변수 사이의 상관계수는 1임을 보여라. 단, $b > 0$이다.

chapter

03 사건과 확률

statistics

03 사건과 확률

통계분석을 위해 우리에게 주어지는 자료나 통계량들은 대부분 표본추출을 통해 얻어지고 있다. 예를 들어 6개월 후 우리나라 경기가 좋을 것으로 예상하는 기업의 비율이 60%라는 자료는 전수조사가 아니라 일정 수의 기업을 대상으로 한 표본조사에 근거하고 있다. 표본추출 이전의 상황으로 돌아가 생각해보자. 만약 다른 기업들이 표본조사의 대상으로 선정되었더라도 여전히 60%의 기업이 경기호전을 예상하는 것으로 나타났을까? 그렇지 않을 것이다. 우리에게 주어진 60%라는 자료의 의미를 올바로 해석하기 위해서는 표본추출을 통해 어떤 결과가 나타날 수 있는지 그리고 각 결과가 나타날 가능성은 어느 정도인지를 파악해야 한다. 주어진 것은 하나의 숫자에 불과하지만 주어질 수 있었던 다른 숫자들은 어떤 것인지 또한 그들이 나타날 가능성은 얼마인지 알아야 하는 것이다.

표본추출과 같이 결과를 정확하게 예측할 수 없는 실험을 확률실험이라 한다. 이 장에서는 확률실험의 결과 나타날 수 있는 여러 가지 사건들의 확률에 대해 설명할 것이다. 확률의 덧셈법칙과 곱셈법칙, 조건부확률과 통계적 독립 등이 중요한 내용이다. 그리고 베이즈의 정리는 새로운 정보가 도착할 때 사건의 확률을 어떻게 재평가해야 하는지를 알려주는 유용한 정리이다.

3.1 표본공간과 사건

동전을 던져 앞면이 나오는지 뒷면이 나오는지 관찰해 보는 것과 같이 결과를 정확하게 예측할 수 없는 실험을 **확률실험**(random experiment)이라 한다. 통계학에서 관심을 가지는 확률실험은 생산된 제품 하나를 무작위로 선택하여 불량 여부를 조사하는 것 또는 하나의 기업을 선택하여 연간 매출증가율을 알아보는 것 등의 표본추출이다.

확률실험에서 나타날 수 있는 모든 결과들을 모아놓은 집합을 **표본공간**(sample space)이라 하고, 보통 영어대문자 S나 그리스문자 Ω 등의 기호로 표시한다. 여기서 '표본'이란 표현을 쓴 것은 이 집합에 속하는 하나하나의 원소가 많은 가능한 결과 중 우리가 관찰하게 되는 하나의 표본이라는 데서 연유한 것이며, '공간'이란 표현은 우리가 관심을 가지고 있는 '모든' 대상을 모아놓은 집합을 공간이라 부르는 집합이론의 관행을 따른 것이다. 표본공간의 원소들을 **표본점**(sample point)이라 부른다.

[예3.1]

(1) 동전을 던지는 실험에서 표본공간은 $S=\{H,\ T\}$이고 두 개의 표본점으로 구성되어 있다. 단, H는 앞면(head) 그리고 T는 뒷면(tail)을 나타낸다.
(2) 주사위를 던지는 실험의 표본공간은 $S=\{1, 2, 3, 4, 5, 6\}$이다.
(3) 제품의 불량여부를 조사해 보는 실험의 표본공간은 $S=${불량품, 합격품}으로 두개의 표본점을 포함하고 있다.
(4) 하루 동안 은행에 찾아오는 고객의 수를 관찰해 보는 실험의 표본공간은 $S=\{0,1,2,\cdots\cdots\}$로 셀 수 있을 정도로 무한히 많은 표본점을 가지고 있다.
(5) 기업의 연간 매출증가율을 알아보는 실험의 표본공간은 $S=\{-1$ 이상의 모든 실수$\}$로 셀 수 없을 정도로 무한히 많은 표본점을 가지고 있다.

표본공간의 부분집합을 **사건**(event)이라 하고 보통 영어 대문자 A, B, C 등의 기호로 나타낸다. 어떤 사건이 발생했다는 것은 실험의 결과 그 사건에 속하는 표본점이 나타났음을 뜻한다. 공집합(ϕ)도 표본공간의 부분집합으로서 하나의 사건인 것으로 약속한다.

[예3.2]

앞의 [예3.1]에 등장하는 표본공간에서 어떤 사건들을 생각할 수 있는지 알아보자.

(1)번의 동전던지기 실험에서 다음과 같은 네 개의 사건을 정의할 수 있다;

$\varnothing$, $\{H\}$, $\{T\}$, $\{H, T\}$

(2)번의 주사위 던지기에서는 $A=\{1,2\}, B=\{3,4\}, C=\{5,6\}, D=\{1,3,5\}, E=\{2,4,6\}$을 포함하여 $2^6=64$개의 사건을 정의할 수 있다.

그리고 (3)번의 표본공간에서는 4개의 사건, (4)번과 (5)번에서는 무한히 많은 사건들을 정의할 수 있다.

한 표본공간 내의 두 사건 A와 B가 동시에 발생할 수 없을 때, 즉 $A\cap B=\phi$의 조건이 만족될 때, 두 사건은 **상호배반**(mutually exclusive)이라 한다. [예3.2]의 A와 B, A와 C, B와 C, 그리고 D와 E는 상호배반이다. 그러나 A와 D는 상호배반이 아니다. 왜냐하면 $A\cap D=\{1\}$이므로 주사위를 던져 1이 나오면 두 사건 A와 D가 동시에 발생한 것이기 때문이다. [그림3.1]은 두 사건 A와 B가 상호배반인 경우와 상호배반이 아닌 경우를 벤다이어그램으로 보여주고 있다.

한편, 세 개 이상의 사건이 상호배반이라는 것은 그 중 어느 두개의 사건도 동시에 발생할 수 없다는 것을 의미한다. [예3.2]의 A, B, C는 바로 앞에서 설명한 바와 같이 $A\cap B=\phi$, $A\cap C=\phi$그리고 $B\cap C=\phi$이므로, 이 세 사건은 상호배반이다.

반면, 세 사건 A, B, E는 상호배반이 아니다. $A\cap B\cap E=\phi$이므로 세 사건이 동시에 발생할 수는 없다. 그러나 $A\cap E=\{2\}$이므로 A와 E가 동시에 발생할 수 있고, 또한 $B\cap E=\{4\}$이므로 B와 E가 동시에 발생할 수 있기 때문이다. [그림3.2]는 세 사건 A, B, C가 상호배반인 경우와 그렇지 않은 경우를 벤다이어그램으로 보여주고 있다. 특히 $A\cap B\cap C=\phi$

그림3.1 두 사건의 상호배반

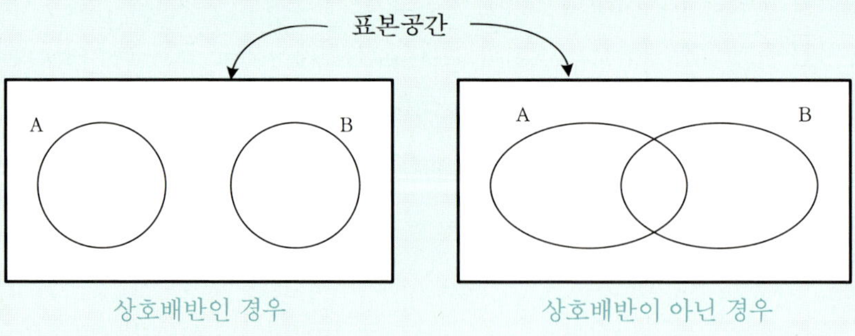

그림3.2 세 사건의 상호배반

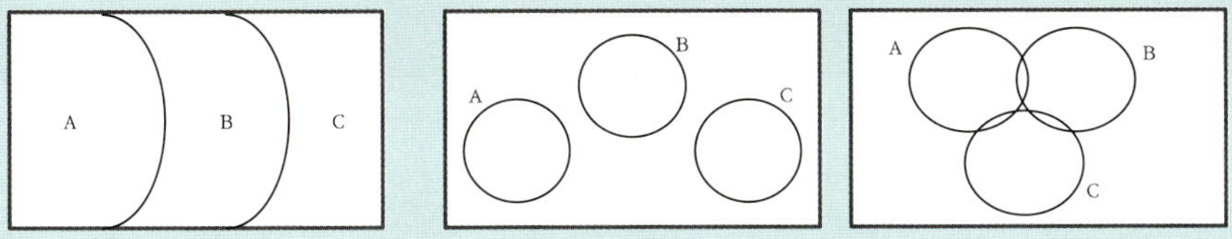

상호배반인 경우 상호배반인 경우 상호배반이 아닌 경우

이어서 세 사건이 동시에 발생할 수는 없지만 이 중 두 사건은 동시에 발생할 수 있는 세 번째 경우에 유의하기 바란다.

일반적으로 n개의 사건 $A_1, A_2, \cdots\cdots, A_n$이 상호배반이라는 것은 모든 i와 j(단, $i \neq j$)에 대해 $A_i \cap A_j = \phi$가 성립하여 어떤 두 사건도 동시에 발생할 수 없다는 것을 의미한다.

3.2 확률과 확률공리

사건의 발생가능성을 0과 1사이의 숫자로 표현한 것을 그 사건의 확률이라 한다. 결코 일어날 수 없는 사건의 확률은 0이고 반드시 일어날 사건의 확률은 1이며 기타 사건의 확률은 가능성의 정도에 따라 0과 1사이의 값을 가지게 된다. 또한 확률은 표본공간 내의 모든 사건에 대해 일관성 있게 부여되어야 한다. 예를 들어 내일 비가 올 확률이 $\frac{1}{3}$이고 눈이 올 확률이 $\frac{1}{3}$이면, 비 또는 눈이 올 확률은 반드시 $\frac{2}{3}$라야 하며, 만약 다른 숫자가 제시되면 누구나 무언가 잘못 되었음을 느끼게 된다. 이처럼 확률이 만족해야 할 조건을 약속해 놓은 것이 아래의 확률공리이다.

확률공리

표본공간 S의 사건들에 부여되는 확률은 반드시 다음의 세 조건을 만족해야 한다.

(1) 모든 사건 A에 대해 $0 \leq P(A) \leq 1$이다.

(2) $P(S)=1$이고, $P(\phi)=0$이다.

(3) 두 사건 A와 B가 상호배반이면 $P(A\cup B)=P(A)+P(B)$이다.[7)]

확률공리의 (1)과 (2)는 모든 사건의 확률을 0과 1사이의 숫자로 나타내기로 한 약속이며 (3)은 상호배반인 사건 중 적어도 하나가 일어날 확률은 각 사건이 일어날 확률의 합과 같다는 것이다. 몇 가지 사건의 확률을 구하고 나면 많은 다른 사건의 확률은 확률공리 (3)을 통해 결정된다.

그러면 하나의 사건이 일어날 확률은 구체적으로 어떻게 구할 것인가? 대체로 아래의 세 가지 방법이 이용된다고 할 수 있다.

첫째, 확률실험에서 나올 수 있는 모든 결과가 동일한 발생가능성을 가지고 있을 경우에 각 결과가 나타날 확률은

$$\frac{1}{\text{가능한 모든 결과의 수}}$$

로 구할 수 있다. 이것을 **고전적 방법**이라 한다. 예를 들어 동전을 던질 때 앞면과 뒷면의 두 가지 결과가 나올 수 있고 앞면과 뒷면의 가능성은 동일하다. 적어도 다르다고 볼 이유는 전혀 없을 것이다. 따라서 고전적 방법에 의하면 앞면이 나올 확률은 $\frac{1}{2}$이 된다. 주사위 던지기나 카드게임 등에서처럼 표본공간을 발생가능성이 동일한 사건들로 분해할 수 있는 경우에는 고전적 방법을 이용하여 사건들의 확률을 구할 수 있다.

둘째, 사건발생의 상대도수를 그 사건의 확률로 이용하는 방법이 있다. 보험가입자의 집에 화재가 날 확률이 얼마인가는 화재보험회사의 입장에서는 매우 중요한 문제이다. 우선 불이 나거나 나지 않는 두 결과의 발생가능성이 동일하다고 볼 수는 없으므로 고전적 방법을 이용할 수는 없는 상황이다. 하지만 과거 유사한 상황에서 0.1%의 경우에 화재가 발생하였다는 자료가 있다면 보험회사는 화재가 날 확률을 $\frac{1}{1000}$로 간주하는 것이 합리적일 것이다. 일반적으로 유사한 조건하에서 관측된 사건발생의 상대도수를 그 사건의 확률로 보는 것을 **상대도수법**이라 한다. 기상청에서 내일 비가 올 확률이 90%라고 예보하는 것도, 과거 유사한 기상상황에서 90%의 경우에 비가 왔다는 자료에 근거하고 있을 것이다. 상대도수법에 의한 확률계

7) 정확하게는 "$A_1, A_2, \ldots\ldots$가 상호배반이면 $P(A_1\cup A_2\cup\ldots\ldots)=P(A_1)+P(A_2)+\ldots\ldots$이다"로 해야 한다 하지만 이 책의 수준에서는 두 사건 A, B에 대한 (3)의 표현으로 충분할 것이다.

산의 좋은 예라 할 수 있다.

고전적 방법이나 상대도수법을 이용하여 얻은 확률은 누가 계산하여도 동일한 값을 가진다는 의미에서 **객관적 확률**이라 부른다. 그러나 실험의 결과들이 동일한 발생가능성을 가지고 있지도 않고 상대도수 자료도 구할 수 없는 상황이 있을 수 있다. 예를 들어 영희가 지금부터 행정고시 공부를 시작할 때 앞으로 2년 이내에 합격할 확률은 얼마일까? 합격과 불합격의 가능성이 동일하다고 볼 수 없으니 고전적 방법을 이용할 수도 없고, 영희로 하여금 2년간 공부하여 시험을 치르게 하는 실험을 반복할 수도 없으니 상대도수법도 이용할 수 없다. 이런 상황에서, 자신이 가진 모든 정보를 종합하여 사건(이 경우엔 합격)의 발생 가능성에 대한 믿음의 정도를 0과 1사이의 숫자로 나타낸 것이 바로 **주관적 확률**이다. 이것이 확률을 구할 때 이용하는 세 번째 방법으로 주관적 방법이라 부른다. 주관적이란 표현을 쓰는 것은 확률을 평가하는 사람에 따라 다른 값을 얻을 수 있기 때문이다. 예컨대 합격 확률을 영희는 0.9, 부모는 0.5, 그리고 친구들은 0.1로 평가할 수 있는 것이다.

개인이나 기업이 의사결정을 할 때에는 주관적 확률을 이용하는 경우가 많다. 사실 위에서 예로 든 영희의 경우에 대해, 영희와 유사한 조건을 가진 학생들의 합격률이라는 객관적 확률이 있지 않은가 하고 반론을 제기할 수 있다. 하지만 영희가 의사결정을 할 때에는 유사한 학생들의 과거 합격률을 포함하여 자신이 가진 모든 정보를 종합한 주관적 확률을 이용하리라고 보아야 할 것이다. 기업이 신제품을 출시할 때에도 유사한 상황에서의 성공률보다는 이것까지 포함한 모든 정보를 종합한 주관적 확률을 의사결정의 기초로 삼을 것이다.

3.3 확률의 덧셈법칙

이 절에서는 확률공리로부터 유도할 수 있는 세 가지 유용한 공식 또는 관계를 소개하고자 한다. 첫째, 사건 A가 일어나지 않을 확률과 일어날 확률의 합은 1 이어야 하므로

$$P(A^C) = 1 - P(A) \tag{3.1}$$

의 관계가 성립한다. 내일 비가 올 확률($P(A)$)이 0.3이면 비가 오지 않을 확률은 0.7 ($P(A^C) = 1 - 0.3 = 0.7$)이 되어야 하는 것이다.

그림3.3 덧셈법칙

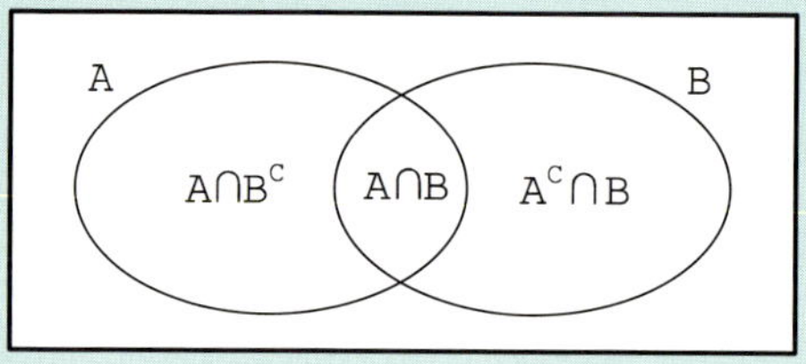

$P(A\cup B)+P(A)+P(B)-P(A\cap B)$

둘째, 사건 A가 일어나면 반드시 사건 B가 일어난다고 하자. 이것을 $A\subset B$의 기호로 표시할 수 있을 것이다. 그러면 사건 A가 일어나지 않을 경우에도 사건 B는 일어날 수 있으므로 A가 일어날 확률보다 B가 일어날 확률이 더 큰 값을 가지게 된다. 이를

$$A\subset B \text{ 이면 } P(A)\le P(B) \tag{3.2}$$

로 정리해 두자. 주사위를 던져 4 이상의 수가 나오는 사건을 A, 3 이상의 수가 나오는 사건을 B라 하면 $A\subset B$의 관계가 성립한다. (3.2)는 $P(A)\le P(B)$라고 말하고 있다.

마지막으로, 두 사건 중 적어도 하나가 일어날 확률을 계산할 수 있게 해 주는 덧셈법칙이 있다. 사건 A와 사건 B가 상호배반일 때는 확률공리에 의해 $P(A\cup B)=P(A)+P(B)$이다. 하지만 일반적인 경우에는 [그림3.3]에서 보는 바와 같이 $A\cup B$를 $A\cap B^c$, $A\cap B$, $A^c\cap B^c$라는 세 개의 상호배반인 사건으로 구분할 수 있다. 따라서 $P(A\cup B)=P(A\cap B)+P(A\cap B)+P(A^c\cap B)$가 된다. A나 B중 적어도 하나가 일어날 확률은 A가 일어나고 B는 일어나지 않을 확률, A와 B가 동시에 일어날 확률, 그리고 A는 일어나지 않고 B만 일어날 확률의 합인 것이다. 그런데 단순히 $P(A)+P(B)$를 계산해보면 $P(A\cap B)$가 중복 계산된다는 것을 알 수 있다. $P(A)=P(A\cap B^c)+P(A\cap B)$이고 $P(B)=P(A\cap B)+P(A^c\cap B)$이기 때문이다. 그러므로

$$P(A\cup B)=P(A)+P(B)-P(A\cap B) \tag{3.3}$$

의 관계를 얻는다. (3.3)을 확률의 **덧셈법칙**이라 부른다. 덧셈법칙은 두 사건 중 적어도 하나가 일어날 확률은 각 사건이 일어날 확률의 합에서 두 사건이 동시에 일어날 확률을 뺀 값임을 말하고 있다. 두 사건이 상호배반일 때는 $P(A\cap B)=0$이므로 (3.3)은 확률공리 (3)과 같아진다.

[예3.3]

세븐일레븐 종로점의 매니저는 영희와 철수 두 사람 중 적어도 한 명이 방학동안 자신의 가게에서 일해주기를 원하고 있다. 영희가 일할 확률이 0.5, 철수가 일할 확률이 0.3, 그리고 두 사람 모두 일할 확률이 0.2라면 매니저의 희망이 이루어질 확률은 얼마인가?

$A=$'영희가 일한다', $B=$'철수가 일한다'로 정의하면 $P(A)=0.5, P(B)=0.3$, 그리고 $P(A\cap B)=0.2$이다. 따라서 두 사람 중 적어도 한 명이 일할 확률은 $P(A\cup B)=P(A)+P(B)-P(A\cap B)=0.5+0.3-0.2=0.6$이다.

3.4 조건부확률과 통계적 독립

주식투자를 하는 사람들은 나름대로 앞으로 주가가 오를 확률을 계산하고 있을 것이다. 주가 상승을 사건 A라 하면 $P(A)$가 바로 주가상승의 확률이다. 만약 주가에 영향을 미치는 어떤 사건, 예를 들어 금리 인상의 소식이 전해지면 투자자들은 주가 상승의 확률을 수정하게 될 것이다. 금리 인상을 사건 B라 하면 새로 계산된 주가상승 확률을 $P(A\mid B)$로 쓰게 된다. 사건 B가 발생하였다는 조건하에 사건 A의 확률을 계산하였음을 나타내는 기호이다. $P(A\mid B)$를 사건 A의 **조건부확률**이라 부른다. 이 경우엔 분명 $P(A\mid B)$는 $P(A)$보다 작은 값을 가질 것이다.

[그림3.4]를 보자. 사건 A가 일어날 확률 $P(A)$는 왼쪽 그림에서 빗금 친 부분이 전체 표본공간에서 차지하는 비율로 생각할 수 있다. 그러나 일단 사건 B가 발생하고 나면 사건 A가 발생 하는 경우는 두 사건이 모두 일어날 때, 즉 $A\cap B$가 발생할 때뿐이다. 조건부확률을 계산할 때는 표본공간이 B로 축소된 것이나 마찬가지이므로, $P(A\mid B)$는 오른쪽 그림에서 빗금 친 부분 $A\cap B$가 B에서 차지하는 비율로 이해할 수 있다. 조건부확률은

$$P(A\mid B)=\frac{P(A\cap B)}{P(B)},\qquad P(B)>0 \text{ 일 때} \tag{3.4}$$

로 정의한다. 일어날 확률이 0인 사건을 조건으로 한 조건부확률은 정의하지 않는다. $P(B)=0$일 때에는 $P(A\mid B)$는 정의하지 않는 것이다.

그림3.4 조건부 확률

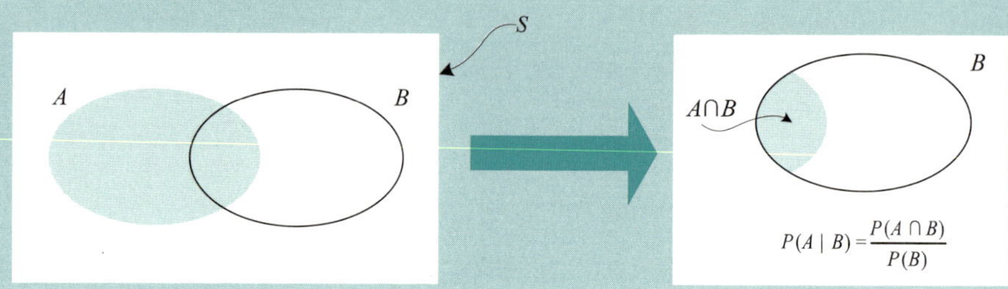

마찬가지로 사건 A가 발생하였다는 조건하에 사건 B의 확률은

$$P(B \mid A) = \frac{P(A \cap B)}{P(A)}, \qquad P(A) > 0 \text{ 일 때} \tag{3.5}$$

로 정의한다.

[예3.4]

시민 1,000명을 골프장 건설에 대한 찬성여부와 성별로 분류해 놓은 것이 아래의 표와 같다고 하자.

	찬성(Y)	반대(N)	합
남 (M)	400	200	600
여 (F)	100	300	400
합	500	500	1,000

이 중 한 명을 무작위로 선택했을 때 이 사람이 남자인 사건을 M, 여자인 사건을 F, 찬성인 사건을 Y, 반대인 사건을 N으로 나타내고 $P(Y)$와 $P(Y \mid F)$을 구해보자.

1,000명 중 500명이 찬성하고 있으므로 무작위로 선택한 사람이 찬성일 확률은

$$P(Y) = \frac{500}{1,000} = 0.5$$

이다.

만약, 선택된 사람이 여자라는 사실이 알려져 있다면 이 사람이 찬성일 확률은 얼마일까? 다시 말해 조건부확률 $P(Y \mid F)$는 얼마일까?

1,000명 중 400명이 여자이므로 $P(F) = \frac{400}{1,000} = 0.4$이고, 또 1,000명 중 여자이면

서 찬성하는 사람은 100명 이므로 $P(Y\cap F)=\frac{100}{1,000}=0.1$이다. 따라서 구하고자 하는 조건부확률은

$$P(Y\mid F)=\frac{P(Y\cap F)}{P(F)}=\frac{0.1}{0.4}=0.25$$

가 된다.

사실 확률이론을 공부하지 않은 사람도 질문의 뜻만 제대로 파악했다면, "여자 400명 중 100명이 찬성하고 있으니 여자라는 조건하에 찬성일 확률은 $\frac{1}{4}$" 이라고 쉽게 답했을 것이다. 여자라는 조건이 주어졌으면 전체 1,000명을 모두 고려할 필요 없이 여자 400명으로 만 대상을 좁혀서 직관적으로 답을 얻을 수 있는 것이다. [그림3.3]에서 조건부확률 $P(A\mid B)$를 정의할 때 표본공간을 B로 축소시켜 생각하는 것과 같은 이치이다.

조건부확률의 정의 (3.4)와 (3.5)를 아래와 같이 고쳐 쓸 수 있다;

$$P(A\cap B)=P(A)\,P(B\mid A) \tag{3.6}$$

또는

$$P(A\cap B)=P(B)\,P(A\mid B) \tag{3.7}$$

(3.6)과 (3.7)을 확률의 **곱셈법칙**이라 부른다. 두 사건이 모두 발생할 확률은 한 사건이 발생할 확률에 그 사건이 발생했다는 조건하에서 다른 사건이 발생할 확률을 곱하여 얻을 수 있다는 것이다.

[예3.5]

영문 주간지를 구독하는 대학생의 40%는 타임지를 구독하고 그중 20%는 뉴스위크도 구독한다고 하자. 영문주간지를 구독하는 대학생이 타임과 뉴스위크를 모두 구독할 확률은 얼마인가?

타임을 구독하는 것을 사건 T라 하고 뉴스위크를 구독하는 것을 사건 N이라 하자. 주어진 조건은 타임을 구독(T)할 확률은 $P(T)=0.4$, 타임을 구독하는 대학생이 뉴스위크도 구독(사건 N)할 확률은 $P(N\mid T)=0.2$, 따라서 두 주간지를 모두 구독할 확률은 $P(T\cap N)=P(T)\,P(N\mid T)=0.4\times0.2=0.08$이 된다.

사건 B가 발생하여도 사건 A의 확률이 변화하지 않을 수 있다. 다시 말해 $P(A)=P(A\mid B)$인 경우가 있을 수 있다. 예를 들어 오늘 안개가 끼었다고 해서 주가가

상승할 확률이 변하지는 않을 것이다. 이럴 경우 두 사건은 독립이라고 한다. 사건 B의 발생이 사건 A의 확률에 영향을 미치지 않으면, 역으로 사건 A의 발생도 사건 B의 확률에 영향을 미치지 않는다. 주가가 상승했다고 안개 낄 확률이 변하지는 않을 것이다. 따라서 독립의 조건을 $P(B) = P(B \mid A)$로 쓸 수도 있다. 그리고 두 사건이 독립일 때에는 (3.6)과 (3.7)의 곱셈법칙을 $P(A \cap B) = P(A)P(B)$로 고쳐 쓸 수 있게 된다.

결국, 동치인 다음의 세 가지 조건 중 하나가 만족될 때 두 사건 A와 B는 **독립**이라고 정의 한다;

$$\begin{aligned}&(1)\ P(A \mid B) = P(A)\\&(2)\ P(B \mid A) = P(B)\\&(3)\ P(A \cap B) = P(A)P(B)\end{aligned} \tag{3.8}$$

독립이란 표현 대신 **통계적 독립**, 또는 **확률적 독립**이라는 용어를 쓰기도 한다. 그리고 독립이 아닌 두 사건은 **종속**이라고 한다.

통계적 독립을 상호배반과 혼동해서는 안 된다. 동전을 두 번 던질 때 첫 번째 앞면이 나오는 사건과 두 번째 앞면이 나오는 사건은 통계적으로 독립이다. 첫 번째 시행에서 앞면이 나왔다고 해서 두 번째 시행에서 앞면이 나올 확률이 변하지 않기 때문이다. 그러나 두 사건은 얼마든지 동시에 발생할 수 있으므로 상호배반이 아니다.

오히려 상호배반인 두 사건은 각 사건의 확률이 0이 아닐 경우 통계적으로 독립일 수 없다. 한 사건이 일어나고 나면 다른 사건이 일어날 확률은 0이 되어버리기 때문이다. 상호배반인 두 사건이 독립인 경우는 두 사건 중 적어도 하나의 확률이 0인 특수한 그리고 실제적이지 않은 상황뿐이다. (3.8)의 조건 (3)을 보자. 두 사건 A와 B가 상호배반이면 $P(A \cap B) = 0$이므로, $P(A) = 0$이거나 $P(B) = 0$일 때에만 두 사건이 통계적으로 독립이라는 것을 알 수 있다.

3.5 베이즈의 정리 (Bayes' Theorem)

한 공장에서 영희와 철수 두 사람이 제품을 생산하고 있으며 제품의 60%는 영희가 그리고 나머지 40%는 철수가 생산한다. 하나의 제품을 무작위로 선택할 때 영희의 제품인 사건을

E_1, 철수의 제품인 사건을 E_2라 하면

$$P(E_1) = 0.6 \quad P(E_2) = 0.4 \tag{3.9}$$

가 될 것이다.

이제, 선택된 제품이 불량품임이 밝혀졌다고 하자. 이 제품이 영희의 것일 확률은 얼마일까? 또 철수의 것일 확률은 얼마일까? 불량품인 사건을 D로 나타내면 구하고자 하는 것은 $P(E_1 \mid D)$와 $P(E_2 \mid D)$의 조건부확률이다. (3.9)의 확률은 사건 D가 발생하기 전에 평가한 것이므로 **사전확률**이라 부르고, $P(E_1 \mid D)$와 $P(E_2 \mid D)$는 사건 D가 발생한 이후 수정된 값이므로 **사후확률**이라 부른다. 베이즈 정리[8)]는 사건 D의 발생과 같은 새로운 정보가 도착할 때 사전확률을 사후확률로 수정하는데 이용되는 정리이다.

사후확률을 구하기 위해서는 영희와 철수의 불량률이 얼마인지 알아야 한다. 만약 영희의 불량률이 철수보다 높다면, 불량품이 영희의 것일 사후확률 $P(E_1 \mid D)$는 사전확률 $P(E_1) = 0.6$보다 높아질 것으로 예상할 수 있다. 과거의 자료로 볼 때 영희와 철수의 불량률은 각각

$$P(D \mid E_1) = 0.05 \quad P(D \mid E_2) = 0.03 \tag{3.10}$$

이라 하자.

(3.9)와 (3.10)의 정보를 이용하여 원하는 사후확률을 계산할 수 있다.
먼저 조건부확률의 정의에 의해

$$P(E_1 \mid D) = \frac{P(E_1 \cap D)}{P(D)}$$

이며, 분자는 곱셈법칙에 의해

$$P(E_1 \cap D) = P(E_1)\, P(D \mid E_1)$$

으로 고쳐 쓸 수 있다.

8) 18세기 영국의 목사 토마스 베이즈(Thomas Bayes, 1702~1761)의 확률에 관한 유고에 처음 등장하기 때문에 그의 이름이 붙어있다.

그림3.5 베이즈의 정리

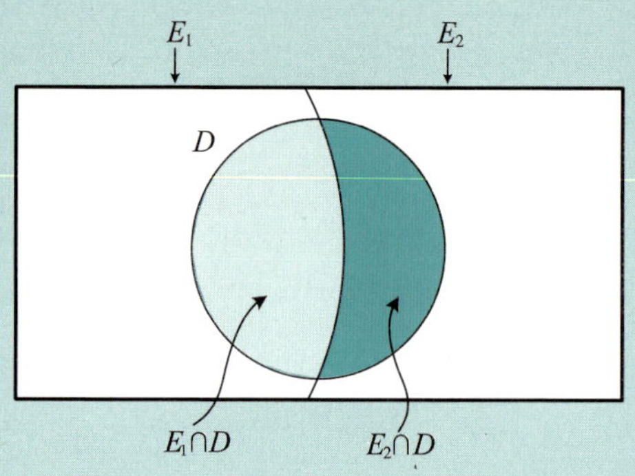

한편, [그림3.5]에서 보는 바와 같이 사건 D는 $E_1 \cap D$와 $E_2 \cap D$의 두 상호배반 사건의 합집합이므로, 확률공리와 곱셈법칙에 의해 분모를

$$
\begin{aligned}
P(D) &= P(E_1 \cap D) + P(E_2 \cap D) \\
&= P(E_1)\,P(D \mid E_1) + P(E_2)\,P(D \mid E_2)
\end{aligned}
$$

로 쓸 수 있다. 따라서

$$
P(E_1 \mid D) = \frac{P(E_1)\,P(D \mid E_1)}{P(E_1)\,P(D \mid E_1) + P(E_2)\,P(D \mid E_2)} \tag{3.11}
$$

임을 알 수 있다.

(3.9)와 (3.10)의 확률 값을 (3.11)에 대입하면, 불량품이 영희의 것일 사후확률은

$$
P(E_1 \mid D) = \frac{0.6 \times 0.05}{0.6 \times 0.05 + 0.4 \times 0.03} = \frac{5}{7} = 0.71
$$

로 사전확률 $P(E_1) = 0.6$보다 높은 값으로 나타난다.

마찬가지 방식으로 불량품이 철수의 것일 확률은

$$
\begin{aligned}
P(E_2 \mid D) &= \frac{P(E_2)\,P(D \mid E_2)}{P(E_1)\,P(D \mid E_1) + P(E_2)\,P(D \mid E_2)} \\
&= \frac{0.4 \times 0.03}{0.6 \times 0.05 + 0.4 \times 0.03} = \frac{2}{7} = 0.29
\end{aligned} \tag{3.12}
$$

가 된다. 계산과정에 이용한 (3.11)과 (3.12)가 바로 베이즈의 정리이다.

지금까지의 논의를 아래와 같이 요약할 수 있다.

베이즈의 정리

표본공간 S내의 두 사건 E_1과 E_2가

$$E_1 \cap E_2 = \phi \qquad\qquad E_1 \cup E_2 = S$$

의 조건을 만족하고[9] D는 표본공간 내의 사건이라 하자.

그러면

$$P(E_i \mid D) = \frac{P(E_i)\,P(D \mid E_i)}{P(E_1)\,P(D \mid E_1) + P(E_2)\,P(D \mid E_2)} \quad i = 1, 2 \tag{3.13}$$

가 성립한다.

일반적으로 m개의 상호배반인 사건 $E_1, E_2, \cdots\cdots, E_m$의 합집합이 표본공간과 같아지는 경우에는 베이즈의 정리를

$$P(E_i \mid D) = \frac{P(E_i)\ \ P(D \mid E_i)}{\sum_{j=1}^{m} P(E_j)\ \ P(D \mid E_j)} \quad i = 1, 2, \ldots\ldots, m \tag{3.14}$$

로 쓸 수 있다. 영희와 철수 두 사람만이 아니라 m명의 근로자가 제품을 생산하는 경우를 생각해 보라. 각 근로자의 생산비율인 사전확률 $P(E_i)$들과 각 근로자의 불량률 $P(D \mid E_i)$들이 주어지면 식 (3.14)를 이용하여 불량품이 특정 근로자의 것일 사후확률 $P(E_i \mid D)$를 구할 수 있다.

9) 이때 E_1과 E_2는 표본공간을 분할한다고 말한다. [그림3.5]에서처럼 상호배반인 두 사건 E_1과 E_2의 합집합이 표본공간과 같아지는 경우이다.

연습문제

3.1. 표본공간 $S = \{a, b, c, d, e, f\}$ 내의 두 사건을 $A = \{a, c, e\}$ $B = \{b, d, e\}$ 라 할 때, $A \cup B$, $A \cap B$, $\overline{A}$, $\overline{B}$, $\overline{A} \cap B$, $\overline{A \cup B}$ 는 각각 어떤 사건인가?

3.2. 주사위 두 개를 던지는 확률실험에 대한 다음 질문에 답하라.
(1) 이 확률실험의 표본공간에는 몇 개의 표본점이 있는가?
(2) 두 눈의 합이 8일 확률은 얼마인가?
(3) 두 눈의 합이 짝수일 확률은 얼마인가?
(4) 앞의 두 문제에서 어떤 방법으로 확률을 부여하였는가?

3.3. 우리나라 유권자 중 20%가 △당을 지지하고 있다. 세 명의 유권자를 무작위로 선택하여 △당에 대한 지지여부를 조사해보고자 한다.
(1) 이 확률실험의 표본공간은 무엇인가?
(2) 각 표본점의 확률은 얼마인가?

3.4. $P(A) = 0.5$, $P(B) = 0.2$ 이다.
(1) 사건 A와 사건 B가 상호배반일 때 $P(A \mid B)$, $P(A \cap B)$, $P(A \cup B)$를 계산하라.
(2) 사건 A와 사건 B가 통계적으로 독립일 때 $P(A \mid B)$, $P(A \cap B)$, $P(A \cup B)$를 계산하라.

3.5. $P(A) = 0.6$, $P(B) = 0.4$, $P(A \cap B) = 0.2$ 이다.
(1) A와 B는 상호배반 사건인가?
(2) A와 B는 통계적으로 독립인가?

3.6. 종합병원에 단전이 발생하면 특히 중환자들에게 치명적인 피해가 올 수 있다. 한 종합병원은 단전 가능성이 10만분의 1이라 자체 평가하고 있지만, 그 가능성을 더욱 줄이기 위해 고장확률이 0.001인 자가 발전시설을 갖추었다. 이 병원이 단전으로 인하여 기능이 멈출 확률은 얼마인가?

3.7. 동전을 네 번 던질 때 다음 사건이 일어날 확률은 얼마인가?

(1) 앞면만 네 번

(2) $HHTH$ (단, H는 앞면이고 T는 뒷면이다.)

(3) 앞면 세 번과 뒷면 한번.

(4) $HHTT$

(5) 앞면 두 번과 뒷면 두 번

3.8. 볼링을 좋아하는 영희는 2번에 한번 정도 스트라이크가 나오는 실력파다. 영희가 퍼펙트게임(12번 연속 스트라이크)을 기록할 확률은 얼마인가?

3.9. 영국 존 무어스 대학의 마크 벨리스 박사팀이 지난 50년간의 자료를 분석한 결과에 의하면 친자 확인 검사를 해 본 미국과 유럽의 아버지 중 $\frac{1}{25}$이 다른 남자의 아이를 키우고 있었다고 한다. 더욱이, 자신이 진짜 아버지가 아닐 것이란 의심이 들어 친자 확인 검사를 할 때에는 30%의 경우 그 의심이 사실로 드러났으며, 전혀 의심하지 않고 다른 이유로 친자 확인 검사를 받은 경우에는 대략 27명 중 1명이 친자가 아닌 것으로 판명되었다. 친자확인 검사를 한 아버지 중 의심을 가졌던 사람의 비율은 얼마인가?

3.10. 다음의 두 사건은 통계적으로 독립인가? 상호배반인가?

(1) 성남 일화의 K리그 우승과 박세리의 그랜드슬램 달성

(2) 2014년 동계올림픽의 평창 유치와 소치 유치

(3) 미국 주가의 상승과 우리나라 주가의 상승

3.11. 사건 A가 일어날 확률은 $\frac{1}{2}$이고 사건 B가 일어날 확률은 $\frac{1}{3}$이다. 다음 주장이 옳은지 그른지 밝히고 그 이유를 설명하라.

(1) 사건 A와 사건 B가 동시에 발생할 확률은 $\frac{1}{6}$이다.

(2) 사건 A와 사건 B중 적어도 하나가 발생할 확률은 $\frac{5}{6}$이다.

(3) 사건 A와 사건 B가 통계적으로 독립이면 두 사건 중 적어도 하나가 발생할 확률은 $\frac{5}{6}$이다.

(4) 사건 A와 사건 B가 상호배반이면 두 사건이 모두 일어날 확률은 $\frac{1}{6}$이다.

3.12. 다음의 명제가 옳은지 그른지 밝히고 그 이유를 설명하라.

(1) 두 사건 A와 B가 상호배반이면 적어도 한 사건의 확률이 0인 경우에만 두 사건은 통계적으로 독립이다.

(2) 두 사건 A와 B가 상호배반이고 $P(A) \neq 0$, $P(B) \neq 0$이면 두 사건은 통계적으로 독립이 아니다.

3.13. 두 사건 A와 B에 대해 덧셈법칙 $P(A \cup B) = P(A) + P(B) - P(A \cap B)$와 곱셈법칙 $P(A \cap B) = P(A)P(B \mid A)$성립한다는 것을 공부하였다. 세 사건 A, B, C 에 대해 다음의 관계가 성립함을 보여라.

(1) $P(A \cup B \cup C) = P(A) + P(B) + P(C) - P(A \cap B) - P(B \cap C)$
$- P(A \cap C) + P(A \cap B \cap C)$

(2) $P(A \cap B \cap C) = P(A)P(B \mid A)P(C \mid A \cap B)$

3.14. 흰 공 6개와 붉은 공 4개가 들어 있는 주머니에서 두 개의 공을 차례로 꺼낼 때 (비복원추출을 가정할 것)

(1) 처음에 흰 공, 두 번째에 붉은 공이 나올 확률은 얼마인가?

(2) 처음에 붉은 공, 두 번째에 흰 공이 나올 확률은 얼마인가?

(3) 흰 공 하나와 붉은 공 하나가 나올 확률은 얼마인가?

3.15. 흰 공 6개와 붉은 공 4개가 들어 있는 주머니에서 네 개의 공을 차례로 꺼낼 때 흰 공 2개와 붉은 공 2개가 나올 확률을 구하려 한다.

(1) 비복원추출일 때 이 사건의 확률은 얼마인가?

(2) 복원추출일 때 이 사건의 확률은 얼마인가?

3.16. 200명의 대학생을 대상으로 MP3플레이어와 DMB폰의 소유여부를 조사한 결과가 아래의 표와 같다.

	MP3 소유	MP3 없음
DMB 소유	60	10
DMB 없음	80	50

(1) 한 명을 무작위로 선택할 때 DMB와 MP3를 모두 가진 학생이 선택 될 확률은 얼마인가?

(2) MP3만 가진 학생이 선택될 확률은 얼마인가?

(3) DMB를 가진 학생 중에서 한 명을 무작위로 선택할 때 MP3를 가진 학생이 선택될 확률은 얼마인가?

(4) 무작위로 선택한 학생이 MP3를 가지고 있었다. 이 학생이 DMB도 가지고 있을 확률은 얼마인가?

3.17. 과거 자료를 분석한 결과 일별 이자율과 주가의 움직임에 대해 다음과 같은 확률분포표를 얻었다.

		이자율 하락	이자율 상승
주가	하락	0.05	0.40
	상승	0.45	0.10

표의 숫자는 예컨대 이자율과 주가가 동시에 하락할 확률은 0.05, 이자율이 하락하고 주가가 상승할 확률은 0.45임을 의미한다.

(1) 오늘 주가가 하락할 확률은 얼마인가?

(2) 오늘 이자율이 상승했다는 것을 알고 있을 때, 주가가 하락할 확률은 얼마인가?

(3) 이자율에 관한 정보는 주가예측에 유용하다고 할 수 있는가?

3.18. 상호배반인 두 사건 A_1과 A_2의 사전확률은 $P(A_1) = 0.3$, $P(A_2) = 0.7$이다. 사건 B의 조건부 확률이 $P(B \mid A_1) = 0.2$, $P(B \mid A_2) = 0.05$일 때 다음 확률들을 계산하라.

(1) $P(A_1 \cap B)$와 $P(A_2 \cap B)$

(2) $P(B)$

(3) $P(A_1|B)$와 $P(A_2|B)$

3.19. 상호배반인 세 사건 A_1, A_2, A_3의 사전확률은 $P(A_1) = 0.2$, $P(A_2) = 0.5$, $P(A_3) = 0.3$이다. 사건 B의 조건부 확률이 $P(B \mid A_1) = 0.05$, $P(B \mid A_2) = 0.4$, $P(B \mid A_3) = 0.3$일 때 다음 확률들을 계산하라.

(1) $P(A_1 \cap B)$, $P(A_2 \cap B)$, $P(A_3 \cap B)$

(2) $P(B)$

(3) $P(A_1|B)$, $P(A_2|B)$, $P(A_3|B)$

3.20. S 그룹은 신입사원 채용 시 적성검사를 실시한다. 채용 후 회사에 잘 적응하는 신입사원 중 70%는 적성검사에서 합격판정을 받은 사람이고 제대로 적응하지 못하는 신입사원 중에서는 20%만이 적성검사에서 합격 판정을 받은 사람이다. S 그룹의 과거 경험에 의하면 전체적으로 신입사원의 90%는 회사에 잘 적응한다고 한다. 적성검사에서 합격 판정을 받은 신입사원 지망자가 회사에 잘 적응하지 못할 확률은 얼마인가?

3.21. ㅇㅇ카드사는 신용불량 위험이 높은 고객의 신용카드를 회수하고자 한다. 과거의 자료를 살펴보면 약 5%의 고객이 신용불량자가 되어 이들로부터 카드 사용대금을 회수하지 못하였다고 한다. 또 신용불량자가 되지 않은 정상적인 고객의 20%가 3개월간 대금을 연체한 적이 있었다고 한다. 물론 신용불량자가 된 고객은 모두 3개월간 대금을 연체한 적이 있다. ㅇㅇ카드사가 신용불량 위험이 20% 이상인 고객의 신용카드를 회수하고자 한다면, 3개월간 대금을 연체한 고객의 신용카드를 회수해야 하는가?

3.22. 리더쉽 훈련 프로그램은 강한 의욕을 가신 학생들의 80%에 대해 효과가 있지만, 의욕이 없는 학생들은 60%에 대해서만 효과가 있다. 보통 60%의 학생들만 강한 의욕을 가지고 있다고 한다. 철수는 이 훈련 프로그램으로 효과를 본 학생이다. 철수가 강한 의욕을 가진 학생일 확률은 얼마인가?

3.23. 새로운 공정으로 생산한 제품의 3%가 불량품이고, 기존의 공정으로 생산한 제품은 6%가 불량품이다. 제품의 70%는 새로운 공정으로, 그리고 30%는 기존 공정으로 생산되고 있다. 무작위로 선택한 하나의 제품이 불량품 일 때 이 제품이 기존 공정으로 생산된 제품일 확률은 얼마인가?

chapter

04 확률변수와 확률분포

4.1 확률변수

4.2 확률분포－확률함수와 확률밀도함수

4.3 누적분포함수

4.4 확률변수의 평균(기대값)과 분산

4.5 두 확률변수의 확률분포와 통계적 독립

4.6 공분산과 상관계수

statistics

04 확률변수와 확률분포

확률실험의 결과를 숫자로 기록한 것을 확률변수라고 한다. 우리가 흔히 접하는 자료뿐만 아니라 표본평균 등의 통계량들은 대부분 표본추출이라는 확률실험의 결과를 숫자로 표현해 놓은 확률변수이다. 확률변수는 특정한 하나의 값만을 가지는 것이 아니라 확률실험의 결과에 따라 다양한 값을 가질 수 있다. 제3장에서 표본공간 내의 사건들에 대해 확률을 구하는 방법을 공부하였으므로 이를 이용하면 확률변수가 어떤 값을 얼마의 확률로 가지는지 파악할 수 있다. 확률변수가 가질 수 있는 여러 가지 값에 합이 1인 확률이 어떻게 분포되어 있는지 알 수 있는 것이다. 하지만 확률분포를 표현하는 방법은 확률변수의 특성에 따라 달라진다. 이 장에서는 이산형 확률변수와 연속형 확률변수의 확률분포를 확률함수와 확률밀도함수로 나타낸다는 것을 공부하게 될 것이다.

확률변수의 특성을 나타내는 평균, 분산 및 표준편차의 개념을 이해하는 것도 앞으로 제7장 이후에 공부할 통계적 추론을 위해 필수적이다. 표본추출을 통해 우리에게 주어지는 다양한 자료와 통계량들이 어떤 특성을 가지는지 파악할 수 있도록 해주기 때문이다. 그리고 두 개의 확률변수를 동시에 분석하기 위해서는 결합확률분포, 주변확률분포, 조건부 확률분포, 통계적 독립 등의 개념을 익혀야 하고 이들의 특성을 요약하는 공분산과 상관계수의 정의와 성질을 잘 이해해 두어야 한다.

4.1 확률변수

확률실험의 결과를 숫자로 기록한 것을 **확률변수**(random variable)라 한다. 주사위를 던져 나오는 눈금을 X라 하면 X는 1, 2, 3, 4, 5, 6의 여섯 가지 값을 가질 수 있는 확률변수이다. 주사위 던지기뿐만 아니라 많은 확률실험은 실험의 결과 자체가 숫자이어서 이 숫자들을 담을 확률변수가 자연스럽게 결정된다. 하루 동안 은행에 찾아오는 고객의 수를 관찰해 보는 확률실험에 대해서는 고객의 수 Y가 확률변수이고, Y가 가질 수 있는 값은 0, 1, 2, ... 등의 정수들이다.

확률실험의 결과가 숫자가 아닌 경우에는 편리한 확률변수를 정의하여 결과들을 숫자로 기록할 수 있다. 예를 들어 제품의 불량여부를 조사해 보는 확률실험의 표본공간은 S={불량품, 합격품} 으로 실험의 결과가 숫자로 나타나지 않는다. 하지만,

$$X = \begin{cases} 1, \text{ 불량품이면} \\ 0, \text{ 합격품이면} \end{cases}$$

으로 정의되는 확률변수 X를 이용하여 실험의 결과를 숫자로 기록할 수 있다. 물론 1, 0 대신 2, 1 등의 다른 숫자들을 이용하여도 좋다. 확률변수를 이용하여 실험의 결과를 숫자로 기록해 두는 것이 차후의 분석을 위해 바람직하다.

확률변수는 크게 **이산형**(discrete) 확률변수와 **연속형**(continuous) 확률변수로 나눌 수 있다. 이산형 확률변수는 가질 수 있는 값의 가짓수가 유한하거나, 무한하더라도 셀 수 있는 확률변수를 말한다. 주사위의 눈금은 여섯 가지의 값을 가질 수 있으므로 이산형이고, 고객의 수는 가질 수 있는 값이 무한하지만 셀 수 있으므로 역시 이산형이다.

반면, 일정한 구간 내의 모든 실수를 값으로 가질 수 있는 확률변수를 연속형 확률변수라 한다. $[0,1]$ 등의 구간에는 셀 수 없을 정도로 무한히 많은 실수가 존재한다. 연속형 확률변수는 셀 수 없을 정도로 무한히 많은 값을 가질 수 있는 확률변수이다. 예를 들어 서울의 연간 강수량과 은행에 다음 고객이 올 때까지의 시간 등은 $[0,\infty)$구간의 모든 값을 가질 수 있으므로 연속형 확률변수이다. 10분마다 버스가 도착하는 버스정거장에 가서 버스가 올 때까지 기다리는 시간은 [0, 10] 구간의 값을 가질 수 있는 연속형 확률변수이다.

현실의 확률변수는 모두 이산형 확률변수라고 주장하는 사람이 있을 수 있다. 예를 들어

서울의 강수량을 밀리미터, 아니 나노미터 단위로 측정한다 해도 강수량이 $[0, \infty)$ 구간의 모든 연속적인 값을 가질 수는 없을 것이다. 하지만 강수량과 같은 확률변수는, 이와 같은 측정상의 한계에도 불구하고, 연속형 확률변수로 취급하고 분석하는 것이 훨씬 편리하다. 이산형이라 주장할 수도 있는 소득, 시험성적 등 많은 확률변수들을 분석의 편의를 위해 연속형 확률변수로 취급하는 것을 자주 보게 될 것이다.

4.2 확률분포-확률함수와 확률밀도함수

확률변수를 이해하기 위해서는 그 확률변수가 가질 수 있는 여러 가지 값에 합이 1인 확률이 어떻게 분포되어 있는지 알아야 한다. 이것을 **확률분포**(probability distribution)라 한다. 앞 절에서 확률변수를 이산형과 연속형으로 구분한 이유는 바로 확률분포를 표현하는 방식이 전혀 다르기 때문이다.

이산형 확률변수의 확률분포는 **확률함수**(probability function)로 나타낸다. 확률함수는 확률변수가 가질 수 있는 각각의 값에 대해 그 값을 가질 확률이 얼마인지 알려주는 함수로 보통 $f(x)$의 기호로 타나낸다.

이산형 확률변수 X의 확률함수는

$$f(x) = P(X = x) \tag{4.1}$$

로 정의한다. 확률함수 f의 x에서의 값은, X가 x의 값을 가질 확률인 것이다.

[예4.1]

주사위를 던져 나오는 눈금을 X라 하고, X의 확률 함수를 구해보자.

각 눈금이 나올 확률이 모두 $\frac{1}{6}$로 동일하므로 X의 확률함수는

$$f(x) = \frac{1}{6}, \qquad x = 1, 2, ..., 6 \tag{4.2}$$

으로 쓸 수 있다. $f(x)$는 X가 가질 수 있는 모든 값 x에 대해 $\frac{1}{6}$이라는 확률을 대응시키고 있다.

X의 확률분포를 표로 나타낸 것이 [표4.1]이고 그림으로 나타낸 것이 [그림4.1]이다. [표4.1]

과 [그림4.1]은 모두 (4.2)의 확률함수를 다른 형태로 표현한 것이며, X가 가질 수 있는 여섯 가지 값에 확률이 어떻게 분포되어 있는지를 잘 보여준다.

[표4.1] X의 확률분포표

x	1	2	3	4	5	6	합
$f(x)$	$\frac{1}{6}$	$\frac{1}{6}$	$\frac{1}{6}$	$\frac{1}{6}$	$\frac{1}{6}$	$\frac{1}{6}$	1

그림 4.1 X의 확률함수

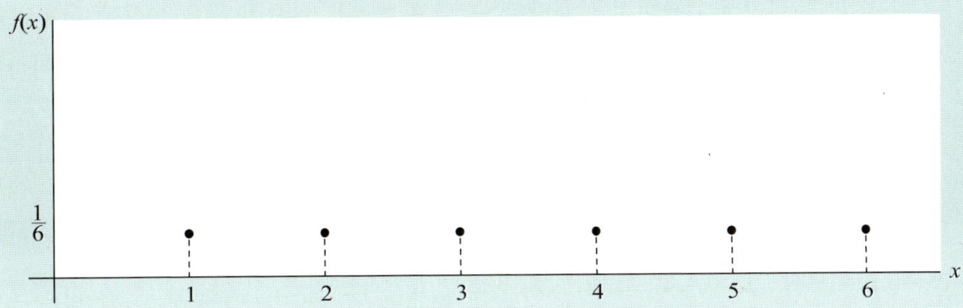

이산형 확률변수의 확률분포를 나타내는 확률함수는 반드시 다음의 두 조건을 만족해야 한다.

$$(1)\ \text{모든 } x\text{에 대해 } 0 \le f(x) \le 1$$
$$(2)\ \sum_x f(x) = 1 \qquad (4.3)$$

이들 조건은 제3.2절에서 공부한 확률공리로부터 유도되는 자명한 것이며, (4.2)의 확률함수가 (4.3)의 두 조건을 만족한다는 것도 쉽게 확인할 수 있다.

[예4.2]

모든 자연수를 값으로 가질 수 있는 이산형 확률변수 Y의 확률분포가 아래의 표와 같다고 하자.

y	1	2	3	4	……	합
$f(y)$	$\frac{1}{2}$	$\frac{1}{2^2}$	$\frac{1}{2^3}$	$\frac{1}{2^4}$	……	1

$f(y)$는 (4.3)의 조건을 만족하는 올바른 확률함수인가? 다시 말하자면 위의 표를 "확률분포"라 부를 수 있을까?

우선 모든 y에 대해 $0 \leq f(y) \leq 1$의 조건은 명백히 만족하고 있다. 그리고 분포된 확률들의 합은 초항이 $\frac{1}{2}$이고 공비가 $\frac{1}{2}$인 무한등비급수이므로

$$\sum_{y=1}^{\infty} f(y) = \frac{1}{2} + \frac{1}{2^2} + \frac{1}{2^3} + \cdots\cdots = \frac{1/2}{1-1/2} = 1$$

이다. 따라서 (4.3)의 두 번째 조건도 만족한다. 확률변수가 가질 수 있는 값이 무한하더라도 셀 수 있으면, 이처럼 (4.3)의 두 조건을 만족하는 확률함수를 통해 확률분포를 나타낼 수 있음을 알 수 있다. ●●●

무수히 많은 이산형 확률변수를 생각할 수 있고 따라서 무수히 많은 이산형 확률분포, 그리고 이를 나타내는 무수히 많은 확률함수가 존재한다. 제5장에서는 현실의 자료를 분석하는데 가장 유용한 네 가지 이산형 확률분포를 공부하게 될 것이다.

일정구간의 모든 실수값을 가질 수 있는 연속형 확률변수에 대해서는 확률변수가 가질 수 있는 각각의 값에 대해 그 값을 가질 확률을 정해 주는 식으로 확률분포를 설명하는 것이 불가능하다. 확률함수를 정의할 수 없는 것이다. 무게가 1(단위는 무엇이라도 좋다)인 밀가루반죽이 있다고 하자. 이산형 확률변수의 경우에는 가질 수 있는 값이 유한하거나, 무한하더라도 셀 수 있으므로 밀가루반죽을 조그만 덩어리로 나누어 차례로 분배해 주는 것이 가능하다. [예4.1]과 같이 모든 값에 균등하게 분배해 줄 수도 있고 [예4.2]와 같이 차등을 두어 분배할 수도 있다. 그러나 연속형확률변수의 경우에는 확률을 나누어주어야 할 대상이 "셀 수 없을 정도로" 많기 때문에 덩어리로 나누어 차례로 분배하는 것이 불가능하다. 예를 들어 0과 1 사이의 모든 실수 하나하나에 동일한 확률을 분배해 주는 것이 가능할까 생각해 보라.

연속형확률변수의 확률분포는 **확률밀도함수**(probability density function)로 나타낸다. 연속형 확률변수 X의 확률밀도함수 $f(x)$는 X가 특정한 값 x를 가질 확률을 제공하지 않는다. 다만, X가 일정구간 (a, b)에 속하는 값을 가질 확률을 이 구간에서의 그래프 아래의 면적으로 계산할 수 있도록 해 준다. [그림4.2]는 전형적인 확률밀도함수의 그래프를 보여주고 있다. 확률밀도함수의 그래프는 곡선으로 나타나기 때문에 분포곡선이라 부르기도 하며 [그림4.2]는 그 중 정규분포곡선을 보여주고 있다. 정규분포에 대해서는 제 6장에서 자세히 다룰 것이다. [그림4.2]에서 빗금 친 부분의 면적이 바로 X가 (a, b) 구간에 속하는 값을 가질 확률 $P(a < X < b)$가 된다. 확률의 합은 1이어야 하므로 그래프 아래의 전체면적은 물론 1이 되어야 한다.

그림 4.2 확률밀도함수

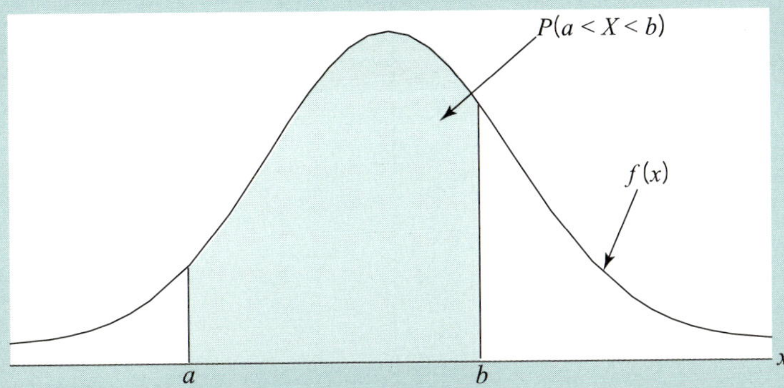

밀가루 반죽의 비유로 돌아가 보자. 연속형 확률변수에 대해서는 덩어리로 나누어 차례로 분배해 주는 것이 불가능하기 때문에, 반죽을 얇게 펴서 전 구간에 걸쳐 칠을 해 버린 것으로 이해해도 좋을 것이다. 어떤 구간, 예컨대 구간 (a,b)에 칠해져 있는 반죽을 긁어모아 덩어리로 만들면 그것이 바로 그 구간의 값을 가질 확률이 되도록 말이다. 구간의 폭이 같더라도 높게 칠해진 구간이 낮게 칠해진 구간보다 더 많은 확률을 분배받게 된다.

확률변수 X의 확률밀도 함수가 만족해야 하는 조건은 다음과 같다;

$$\begin{aligned}&(1)\ \text{모든 } x\text{에 대해 } f(x) \geq 0\\&(2)\ \text{구간 } (a,b)\text{에서 그래프 아래의 면적} = P(a < X < b)\\&(3)\ \text{그래프 아래의 전체면적} = 1\end{aligned} \tag{4.4}$$

[예4.3]

[그림4.3]은 확률밀도함수

$$f(x)=\begin{cases} 2, & 0 \leq x \leq \frac{1}{2} \text{ 일때} \\ 0, & \text{다른 곳에서} \end{cases} \tag{4.5}$$

의 그래프를 보여주고 있다. 확률변수 X를 "$\left[0, \frac{1}{2}\right]$구간에서 무작위로 선택한 실수"라 하면 $f(x)$는 X의 확률분포를 나타내는 확률밀도함수로 볼 수 있다. (4.4)의 세 조건을 만족하는지 확인해 보자.

그림 4.3 X의 확률밀도함수

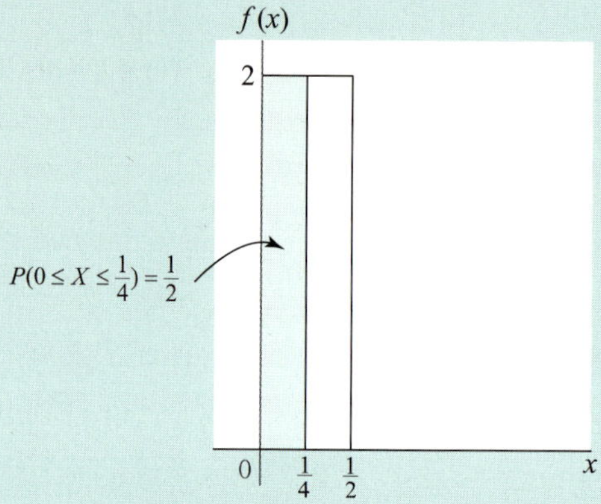

모든 X에 대해 $f(x) \geq 0$임은 분명하고 그래프 아래의 전체면적도 밑변×높이$= \frac{1}{2} \times 2 = 1$이 된다. 그리고 $\left[0,\ \frac{1}{2}\right]$구간에서 무작위로 선택한 실수 X가 0과 $\frac{1}{4}$사이일 확률은 $\frac{1}{2}$이어야 하는데, $\left[0,\ \frac{1}{4}\right]$ 구간에서 그래프 아래의 면적은 [그림4.3]의 빗금 친 부분으로 분명 $\frac{1}{2}$이다. 다른 구간에 대해서도 마찬가지다. 따라서 $f(x)$는 X의 확률밀도함수라 할 수 있다.

연속형 확률변수를 다룰 때에는 다음의 세 가지 점에 유의해야 한다. 첫째, 특정 구간에서 확률밀도함수의 그래프, 즉 분포곡선 아래의 면적이 그 구간의 값을 가질 확률이다. 둘째, 연속형 확률변수가 특정한 하나의 값을 가질 확률은 언제나 0이다. 예를 들어 $X = a$일 확률은 $[a, a]$구간에서 분포곡선 아래의 면적인데 이 경우 분포곡선 아래에는 직선 밖에 없으므로 그 면적은 0일 수밖에 없는 것이다. 연속형 확률변수에 대해서는 항상 특정구간에 속할 확률을 이야기해야 하며, 특정한 하나의 값을 가질 확률을 이야기하는 것은 아무런 의미가 없다고 할 수 있다. 따라서 연속형 확률변수에 대해서는

$$P(a < X < b) = P(a \leq X < b) = P(a < X \leq b) = P(a \leq X \leq b)$$

가 성립한다. 특정한 하나의 값을 가질 확률이 언제나 0이기 때문이다.

마지막으로 이산형 확률변수의 확률함수는 모든 X에 대해 $0 \leq f(x) \leq 1$의 조건을 만족해야 하는데 비해 연속형 확률변수의 확률밀도함수는 1보다 작다는 조건이 없이 단지 모든 X에 대해 $f(x) \geq 0$의 조건만 만족하면 된다. 확률밀도함수의 값은 그 자체가 확률이 아니기

때문이다. 예를 들어 (4.5)의 확률밀도함수는 1보다 큰 2의 값을 가지고 있다. $f(\frac{1}{4})=2$라고 해서 X가 $\frac{1}{4}$일 확률이 2 라고 생각하는 독자가 없기 바란다.

4.3 누적분포함수

앞 절에서 이산형 확률변수의 확률분포는 확률함수로, 그리고 연속형 확률변수의 확률분포는 확률밀도함수로 나타낸다는 것을 공부하였다. 확률분포를 나타내는 통일된 방법은 없을까? 이에 대한 답이 바로 **누적분포함수**(cumulative distribution function)이다. 확률변수 X의 누적분포함수는

$$F(x)=P(X \le x) \tag{4.6}$$

로 정의하며 이산형이든 연속형이든 모든 확률변수는 반드시 누적분포함수를 가진다. 누적분포함수를 **분포함수**(distribution function)라 부르기도 한다.

먼저, 이산형 확률변수의 누적분포함수를 다음의 예를 통해 알아보자.

[예4.4]

주사위의 눈금 X의 확률분포를 (4.1)의 확률함수 또는 [그림4.1]의 그래프로 나타낼 수 있음을 공부하였다. X의 누적분포함수를 구해 보자.

$x<1$일 때 X가 x이하의 값을 가질 확률은 0이므로

$$x<1\text{이면}\qquad F(x)=0$$

이다. 예를 들어 $F(0)=P(X\le 0)=0$이고, $F(-1), F(-2)$등도 모두 0이다.

$1\le x<2$일 때 X가 x이하의 값을 가지는 경우는 $X=1$인 경우뿐이고 그 확률은 $\frac{1}{6}$이다. 따라서

$$1\le x<2\text{이면}\qquad F(x)=\frac{1}{6}$$

그림 4.4 이산형 확률변수의 누적분포함수

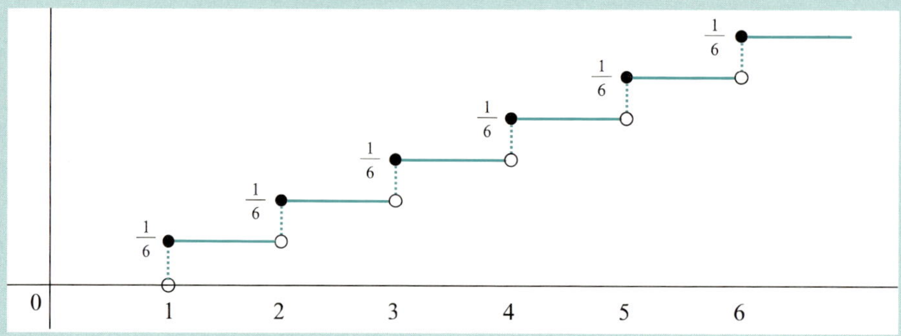

이다.

$2 \leq x < 3$일 때 X가 x이하의 값을 가지는 경우는 $X=1$ 또는 $X-2$인 경우이고 그 확률은 $\frac{1}{6}+\frac{1}{6}=\frac{2}{6}$가 된다. 따라서

$$2 \leq x < 3 \text{이면} \qquad F(x)=\frac{2}{6}$$

이다.

이런 과정을 계속해 나가면 X의 누적분포함수가 [그림4.4]와 같음을 쉽게 확인할 수 있다.

[그림4.4]는 이산형 확률변수의 전형적인 누적분포함수이다. X가 가질 수 있는 값에서 그 값을 가질 확률만큼의 도약이 일어나는 **계단함수**(step function)가 이산형 확률변수의 누적분포함수인 것이다.

지금까지 확률함수로부터 누적분포함수를 구하는 과정을 살펴보았다. 역으로, 만약 누적분포함수가 주어지면 이로부터 확률함수를 구할 수 있을까? 물론 할 수 있다. 누적분포함수가 주어지면 어떤 값에서 얼마만큼의 도약이 일어나고 있는지를 통해 확률변수가 어떤 값을 얼마의 확률로 가지는지, 즉 확률함수가 무엇인지 쉽게 알아낼 수 있다. [그림 4.4]의 누적분포함수로부터 [그림4.1]의 확률 함수를 찾아내는 것은 어렵지 않을 것이다.

이산형 확률변수와 관련한 확률을 계산할 때에는 확률함수와 누적분포함수 중 어느 것을 이용해도 좋다. 예를 들어 주사위 눈금 X가 3이상 5이하의 값을 가질 확률은, (4.2)의 확률함수

$f(x)$를 이용하여

$$\begin{aligned} P(3 \le X \le 5) &= P(X=3)+P(X=4)+P(X=5) \\ &= f(3)+f(4)+f(5) \\ &= \frac{3}{6} \end{aligned}$$

으로 계산할 수도 있고, [그림4.4]의 누적분포함수 $F(x)$를 이용하여,

$$\begin{aligned} P(3 \le X \le 5) &= P(X \le 5) - P(X \le 2) \\ &= F(5)-F(2) \\ &= \frac{5}{6}-\frac{2}{6} \\ &= \frac{3}{6} \end{aligned}$$

으로 계산할 수도 있다. 당연히 동일한 답을 얻는다.

이제 연속형 확률변수의 누적분포함수는 어떤 모습인지 다음의 예를 통해 알아보자.

[예4.5]

연속형 확률변수 X가 [예4.3]의 (4.5)를 확률밀도함수로 가질 때, X의 누적분포를 구해보자.

[그림4.5]를 보자. 먼저 X가 0이하의 값 x보다 작은 값을 가질 확률은 0 이므로

$$x \le 0 \text{이면} \qquad F(x) = 0$$

그림 4.5 연속형 확률변수의 누적분포함수

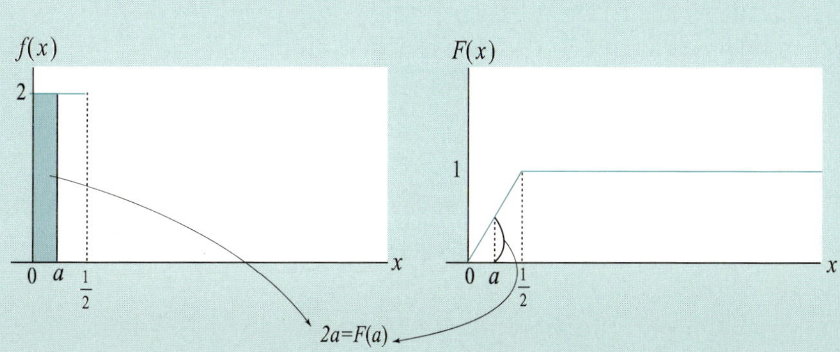

이고, X가 $\frac{1}{2}$이상의 값 x보다 작은 값을 가질 확률은 1이므로

$$x \geq \frac{1}{2}\text{이면 } F(x) = 1$$

이다. 0과 $\frac{1}{2}$사이의 a점에서 누적분포함수의 값 $F(a)$는 X가 a이하의 값을 가질 확률이므로 그림의 빗금 친 부분의 면적 $2a$와 같다. 그리고 a가 커짐에 따라 빗금 친 부분의 면적이 점점 증가하여 a가 $\frac{1}{2}$이 되는 순간 1에 도달한다. 따라서

$$o < x < \frac{1}{2}\text{이면} \qquad F(x) = 2x$$

라는 것을 알 수 있다.

연속형 확률변수의 누적분포함수는 [그림4.5]와 같이 끊어짐이 없이 이어지는 그래프를 가진다. 이런 함수를 연속함수라 부른다. **이산형 확률변수의 누적분포함수가 불연속함수인 계단함수**인데 비해 **연속형 확률변수의 누적분포함수는 연속함수**인 것이다. 연속형 확률변수의 확률밀도함수로부터 누적분포함수를 구하기 위해서는 [예4.5]에서 보는 바와 같이 각각의 x에 대해 면적을 계산해야 하며 일반적인 경우에는 이를 위해 적분을 이용하게 된다. 역으로 누적분포함수로부터 확률밀도함수를 구할 수 있다. 이때는 미분을 이용해야 한다. 이 내용은 제 4장의 부록으로 미루고, 여기서는 확률밀도함수와 누적분포함수가 연속형 확률분포를 표현하는 서로 동치인 두 가지 방법이라는 점만 밝혀둔다.

연속형 확률변수와 관련한 확률계산에 누적분포함수를 이용하면 편리하다. 연속형 확률변수에 대해서는

$$P(a < X < b) = F(b) - F(a) \tag{4.7}$$

의 관계가 성립한다. 예를 들어 [그림4.5]의 확률분포를 가지는 X가 $\frac{1}{8}$과 $\frac{3}{8}$ 사이의 값을 가질 확률은

$$\begin{aligned} P\left(\frac{1}{8} \leq X \leq \frac{3}{8}\right) &= P\left(X < \frac{3}{8}\right) - P\left(X < \frac{1}{8}\right) \\ &= F\left(\frac{3}{8}\right) - F\left(\frac{1}{8}\right) \\ &= 2 \times \left(\frac{3}{8}\right) - 2 \times \left(\frac{1}{8}\right) = \frac{1}{2} \end{aligned}$$

로 계산할 수 있다. 물론 확률밀도함수를 이용하여 해당 면적을 구해도 동일한 답을 얻는다.

엑셀 등의 통계패키지들은 중요한 연속형 확률분포의 누적분포함수를 계산할 수 있도록 해준다. 이들을 확률 계산에 잘 활용하기 위해서는 누적분포함수의 개념을 정확하게 이해해 두어야 할 것이다.

4.4 확률변수의 평균(기대값)과 분산

표본평균과 분산 등의 기술통계량이 자료의 중심위치와 산포도를 나타내듯이 확률변수의 평균과 분산은 확률분포의 중심위치와 변동성을 나타내는 개념이다.

이산형 확률변수 X의 **평균**(mean)은

$$E(X) = \sum x f(x) \tag{4.8}$$

로 정의 한다. 확률변수가 가질 수 있는 값들을 그 값을 가질 확률을 가중치로 하여 평균한 것임을 알 수 있다. 평균을 **기대값**(expected value)이라 부르기도 하며, 확률분포의 중심위치를 나타낸다. (4.8)의 $E(X)$ 이외에 그리스 문자 μ도 확률변수의 평균을 나타내는 기호로 흔히 쓰인다.

X가 확률변수이면 X의 함수 $g(X)$도 확률변수이다. $g(X)$가 $g(x)$의 값을 가질 확률은 X가 x일 확률 $f(x)$와 같으므로 $g(X)$의 평균은

$$E[g(X)] = \sum g(x) f(x) \tag{4.9}$$

으로 계산한다.

[예4.6]

영희네 과수원은 수확철에 일할 사람을 구하는데 어려움을 겪고 있다. 하루에 일하러 오는 사람의 수 X는 [그림 4.6]의 (a)와 같은 분포를 따르고, 수확량은 수확체감의 법칙 때문에 사람 수에 비례하여 증가하지 못하고 $g(X) = \sqrt{X}$(단위: 1,000개)로 결정된다. X와 $g(X)$의 평균을 계산해 보자.

먼저 일하러 오는 사람 수의 평균은

$$E(X) = 1 \times \frac{1}{4} + 2 \times \frac{1}{2} + 3 \times \frac{1}{4} = 2(\text{명})$$

이 된다.

한편 수확량 $g(X)$의 분포를 구해보면 그림 [4.6]의 (b)와 같다. 따라서 하루 평균 수확량은

$$E(g(X)) = \sqrt{1} \times \frac{1}{4} + \sqrt{2} \times \frac{1}{2} + \sqrt{3} \times \frac{1}{4} = 1.39(1{,}000\text{개})$$

가 된다. ●●●

위의 예에서 두 가지 점을 눈여겨 보아둘 필요가 있다. 첫째는 $E(X)$와 $E(g(X))$는 [그림4.6]에서 보는 바와 같이 각각 X및 $g(X)$의 분포의 중심위치를 가리키고 있다는 점이다. 두 번째는 하루 평균 2명이 일한다고 해서 하루 평균 수확량이 $g(2) = \sqrt{2}$라 할 수 없다는 점이다. 일반적으로

$$E(g(X)) \neq g(E(X)) \tag{4.10}$$

임을 기억해 두어야 한다. (4.9)와 (4.10)의 차이를 잘 살펴보기 바란다.

그림 4.6 X와 $g(X) = \sqrt{X}$의 평균

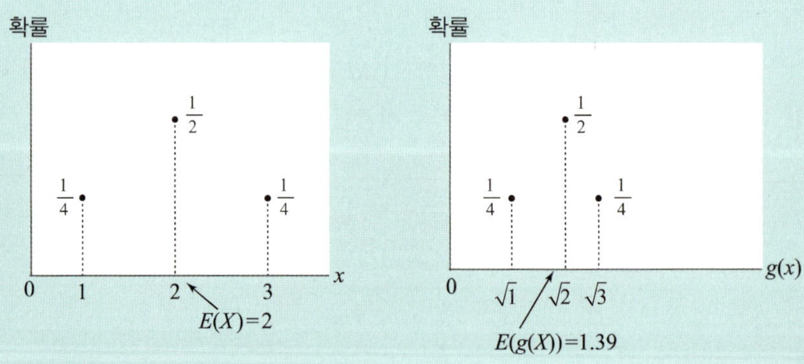

(a) 사람 수 X의 평균　　(b) 수확량 $g(X)$의 평균

확률변수의 평균은 다음의 성질을 만족한다;

a와 b가 상수이고 X가 확률변수라 하면

$$\begin{aligned}&(1)\ E(a)=a\\&(2)\ E(aX+b)=aE(X)+b\end{aligned} \tag{4.11}$$

가 성립한다.

(4.11)의 (1)은 상수 a를 'a의 값을 1의 확률로 가지는 확률변수'로 생각하면 자명한 것이고, (2)는 (4.9)를 이용하여 쉽게 증명할 수 있다. 증명은 연습문제로 남겨둔다.

이산형 확률변수 X의 **분산**(variance)은

$$var(X)=E(X-\mu)^2=\sum(x-\mu)^2 f(x) \tag{4.12}$$

로 정의하며, $var(X)$ 대신 그리스 문자 σ^2으로 나타내기도 한다. 평균에서 먼 값을 가질 확률이 클수록 분산은 커진다. 다시 말해 넓은 범위의 값에 확률이 분포되어 있을 때 분산이 값이 커지는 것이다. 분산의 제곱근을 확률변수의 **표준편차**(standard deviation)라 하고 $s.d.(X)$ 또는 σ의 기호로 나타낸다.

[예4.7]

영희와 철수는 두 주식 A와 B 중 어디에 투자할 것인지 망설이고 있다. [표4.2]의 처음 두 열은 주식 A의 연간 수익률 X와 주식 B의 연간 수익률 Y의 확률분포를 보여주고 있다. 두 주식 수익률의 평균과 분산을 구해보자. 단, 연간수익률의 단위는 %이다.

셋째 열의 계산 결과에 의하면 X와 Y의 평균은 각각

$$\mu_x=5(\%) \qquad \mu_y=10(\%) \tag{4.13}$$

이다. 주식 A의 기대수익률보다 주식 B의 기대수익률이 더 높다는 것을 알 수 있다.

나머지 세 열에서는 X와 Y의 분산을 계산하고 있다. 먼저 평균으로부터의 편차 $(x-\mu_x)$

[표4.2] 수익률의 평균과 분산

주식 A					
x	$f(x)$	$xf(x)$	$x-\mu_x$	$(x-\mu_x)^2$	$(x-\mu_x)^2 f_{(x)}$
-5	0.25	-1.25	-10	100	25
5	0.5	2.5	0	0	0
15	0.25	3.75	10	100	25
합	1	$\mu_x = 5$			$\sigma_x^2 = 50$
					$\sigma_x = \sqrt{50}$

주식 B					
y	$f(y)$	$yf(y)$	$y-\mu_y$	$(y-\mu_y)^2$	$(y-\mu_y)^2 f_{(y)}$
-80	0.25	-20	-90	8,100	2,025
10	0.5	5	0	0	0
100	0.25	25	90	8,100	2,025
합	1	$\mu_y = 10$			$\sigma_y^2 = 4,050$
					$\sigma_y = \sqrt{4,050}$

와 $(y-\mu_y)$를 계산하고 이들을 제곱한 다음 확률을 곱하여 가중평균을 계산하면 그것이 바로 분산이 된다. X와 Y의 분산은

$$\sigma_x^2 = 50 \qquad \sigma_y^2 = 4,050 \tag{4.14}$$

이고, 이들의 표준편차는

$$\sigma_x = \sqrt{50} = 7.07(\%) \qquad \sigma_y = \sqrt{4,050} = 63.64(\%) \tag{4.15}$$

이다. X의 분산(또는 표준편차)보다 Y의 분산(또는 표준편차)이 더 크므로 주식 A보다 주식 B의 수익률이 더 큰 폭의 변동을 보인다고 할 수 있다. 지금까지의 계산으로부터 주식 B는 A에 비해 기대수익률이 높지만 위험도 큰 고위험 고수익 주식임을 알 수 있다.

확률변수의 분산을 계산할 때는 [예4.7]에서처럼 분산의 정의 (4.12)를 직접 이용해도 되지만,

$$var(X) = E(X^2) - \mu^2 \tag{4.16}$$

의 공식을 이용해도 된다.[10] 예를 들어, [예4.7]에서 $E(X^2) = (-5)^2 \times 0.25 + 5^2 \times 0.5 + 15^2 \times 0.25 = 75$이므로 X의 분산을

$$\sigma_x^2 = E(X^2) - \mu_x^2 = 75 - 25 = 50$$

으로 계산해도 된다.

그리고 확률변수의 분산은 다음의 성질을 만족한다;

a와 b가 상수이고 X가 확률변수일 때

$$(1)\ var(a) = 0$$

$$(2)\ var(aX+b) = a^2 var(X) \tag{4.17}$$

연속형 확률변수의 평균과 분산은 적분을 이용하여 정의할 수밖에 없으므로 제 4장의 부록으로 미룬다. 하지만 연속형 확률변수에 대해서도 평균은 분포의 중심위치를 나타내고 분산은 분포의 폭, 즉 변동성을 나타내는 개념이라는 것만 기억해두면 제6장과 제7장에서 여러 가지 연속형 확률분포를 공부할 때 아무런 문제가 없을 것이다. 그리고 (4.9), (4.11)의 평균의 성질과 (4.16), (4.17)의 분산의 성질은 연속형 확률변수에 대해서도 성립한다는 점을 덧붙여 밝혀둔다.

4.5 두 확률변수의 확률분포와 통계적 독립

중국어를 공부하는 사람들은 한어수평고시(HSK)를 통해 능력을 인정받는다. 고급에 응시하여 합격한 100명을 성별과 급수에 따라 분류한 것이 [표4.3]과 같다고 하자. 여기서 한 명을 무작위로 선택하여 성별을 X(남자면 1, 여자면 0), 급수를 Y라 하면 [표4.4]와 같은 확률분포표를 얻을 수 있다.

10) (4.16)은 다음과 같이 증명할 수 있다.

$$var(X) = \sum_x (x-\mu)^2 f(x) = \sum_x (x^2 - 2\mu x + \mu^2) f(x) = \sum_x x^2 f(x) - 2\mu \sum_x x f(x) + \mu^2 \sum_x f(x) = E(X^2) - 2\mu \cdot \mu + \mu^2 = E(X^2) - \mu^2$$

[표4.3] HSK 급수와 성별의 분포

성별 \ 급수	9	10	11	합계
남	30	7	3	40
여	30	20	10	60
합계	60	27	13	100

→ 한 명을 무작위로 선택

[표4.4] 성별(X)과 HSK급수(Y)의 결합확률분포

X \ Y	9	10	11	합계
1	0.3	0.07	0.03	0.4
0	0.3	0.2	0.1	0.6
합계	0.6	0.27	0.13	1

이것을 두 확률변수 X와 Y의 **결합확률분포**(joint probability distribution)라 부른다. [표4.4]를 보면 무작위로 선택된 합격자가 남자이면서 9급일 확률은 $P(X=1,\ Y=9)=0.3, \cdots,$ 여자이면서 11급일 확률은 $P(X=0,\ Y=11)=0.1$ 이라는 것을 알 수 있다. 한 쌍의 확률변수 (X, Y)가 가질 수 있는 값 (x,y)에 이 값을 가질 확률을 대응시키는 함수

$$f(x,y)=P(X=x,\ Y=y) \tag{4.18}$$

를 X와 Y의 **결합확률함수**(joint probability function)라 부른다. [표4.4]는 결합확률함수를 표로 나타낸 것으로 이해하면 될 것이다.

결합확률분포가 주어지면 이로부터 X와 Y 각각의 확률분포를 알 수 있다. X의 확률분포는 [표4.4]의 오른쪽 주변(margin)에 나타나 있다.

$$P(X=1)=P(X=1, Y=9)+P(X=1, Y=10)+P(X=1, Y=11)=0.4$$
$$P(X=0)=P(X=0, Y=9)+P(X=0, Y=10)+P(X=0, Y=11)=0.6$$

으로 계산되기 때문이다. 마찬가지로 Y의 확률분포는 결합확률분포의 아래쪽 주변에 나타나게 된다. 결합확률분포에서 유도된 각 확률변수의 확률분포를 **주변확률분포**(marginal probability distribution)라 부른다. [표4.5]는 X와 Y의 주변확률분포를 정리해 놓고 있다. 주변확률분포를 나타내는 확률함수는 주변확률함수라 한다. [표4.5]에서 f_x는 X의 주변확률함수를, 그리고 f_y는 Y의 주변확률함수를 나타내는 기호로 쓰이고 있다.

[표4.5] X와 Y의 주변확률분포

x	1	0	합계
$f_x(x)$	0.4	0.6	1

y	9	10	11	합계
$f_y(y)$	0.6	0.27	0.13	1

결합확률분포가 주어지면 $X=1$이라는 조건하에 Y의 확률분포를 구할 수 있다. 예를 들어, 무작위로 선택한 사람이 남자라는 것을 알고 나면 그가 9급을 취득했을 확률은

$$P(Y=9 \mid X=1)=\frac{P(X=1, Y=9)}{P(X=1)}=\frac{f(1,9)}{f_x(1)}=\frac{0.3}{0.4}=0.75$$

이고, 마찬가지 방식으로 $P(Y=10 \mid X=1)$, $P(Y=11 \mid X=1)$도 구할 수 있다. 이를 표로 정리한 것이 [표4.6]이다. $X=1$이라는 조건하에 Y의 확률분포를 구한 것이므로 이것을 Y의 **조건부확률분포**(conditional pobability distribution)라 부른다. [표4.6]은 $X=0$일 때의 Y의 조건부 확률분포도 보여주고 있다. 또한 Y의 값이 주어졌을 때 X의 조건부 확률분포도 마찬가지 방법으로 구할 수 있다.

[표4.6] Y의 조건부 확률분포

$X=1$일 때	y	9	10	11	합계
	$f_{y\mid x}$	0.75	0.175	0.075	1

$X=0$일 때	y	9	10	11	합계
	$f_{y\mid x}$	0.5	0.33	0.17	1

지금까지의 논의를 다음과 같이 정리해 두자. 먼저 (4.18)의 결합확률함수가 주어지면, X와 Y의 주변확률함수는

$$\begin{aligned} f_x(x) &\equiv P(X=x)=\sum_y f(x,y) \\ f_y(y) &\equiv P(Y=y)=\sum_x f(x,y) \end{aligned} \tag{4.19}$$

그리고 X와 Y의 조건부확률함수는

$$\begin{aligned} f_{y|x}(y \mid x) &\equiv P(Y=y \mid X=x)=\frac{f(x,y)}{f_x(x)}, \quad f(x)>0\text{일 때} \\ f_{x|y}(x \mid y) &\equiv P(X=x \mid Y=y)=\frac{f(x,y)}{f_y(y)}, \quad f(y)>0\text{ 일 때} \end{aligned} \tag{4.20}$$

로 구하게 된다.

일반적으로 주변확률분포와 조건부확률분포는 일치하지 않는다. 앞의 예에서 확률변수 Y의 주변 확률분포를 [표4.5]에, 두 개의 조건부확률분포를 [표4.6]에 구해 놓았었다. 11급을

받을 확률, 즉 $Y=11$일 확률이 얼마인지 살펴보자. 아무런 조건이 주어져있지 않을 때는 주변확률분포로부터 0.13이라는 값을 얻는다. 하지만 선택된 사람이 남자라는 사실이 알려지면 11급일 확률은 0.075이고 여자라는 사실이 알려지면 11급일 확률이 0.17로 높아진다는 것을 두 개의 조건부확률분포로부터 읽을 수 있다. 성별(X)은 HSK급수(Y)를 예측하는데 유용한 정보가 되고 있는 것이다.

통계적 독립

주변확률분포가 조건부확률분포와 일치하는 경우가 있다. 이 때는 한 확률변수의 값이 얼마라는 사실이 알려져도 다른 확률변수가 어떤 값을 얼마의 확률로 가질 것인지에 대한 평가가 전혀 변하지 않는다. 이때 두 확률변수는 **통계적으로 독립**(statistically independent)이라고 한다.

서로 동치인 다음의 세 조건 중 하나가 만족될 때 X와 Y는 통계적으로 독립이라고 정의 한다;

$$\begin{aligned}&(1)\ \text{모든 } x,\ y\text{에 대해 } f_{y|x}(y\,|\,x)=f_y(y)\\&(2)\ \text{모든 } x,\ y\text{에 대해 } f_{x|y}(x\,|\,y)=f_x(x)\\&(3)\ \text{모든 } x,\ y\text{에 대해 } f(x,y)=f_x(x)f_y(y)\end{aligned} \tag{4.21}$$

두 확률변수 X와 Y의 결합확률분포가 아래의 [표4.7]과 같다고 하고 X와 Y는 통계적으로 독립인지 살펴보자.

[표4.7] 통계적으로 독립인 두 확률변수

X \ Y	9	10	11	합계
1	$\frac{3}{15}$	$\frac{2}{15}$	$\frac{1}{15}$	$\frac{2}{5}$
0	$\frac{3}{10}$	$\frac{2}{10}$	$\frac{1}{10}$	$\frac{3}{5}$
합계	$\frac{3}{6}$	$\frac{2}{6}$	$\frac{1}{6}$	1

(4.21)의 조건 (3)이 성립하는지 살펴보자. 먼저 $f(1,9)=\frac{3}{15}=\frac{1}{5}$이고, 또한 $f_x(1)\cdot f_y(9)=\frac{2}{5}\times\frac{3}{6}=\frac{1}{5}$이므로 $f(1,9)=f_x(1)f_y(9)$가 성립한다. 즉, $X=1$인 사건과 $Y=9$인 사건은 서로 독립이다. 하지만 조건 (3)은 "모든 x, y에 대해" 이와 같은 관계가 성립할 것을 요구하고 있다. 나머지 5개의 결합확률에 대해서도 해당하는 주변확률의 곱과 같다는 것을 확인해 보면

모두 성립한다는 것을 알 수 있다. 따라서 X와 Y는 통계적으로 독립이다.

위의 예에서 보는 바와 같이 결합확률분포표를 통해 두 확률변수가 독립임을 확인하는 것은 "모든 x, y에 대해"라는 조건 때문에 상당히 번거롭게 보인다. 하지만 관찰을 통해 쉽게 확인하는 방법이 있다. [표4.7]에서 Y가 9, 10, 11의 값을 가질 확률을 살펴보면 $X=1$이거나, $X=0$이거나, 그리고 X의 값이 알려져 있거나 있지 않거나 상관없이 항상 3 : 2 : 1의 비율임을 알 수 있다. 즉, Y의 조건부확률분포가 Y의 주변확률분포와 같다는 것을 관찰을 통해 쉽게 알 수 있는 것이다. 마찬가지로 X가 1, 0의 값을 가질 확률은 Y의 값에 상관없이 항상 2 : 3이란 것도 관찰할 수 있다. X의 조건부확률분포가 X의 주변확률분포와 같다는 것을 알 수 있다. X와 Y가 통계적으로 독립이란 것은

"한 변수의 값에 대한 정보가 다른 변수의 값을 예측하는데 전혀 유용하지 않다."

는 것임을 기억하면 될 것이다.

4.6 공분산과 상관계수

이 절에서는 두 확률변수 사이의 관계를 측정하는 개념으로 공분산과 상관계수를 소개하고자 한다. 먼저 두 이산형 확률변수 X와 Y사이의 **공분산**(covariance)은

$$cov(X,\ Y) = E(X-\mu_x)(Y-\mu_y) = \sum(x-\mu_x)(y-\mu_y)f(x,\ y) \tag{4.22}$$

로 정의한다. σ_{xy}도 공분산을 나타내는 기호로 흔히 쓰인다. (4.22)에서 보듯이 X가 자신의 평균 μ_x보다 클(작을) 때 Y가 자신의 평균 μ_y보다 클(작을) 확률이 높으면 공분산은 0보다 크고 반대의 경우에는 0보다 작은 값을 가진다. 대체로

" X가 클 때 Y도 큰 경향이 있으면 $\sigma_{xy} > 0$
X가 클 때 Y는 작은 경향이 있으면 $\sigma_{xy} < 0$

으로 이해하면 될 것이다. 공분산을 계산할 때는 (4.2)의 정의 대신

$$cov(X,\ Y) = E(XY) - \mu_x\mu_y \tag{4.23}$$

의 공식[11)]을 이용할 수도 있다.

두 확률변수 X와 Y가 통계적으로 독립이면, $\sigma_{xy}=0$이다. 두 확률변수가 모두 이산형일 때에는 다음과 같이 쉽게 그 이유를 밝힐 수 있다;

X와 Y가 통계적으로 독립이면 모든 x, y,에 대해 $f(x,y)=f_x(x)\cdot f_y(y)$이므로

$$\begin{aligned}E(XY) &= \sum_x\sum_y xyf(x,\ y)\\ &= \sum_x\sum_y xf_x(x)yf_y(y)\\ &= \sum_x xf_x(x)\sum_y yf_y(y)\\ &= \mu_x\mu_y\end{aligned}$$

가 된다. 따라서 (4.23)에 의해 $\sigma_{xy}=E(XY)-\mu_x\mu_y=0$이다.

[예4.8]

앞의 [예4.7]에서 영희와 철수가 투자를 고려하던 두 주식 A와 B의 연간 수익률이 [표4.8]과 같은 결합확률분포를 따른다고 하고 공분산을 구해보자.

[표4.8] 주식 수익률의 결합확률분포 (수익률 단위: %)

X \ Y	−80	10	100	합계
−5	0.20	0.05	0	0.25
5	0.05	0.40	0.05	0.5
15	0	0.05	0.20	0.25
합계	0.25	0.5	0.25	1

X가 주식 A의 수익률이고 Y가 주식 B의 수익률이다. X와 Y의 주변확률분포는 [표4.2]에서 가정한 X와 Y의 확률분포와 동일하다. 따라서 X, Y의 평균과 분산은 [예4.7]에서 이미 구한 바와 같이

$$\mu_x=5 \qquad \sigma_x^2=50$$
$$\mu_y=10 \qquad \sigma_y^2=4,050$$

이다.

---

11) 증명은 각주 10)과 유사하다.

이제, X와 Y사이의 공분산을 식 (4.23)을 이용하여 계산해 보자. $E(XY)$를 계산하기 위해서는 먼저 XY의 확률분포를 알아야 한다. [표4.8]의 결합확률분포로부터 XY가 가질 수 있는 값과 각각의 값을 가질 확률을 구해 정리한 것이 아래의 [표4.9]이다.

[표4.9] XY의 확률분포

XY	−400	−50	50	150	400	500	1,500	합
확률	0.05	0.05	0.4	0.05	0.2	0.05	0.2	1

이로부터

$$E(XY) = -400 \times 0.05 + (-50) \times 0.05 + \ldots\ldots + 1,500 \times 0.2$$
$$= 410$$

이고, 따라서 공분산은

$$\sigma_{xy} = E(XY) - \mu_x \mu_Y = 410 - 5 \times 10 = 360$$

임을 알 수 있다.

[표4.8]의 결합확률분포에서 X가 클(작을) 때 Y가 클(작은) 경향이 있음을 쉽게 관찰할 수 있다. 공분산이 0보다 큰 것은 바로 이런 관찰을 수치로 나타낸 것으로 볼 수 있다.

그러나 "공분산의 크기는 두 변수 사이의 관계에 대해 아무런 정보도 제공하지 못한다." [예4.8]에서 구한 공분산이 360이나 되는 큰 수이니 두 확률변수 사이의 관계가 매우 밀접한 것 아닐까 생각하는 독자가 있다면, 두 주식의 연간수익률을 %가 아닌 절대수치로 바꾸어 공분산을 다시 계산해 볼 것을 권한다. 두 변수의 측정단위만 바뀔 뿐 관계가 변한 것이 아님에도 불구하고 공분산은 0.036이 나올 것이다. 이제는 두 변수 사이의 관계가 그다지 밀접하지 않다고 할 것인가.

공분산의 이런 단점을 보완하기 위해 도입하는 개념이 **상관계수**(correlation coefficient)이다. 두 확률변수 X와 Y사이의 상관계수는

$$\rho = \frac{\sigma_{xy}}{\sigma_x \sigma_y} \tag{4.24}$$

로 정의한다. 상관계수는 공분산 σ_{xy}를 표준편차의 곱 $\sigma_x \sigma_y$로 나눈 것으로 항상 $-1 \le \rho \le 1$ 조건을 만족하며, 두 확률변수의 측정단위를 바꾸어도 동일한 값을 가진다.

[예4.9]

[예4.8]의 X와 Y사이의 상관계수는 $\rho = \frac{\sigma_{xy}}{\sigma_x \sigma_y} = \frac{360}{\sqrt{50}\sqrt{4,050}} = 0.8$이다. 그리고 이 값은 수익률 X, Y를 %로 측정하든 아니면 절대수치로 측정하든 불변임을 스스로 확인해 보기 바란다.

상관계수가 0보다 크면 두 확률변수는 **양(+)의 상관관계**를 가진다고 말한다. (4.24)를 보면 분모의 표준편차들은 항상 양수이므로 $\rho > 0$이라는 것은 $\sigma_{xy} > 0$이라는 것과 마찬가지다. 따라서 양의 상관관계를 가진다는 것은 X가 클때 Y도 큰 경향이 있음을 의미한다. 그리고 ρ가 1에 가까운 큰 값을 가질수록 두 확률변수 사이에 보다 "밀접한" 양의 상관관계가 존재한다고 볼 수 있다. 특히 $\rho = 1$인 경우는 두 확률변수 사이에 정확한 선형관계, 즉 $Y = aX + b\ (a > 0)$의 관계가 존재할 때 뿐임이 알려져 있다.

마찬가지로, 상관계수가 0보다 작으면 두 확률변수는 **음(−)의 상관관계**를 가진다고 말하며, ρ가 -1에 가까울수록 두 확률변수 사이의 음의 상관관계는 보다 밀접하다고 볼 수 있다. 특히 $\rho = -1$인 경우는 두 확률변수 사이에 $Y = aX + b\ (a < 0)$의 정확한 선형관계가 존재할 때 뿐이다. 그리고 $\rho = 0$일 때 두 확률변수 사이에는 아무런 상관관계가 존재하지 않는다고 말한다.

두 확률변수가 통계적으로 독립이면 이들 사이의 공분산이 0이고 따라서 상관계수도 0이다. 두 변수 사이에 아무런 상관관계가 존재하지 않는 것이다. 하지만 다음의 예를 보면 $\rho = 0$이라고 해서 두 확률변수가 통계적으로 독립이라 할 수 없으며, 또한 두 변수 사이에 아무런 '관계'가 존재하지 않는다고 할 수도 없다.

[예4.10]

X의 확률분포가 [표4.10]의 (1)과 같다고 하면, 새로운 확률변수 $Y = X^2$의 확률분포와 (X, Y)의 결합확률분포는 각각 [표4.10]의 (2)와 (3)이 된다. 두 확률변수 사이에는 정확한 "비선형 관계($Y = X^2$)"가 존재한다는 것은 자명하며, 또한 (3)의 결합확률분포로부터 두 확률변수가 "통계적으로 독립이 아니라"는 것도 쉽게 관찰할 수 있다. 그러나 상관계수를 구해보자.

$X^3 = XY$의 관계 등을 이용하여

$$E(XY) = E(X^3) = (-1) \times \frac{1}{4} + 0 \times \frac{1}{2} + 1 \times \frac{1}{4} = 0$$

$$\mu_x = -1 \times \frac{1}{4} + 0 \times \frac{1}{2} + 1 \times \frac{1}{4} = 0$$

$$\mu_y = 0 \times \frac{1}{2} + 1 \times \frac{1}{2} = \frac{1}{2}$$

[표4.10] $\rho=0$인 두 확률변수

(1) X의 확률분포

x	-1	0	1	합계
$f(x)$	$\frac{1}{4}$	$\frac{1}{2}$	$\frac{1}{4}$	1

(2) $Y=X^2$의 확률분포

y	0	1	합계
$f(y)$	$\frac{1}{2}$	$\frac{1}{2}$	1

(3) X와 Y의 결합확률분포

x \ y	0	1	합계
-1	0	$\frac{1}{4}$	$\frac{1}{4}$
0	$\frac{1}{2}$	0	$\frac{1}{2}$
1	0	$\frac{1}{4}$	$\frac{1}{4}$
합계	$\frac{1}{2}$	$\frac{1}{2}$	1

이므로, (4.23)에 의해

$$\sigma_{xy}=E(XY)-\mu_x\mu_y=0$$

이 된다. 공분산이 0이므로 X와 Y사이의 상관계수 ρ 역시 0의 값을 가진다.

위의 예를 통해 두 확률변수 사이에 명백히 밀접한 관계가 있음에도 불구하고 상관계수의 값이 0일 수 있음을 알게 된다. 그렇다면 상관계수는 무엇을 측정하는 개념인가?

지금까지의 논의를 종합해 보면, 상관계수는 두 확률변수 사이에

"어떤 방향(양인지 음인지)의 얼마나 밀접한 '선형'관계"

가 존재하는지를 알려주는 개념이라 할 수 있다. 따라서 ρ가 0에 가까운 값을 가지더라도 두 확률변수 사이에 '비선형'관계가 존재할 가능성을 고려해 주어야 할 것이다.

공분산과 상관계수의 개념을 이용하여 두 확률변수의 합 $X+Y$의 분산을 간편하게 계산할

수 있다. 두 확률변수의 합 $X+Y$의 평균과 분산을 정의에 따라 구하려면, (X, Y)의 결합확률분포로부터 $X+Y$의 확률분포를 얻은 다음 평균과 분산을 계산해야 한다. 하지만 많은 경우 다음의 공식을 이용하는 것이 매우 편리하다;

$$E(X+Y)=\mu_x+\mu_y \tag{4.25}$$

$$\begin{aligned} var(X+Y) &= \sigma_x^2+\sigma_y^2+2\sigma_{xy} \\ &= \sigma_x^2+\sigma_y^2+2\rho\sigma_x\sigma_y \end{aligned} \tag{4.26}$$

[예4.11]

(X, Y)의 결합확률분포가 [표4.8]과 같다고 하자. [예4.8]에서 구한

$$\mu_x=5, \sigma_x^2=50,\ \mu_y=10, \sigma_y^2=4,050, \sigma_{xy}=360$$

을 이용하면 $X+Y$의 평균과 분산을

$$E(X+Y)=\mu_x+\mu_y=15$$

$$var(X+Y)=\sigma_x^2+\sigma_y^2+2\sigma_{xy}=50+4050+2\times 360=4820$$

으로 구할 수 있다. (X, Y)의 결합확률분포로 부터 $X+Y$가 가질 수 있는 값과 각각의 값을 가질 확률을 구하여 $X+Y$의 확률분포를 얻은 다음 평균과 분산을 계산하는 것보다 훨씬 간편하다는 것을 알 수 있을 것이다.

X와 Y가 통계적으로 독립이면 $\sigma_{xy}=0$ (따라서 $\rho=0$)이므로 (4.26)을

$$var(X+Y)=\sigma_x^2+\sigma_y^2 \tag{4.27}$$

으로 쓸 수 있다. 즉, 통계적으로 독립일 때에는 합의 분산이 분산의 합과 같은 것이다. 하지만 일반적인 경우에는 반드시 공분산 또는 상관계수를 고려한 (4.26)의 식을 이용하여야 한다.

연습문제

4.1. 동전을 두 번 던지는 확률실험을 생각해 보자.

(1) 앞면의 수를 확률변수 X라 할 때 X가 가질 수 있는 값을 모두 열거하라.

(2) 두 번 중 앞면의 비율을 확률변수 Y라 할 때 Y가 가질 수 있는 값을 모두 열거하라.

(3) X와 Y는 이산형인가, 아니면 연속형인가?

4.2. 연습문제 4.1의 두 확률변수 X와 Y에 대한 다음 질문에 답하라.

(1) X의 확률분포를 표로 나타내어라.

(2) X의 평균과 분산을 구하라.

(3) Y의 확률분포를 표로 나타내어라.

(4) Y의 평균과 분산을 구하라.

(5) X의 평균과 Y의 평균 사이에 어떤 관계가 성립하는가?

(6) X의 분산과 Y의 분산 사이에 어떤 관계가 성립하는가?

4.3. 영희가 이용하는 노선버스는 6분마다 정거장에 도착한다. 영희가 정거장에 도착하여 버스가 올 때까지 기다리는 시간을 확률변수 X라 하자.

(1) X는 어떤 값들을 취할 수 있는가?

(2) X는 이산형인가, 아니면 연속형인가?

(3) X의 확률분포를 그림으로 나타내어라.

(4) 영희가 5분이상 기다릴 확률은 얼마인가?

4.4. 연습문제 4.3의 X는 평균과 분산이 모두 3이다. 만약 버스회사의 증차로 배차간격이 3분으로 줄어들면 영희의 기다리는 시간 Y의 평균과 분산은 얼마인가?

4.5. 확률변수 X의 누적분포함수가 아래 그림과 같다.

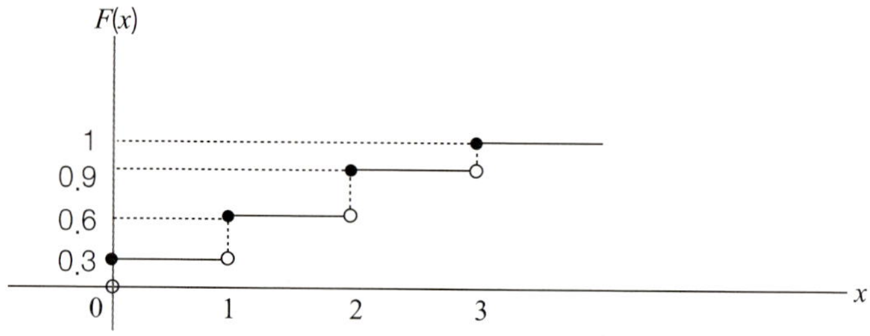

(1) X는 이산형인가 아니면 연속형인가?

(2) $P(X \leq 2)$는 얼마인가?

(3) $P(1 < X < 3)$은 얼마인가?

(4) $P(X \geq 3)$은 얼마인가?

4.6. 확률변수 X의 누적분포함수가 다음과 같다;

$$F(x) = \begin{cases} 0, & x < 0 \\ \dfrac{1}{4}x^2, & 0 \leq x \leq 2 \\ 1, & x \geq 2 \end{cases}$$

(1) $F(x)$의 그래프를 그려라.

(2) X는 이산형인가 아니면 연속형인가?

(3) $P(X=1)$은 얼마인가?

(4) $P(X \leq 1)$은 얼마인가?

(5) $P\left(\frac{1}{2} < X < \frac{3}{2}\right)$은 얼마인가?

(6) $P\left(X > \frac{3}{2}\right)$은 얼마인가?

4.7. 확률변수 X의 확률분포가 아래의 표와 같다.

x	1	2	3	4
확률	$\frac{1}{8}$	$\frac{1}{4}$	$\frac{1}{2}$	$\frac{1}{8}$

(1) X의 평균과 분산을 구하라.

(2) X의 누적분포함수를 그림으로 나타내어라.

(3) $P(X > 2)$와 $P(X \geq 2)$는 얼마인가?

(4) 확률변수 Y를 $Y = X^2$으로 정의할 때 Y의 확률분포를 표로 나타내어라.

(5) Y의 평균과 분산을 구하라.

(6) Y의 평균과 X의 평균 사이에 $\mu_y = (\mu_x)^2$의 관계가 성립하는가?

4.8. 영희는 OX문제가 두 개 출제된 시험에서 단지 요행을 바라며 답을 썼다. 따라서 각 문제마다 정답을 맞힐 확률은 $\frac{1}{2}$이라 할 수 있다.

(1) X를 정답의 수라 할 때 X의 확률분포, 기대값, 그리고 분산을 구하라.

(2) 낙제생을 없애기 위해 담당교수는 모든 학생에게 80점을 기본점수로 준 다음 한 문제를 맞출 때마다 10점을 더하는 방식으로 점수를 계산하였다. 영희의 점수를 Y라 하고 Y의 기대값과 분산을 구하라.

4.9. 올림픽대로에서 하루에 한 건의 교통사고가 발생할 확률은 0.02, 두 건의 교통사고가 발생할 확률은 0.01, 그리고 한 건도 교통사고가 발생하지 않을 확률은 0.97이다.

(1) 하루 교통사고는 평균 몇 건인가?

(2) 하루 교통사고 건수의 표준편차는 얼마인가?

(3) 10일간의 교통사고는 평균 몇 건인가?

(4) 10일간 교통사고 건수의 표준편차는 얼마인가?

4.10. 모든 확률변수는 평균으로부터 k 표준편차 이내의 값을 가질 확률이 적어도 $1 - \frac{1}{k^2}$ 이상이라는 것이 알려져 있다. 이것을 체비셰프(Chebyshev)의 부등식이라 하며,

$$P(|X - \mu| < k\sigma) \geq 1 - \frac{1}{k^2}$$

의 기호로 나타낼 수 있다. 여기서, μ는 X의 평균이고 σ는 X의 표준편차이다.

(1) 평균으로부터 2 표준편차 이내의 값을 가질 확률은 최소 얼마인가?

(2) 평균으로부터 2 표준편차 이상의 값을 가질 확률은 최대 얼마인가?

(3) 평균으로부터 3 표준편차 이상의 값을 가질 확률은 최대 얼마인가?

4.11. 어느 기업의 내년도 이윤은 평균 4억원, 표준편차 1억원으로 알려져 있다. 이 기업의 내년도 이윤이 마이너스이거나 8억원 이상일 확률은 최대 얼마일까? (연습문제 4.10 의 체비셰프 부등식을 이용할 것.)

4.12. 두 확률변수 X와 Y의 결합 확률분포가 아래의 표와 같다.

x \ y	0	1	2
0	$\frac{1}{4}$	$\frac{1}{4}$	0
1	0	$\frac{1}{4}$	$\frac{1}{4}$

(1) $P(X \geq 1,\ Y \geq 1)$은 얼마인가?

(2) Y의 주변분포를 표로 나타내어라.

(3) X와 Y는 통계적으로 독립인가?

(4) Y의 평균($E(Y)$)은 얼마인가?

(5) $X=0$일 때 Y의 조건부 확률분포를 구하라.
$X=0$일 때 Y의 평균($E(Y \mid X=0)$의 기호로 나타내자)은 얼마인가?

(6) $X=1$일 때 Y의 조건부 확률분포를 구하라.
$X=1$일 때 Y의 평균($E(Y \mid X=1)$의 기호로 나타내자)은 얼마인가?

(7) X와 Y 사이의 공분산을 구하라.

(8) X와 Y 사이의 상관계수를 구하라.

4.13. 한강 고수부지에 골프연습장을 건설하려는 계획에 대한 서울시민들의 소득 수준별 찬반여부가 아래의 표와 같다고 하자.

(단위: 만명)

	찬성	반대
연 5천만원 이상	35	15
연 2천만 ~ 5천만	100	200
연 2천만원 미만	15	135

그리고 시민 한 명을 무작위로 선택했을 때 이 사람의 찬성여부와 소득수준을 아래의 두 확률변수로 나타내자;

$$X = \begin{cases} 1, & \text{찬성이면} \\ 0, & \text{반대이면} \end{cases}$$

$$Y = \begin{cases} 2, & \text{연간 소득이 5천만원 이상이면} \\ 1, & \text{2천만 ~ 5천만원이면} \\ 0, & \text{2천만원 미만이면} \end{cases}$$

(1) X와 Y의 결합확률분포를 표로 나타내어라.

(2) X와 Y의 주변확률분포를 표로 나타내어라.

(3) X와 Y의 평균과 표준편차는 얼마인가?

(4) X와 Y는 통계적으로 독립인가?

(5) $X=0$일 때 Y의 조건부 확률분포를 구하라.
$X=0$일 때 Y의 평균(즉, $E(Y \mid X=0)$)은 얼마인가?

(6) $X=1$일 때 Y의 조건부 확률분포를 구하라.
$X=1$일 때 Y의 평균(즉, $E(Y \mid X=1)$)은 얼마인가?

(7) X와 Y 사이의 공분산은 얼마인가?

(8) X와 Y 사이의 상관계수는 얼마인가?

4.14. 확률변수 X와 Y는 통계적으로 독립이다. 다음의 결합확률분포표를 완성하라.

	1	2	3
0	0.1	0.2	0.1
1			

4.15. X_1과 X_2는 각각 평균이 μ, 분산이 σ^2인 확률변수들이며, 서로 통계적으로 독립이다. $\overline{X} = \frac{1}{2}(X_1 + X_2)$에 대한 다음 질문에 답하라.

(1) $E(\overline{X})$는 얼마인가?

(2) $var(\overline{X})$는 얼마인가?

4.16. X와 Y는 확률변수이고, a와 b는 상수일 때 $cov(aX, bY) = ab\ cov(X, Y)$ 의 관계가 성립함을 보여라.

4.17. 연습문제 4.16의 결과를 이용하여 일반적으로

$$var(aX+bY) = a^2\sigma_x^2 + b^2\sigma_y^2 + 2ab\sigma_{xy}$$

또는

$$var(aX+bY) = a^2\sigma_x^2 + b^2\sigma_y^2 + 2ab\rho\sigma_x\sigma_y$$

의 관계가 성립함을 보여라.

4.18. 주식 A의 수익률(단위는 %) R_A는 평균 15, 표준편차 10이고, 주식 B의 수익률 R_B는 평균 10, 표준편차 5이다. 다음의 각 상황에서, 두 주식에 반씩 분산투자한 포트폴리오의 수익률 $R = \frac{1}{2}R_A + \frac{1}{2}R_B$ 의 평균과 표준편차를 구하라.

(1) R_A와 R_B가 통계적으로 독립일 때

(2) R_A와 R_B사이의 상관계수가 0.5일 때

(3) R_A와 R_B사이의 상관계수가 -0.5일 때

부록 연속형 확률변수의 평균, 분산과 적분

연속형 확률변수와 관련된 식들을 이해하기 위해서는 연속형 확률분포를 이산형 확률분포로 근사해 보는 것이 유용하다. [그림 4A.1]을 보자.

확률변수 X가 $[c,d]$구간의 값을 가지는 것으로 그려져 있다. 만약 X가 모든 실수 값을 가지는 경우라면 c를 $-\infty$로 그리고 d를 $+\infty$로 생각하면 된다. 먼저 $[c,d]$ 구간을 n등분하는 점을 $x_0(=c)$, x_1, x_2, $\cdots$, $x_n(=d)$으로, 또 각 구간의 중점을 m_1, m_2, $\cdots$, m_n으로 표시하였다. 각 구간의 넓이는 모두 $\Delta x = \dfrac{d-c}{n}$로 동일하다. 우리는 X가 첫 구간 즉 (x_0, x_1)구간의 값을 가질 확률이 이 구간에서 곡선 아래의 면적임을 알고 있다. 하지만 [그림4A.1]에서 보는 바와 같이 이 확률은 빗금친 첫 직사각형, 즉 밑변이 Δx이고 높이가 $f(m_1)$인 직사각형의 면적 $f(m_1)\Delta x$와 비슷할 것이다. 마찬가지로 X가 (x_1, x_2)구간의 값을 가질 확률은 두 번째 빗금친 직사각형의 면적 $f(m_2)\Delta x$로, 그리고 X가 마지막 구간 (x_{n-1}, x_n)에 속하는 값을 가질 확률은 마지막 직사각형의 면적 $f(m_n)\Delta x$로 근사할 수 있다. [그림4A.1]은 연속형 확률변수 X를 m_1, m_2, $\cdots$,m_n의 n개 값을 가지는 이산형 확률변수로 근사할 수 있음을 보여준다. 모든 i에 대해 m_i의 값을 가질 확률은 $f(m_i)\Delta x$이며, 이것을 표로 정리한 것이 [표4A.1]이다.

그림 4A.1 확률밀도함수의 근사

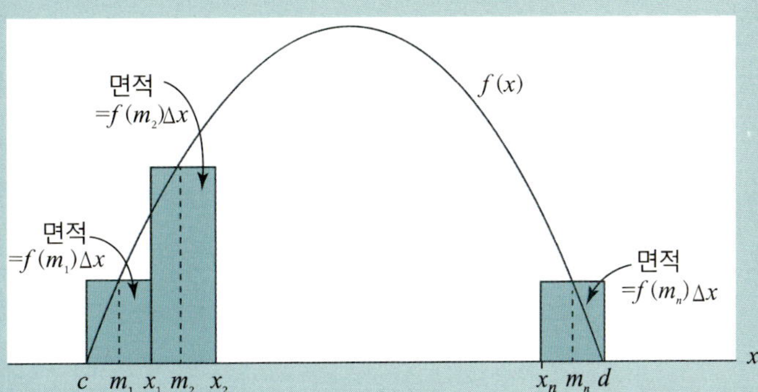

물론 [표4A.1]을 이산형 확률분포라 부르는 데에는 약간의 문제가 있다. 확률의 합이 1이 된다는 보장이 없기 때문이다. 하지만 적분을 아는 독자라면 n을 크게 하여 점점 더 세밀한 근사를 해 나가면 결국 확률의 합이 곡선아래의 면적인 1에 수렴해 간다는 것, 즉

$$1 = \int_c^d f(x)\Delta x = \lim_{n\to\infty}\sum_{i=1}^{n} f(m_i)\,\Delta x$$

의 관계가 성립한다는 것을 이미 알고 있을 것이다. 결국 n이 충분히 크면 [표4A.1]을 이산형 '확률분포'로 볼 수 있는 것이다.

[표4A.1] X의 분포를 근사하는 이산형 분포

x	확률
m_1	$f(m_1)\,\Delta x$
m_2	$f(m_2)\,\Delta x$
$\vdots$	$\vdots$
m_i	$f(m_i)\,\Delta x$
$\vdots$	$\vdots$
m_n	$f(m_n)\,\Delta x$
합	$\sum f(m_i)\,\Delta x$

이제 연속형 확률변수 X의 평균(기대값)을 어떻게 구할 것인지 생각해 보자. [표4A.1]의 근사적 이산형 확률분포의 평균은 (4.8)에 의해

$$\sum_{i=1}^{n} m_i f(m_i)\,\Delta x$$

이다. n이 커질수록 X의 분포를 보다 정확하게 근사 할 수 있게 되므로, $n\to\infty$일 때 이 값의 극한, 즉

$$\lim_{n\to\infty}\sum_{i=1}^{n} m_i f(m_i)\,\Delta x = \int_c^d x f(x)dx$$

를 연속형 확률변수 X의 평균으로 정의하게 된다.

지금까지의 결과를 다음과 같이 요약해 두자. 연속형 확률변수 X의 평균(기대값)은

$$\boldsymbol{E(X)} = \int_{-\infty}^{\infty} \boldsymbol{xf(x)dx} \tag{4A.1}$$

로 정의한다. 앞의 설명을 통해 (4A.1)의 정의는 이산형 확률변수의 평균 (4.8)과 별개의 개념이 아님을 이해하였을 것으로 기대한다. 마찬가지로 연속형 확률변수의 분산은

$$\boldsymbol{var(X)=E(X-\mu)^2} = \int_{-\infty}^{\infty} \boldsymbol{(x-\mu)^2 f(x)dx} \tag{4A.2}$$

로 정의한다.

[예]

X의 확률밀도 함수가

$$f(x)=\begin{cases}1, & 0\leq x\leq 1 \text{ 일 때,}\\ 0, & \text{다른 곳에서}\end{cases}$$

일 때 X의 평균과 분산을 구해 보자.

X의 평균은

$$\begin{aligned}E(X)&=\int_0^1 xf(x)dx \quad \text{(다른 구간에서는 } f\text{의 값이 0이므로)}\\ &=\int_0^1 x\cdot 1dx\\ &=\frac{x^2}{2}\Big|_{x=0}^{x=1}=\frac{1}{2}\end{aligned}$$

이다. 분포의 중심위치임을 확인하기 바란다.

그리고 X의 분산은

$$\begin{aligned}var(X)&=\int_0^1 (x-\frac{1}{2})^2 f(x)dx\\ &=\int_0^1 (x-\frac{1}{2})^2\cdot 1\,dx\\ &=\int_0^1 (x^2-x+\frac{1}{4})\,dx\\ &=\frac{1}{3}-\frac{1}{2}+\frac{1}{4}\\ &=\frac{1}{12}\end{aligned}$$

로 계산할 수 있다.

연속형 확률변수의 평균과 분산을 적분을 이용하여 정의한다는 것을 공부하였으므로, 다소 순서는 뒤바뀌었지만, 확률밀도 함수의 성질과 누적분포함수와의 관계에 대해서도 간단히 정리해 두자. 먼저 확률밀도함수의 성질 (4.4)는

(1) 모든 x에 대해 $f(x)\geq 0$

(2) $\int_a^b f(x)dx = P(a < X < b)$ (4A.3)

(3) $\int_{-\infty}^{\infty} f(x)dx = 1$

로 나타낼 수 있다. 확률밀도 함수처럼 0이상의 값을 가지는 함수에 대해서는 (a,b)구간에서 그래프 아래의 면적이 $\int_a^b f(x)dx$라는 것만 기억하고 있다면, (4A.3)을 쉽게 이해할 수 있을 것이다.

그리고 연속형 확률변수의 누적분포함수 F는

$$F(x)(= P(X \le x)) = \int_{-\infty}^{x} f(t)\, dt \qquad (4A.4)$$

로 정의한다. x이하의 모든 확률밀도를 적분하면 $F(x)$, 즉 x이하의 값을 가질 확률을 구할 수 있는 것이다. [예 4.5]에서 번거로운 방식으로 구했던 누적분포함수를 (4A.4)를 이용하여 간편하게 구해보기 바란다.

마지막으로 미분과 적분사이의 관계를 이용하면 (4A.4)로부터

$$f(x) = F'(x) \qquad (4A.5)$$

가 성립함을 알 수 있다. 결국 확률밀도함수를 적분하면 누적분포함수를 얻고, (4A.4) 누적분포함수를 미분하면 확률밀도함수를 얻게 (식 4A.5)되는 것이다.

chapter

05 중요한 이산형 확률분포

statistics

05 중요한 이산형 확률분포

이산형 확률변수의 확률분포는 확률함수로 나타낸다는 것을 제4장에서 공부하였다. 0과 1 사이의 값을 가지면서 합이 1인 함수는 모두 확률함수가 될 수 있다. 무수히 많은 확률함수, 즉 무수히 많은 이산형 확률분포가 존재할 수 있는 것이다.

제5장에서는 가장 기본적인 이산형 확률분포 네 가지를 설명할 것이다. 베르누이 분포는 0과 1이라는 오직 두 개의 값만을 가지는 확률분포로 두 번째로 설명할 이항분포의 기초를 이룬다. 베르누이 확률변수는 성공과 실패라는 오직 두 가지 결과만 가능한 소위 베르누이 시행의 결과를 숫자로 기록한 것으로 볼 수 있다.

이항분포는 성공확률이 일정한 베르누이 시행을 여러 번 독립적으로 반복할 때의 성공횟수의 확률분포이다. 예를들어 불량률이 5%(즉 0.05)인 제품군에서 하나의 제품을 무작위로 추출하여 불량여부를 조사해 보는 것은 베르누이 시행이다. 만약 5개의 제품을 무작위로 추출하여 불량여부를 조사한다면 베르누이 시행을 5번 반복하는 것이다. 이때 불량품의 개수가 바로 이항분포를 따르는 확률변수가 된다. 이항분포는 불량률 조사뿐만 아니라 각종 법안, 정책 또는 후보자에 대한 지지율 조사 등에 이용할 수 있는 매우 유용한 확률분포이다.

초기하분포는 이항분포와 매우 밀접한 관련이 있다. 위에서 5개의 제품을 순차적으로 조사할 때 만약 전체 조사대상 제품의 수가 예컨대 10개 정도로 매우 작으면 조사방법이 복원추출인가 아니면 비복원추출인가가 결과에 영향을 미치게 된다. 복원추출이면 제품 하나하나를 조사해 나가는 것이 서로 독립적이므로 5개 중 불량품의 개수는 이항분포로 설명할 수 있다. 하지만 비복원추출이면 이전에 불량품이 몇 개 선택되었는지가 다음 조사의 결과에 영향을 미치게 된다. 초기하분포는 바로 비복원추출을 할 때의 불량품의 개수를 설명하는 확률분포이다.

마지막으로 포아송분포는 하루에 은행창구를 찾는 고객의 수 등 일정 기간동안 발생하는 사건의 수를 설명하는 확률분포이다.

5.1 베르누이 분포

정책이나 법안에 대한 여론을 알아보기 위해 유권자 한 명을 조사해보면 그 결과는 찬성 아니면 반대로 나올 것이다. 이처럼 오직 두 가지 결과만 가능한 실험을 베르누이 시행(Bernoulli trial)이라 하며, 보통 두 결과 중 하나를 성공 그리고 다른 하나를 실패라 부른다. 베르누이 시행의 결과를 다음과 같이 1과 0으로 기록한 아래의 X가 베르누이 확률변수이다;

$$X = \begin{cases} 1, \text{ 시행의 결과가 성공이면} \\ 0, \text{ 시행의 결과가 실패이면} \end{cases} \quad (5.1)$$

베르누이 확률변수 X의 확률분포를 베르누이 분포(Bernoulli distribution)라 하며 분포의 형태는 성공 확률에 의해 결정된다. 성공 확률을 p라 하면 $(0 \le p \le 1)$ X는 1의 값을 가질 확률이 p이고 0의 값을 가질 확률이 $1-p$가 된다. 따라서 X의 확률함수는

$$f(x) = p^x (1-p)^{1-x}, \; x = 0, 1 \quad (5.2)$$

로 나타낼 수 있다.

[예5.1]

(1) 동전 던지기는 앞면과 뒷면 중 어느 것을 성공이라 정의 하더라도 성공확률이 0.5인 베르누이 시행이다.

(2) 생산된 제품 중 하나를 무작위로 선택하여 불량품인지 합격품인지 조사해보는 것은 베르누이 시행이다. 불량품이 나온 것을 성공이라 정의할 때, 성공확률은 생산된 제품 전체에서 차지하는 불량품의 비율, 즉 불량률이 된다. 만약 불량률이 0.05인 제품군에서 하나를 선택하여 조사 한다면 불량품이 나올 확률은 0.05일 것이므로 이 실험은 성공확률이 0.05인 베르누이 시행이다.

(3) 유권자 한 명을 무작위로 선택하여 특정 공직 후보자에 대한 지지여부를 조사해 보는 것도 베르누이 시행이다. 이 유권자가 지지자인 것을 성공이라 정의할 때, 성공확률은 전체 유권자 중 이 후보자에 대한 지지자의 비율이 된다. 만약 유권자의 60%가 이 후보자를 지지하고 있을 때 한 명의 유권자를 무작위로 선택하여 조사하면 지지자일 확률은 0.6이 될 것이다. 따라서 이 실험은 성공확률이 0.6인 베르누이 시행이 된다.

베르누이 분포의 평균과 분산은 아래와 같다.[12)]

$$E(X) = p \qquad\qquad (5.3)$$
$$var(X) = p(1-p)$$

5.2 이항 분포

성공확률이 p로 일정한 베르누이 시행을 n번 독립적으로 반복할 때 성공 횟수 X를 이항확률변수라 하고

$$\boldsymbol{X \sim B(n,p)} \qquad\qquad (5.4)$$

의 기호로 나타낸다. X가 가질 수 있는 값은 0에서 n까지의 정수이므로 X는 이산형 확률변수이다. 이항 확률변수를 정의할 때 중요한 점은 각각의 베르누이 시행이 독립적이고 매 시행의 성공확률이 일정해야 한다는 것이다.

[예5.2]

동전을 10번 던질 때 앞면이 나오는 횟수를 X라 하자. 앞면이 나오는 것을 성공이라 할 때 각 시행에서의 성공확률은 $\frac{1}{2}$로 일정하고 각 시행에서의 성공여부는 다른 시행에서의 성공여부와 관계없이 독립적으로 결정된다. 따라서 X는 이항확률변수이다. (5.4)의 기호법에 의하면 $X \sim B\left(10,\ \frac{1}{2}\right)$로 쓸 수 있다.

[예5.3]

10개의 제품에 5개의 불량품이 섞여 있다. 이 중에서 2개의 제품을 '복원' 추출할 때 불량품의 개수를 X라 하자. 복원추출이므로 첫째 시행이나 둘째 시행에서의 성공확률은 $\frac{5}{10} = 0.5$로 일정하고, 두 시행은 서로 독립적이다. 따라서 X는 이항 확률변수이고 $X \sim B(2,\ 0.5)$로 쓸 수 있다.

---

12) 기대값의 정의에 따라 $E(X) = 0 \times (1-p) + 1 \times p = p$이다. 또한 $X^2 = X$이므로 $E(X^2) = E(X) = p$이다. 따라서 $var(X) = E(X^2) - [E(X)]^2 = p - p^2 = p(1-p)$이다.

[예5.4]

[예5.3]과 동일한 상황에서 2개의 제품을 '비복원' 추출할 때 불량품의 개수를 X라 하자. 첫째 시행에서의 성공확률은 앞에서와 마찬가지로 $\frac{5}{10}=0.5$이다. 그러나 둘째 시행에서의 성공확률은 $\frac{4}{9}$(첫째 시행이 성공일 때) 이거나 $\frac{5}{9}$ (첫째 시행이 실패일 때)가 된다. 따라서 두 시행이 독립적이지 않으므로 X는 이항확률변수라 할 수 없다. X는 다음 절에서 공부할 초기하분포를 따르는 확률변수이다.

이항확률변수의 확률분포를 **이항분포**(binomial distribution)라 한다. 이항분포의 확률함수를 구하려면 n번의 시행에서 x번의 성공 (그리고 $n-x$번의 실패)이 나올 확률, 즉 $P(X=x)$를 계산해야 한다.

먼저 x번의 성공(s)과 $n-x$번의 실패(f)가 포함된

$$\underbrace{s\,s\cdots\cdots s}_{x\text{번}}\quad \underbrace{f\,f\cdots\cdots f}_{n-x\text{번}} \tag{5.5}$$

와 같은 하나의 실험결과가 나올 확률은, 각 시행이 독립이고 성공확률 p가 일정하므로,

$$\underbrace{p\,p\cdots\cdots p}_{x\text{번}}\ \underbrace{(1-p)(1-p)\ \cdots\cdots\ (1-p)}_{n-x\text{번}}=p^x(1-p)^{n-x} \tag{5.6}$$

이다. 하지만 x번의 성공이 반드시 처음에 모두 나타나야 하는 것은 아니다. (5.5)와 같이 x번의 성공과 $(n-x)$번의 실패가 포함된 실험결과는 몇 가지나 있을까? 이는 n개 자리 중 성공이 차지할 x개의 자리를 순서에 상관없이 선택하는 경우의 수와 같으므로

$${}_nC_x=\frac{n!}{x!\,(n-x)!} \tag{5.7}$$

가지가 된다. 그리고 각 실험결과가 나타날 확률은 모두 (5.6)과 같다. 따라서 n번의 시행에서 x번의 성공이 나타날 확률 $P(X=x)$는 (5.6)과 (5.7)을 곱한

$$f(x)={}_nC_x\ p^x(1-p)^{n-x}\qquad x=0,1,2,\cdots\cdots n \tag{5.8}$$

임을 알 수 있다. (5.8)을 이항 확률함수라 부른다.

[예5.5]

우리나라 자동차 중에서 20%는 종합보험에 가입하지 않은 것으로 조사되었다. 4대의 자동차를 무작위로 선택했을 때 2대가 종합보험에 가입하지 않은 차량일 확률은 얼마일까? 또 종합보험에 가입하지 않은 차량이 2대 이하일 확률은 얼마일까?

4대 중 종합보험에 가입하지 않은 차량의 수를 X라 하면 X는 B(4, 0.2)의 이항분포를 따르므로 X의 확률함수는

$$f(x) = {}_4C_x (0.2)^2 (1-0.2)^{4-x} \quad x = 0,\ 1,\ 2, 3, 4$$

가 된다. 따라서 종합보험에 가입하지 않은 차량이 2대일 확률은

$$\begin{aligned} P(X=2) &= f(2) = {}_4C_2 (0.2)^2\ (1-0.2)^{4-2} \\ &= 6 \times 0.2^2 \times (0.8)^2 \\ &= 0.1536 \end{aligned}$$

이다.

한편, 4대 중 종합보험에 가입하지 않은 차량이 2대 이하일 확률은

$$\begin{aligned} P(X \le 2) &= f(0) + f(1) + f(2) \\ &= 0.4096 + 0.4096 + 0.1536 \\ &= 0.9728 \end{aligned}$$

이다.[13]

[그림5.1]은 이항분포의 확률함수가 대체로 어떤 모습인지 세 개의 그림으로 보여 주고 있다. 시행횟수는 모두 $n = 20$으로 동일하다. [그림5.1]의 (a)는 성공확률이 $p = 0.5$인 이항분포의 모습이다. $n = 20$번 중 $x = 10$번의 성공이 일어날 확률이 가장 높고 이를 중심으로 좌우 대칭 형태를 가지고 있다. (b)는 $p = 0.8$인 이항분포의 모습이다. $n = 20$번 중 $x = 16$번의

13) 이항분포의 확률계산은 엑셀의 binomdist 함수를 이용하면 편리하다. 이항확률변수 $B(n,p)$에 대해 binomdist$(x,n,p,0)$은 X가 x일 확률, 그리고 binomdist$(x,n,p,1)$은 X가 x이하일 확률을 계산해 준다. 이 예에서는 $n=4$, $p=0.2$이므로 $P(X=2)$는 binomdist(2, 4, 0.2, 0)으로 그리고 $P(X \le 2)$는 binomdist(2, 4, 0.2, 1)로 구할 수 있다.

그림 5.1 이항분포의 확률함수

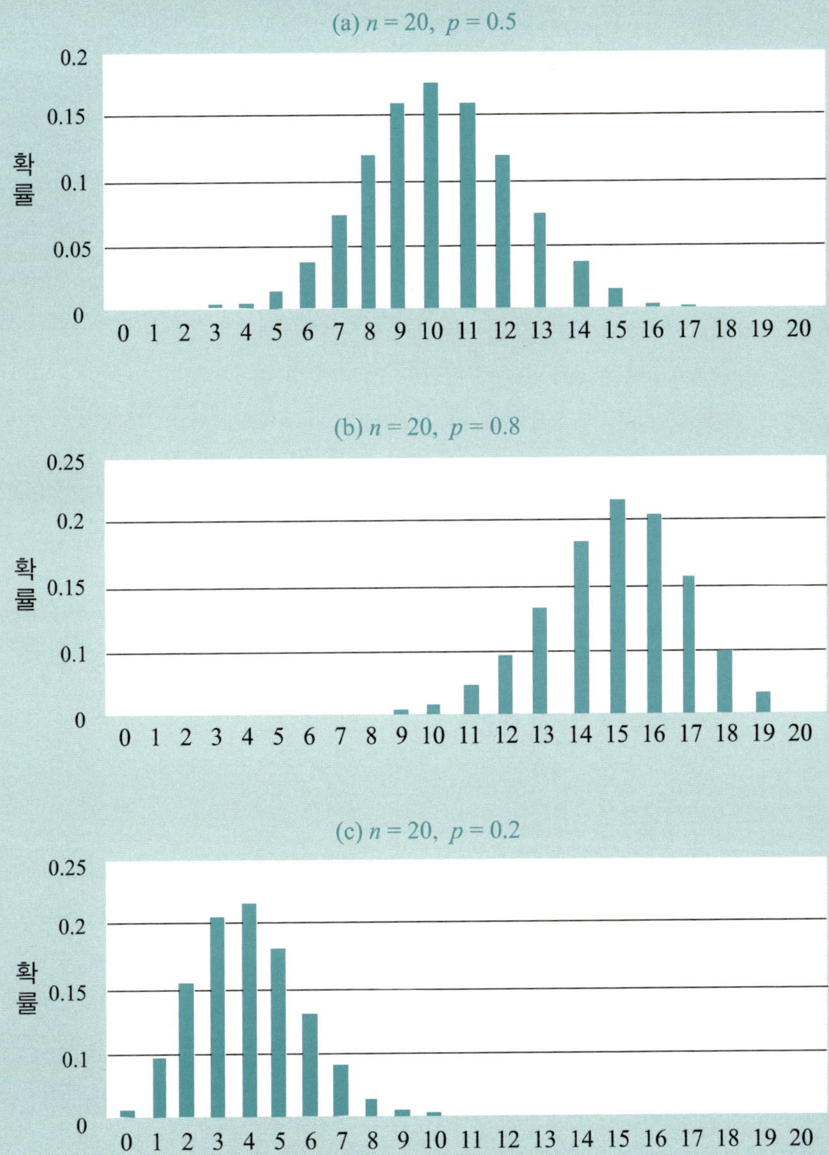

성공이 일어날 확률이 가장 높다. 하지만 (a)의 경우처럼 완전히 좌우 대칭 형태를 갖추지는 못하고 있다. (c)는 $p = 0.2$인 이항분포의 모습으로 (b)와 반대 형태를 띠고 있다. 일반적으로 이항분포는 $p = 0.5$일 때에만 대칭분포이고 그렇지 않을 때에는 비대칭분포이다. 그러나 n이

충분히 클 때에는 p의 값과 상관없이 대칭분포에 가까워진다. 이에 대해서는 제6.3절에서 상세히 다루게 될 것이다.

이항분포의 평균과 분산은

$$\boldsymbol{E(X) = np, \quad var(X) = np(1-p)} \tag{5.9}$$

임을 보일 수 있다.14) 예컨대 당첨확률이 $p=0.1$인 복권을 $n=100$장 사면 평균 $np=10$장이 당첨될 것이 아닌가? 분산이 $np(1-p)$라는 것은 직관적으로 예상하기가 쉽지 않다. 하지만 결과를 해석할 수는 있다; 첫째, 시행 횟수(n)가 많을수록 성공 횟수의 변동이 클 것이니 분산이 커지는 것은 당연할 것이다. 둘째, $p=0$ 이거나 $p=1$일 때에는 성공 횟수 X는 오직 한 가지 값($p=0$일 때는 $X=0$, $p=1$일 때는 $X=n$) 밖에 가지지 못해 분산이 0이어야 한다. 마지막으로 $p=0.5$일 때 성공 횟수(X)를 예측하기가 가장 어렵다. (5.9)에 의하면 이때 분산이 가장 큰 값을 가지게 된다.

한편, 제 4장에서 공부한 평균과 분산의 성질을 이용하면, n번의 시행 중 성공의 비율, 즉

$$\hat{p} = \frac{X}{n}$$

의 평균과 분산도 쉽게 구할 수 있다. 시행횟수 n은 조사자 또는 실험자가 정하는 상수이므로

$$E(\hat{p}) = p, \qquad var(\hat{p}) = \frac{p(1-p)}{n} \tag{5.10}$$

가 된다.15)

[예5.6]

불량률이 5%인 제품군에서 100개의 제품을 무작위로 추출하여 불량여부를 조사할 때, 100개 제품 중 불량품 개수의 평균과 분산은 얼마일까? 또 100개 제품 중 불량품의 비율은 평균 얼마일까?

---

14) 제 5장의 부록을 보라.

15) 평균은 $E(\hat{p}) = E(\frac{X}{n}) = \frac{1}{n}E(X) = \frac{1}{n}np = p$ 이고 분산은 $var(\hat{p}) = var\left(\frac{1}{n}X\right) = \frac{1}{n^2}var(X) = \frac{1}{n^2}np(1-p) = \frac{p(1-p)}{n}$ 이다.

먼저 불량품의 개수를 X라 하면 $X \sim B(100, 0.05)$이므로

$$E(X) = 100 \times 0.05 = 5$$

$$var(X) = 100 \times 0.05 \times (1-0.05) = 4.75$$

이다. 따라서 평균 5개의 불량품이 나올 것으로 예상할 수 있고, 불량품 개수의 표준편차는 $\sqrt{4.75} \doteq 2.18$(개) 이다.

100개 중 불량품의 비율을 $\hat{p}$이라 하면 (5.10)에 의해

$$E(\hat{p}) = 0.05$$

$$var(\hat{p}) = \frac{0.05 \times (1-0.05)}{100} = 0.000475$$

이다.

이항분포와 비복원추출

[예5.3]과 [예5.4]는 모두 전체 $N(=10)$개의 제품에 $h(=5)$개의 불량품이 섞여 있는 상황에서 $n(=2)$개의 제품을 무작위로 조사할 때 불량품의 개수(X)가 어떤 확률분포를 따를 것인지 살펴보고 있다. 그리고 [예5.3]에서처럼 조사방법이 복원추출이면 이항분포를 따르지만 [예5.4]에서처럼 비복원추출이면 그렇지 않다는 것을 공부하였다.

현실에서의 표본조사는 거의 모든 경우에 비복원추출을 이용한다. 동일한 제품이 표본에 두 번 또는 그 이상 포함되는 것을 허용하지 않는 것이다. 이항분포는 현실에의 응용가능성이 거의 없는 것일까? 그렇지 않다. N이 충분히 크면 비복원 추출의 경우에도 X가 '거의' 이항분포를 따르는 것으로 볼 수 있기 때문이다. [예5.4]로 돌아가 보자. 불량품의 개수(X)가 이항분포를 따르지 않는 이유는 비복원추출에서는 첫째 제품이 불량품인지 아닌지가 두 번째 제품이 불량품일 확률에 영향을 미치기 때문이었다. 그러나 $N=500$개의 제품에 $h=250$개의 불량품이 섞여 있는 상황에서 $n=2$개의 제품을 조사하는 것으로 바꾸어 보면, 두 번째 제품이 불량품일 확률은 $\frac{249}{499}=0.499$(첫 제품이 불량품일 때)이거나 $\frac{250}{499}=0.5010$(첫 제품이 합격품일 때) 이어서 첫 제품이 불량품일 확률 $\frac{250}{500}=0.5$와 '거의' 비슷하게 된다. 두 번의 시행이 거의 '독립'이라 보아도 무방하게 된다.

그러면 N이 얼마나 커야 비복원추출의 경우에 이항분포를 적용하는 것이 허용되는가? 이 질문에 대해서는 보통

$$\frac{N}{n} \geq 20$$

의 조건이 필요한 것으로 본다. 이 조건은 $n \leq 0.05N$으로 바꾸어 쓸 수 있으므로, 결국

> "전체의 5% 이내를 표본으로 추출하는 경우에는 비복원 추출이라도 이항분포를 적용할 수 있다."

고 말할 수 있다.

[예 5.5]를 공부하면서 "비복원 추출이면 이항분포를 적용할 수 없을 텐데...." 하는 의문을 품은 독자가 있을 것이다. 하지만 우리나라의 전체 자동차 수(N)는 천만대를 상회하고, 그 중 4대(즉, $n=4$)를 조사하고 있으므로 비복원추출이라 하더라도 이항분포를 이용하는데 아무 문제가 없다.

5.3 초기하 분포

초기하 확률변수도 이항 확률변수와 마찬가지로 일정한 횟수의 베르누이 시행에서 나타나는 성공횟수이다. 중요한 차이는 각 시행에서의 성공확률이 일정하지 않고 시행들이 서로 독립적이지 않다는 점이다. 크기 N의 모집단에 성공이라 부를 특징(예컨대, 불량품이나 찬성 등)을 가진 개체가 h개 포함되어 있다고 하자. 실패라 부를 특징(예컨대, 합격품이나 반대 등)을 가진 개체의 수는 물론 $N-h$이다. 여기서 크기 n의 표본을 '비복원' 추출할 때 성공의 수 X가 바로 초기하 확률변수이다. 초기하 확률변수의 확률분포를 **초기하분포**(hypergeometric distribution)라 한다.

초기하 분포의 확률함수 $P(X=x)$를 구해 보자. 먼저 크기 n의 표본을 선택하는 방법의 수는 ${}_NC_n$이다. ${}_NC_n$가지의 가능한 표본 중 x개의 성공과 $n-x$개의 실패를 포함하는 것은 몇 개일까? 전체 h개의 성공 중 x개를 선택하는 방법의 수 ${}_hC_x$와 전체 $N-h$개의 실패 중 $n-x$개를 선택하는 ${}_{n-h}C_{n-x}$를 곱한 값이다. 따라서 초기하분포의 확률함수는

$$f(x)=\frac{\binom{h}{x}\binom{N-h}{n-x}}{\binom{N}{n}} \qquad x=0,1,\ldots\ldots,n \tag{5.11}$$

가 된다. (5.11)의 초기하확률함수는 h개의 성공이 포함된 크기 N의 모집단에서 크기 n의 표본을 **비복원추출**할 때 x개의 성공(따라서 $n-x$개의 실패)이 관측될 확률을 알려주고 있다. 단, $n \le h$를 가정하고 있다.

[예5.7]

[예5.4]로 돌아가 보자. 크기 $N=10$의 모집단이 $h=5$개의 성공(여기서는 불량품)과 $N-h=5$개의 실패(여기서는 합격품)로 분할되어 있고, 여기서 $n=2$개의 제품을 '비복원' 추출하고 있다. 이때 성공, 즉 불량품의 수를 X라 정의하였으므로 X는 초기하 확률변수이다.
X가 1일 확률, 즉 선택된 2개 제품 중 1개가 불량품일 확률을 구해보자. (5.11)을 이용해도 되지만, (5.11)을 유도한 과정을 다시 한번 익히기 위해 직접 확률 계산을 해보도록 하자.

전체 10개의 제품 중 2개를 선택하는 방법의 수는 ${}_{10}C_2=45$이다. 선택된 2개의 제품 중 1개가 불량품이고 1개가 합격품인 경우는 몇 가지인가? 5개의 불량품 중 1개를 선택하는 방법의 수가 ${}_5C_1=5$이고 5개의 합격품 중 1개를 선택하는 방법의 수가 ${}_5C_1=5$이므로 $5\times 5=25$가지이다. 따라서

$$P(X=1)=\frac{25}{45}=\frac{5}{9}$$

가 된다.

이 값은 물론 (식 5.11)로부터 얻는

$$f(1)=\frac{\binom{5}{1}\binom{10-5}{2-1}}{\binom{10}{2}}$$

와 동일하다.

초기하분포의 평균과 분산은

$$E(X) = n\frac{h}{N}$$
$$var(X) = \frac{N-n}{N-1} n \frac{h}{N}\left(1-\frac{h}{N}\right) \quad (5.12)$$

임이 알려져 있다.

[예5.8]

관리직 4명과 생산직 6명 등 10명의 직원 중에서 4명을 무작위로 선택할 때 이 중 관리직 직원의 수를 X라 하자. X의 평균과 분산은 얼마인가?

$N=10$, $h=4$, $n=4$이므로 (5.12)에 의해

$$E(X) = n\frac{h}{N} = 4 \times \frac{4}{10} = 1.6$$
$$\begin{aligned} var(X) &= \frac{N-n}{N-1} n \frac{h}{N}\left(1-\frac{h}{N}\right) \\ &= \frac{10-4}{10-1} \times 4 \times \frac{4}{10} \times \left(1-\frac{4}{10}\right) \\ &= 0.64 \end{aligned}$$

가 된다. 선택된 4명 중 관리직 직원의 수는 평균 1.6명에 표준편차 $\sqrt{0.64} = 0.8$(명)인 것이다.●●●.

(5.12)의 공식을 이용하는 대신, X의 확률분포를 구하고 이로부터 직접 평균과 분산을 계산해도 물론 동일한 답을 얻게 된다. 초기하분포의 확률계산을 익힐 겸 엑셀을 이용하여 X의 확률분포를 구해보면 [표5.1]과 같다.[16] X의 평균과 분산이 1.6과 0.64라는 것을 쉽게 확인할 수 있을 것이다.

[표5.1] 초기하 확률

x	0	1	2	3	4	합
확률	0.071	0.381	0.429	0.114	0.002	1

초기하분포는 이항분포와 밀접한 관련이 있다. (5.12)를 보자. $\frac{h}{N}$는 첫 시행에서의 성공확률

16) 초기하분포의 확률은 엑셀의 hypgeomdist 함수로 쉽게 계산할 수 있다. hypgeomdist(x, n, h, N)이 X가 x일 확률이다. 예를 들어 [표5.1]의 0.381은 $P(X=1)$로 hypgeomdist(1, 4, 4, 10)의 값이다.

이므로 초기하분포의 평균 $n\frac{h}{N}$는 이항분포의 평균 np와 유사하다. 또 분산에 나타나는 $n\frac{h}{N}\left(1-\frac{h}{N}\right)$는 이항분포의 분산 $np(1-p)$와 유사하다. 하지만 초기하분포의 분산은 여기에

$$\frac{N-n}{N-1} \tag{5.13}$$

이라는 일종의 **조정요소**(correction factor)를 곱하여 얻어진다. 조정요소 $\frac{N-n}{N-1}$의 값은 표본크기가 2 이상(즉, $n \geq 2$)일 때 1보다 작은 값이므로 **초기하분포의 분산은 대응하는 이항분포의 분산보다 작다.** 성공 횟수의 분산은 복원추출일 때보다 비복원추출일 때 작아진다는 것을 알 수 있다.

그러나 $\frac{N}{n} \geq 20$일 정도로 N이 충분히 클 때 두 분포는 거의 차이가 없게 된다. 이 경우 조정요소 (5.13)이 거의 1에 가까워진다. 따라서 비복원추출의 경우에도 $\frac{N}{n} \geq 20$일 때에는 보다 다루기 쉬운 이항분포를 이용하는 것이 일반적이다.

5.4 포아송 분포

포아송 분포(Poisson distribution)는 일정한 기간에 발생하는 사건의 수의 분포로 유용하다. 예를 들어 하루에 은행창구에 도착하는 고객의 수, 한 달 동안 고속도로에서 발생하는 교통사고의 수, 일년 동안 우리나라에서 출원되는 특허건수 등이 포아송 분포를 따르는 확률변수로 볼 수 있다. 때로는 일정한 공간에서 발생하는 사건의 수를 설명하는데 포아송 분포를 이용하기도 한다. 도로포장을 새로 하고 나서 일년 후 도로 1km 구간에서 발생하는 파손의 수 등이 그 예이다.

포아송 분포의 확률함수[17]는 아래와 같다;

$$f(x) = \frac{\mu^x e^{-\mu}}{x!} \quad x = 0, 1, 2, \ldots\ldots \tag{5.14}$$

여기서 e는 약 2.71828...의 값을 가지는 무리수이다.[18]

(5.14)를 보면 포아송 분포에서는 확률변수가 가질 수 있는 값에 상한을 두지 않는다는

17) 확률함수의 조건을 만족하는지에 대해서는 제 5장의 부록을 보라.

18) e^x의 계산을 위해서 엑셀의 exp함수를 이용할 수 있다. 예를 들어, exp(3)은 e^3을 계산해 준다

것을 알 수 있다. 예를 들어, 하루에 은행창구에 도착하는 고객의 수가 (5.14)의 포아송분포를 따르는 확률변수 X라 하자. 현실적으로 은행의 하루 고객 수는 유한할 것이다. 하지만 아무리 큰 수, 예컨대 1,000을 상한으로 설정하더라도 항상 그 이상의 고객이 나타날 가능성이 남게 된다. 이 때문에 (5.14)에서처럼 X가 0 이상의 모든 정수를 가질 수 있는 것으로 가정하는 것이 보다 편리한 것이다.

포아송 분포의 평균과 분산은 모두 μ로 동일하다는 것이 알려져 있다. 즉,

$$E(X) = var(X) = \mu \tag{5.15}$$

이다. 따라서 (5.14)의 분포를 "평균이 μ인 포아송 분포"라 부른다.

[예5.9]

어느 은행에는 30분 동안 평균 4명의 고객이 찾아온다. 그렇다면 30분 동안 고객이 한명도 찾아오지 않을 확률은 얼마나 될까?

30분 동안 찾아오는 고객의 수를 X라 하면 X는 평균이 4인 포아송 분포를 따르는 것으로 볼 수 있다. 따라서 (5.14)에 $\mu = 4$를 대입한

$$f(x) = \frac{4^x e^{-4}}{x!} \qquad x = 0, 1, 2, ...$$

가 X의 확률함수이다. 한 명의 고객도 찾아오지 않을 확률은

$$P(X=0) = f(0) = \frac{4^0 e^{-4}}{0!} = e^{-4} = 0.0183$$

이다.

마찬가지로 1명부터 10명까지의 고객이 도착할 확률을 엑셀을 이용하여 계산하면 [표5.2]와 같다. 11명 이상의 고객이 도착할 수도 있지만 11이상의 값을 가질 확률은 매우 작으므로 표에 나타내지 않고 있다.[19)]

[표5.2] 평균이 4인 포아송분포의 확률함수

x	0	1	2	3	4	5	6	7	8	9	10
$f(x)$	0.018	0.073	0.147	0.195	0.195	0.156	0.104	0.060	0.030	0.013	0.005

19) 예컨대 $X=8$일 확률은 poisson(8,4,0)으로 계산하면 된다. 그리고 poisson(8,4,1)은 $P(X \le 8)$을 계산해 준다.

A5 엑셀을 이용한 이항, 초기하 및 포아송 확률

1. 이항확률과 초기하확률

본문에서 설명한 바와 같이 이항분포와 초기하분포는 매우 밀접한 관련이 있다. 다음과 같은 이항확률변수 X와 초기하 확률변수 Y의 분포를 비교해 보자;

X : 한번 시행에서 성공확률이 0.5인 베르누이 시행을 20번 독립적으로 반복할 때의 성공 횟수, 즉 $X \sim \mathrm{B}(20, 0.5)$

Y : $h = 25$개의 성공이 포함된 크기 $N = 50$의 모집단에서 n=20개의 표본을 비복원 추출할 때 성공 횟수 (만약 복원추출이면 Y는 X와 동일한 이항분포를 따르게 된다.)

먼저 X와 Y가 가질 수 있는 값은 둘 다 0에서 20까지의 정수이므로 이를 [그림5A.1]과 같이 A2 ~ A22셀에 입력해 둔다.

이항확률 $P(X = 0)$를 계산하기 위해 B2셀에

= binomdist(A2,20,0.5,0)

을 입력하고 엔터키를 누른다. 또는 제2장의 부록에서 설명한 바와 같이 함수마법사의 binomdist함수의 대화창을 열고

Number_s	: A2	(x)
Trials	: 20	(n)
Probability_s	: 0.5	(p)
Cumulative	: 0	

을 순서대로 입력해도 좋다. 마지막 인수(cumulative)를 1로 하면 누적확률을 얻게 된다.

초기하확률 $P(Y = 0)$을 계산하기 위해 C2셀에

=hypgeomdist(A2,20,25,50)

을 입력하고 엔터키를 누른다. 또는 함수마법사의 hypgeomdist함수의 대화창을 열고

Sample_s	: A2	(x)
Number_sample	: 20	(n)
Population_s	: 25	(h)
Number_pop	: 50	(N)

을 차례로 입력해도 된다.

X와 Y가 1~20까지의 값을 가질 확률은 **자동채우기**로 간단히 구할 수 있다:

B2셀의 오른쪽 아래 사각형 버튼을 누르고 B22셀까지 드래그 한다.

C2셀을 마찬가지로 C22셀까지 드래그 한다.

계산 결과는 [그림5A.1]과 같이 출력된다. 올바른 확률분포를 구했는지 확인해 보기 위해 C23셀에는 초기하확률의 합을

=sum(C2:C22)

로 구해 놓았다. 물론 B23셀은 이항확률의 합을

=sum(B2:B22)

로 구한 것이다.

C23 =SUM(C2:C22)

	A	B	C
1	x 또는 y	이항확률	초기하확률
2	0	0.0000	0.0000
3	1	0.0000	0.0000
4	2	0.0002	0.0000
5	3	0.0011	0.0001
6	4	0.0046	0.0005
7	5	0.0148	0.0037
8	6	0.0370	0.0167
9	7	0.0739	0.0530
10	8	0.1201	0.1193
11	9	0.1602	0.1932
12	10	0.1762	0.2267
13	11	0.1602	0.1932
14	12	0.1201	0.1193
15	13	0.0739	0.0530
16	14	0.0370	0.0167
17	15	0.0148	0.0037
18	16	0.0046	0.0005
19	17	0.0011	0.0001
20	18	0.0002	0.0000
21	19	0.0000	0.0000
22	20	0.0000	0.0000
23		1	1

[그림5A.1]

[그림5A.1]의 B열과 C열의 확률분포를 비교해 보면 이항확률이 초기하확률에 비해 보다 넓은 범위에 분포되어 있다는 것을 알 수 있다. 동일한 상황에서 복원 추출시의 성공횟수의 변동성이 비복원 추출시에 비해 더 크다는 것을 보여준다. X와 Y의 분산 사이에

$$\frac{N-n}{N-1}var(X) = var(Y)$$

의 관계가 있음을 상기하라.
참고로 [그림5A.1]은 확률들을 소수 아래 네 자리까지만 표시해 놓았다. 보다 상세한 값을 보고 싶으면

마우스로 B2에서 C22까지의 셀을 선택한 후
마우스 오른쪽 버튼을 누르고
셀서식을 선택한 후
표시형식을 **숫자**, **소수자릿수**를 원하는 숫자로 입력

해주면 된다.

2. 포아송분포의 확률

포아송 분포와 관련한 확률 계산에는 poisson함수를 이용할 수 있다. [예5.8]에서 30분 동안 은행에 찾아오는 고객의 수 X는 평균이 4인 포아송분포를 따르고 있다. 먼저 X가 가질 수 있는 값을 0에서 15까지만 [그림5A.2]와 같이 A28-A43셀에 입력해 두자. 그리고 B28셀에 30분 동안 한 명도 찾아오지 않을 확률 $P(X=0)$을

=poisson(A28,4,0)

으로 구해두자. X가 1에서 15까지 각각의 값을 가질 확률은 B28셀을 B43셀까지 드래그 하면 구할 수 있다. 결과는 [그림5A.2]와 같이 출력되어 나온다.
[그림5A.2]의 B43셀에는 $P(X=15)$가

$1.504E-05$

로 나와 있다. E-05는 x10^{-5}을 나타내는 기호이므로

$$P(X=15) \;=\; 1.504\ \text{x}10^{-5}$$

으로 이해하면 된다.

C32 ▾ fx =POISSON(A32,4,1)

	A	B	C	D	E
25					
26	평균 4인 포아송분포				
27	x	확률	누적확률		
28	0	0.0183156			
29	1	0.0732626			
30	2	0.1465251			
31	3	0.1953668			
32	4	0.1953668	0.6288369		
33	5	0.1562935			
34	6	0.1041956			
35	7	0.0595404			
36	8	0.0297702			
37	9	0.0132312			
38	10	0.0052925			
39	11	0.0019245			
40	12	0.0006415			
41	13	0.0001974			
42	14	5.64E-05			
43	15	1.504E-05			
44	합계	0.9999951			
45					

[그림5A.2]

B44셀에는 확률의 합이 1보다 약간 작은 값으로 계산되어 있다. X는 16이상의 값을 가질 확률이 조금 있기 때문이다.

마지막으로, 누적확률을 구하기 위해서는 poisson함수의 마지막 인수를 1로 바꾸어 주면 된다. [그림5A.2]의 C32셀에는

=poisson(A32,4,1)

의 값이 있다. A32셀의 값은 4이므로 C32셀은

$$P(X \leq 4) = 0.6288369$$

임을 뜻한다.

연습문제

* 필요한 경우, 엑셀의 binomdist, hypgeomdist, 및 poisson 함수를 이용하여 계산하라.

5.1. 확률변수 X가 이항분포 $B(n,p)$를 따를 때, 다음의 확률을 구하라.

(1) $n=10$ $p=0.2$ $x=4$
(2) $n=3$ $p=0.1$ $x=3$
(3) $n=100$ $p=0.2$ $x=30$
(4) $n=50$ $p=0.9$ $x=45$

5.2. 연습문제 5.1의 네 이항분포에 대해 X의 평균, 분산 및 표준편차를 계산하라.

5.3. 연습문제 5.1의 네 이항분포에 대해 성공의 비율 $\hat{p} = \frac{X}{n}$의 평균, 분산 및 표준편차를 계산하라.

5.4. 확률변수 X가 이항분포 $B(n,p)$를 따를 때 다음 확률을 구하라.

(1) $n=10$ $p=0.2$ $P(X \le 4)$
(2) $n=20$ $p=0.9$ $P(X \ge 15)$
(3) $n=30$ $p=0.4$ $P(10 \le X \le 15)$
(4) $n=50$ $p=0.8$ $P(X > 40)$

5.5. 어떤 생산 공정으로 생산한 제품의 20%는 불량품이다. 제품 10개를 무작위로 선택할 때,
(1) 이 중 2개가 불량품일 확률은 얼마인가?
(2) 불량품은 평균 몇 개나 섞여 있을까?
(3) 불량품 개수의 표준편차는 얼마인가?

5.6. 우리나라 유권자의 30%는 A후보를 지지하고 있다. 유권자 20명을 무작위로 조사할 때

(1) 지지자가 6명 이상일 확률은 얼마인가?

(2) 지지자 수의 평균과 분산은 얼마인가?

(3) 지지율이 50% 이상일 확률은 얼마인가?

(4) 지지율의 평균과 분산은 얼마인가?

5.7. 불량품의 비율이 p(단, $0 < p < 1$)인 제품군에서 4개의 제품을 무작위로 추출하여 조사해 보았더니 그 중 2개가 불량품이었다.

(1) $p = 0.1$일 때 4개 중 2개가 불량품일 확률은 얼마인가?

(2) $p = 0.2$일 때 4개 중 2개가 불량품일 확률은 얼마인가?

(3) p가 얼마일 때 4개 중 2개가 불량품일 확률이 최대가 되는가?

그리고 확률의 최대값은 얼마인가?

5.8. B카드사의 카드론 고객은 200명 중 1명 정도가 채무를 이행하지 못한다. 이 카드사는 지난달에 1,000건의 카드론 대출을 해 주었다. 회수하지 못할 대출이 5건 이하일 확률은 얼마인가?

5.9. $N = 10$, $h = 4$ 이다. 다음의 n과 x에 대해 초기하 확률을 구하라.

(1) $n = 4, x = 1$ (2) $n = 2, x = 2$ (3) $n = 3, x = 0$ (4) $n = 4, x = 2$

5.10. 다음의 상황에서 초기하 확률변수의 평균과 분산은 얼마인가?

(1) $N = 10$, $h = 5$, $n = 5$

(2) $N = 50$, $h = 20$, $n = 10$

(3) $N = 100$, $h = 30$, $n = 20$

5.11. 한 신문사에서는 중요한 경제 이슈가 있을 때 7명의 전문가 풀에서 의견을 구한다. 7명의 전문가 중 4명은 앞으로의 주식시장에 대해 낙관적이고 3명은 비관적이다. 기자가 전문가 2명을 인터뷰할 때 2명 모두 비관적인 사람일 확률은 얼마인가?

5.12. 2개의 불량품과 8개의 합격품이 들어있는 상자가 있다. 품질검사팀에서는 몇 개를 표본으로 추출하여 조사한 다음 하나라도 불량품이 발견되면 이 상자를 반송하기로 하였다.

(1) 만약 2개 제품을 표본으로 조사한다면, 이 상자가 반송될 확률은 얼마인가?

(2) 만약 4개 제품을 표본으로 조사한다면, 이 상자가 반송될 확률은 얼마인가?

(3) 만약 6개 제품을 표본으로 조사한다면, 이 상자가 반송될 확률은 얼마인가?

5.13. 주머니 속에 붉은 공 5개, 푸른 공 7개가 들어있다. 이 중 4개를 비복원 추출할 때 붉은 공의 수를 X라 하자.

(1) X가 가질 수 있는 값은 무엇인가?

(2) X의 확률분포를 구하라.

(3) (2)에서 구한 확률분포로부터 X의 평균과 분산을 구하라. (5.12)의 공식을 이용하여 구한 값과 일치하는가?

(4) 만약 복원추출이면 X의 평균과 분산은 얼마인가?

5.14. 평균이 2인 포아송분포에 대한 다음 질문에 답하라.

(1) 확률함수를 적어라.

(2) $P(X=0)$은 얼마인가?

(3) $P(X\geq 1)$은 얼마인가?

5.15. 한 달에 평균 세 개의 중소기업이 파산한다.

(1) 이번 달에 5개의 중소기업이 파산할 확률은 얼마인가?

(2) 이번 달에 5개 이하의 중소기업이 파산할 확률은 얼마인가?

5.16. 한 은행 창구에는 분당 평균 0.75명의 고객이 찾아온다. 앞으로 6분 동안 2명 이하의 고객이 찾아올 확률은 얼마인가?

5.17. 어느 고급 의류점을 찾는 고객의 수는 평균 5(명/일)의 포아송분포를 따른다고 한다.

(1) 하루에 한 명의 고객도 찾아오지 않을 확률은 얼마인가?

(2) 하루에 5명 이상의 고객이 찾아올 확률은 얼마인가?

(3) 하루에 5명 이하의 고객이 찾아올 확률은 얼마인가?

(4) 하루에 찾아오는 고객 수의 평균과 표준편차는 얼마인가?

5.18. $n\geq 20$ 이고 $p\leq 0.05$ 일 때 이항분포 $B(n,p)$는 평균이 $\mu=np$ 인 포아송분포와 근사하다는 것이 알려져 있다.

(1) $X\sim B(250,\,0.01)$ 일 때, $P(X=3)$과 $P(X=4)$를 구하라.

(2) Y는 평균이 $\mu=250\times 0.01=2.5$인 포아송분포를 따르는 확률변수이다. $P(Y=3)$과 $P(Y=4)$를 구하라.

부록 이항분포와 포아송분포에 관한 유용한 증명

1. 이항분포의 평균과 분산

$X \sim B(n,p)$일 때

$E(X) = np,\ \ var(X) = np(1-p)$

임을 식 (5.9)에서 밝혔다. 이 사실은 여러 가지 방법으로 증명할 수 있지만, 여기서는 제 4장에서 공부한 평균과 분산의 성질을 이용한 증명을 소개한다.

먼저 X는 성공확률이 p로 일정한 베르누이 시행을 n번 독립적으로 반복할 때의 성공횟수이다. i번째 시행에 대해 베르누이 확률변수 X_i를

$$X_i = \begin{cases} 1, & i\text{번째 시행이 성공일 때} \\ 0, & i\text{번째 시행이 실패일 때} \end{cases}$$

으로 정의하자. 1에서 n까지의 모든 i에 대해 같은 과정을 밟으면 n개의 확률변수 $X_1,\ X_2, \cdots, X_n$을 얻는다. 성공을 1, 그리고 실패를 0으로 기록한 것이므로 이들의 합이 바로 성공횟수 X가 된다. 즉,

$$X = \sum_{i=1}^{n} X_i$$

의 관계가 성립한다.

여기서 각각의 X_i는 성공확률 p인 베르누이 확률변수이므로 식 (5.3)으로부터

$$E(X_i) = p, \qquad var(X_i) = p(1-p),\ i = 1,\ 2, \cdots,\ n$$

이고, 베르누이 시행을 독립적으로 반복하였으므로 X_i 들은 서로 통계적으로 독립이다. 따라서 식 (4.25)의 평균의 성질을 이용하면

$$\begin{aligned} E(X) &= E(X_1 + X_2 + \cdots + X_n) \\ &= E(X_1) + E(X_2) + \cdots + E(X_n) \end{aligned}$$

$$= p + p + \cdots + p$$
$$= np$$

가 되고, 식 (4.27)의 분산의 성질을 이용하면

$$\begin{aligned} var(X) &\equiv var(X_1 + X_2 + \cdots + X_n) \\ &= var(X_1) + var(X_2) + \cdots + var(X_n) \quad (\because X_i \text{ 들을 통계적으로 독립}) \\ &= p(1-p) + p(1-p) + \cdots + p(1-p) \\ &= np(1-p) \end{aligned}$$

를 얻게 된다.

2. 포아송 확률함수의 합

평균이 μ인 포아송 분포의 확률함수는 식 (5.14)의

$$f(x) = \frac{\mu^x e^{-\mu}}{x!} \quad x = 0,\ 1,\ 2,\ \cdots$$

이다. 모든 x에 대해 이 확률들을 합하면 과연 1이 되는가?

이 질문에 답하기 위해서는

$$\begin{aligned} e^x &= 1 + x + \frac{x^2}{2!} + \frac{x^3}{3!} + \cdots \\ &= \sum_{n=0}^{\infty} \frac{x^n}{n!} \end{aligned} \tag{5A.1}$$

라는 정리를 이용해야 한다. 사실 무리수 e는 보통

$$e = \lim_{n \to \infty} \left(1 + \frac{1}{n}\right)^n$$

으로 정의하지만, 식 (5A.1)을 보면 e를

$$e = 1 + 1 + \frac{1}{2!} + \frac{1}{3!} + \cdots$$

로 정의해도 된다는 것을 알 수 있다. 어떻게 정의를 하든 e는 2.718정도의 값을 가지는

무리수이다.

포아송분포로 돌아가자. x가 μ일 때 식 (5A.1)은

$$\begin{aligned} e^{\mu} &= 1+\mu+\frac{\mu^2}{2!}+\frac{\mu^3}{3!}+\cdots \\ &= \sum_{x=0}^{\infty}\frac{\mu^x}{x!} \end{aligned} \tag{5A.2}$$

이 된다. 두 번째 줄에서 편의상 지수를 n대신 x로 바꾸어 놓았다. 식 (5A.2)를 이용하면

$$\begin{aligned} \sum_{x=0}^{\infty} f(x) &= \sum_{x=0}^{\infty}\frac{\mu^x e^{-\mu}}{x!} \\ &= e^{-\mu}\sum_{x=0}^{\infty}\frac{\mu^x}{x!} \\ &= e^{-\mu}\cdot e^{\mu} \\ &= 1 \end{aligned}$$

의 결과를 도출할 수 있다.

식 (5A.1) 또는 (5A.2)를 이용하면 포아송분포의 평균과 분산이 μ라는 사실도 증명할 수 있다. 관심 있는 독자는 시도해 보기 바란다.

chapter

06 중요한 연속형 확률분포

statistics

06 중요한 연속형 확률분포

연속형 확률변수의 확률분포는 확률밀도함수로 나타낸다는 것은 제4장에서 공부하였다. 0이상의 값을 가지면서 그래프 아래의 총면적이 1인 함수는 모두 확률밀도함수가 될 수 있다. 무한히 많은 확률밀도함수, 즉 무한히 많은 연속형 확률분포가 존재할 수 있는 것이다.

제6장에서는 그 중에서 중요한 세 개의 분포를 살펴볼 것이다. 균등분포는 매우 단순한 구조를 가지고 있어서 연속형 확률분포의 개념을 이해하는데 도움을 준다. 정규분포는 현실에서 부딪히는 많은 변수들이 따르는 것으로 볼 수 있는 분포로서 통계적 추론에서 가장 많이 이용되는 연속형 확률분포이다. 정규분포는 다른 확률분포를 근사하는데 이용되기도 한다. 제6.3절에서는 이산형 확률분포인 이항분포의 확률을 정규분포를 이용하여 근사하는 방법을 공부할 것이다. 지수분포는 대기시간 등의 분포로 이용된다. 일정한 시간에 발생하는 사건의 수가 포아송분포를 따르면 다음 사건이 발생할 때까지의 대기시간은 지수분포를 따른다는 것을 공부하게 될 것이다.

이 책에서 다룰 연속형확률분포로는 이외에도 카이제곱분포, t분포 그리고 F분포가 있다. 하지만 이들은 주로 통계량의 분포로 이용되기 때문에 제7장에서 통계량의 표본분포를 먼저 공부한 다음 설명하기로 한다.

6.1 균등분포

로또복권의 당첨번호 추첨은 1에서 45까지의 숫자가 적힌 45개의 공 중에서 하나를 무작위로 선택하는 것으로 시작한다. 이때 "무작위로 선택한다"는 말은 각 숫자가 선택될 확률이 모두 1/45로 동일하다는 것을 의미한다는 것이 분명하다.

그러면 0과 1사이의 숫자 중에서 하나를 무작위로 선택한다는 것은 무슨 뜻일까? 0과 1 사이에는 셀 수 없을 정도로 무한히 많은 숫자가 있으므로 각 숫자가 선택될 확률이 동일하다면 그 확률은 $\frac{1}{\infty}$, 즉 0일 수밖에 없다. 따라서 각 숫자가 선택될 확률이 모두 동일하도록 만든다는 것은 의미가 없게 된다.

이때에는 동일한 길이를 가진 모든 소구간에서 숫자가 선택될 확률이 동일하다는 것이 '무작위 선택'의 개념으로 적절할 것이다. 예를 들어 [0.1, 0.2] 구간에서 숫자가 선택될 확률이나 [0.65, 0.75], [0.875, 0.975] 등의 구간에서 숫자가 나올 확률이 모두 같아야 무작위 선택이라 볼 수 있을 것이다.

제4장에서 우리는 일정 구간의 모든 값을 가질 수 있는 연속형 확률변수의 확률분포는 확률밀도함수를 통해 표현한다는 것을 공부하였다. 확률변수 X의 확률밀도함수가

$$f(x)=\begin{cases} 1 & 0<x<1\text{일 때} \\ 0 & \text{다른 곳에서} \end{cases} \tag{6.1}$$

라 함으로써 바로 X가 0과 1 사이에서 무작위로 선택된 숫자라는 사실을 나타낼 수 있다.

[그림6.1]은 확률밀도함수 $f(x)$의 그래프를 보여주고 있다. 제4장에서 공부한 바와 같이 일정 구간에서 그래프 아래의 면적은 X가 이 구간의 값을 가질 확률이다. [그림6.1]의 두 개의 빗금 친 부분의 면적은 각각 X가 [0.1, 0.2] 구간의 값을 가질 확률과 [0.65, 0.75] 구간의 값을 가질 확률이다. 둘 다 $0.1\times 1=0.1$로 동일하다는 것을 쉽게 확인할 수 있다. 또한 X가 길이가 0.1인 모든 다른 구간에 속할 확률이 0.1이라는 것도 분명하다. (6.1)의 확률밀도 함수는 [0,1] 구간에서의 '무작위 선택'의 개념을 올바로 나타내주고 있는 것이다. 이런 형태의 분포를 가지는 확률변수 X를 균등 확률변수, 그리고 X의 확률분포를 **균등분포**(uniform distribution)라 부른다. 같은 길이의 모든 소구간에 확률이 균등하게 분포되어 있기 때문에 붙은 이름이다.

그림 6.1 균등분포

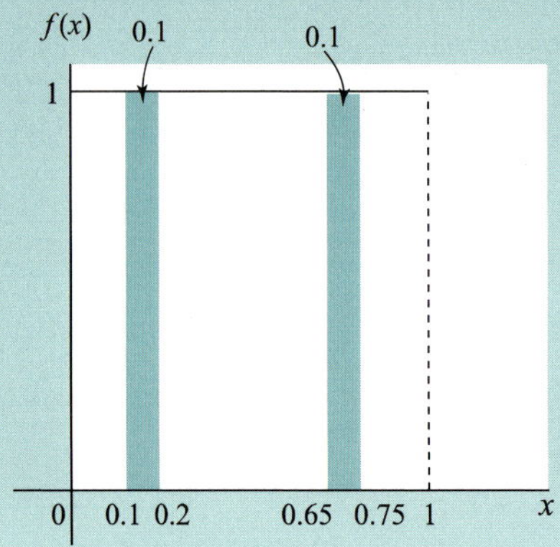

일반적으로, 확률밀도함수가

$$f(x) = \begin{cases} \dfrac{1}{b-a}, & a \leq x \leq b \text{일 때} \\ 0, & \text{다른 곳에서} \end{cases} \tag{6.2}$$

일 때, 확률변수 X는 $[a, b]$구간에서 균등분포를 따른다고 하고, 이를

$X \sim U[a, b]$

그림 6.2 일반적인 균등분포

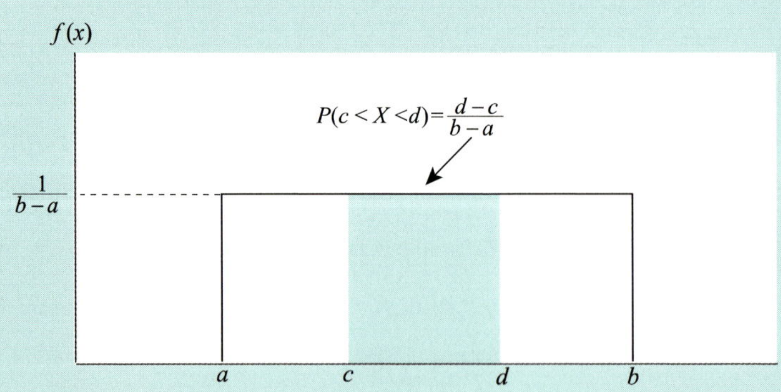

의 기호로 나타낸다. 이 기호법에 의하면 (6.1)은 균등분포 $U[0,\ 1]$의 확률밀도함수임을 알 수 있다. [그림6.2]는 $X \sim U[a,b]$일 때 X의 확률밀도함수 (6.2)를 그림으로 나타내고 있다. 이를 이용하여 X와 관련된 모든 사건의 확률을 계산할 수 있다. 예를 들어 X가 c와 d 사이의 값을 가질 확률은 [그림6.2]의 빗금 친 부분의 면적, 즉

$$P(\ c < X < d\ ) = \frac{d-c}{b-a} \quad (\text{단}, a < c < d < b)$$

로 구할 수 있다.

그리고 X의 평균과 분산은[20]

$$\begin{aligned} E(X) &= \frac{a+b}{2} \\ var(X) &= \frac{(b-a)^2}{12} \end{aligned} \tag{6.3}$$

임이 알려져 있다. 평균은 분포의 중심으로 $[a,b]$구간의 중점이고, 분산은 구간의 길이 $b-a$가 클수록 커진다는 것을 (6.3)으로부터 알 수 있다.

[예6.1]

영희는 약속 장소에 언제나 늦게 나타난다. 영희의 지각시간이 10분과 30분 사이의 균등분포를 따른다면 지각시간의 확률밀도 함수는

$$f(x) = \begin{cases} \frac{1}{20}, & 10 \le x \le 30 \text{일 때} \\ 0, & \text{다른 곳에서} \end{cases}$$

이고, 영희가 25분 이상 지각할 확률은

$$P(25 \le X \le 30) = \frac{5}{20} = 0.25$$

이며, 지각시간의 평균과 분산은 각각

$$E(X) = \frac{10+30}{2} = 20(\text{분})$$

$$var(X) = \frac{(30-10)^2}{12} = \frac{100}{3}$$

이다.

20) 제 4장의 부록을 공부한 독자는 적분을 이용하여 실제로 구할 수 있을 것이다.

6.2 정규분포

정규분포(normal distribution)는 키, 체중, 시험점수, 수익률 등 우리가 관심을 가지고 있는 수많은 변수들의 확률분포로 이용되는 매우 중요한 연속형 확률분포이다. 제8장부터 표본정보를 이용하여 모집단에 대한 추론을 할 때, 모집단의 분포가 정규분포라는 가정이 자주 등장하는 것을 볼 수 있을 것이다.

정규분포의 확률밀도 함수는

$$f(x) = \frac{1}{\sqrt{2\pi}\,\sigma} e^{-\frac{1}{2\sigma^2}(x-\mu)^2}, \quad -\infty < x < \infty \tag{6.4}$$

이며, 이를 그림으로 나타내면 [그림6.3]과 같이 μ를 중심으로 좌우 대칭인 종모양이 된다.
정규분포의 평균과 분산은 각각

$$E(X) = \mu$$
$$var(X) = \sigma^2$$

임이 알려져 있다.

그림 6.3 정규분포

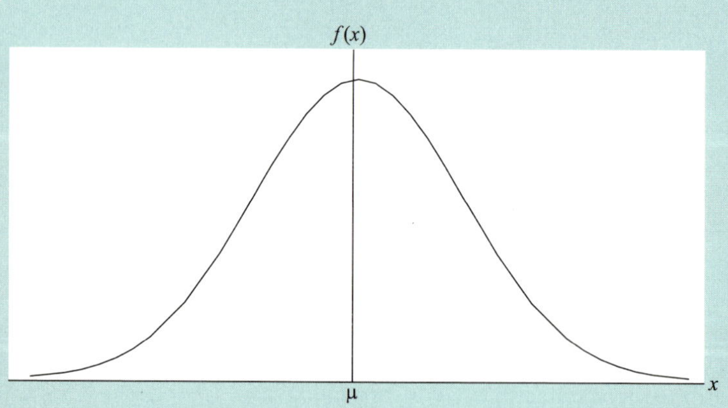

그림 6.4 평균이 다른 두 정규분포

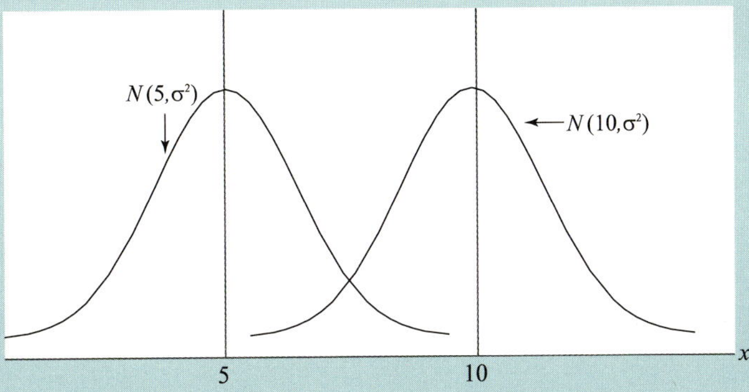

확률변수 X가 (6.4)를 확률밀도함수로 가질 때, X는 평균 μ, 분산 σ^2인 정규분포를 따른다고 하고 이를

$$\boldsymbol{X \sim N(\mu, \sigma^2)}$$

의 기호로 나타낸다.

정규분포의 형태는 평균 μ와 분산 σ^2(또는 표준편차 σ)에 의해 결정된다. 평균은 분포의 위치를 결정한다. [그림6.4]는 분산은 동일하지만 평균이 5와 10으로 서로 다른 두 정규분포를 보여주고 있다. 평균이 클수록 분포가 오른쪽에 위치한다는 것을 알 수 있다. 그리고 분산(또는 표준편차)은 분포의 폭을 결정한다. [그림6.5]는 평균은 동일하나 분산이 다른 두 정규분포를

그림 6.5 분산이 다른 두 정규분포

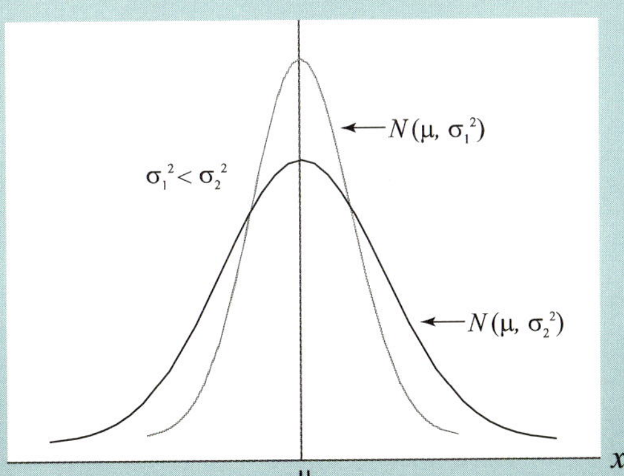

보여주고 있다. 분산이 클수록 분포의 폭이 넓어진다는 것을 알 수 있다. 분포의 폭이 넓어진다는 것은 확률변수가 가질 수 있는 값의 변동성이 커진다는 것을 의미한다.

정규확률변수가 어떤 구간의 값을 가질 확률은 곡선 아래의 면적으로 계산하게 된다. 표나 엑셀을 이용하여 일반적으로 확률을 계산하는 과정은 아래의 표준정규분포를 공부한 다음으로 미루고, 여기서는 몇 가지 기억해두면 유용한 확률을 소개해둔다;

$X \sim N(\mu,\ \sigma^2)$일 때
X가 $\mu \pm \sigma$ 구간의 값을 가질 확률은 68.3%
X가 $\mu \pm 2\sigma$ 구간의 값을 가질 확률은 95.4%
X가 $\mu \pm 3\sigma$ 구간의 값을 가질 확률은 99.7%

[그림6.6]은 이 중 두 번째 명제, 즉 정규확률변수가 평균으로부터 ±2 표준편차 이내의 값을 가질 확률은 95.4%임을 그림으로 보여주고 있다. 연습문제 4.10에서 소개한 체비셰프 부등식에 의하면 '모든' 확률분포는 평균으로부터 ±2 표준편차 이내에 적어도 75% 이상의 확률을 포함한다. 정규분포가 이 부등식을 충분히 만족하고 있다는 것을 알 수 있다.

그림 6.6 정규분포의 확률

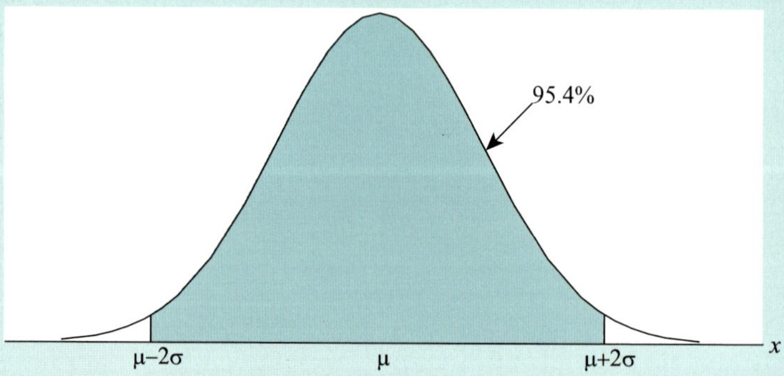

[예6.2]

우리나라 사람들의 키가 평균 170cm, 표준편차 5cm의 정규분포를 따른다고 하자. 그러면

170 ± 5 즉, (165, 175) 구간의 키를 가진 사람이 68.3%
170 ± 10 즉, (160, 180) 구간의 키를 가진 사람이 95.4%
170 ± 15 즉, (155, 185) 구간의 키를 가진 사람이 99.7%

인 것으로 이해할 수 있다.

평균이 0이고 분산이 1인 정규분포를 **표준정규분포**(standard normal distribution)라 하고 표준정규 확률변수는 보통 Z의 기호로 표시한다. 표준정규분포의 확률밀도함수는

$$f(z) = \frac{1}{\sqrt{2\pi}} e^{-z^2/2}, \qquad -\infty < z < \infty \tag{6.5}$$

이다. (6.5)는 (6.4)에 $\mu = 0, \sigma = 1$을 대입한 것이다. 그리고 표준정규확률변수를 Z로 표시하는 관행에 따라 Z가 가지는 값 z를 x대신 독립변수로 이용하고 있다.

[표6.1]은 부록의 표준정규분포표를 그대로 옮겨놓은 것이다. 표준정규분포표는 Z가 0과 $z(z \geq 0)$사이의 값을 가질 확률을 계산하여 표로 만들어 놓은 것이다. 표준정규분포가 대칭분포라는 사실과 함께 이 표를 이용하면 정규분포와 관련한 모든 확률 계산이 가능하다. 특히 다음과 같은 네 가지 문제를 해결하는 방법을 익혀 두도록 하자;

(1) 두 상수 a와 b가 주어졌을 때 $P(a < Z < b)$는 얼마인가?
(2) 확률 p (단, $0 < p < 1$)가 주어졌을 때 $P(Z < z) = p$를 만족하는 상수 z는 얼마인가?
(3) $X \sim N(\mu, \sigma^2)$일 때 $P(a < X < b)$는 얼마인가?
(4) $X \sim N(\mu, \sigma^2)$일 때 주어진 p에 대해 $P(X < x) = p$를 만족하는 x는 얼마인가?

먼저 다음의 두 예를 통해 (1)번과 (2)번 유형의 문제를 차례로 해결해 보자.

[표6.1] 표준 정규분포표

Z	.00	.01	.02	.03	.04	.05	.06	.07	.08	.09
0.0	.0000	.0040	.0080	.0120	.0160	.0199	.0239	.0279	.0319	.0359
0.1	.0398	.0438	.0478	.0517	.0557	.0597	.0636	.0675	.0714	.0753
0.2	.0793	.0832	.0871	.0910	.0948	.0987	.1026	.1064	.1103	.1141
0.3	.1179	.1217	.1255	.1293	.1331	.1368	.1406	.1443	.1480	.1517
0.4	.1554	.1591	.1628	.1664	.1700	.1736	.1772	.1808	.1844	.1879
0.5	.1915	.1950	.1985	.2019	.2054	.2088	.2123	.2157	.2190	.2224
0.6	.2257	.2291	.2324	.2357	.2389	.2422	.2454	.2486	.2518	.2549
0.7	.2580	.2612	.2642	.2673	.2704	.2734	.2764	.2794	.2823	.2852
0.8	.2881	.2910	.2939	.2967	.2995	.3023	.3051	.3078	.3106	.3133
0.9	.3159	.3186	.3212	.3238	.3264	.3289	.3315	.3340	.3365	.3389
1.0	.3413	.3438	.3461	.3485	.3508	.3531	.3554	.3577	.3599	.3621
1.1	.3643	.3665	.3686	.3708	.3729	.3749	.3770	.3790	.3810	.3830
1.2	.3849	.3869	.3888	.3907	.3925	.3944	.3962	.3980	.3997	.4015
1.3	.4032	.4049	.4066	.4082	.4099	.4115	.4131	.4147	.4162	.4177
1.4	.4192	.4207	.4222	.4236	.4251	.4265	.4279	.4292	.4306	.4319
1.5	.4332	.4345	.4357	.4370	.4382	.4394	.4406	.4418	.4429	.4441
1.6	.4452	.4463	.4474	.4484	.4495	.4505	.4515	.4525	.4535	.4545
1.7	.4554	.4564	.4573	.4582	.4591	.4599	.4608	.4616	.4625	.4633
1.8	.4641	.4649	.4656	.4664	.4671	.4678	.4686	.4693	.4699	.4706
1.9	.4713	.4719	.4726	.4732	.4738	.4744	.4750	.4756	.4761	.4767
2.0	.4772	.4778	.4783	.4788	.4793	.4798	.4803	.4808	.4812	.4818
2.1	.4821	.4826	.4830	.4834	.4838	.4842	.4846	.4850	.4854	.4857
2.2	.4861	.4864	.4868	.4871	.4875	.4878	.4881	.4884	.4887	.4890
2.3	.4893	.4896	.4898	.4901	.4904	.4906	.4909	.4911	.4913	.4916
2.4	.4918	.4920	.4922	.4925	.4927	.4929	.4931	.4932	.4934	.4936
2.5	.4938	.4940	.4941	.4943	.4945	.4946	.4948	.4949	.4951	.4952
2.6	.4953	.4955	.4956	.4957	.4959	.4960	.4961	.4962	.4963	.4964
2.7	.4965	.4966	.4967	.4968	.4969	.4970	.4971	.4972	.4973	.4974
2.8	.4974	.4975	.4976	.4977	.4977	.4978	.4979	.4979	.4980	.4981
2.9	.4981	.4982	.4982	.4983	.4984	.4984	.4985	.4985	.4986	.4986
3.0	.4987	.4987	.4987	.4988	.4988	.4989	.4989	.4989	.4990	.4990

[예6.3]

표준정규확률변수 Z가 −1.5와 2.14 사이의 값을 가질 확률은 얼마일까?

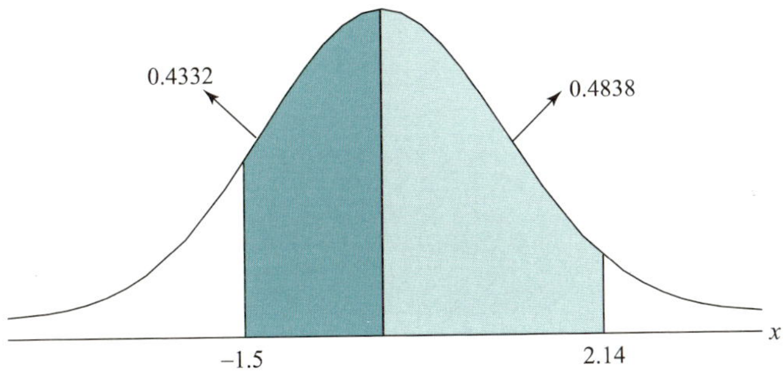

위의 그림에서 보는 바와 같이 구하고자 하는 확률은 Z가 -1.5와 0 사이일 확률과 Z가 0과 2.14 사이일 확률의 합이다. 또 표준정규분포는 0을 중심으로 좌우대칭이므로 Z가 −1.5와 0 사이일 확률은 Z가 0과 1.5사이일 확률과 같다. 즉,

$$P(-1.5 \le Z \le 2.14) = P(-1.5 \le Z \le 0) + P(0 \le Z \le 2.14)$$
$$= P(0 \le Z \le 1.5) + P(0 \le Z \le 2.14)$$

이 성립한다.

첫째 항의 값은 표준정규분포표에서 $z=1.50$에 대응하는 .4332이고 둘째 항의 값은 표의 $Z=2.14$에 대응하는 .4838이다. 따라서 구하고자 하는 확률은

$$P(-1.5 \le Z \le 2.14) = 0.4332 + 0.4838 = 0.9170$$

이다.

[예6.4]

Z가 표준정규분포를 따를 때 상위 10%에 해당하는 값은 얼마일까?

$P(Z < z) = 0.90$을 만족하는 z를 찾는 문제이므로 그림에서 보는 바와 같이 $P(0 < Z < z) = 0.40$인 z를 찾는 것과 마찬가지다. 역시 표준정규분포표를 이용할 수 있다.

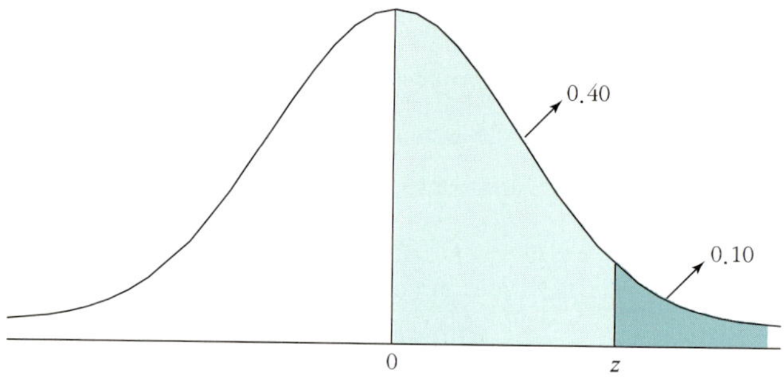

정확하게 0.40의 확률을 가지는 항은 없지만 가장 가까운 값으로 0.3997의 확률을 가지는 값 1.28을 답으로 선택하면 된다. 정확한 값은 1.28과 1.29사이에 있을 것이다. 하지만 대부분의 현실적 응용에서는 소수 두 자리까지의 근사값 1.28을 이용하는 것으로 충분하다.[21]

한편, 표준정규분포표를 이용하여 평균과 분산이 0과 1이 아닌 일반적인 정규분포의 확률을 계산할 수 있다. 다시 말해, 앞에서 언급한 (3)과 (4) 유형의 문제를 해결할 수 있다. 이를 위해서는 모든 정규확률변수는 표준화시키면 표준정규분포를 따른다는 사실이 이용된다. 즉, X가 평균이 μ, 분산이 σ^2인 정규분포를 따르면 X를 표준화시킨 $\frac{X-\mu}{\sigma}$ 는 표준정규분포를 따르는 것이다. 이를

$$X \sim N(\mu, \sigma^2) \quad \rightarrow \quad Z = \frac{X-\mu}{\sigma} \sim N(0,1) \tag{6.6}$$

의 기호로 요약해 두자.

먼저 (3)번 유형의 문제를 살펴보자. "$a < X < b$"라는 사건은 "$\frac{a-\mu}{\sigma} < \frac{X-\mu}{\sigma} < \frac{b-\mu}{\sigma}$"라는 사건과 같으므로, (6.6)을 이용하면

$$P(a < X < b) = P\left(\frac{a-\mu}{\sigma} < Z < \frac{b-\mu}{\sigma}\right)$$

임을 알 수 있다. 따라서 일반적인 정규확률변수 X가 a와 b사이의 값을 가질 확률을 표준정규분포표를 통해 구할 수 있다. 다음의 예를 보자.

21) 굳이 정확한 값을 알고 싶으면 엑셀함수 normsinv를 이용하면 된다. normsinv(p)는 $P(Z < z) = p$를 만족하는 z를 계산해 준다. 따라서 normsinv(0.9)=1.28155가 $P(Z < z) = 0.90$을 만족하는 정확한 z값이다.

[예6.5]

우리나라 국민 한 사람이 연간 부담하는 건강보험료는 평균 36만원이다. 표준편차가 3만원이고 건강보험료 부담액이 정규분포를 따른다고 할 때, 한 사람이 30만원과 40만원 사이의 건강보험료를 부담할 확률은 얼마일까?

건강보험료 부담액을 X라 하면 $X \sim N(36, 3^2)$이므로, 구하고자 하는 확률은

$$\begin{aligned} P(30 < X < 40) &= P\left(\frac{30-36}{3} < Z < \frac{40-36}{3}\right) \\ &= P(-2 < Z < 1.33) \\ &= P(-2 < Z < 0) + P(0 < Z < 1.33) \\ &= 0.4772 + 0.4082 \\ &= 0.8854 \end{aligned}$$

즉, 88.54%가 된다.

마지막으로, (4)번 유형의 문제, 즉 $X \sim N(\mu, \sigma^2)$일 때 주어진 p에 대해 $P(X < x) = p$를 만족하는 x를 어떻게 구할 것인지 다음의 예를 통해 알아보자.

[예6.6]

어느 대학 학생들의 IQ는 평균 120, 표준편차 5의 정규분포를 따른다고 하자. 상위 5%에 해당하는 학생의 IQ는 얼마일까?

IQ를 X라 하면 $X \sim N(120, 5^2)$이고 구하고자 하는 값 x는

$$P(X < x) = 0.95 \text{ 또는 } P(120 < X < x) = 0.45$$

를 만족해야 한다. X를 (6.6)을 이용하여 표준화시키면 두번째 부등식을

$$P\left(0 < Z < \frac{x-120}{5}\right) = 0.45$$

로 고쳐 쓸 수 있다.

이를 만족하는 $\frac{x-120}{5}$을 표준정규분포표에서 찾아보면 $\frac{x-120}{5} = 1.645$이므로 결국 $x = 120 + 5 \times 1.645 = 128.225$가 상위 5%에 해당하는 학생의 IQ가 된다.

표준정규분포와 관련하여 기억해두면 유용한 숫자 두 개를 든다면 바로 **1.645**와 **1.96**이다. 확률변수 Z는 그림에서 보는 바와 같이 -1.645와 1.645 사이의 값을 가질 확률은 90%이고 -1.96과 1.96사이의 값을 가질 확률은 95%이다.

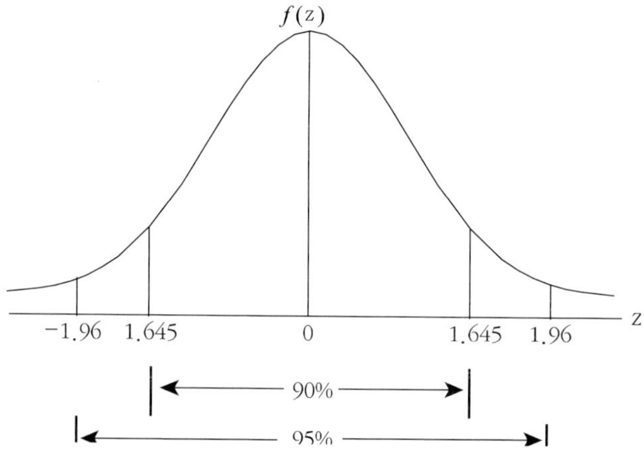

그리고 아래의 그림에서처럼 표준정규분포의 오른쪽 꼬리에 α의 확률을 남겨두는 값을 흔히 Z_α의 기호로 표시한다. 이 기호에 따르면 1.96은 $\boldsymbol{Z_{0.025}}$이고 1.645는 $\boldsymbol{Z_{0.05}}$이다.

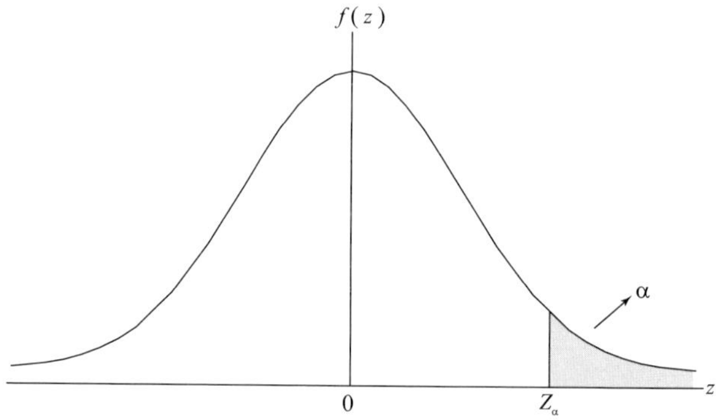

6.3 이항분포의 정규근사

정규분포는 연속형 확률분포이지만 이산형인 이항분포나 포아송분포 등을 근사하는데 이용되기도 한다. 이 절에서는 이항분포의 확률을 정규분포를 통해 근사하는 과정을 살펴보기로 하자. 이항확률변수는 한번 시행에서의 성공확률이 p로 일정한 베르누이 시행을 n번 독립적으로 반복했을 때의 성공 횟수라는 것을 제5.2절에서 공부하였다. 성공 횟수 X의 분포를

$$X \sim B(n,p)$$

의 기호로 표시하였고 X의 평균과 분산은 각각 np와 $np(1-p)$임을 공부하였다.

시행횟수 n이 충분히 크면 X의 분포는 동일한 평균과 분산을 가지는 정규분포, 즉, $N(np, np(1-p))$에 가까워진다는 것이 알려져 있다. n이 얼마나 커야 충분하다고 볼 수 있는가에 대해서는 보통

$$np > 5 \text{ 그리고 } n(1-p) > 5 \tag{6.7}$$

의 조건을 만족할 정도면 된다고 본다.

[표6.2]는 몇 가지 p값에 대해 정규근사에 필요한 최소 시행횟수 n을 보여주고 있다. 성공확률 p가 0.5일 때는 이항분포 자체가 대칭이어서 $n=10$ 정도일 때부터 이미 정규분포와 가까워지지만 p가 0.5에서 먼 값일수록 n이 보다 큰 값이어야 한다는 것을 알 수 있다.

[표6.2] 정규근사에 필요한 최소 n

p	n
0.1	50
0.2	25
0.3	17
0.4	13
0.5	10
0.6	13
0.7	17
0.8	25
0.9	50

이제 $X \sim B(n,p)$이고 정규근사에 필요한 (6.7)의 조건이 만족될 정도로 n이 충분히 크다고 하자. 그리고 X와 동일한 평균과 분산을 가지는 정규확률변수를 Y라 하자. 다시 말하자면

$$Y \sim N(np, np(1-p))$$

라 하자. 그러면

$$P(a \le X \le b) \approx P(a < Y < b) = P\left(\frac{a-np}{\sqrt{np(1-p)}} < Z < \frac{b-np}{\sqrt{np(1-p)}}\right) \tag{6.8}$$

가 성립하며 이를 **이항분포의 정규근사**라 부른다. (6.8)은 이항확률을 정규분포를 이용하여 근사할 수 있음을 보여주고 있다. 때로는 (6.8) 대신

$$P(a \le X \le b) \approx P(a-\frac{1}{2} < Y < b+\frac{1}{2}) = P\left(\frac{a-\frac{1}{2}-np}{\sqrt{np(1-p)}} < Z < \frac{b+\frac{1}{2}-np}{\sqrt{np(1-p)}}\right) \tag{6.9}$$

를 이용하기도 한다. (6.9)에서 $\frac{1}{2}$을 빼고 더해주는 것을 **연속성 수정**(continuity correction)이라 부른다. 말하자면 (6.9)는 연속성 수정을 한 정규근사이다.

이항분포의 정규근사를 어떻게 하는지 그리고 연속성수정은 왜 필요한지 다음의 예를 통해 차례로 살펴보자. 그리고 정규근사를 할 경우 어느 정도의 근사오차가 발생하는지도 살펴보자.

[예6.7]

10%의 불량률이 있는 것으로 알려진 제품군에서 100개의 제품을 무작위로 조사할 때 7개에서 13개 사이의 불량품이 나올 확률은 얼마일까?

불량품의 개수를 X라 하면 X는 $B(100, 0.1)$의 분포를 따른다. 먼저 정확한 이항확률을 엑셀로 계산해 보면

$$P(7 \le X \le 13) = 0.7590 \tag{6.10}$$

이다.

하지만 $np > 5\,(n=100, p=0.1)$이므로 정규분포를 이용하여 근사적인 확률을 계산할 수 있다. Y가 평균 $\mu = np = 10$, 분산 $\sigma^2 = np(1-p) = 9$인 정규확률변수라 하면 위의 확률에 대한 근사값을

$$\begin{aligned} P(7 < Y < 13) &= P\left(\frac{7-10}{3} < Z < \frac{13-10}{3}\right) \\ &= (-1 < Z < 1) \\ &= 0.6826 \end{aligned} \tag{6.11}$$

으로 구하게 된다. 정확한 확률 0.7590보다 0.0764 정도 작은 값을 얻고 있다.

연속성수정이 왜 필요한지 살펴보기 위해 [예6.6]의 이항분포에서 $X=7$일 확률이 얼마인지 생각해 보자. 정확한 이항확률은

$$P(X=7) = {}_{100}C_7(0.1)^7(0.9)^{93} = 0.0889$$

이다. 하지만 정규분포 $N(10, 9)$를 따르는 Y를 이용하여 근사 확률을 계산해 보면 $P(Y=7) = 0$이다. 연속형 확률분포에서는 특정한 한 값을 가질 확률은 언제나 0이기 때문이다. X가 특정한 하나의 값을 가질 이항확률이 아무리 큰 값이라도 이를 정규근사하면 근사값은 반드시 0이 될 수밖에 없다. 이산형분포를 연속형분포로 근사하려는 데서 발생하는 문제다. 이를 해결하기 위해서는 [그림6.7]에서 보여주는 바와 같이 이산형확률변수 X가 7일 확률을 연속형 확률변수 Y가 6.5와 7.5 사이일 확률로 근사하는 것이 합리적일 것이다.

그림 6.7 이항분포의 정규근사

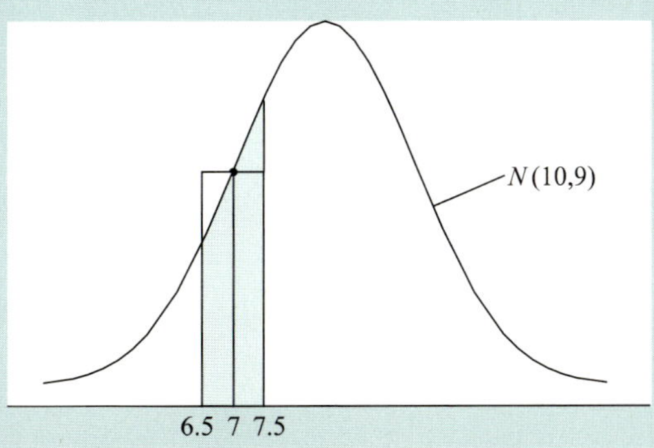

직사각형의 면적인 정확한 이항확률 $P(X=7)$은 [6.5, 7.5]구간에서 정규분포곡선 아래의 빗금친 부분의 면적과 비슷할 것이기 때문이다. 이렇게 하면 $P(X=7)$의 이항확률에 대한 근사값으로

$$P(6.5<Y<7.5)=P\left(\frac{6.5-10}{3}<Z<\frac{7.5-10}{3}\right)$$
$$=P(-1.17<Z<-0.83)$$
$$=0.0823$$

을 얻게 된다. 이 값은 앞에서 구한 정확한 이항확률 0.0889와 상당히 가까운 값임을 알 수 있다.

그렇다면 [예6.6]에서 X가 7과 13사이일 확률을 정규분포로 근사할 때도 (6.11) 대신 $P(6.5<Y<13.5)$을 이용하는 것이 더 낫지 않을까? 이것이 바로 (6.9)의 연속성 수정에 숨어 있는 생각이다.

[예6.6]의 이항확률을 연속성 수정을 하고 근사해 보면

$$P(6.5<Y<7.5)=P\left(\frac{6.5-10}{3}<Z<\frac{7.5-10}{3}\right)$$
$$=P(-1.17<Z<1.17) \tag{6.12}$$
$$=0.7580$$

의 값을 얻는다. 연속성 수정을 하지 않은 (6.11)의 근사확률 0.6826에 비해서 연속성 수정을 해준 (6.12)의 0.7580이 (6.10)의 정확한 이항확률 0.7590에 보다 가까운 값임을 알 수 있다.

일반적으로 정수값을 가지는 이산형확률변수 X가 a와 b사이의 값을 가질 확률 $P(a\le X\le b)$를 X와 동일한 평균과 분산을 가진 연속형확률변수 Y로 근사할 때 $P(a-0.5<Y<b+0.5)$로 계산하면 보다 정확한 값을 얻게 된다. 연속성 수정을 할 것인지는 자신이 얼마나 정확한 근사확률을 원하는지에 따라 결정하면 된다.

6.4 지수분포

통계청의 경제활동인구 부가조사에 의하면 우리 나라의 청년층(15~29세)이 최종학교 졸업 후 첫 직장을 얻을 때까지 걸리는 시간은 평균 11개월이라 한다. 하지만 우리는 이 결과를 보고 청년층의 반은 11개월 이내에 그리고 나머지 반은 11개월 이상 걸려서 첫 직장을 얻는다고 생각하지 않는다. 3년 이상 장기간 취업을 하지 못하고 있는 청년층이 상당히 많다는 것을 알고 있기 때문이다.

졸업 후 첫 취업까지의 시간이나 은행 창구에 고객(첫 고객이든 다음 고객이든)이 올 때까지의 시간 등을 총칭하여 대기시간이라 부른다. 위의 예에서 보는 바와 같이 대기 시간의 분포는 평균을 중심으로 좌우 대칭인 정규분포로 설명하기는 어렵다. 이 절에서 공부할 지수분포가 바로 대기시간의 분포로 적절한 확률분포이다.

어떤 사건이 발생 할 때까지의 시간은 시간당 사건의 발생횟수와 밀접한 관련이 있다. 따라서 지수분포는 흔히 포아송분포와 관련하여 설명하게 된다. 은행창구에 시간당 평균 5명의 고객이 도착한다고 할 때, 한 명의 고객이 도착한 후 다음 고객이 도착할 때까지 걸리는 시간은 평균 얼마나 될까? 질문의 내용만 제대로 파악했다면 누구나 쉽게 $\frac{1}{5}$시간, 즉 12분이라 답할 것이다. 이처럼 단위 시간당 사건의 발생횟수와 다음 사건이 일어날 때까지 걸리는 시간 사이에는 동전의 양면과 같은 밀접한 관련이 있다.

시간당 사건의 발생횟수가 평균이 λ인 포아송분포를 따르면, 한 사건이 발생한 후 다음 사건이 발생할 때까지의 시간 T는

$$f(t) = \lambda e^{-\lambda t}, \qquad t > 0 \tag{6.13}$$

를 확률밀도함수로 가지는 확률변수가 된다. T의 분포를 λ를[22] 모수로 하는 **지수분포** (exponential distribution)라 부른다.

[그림6.8]은 $\lambda = 1$ 및 $\lambda = 2$인 지수분포의 모습을 보여주고 있다. 시간당 사건의 평균발생횟수 λ가 클수록 T는 작은 값을 가질 확률(예컨대 1 이하일 확률)이 높다는 것을 알 수 있다. 자주 발생하는 사건일수록 사건과 사건 사이의 시간은 짧아지는 것이다.

---

22) λ는 그리스문자로 람다(lambda)로 읽는다.

그림 6.8 지수분포의 확률밀도 함수

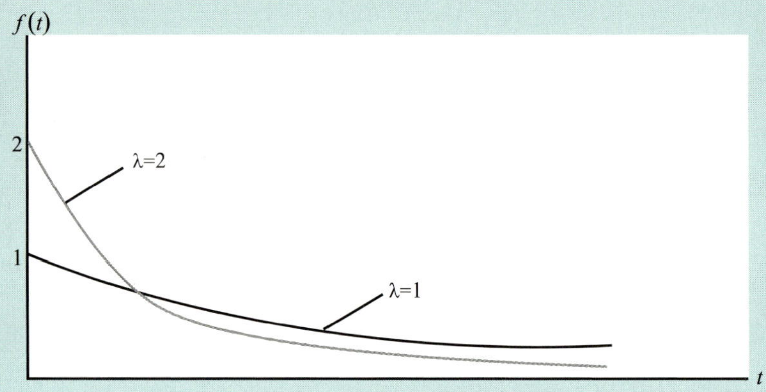

지수분포의 평균과 분산은

$$E(T)=\frac{1}{\lambda}$$
$$var(T)=\frac{1}{\lambda^2} \tag{6.14}$$

이며, 누적분포함수는

$$F(t)=1-e^{-\lambda t} \tag{6.15}$$

임이 알려져 있다.[23]

그리고 누적분포함수를 이용하면 지수분포의 중위수를 구할 수 있다. 중위수는 이 값보다 작은 값이 50% 그리고 이 값보다 큰 값이 50%인 수이므로, 지수분포의 중위수는

$$F(t^*)=1-e^{-\lambda t^*}=0.5 \tag{6.16}$$

를 만족하는 t^*이다. (6.16)을 t^*에 대해 풀어보면

$$\text{중위수 } t^*=\frac{\ln 2}{\lambda} \tag{6.17}$$

23) 미적분을 아는 독자는 제 4장의 부록을 읽었을 것이다. 지수분포의 누적분포함수를 미분하면 확률밀도함수가 된다는 것, 즉 $F'(t)=\lambda e^{-\lambda t}=f(t)$임을 확인하기 바란다.

임을 알 수 있다. [24] 여기서 ln은 밑수가 e인 로그, 즉 자연로그이며 ln2의 값은 약 0.69이다. (6.17)로부터 지수분포의 중위수는 평균 $\frac{1}{\lambda}$보다 30% 정도 작다는 것을 확인할 수 있다.

[예6.8]

본문에서 언급한 은행창구에는 시간당 5명의 고객이 도착하고 있다. 다음 고객 (만약 개점 직후라면 첫 고객)이 도착할 때까지 걸리는 시간 T의 확률밀도함수, 누적분포 함수, 평균과 분산, 그리고 중위수를 구해보자.

먼저 T의 분포는 $\lambda = 5$인 지수분포이므로 T의 확률밀도 함수는

$$f(t) = 5e^{-5t}, \quad t > 0$$

이고 누적분포함수는

$$F(t) = 1 - e^{-5t}$$

이다. 평균과 분산은 (6.14)에 의해

$$E(T) = \frac{1}{5}(\text{시간}), \qquad var(T) = \frac{1}{5^2} = \frac{1}{25}$$

이다. 물론 T의 표준편차는 $\frac{1}{5}$(시간)이다. 일반적으로 모든 지수분포에서 평균과 표준편차는 동일한 값을 가지게 된다. 중위수는 (6.17)로부터

$$\text{중위수 } t^* = \frac{\ln 2}{5} = 0.14(\text{시간})$$

이다. 평균 대기시간은 $\frac{1}{5}$시간, 즉 12분이지만, 대기시간이 0.14시간, 즉 8.3분 이내인 경우와 그 이상인 경우가 반반인 것이다. 참고로 누적분포함수를 이용하여 평균인 $\frac{1}{5}$시간 이내에 고객이 도착할 확률을 구해보면

$$P(0 < T \le \frac{1}{5}) = F(\frac{1}{5}) = 1 - e^{-1} = 0.6321$$

---

24) $e^{-\lambda t^*} = 0.5$로 변환한 후 양변에 자연로그를 취하면 된다. 로그연산이 불편한 독자는 그냥 지수분포의 중위수는 약 $\frac{0.69}{\lambda}$이어서 평균 $\frac{1}{\lambda}$보다 30%정도 작다는 것만 기억하면 될 것이다.

이다.[25]

포아송분포와 지수분포

시간당 사건의 발생횟수가 평균이 λ인 포아송분포를 따르면, 한 사건이 발생한 후 다음 사건이 발생할 때까지의 시간 T는 λ를 모수로 하는, 즉 평균이 $\frac{1}{\lambda}$인 지수분포를 따른다고 하였다. 포아송 분포로부터 T의 누적분포함수 (6.15)를 다음과 같이 도출함으로써 이를 보일 수 있다.

한 시간에 발생하는 사건의 수가 평균이 λ인 포아송분포를 따르면 t시간 동안 발생하는 사건의 수 X는 평균이 λt인 포아송분포를 따르게 되므로 X의 확률함수는

$$f(x) = \frac{(\lambda t)^x e^{-\lambda t}}{x!} \quad , \qquad x = 0, 1, 2, ...$$

가 된다. 예컨대 t시간 동안 한번도 사건이 발생하지 않을 확률은

$$P(X = 0) = f(0) = e^{-\lambda t}$$

이다.

이제 다음 사건 발생까지의 시간 T가 t시간 이하일 확률을 구해보자. $T \leq t$라는 것은 t시간 동안 적어도 한 번 이상의 사건이 발생했다는 것을 의미하므로

$$P(T \leq t) = P(X \geq 1) = 1 - P(X = 0)$$

의 관계가 성립한다. 따라서 위에서 구한 $P(X = 0)$을 대입하면 T의 누적분포함수 F는

$$F(t)(\equiv P(T \leq t)) = 1 - e^{-\lambda t}$$

라는 것을 알 수 있다.

25) 엑셀의 expondist 함수를 이용해도 좋을 것이다. expondist(x, λ, 1)은 T가 x이하일 확률을 계산해 준다. 예컨대 expondist(0.2, 5, 1)의 값이 바로 0.6321이다.

A6 엑셀을 이용한 정규분포와 지수분포의 확률계산

1. 정규분포의 확률계산

엑셀은 정규분포와 관련된 네 개의 함수를 내장하고 있으며, 각각 본문에서 다룬 네 가지 유형의 확률문제를 해결하는데 이용할 수 있다.

첫째, **normsdist(z)**는 표준정규분포의 누적분포함수 $F(z) = P(Z \leq z)$를 계산해 준다. [예6.3]에서 표준정규분포표를 이용하여 구한 $P(-1.5 < Z < 2.14)$는

=normsdist(2.14)−normsdist(−1.5)

로 구하면 된다.

둘째, **normsinv(p)**는 $P(Z \leq z) = p$를 만족하는 z를 계산해 준다. 예를 들어

=normsinv(0.975)

의 값은 1.96이고, 본문의 기호법에 의하면 $Z_{0.025}$에 해당한다.

셋째, **normdist**(x, m, σ, 1)은 평균이 m, 표준편차가 σ인 정규분포의 누적분포함수 $F(x) = P(X \leq x)$를 구해준다. [예6.4]에서 $X \sim N(36, 3^2)$일 때 X를 표준화한 다음 표준정규분포표를 이용하여 $P(30 < X < 40)$을 구하였다. 하지만 엑셀을 이용하면, 표준화 절차를 밟을 필요 없이

=normdist(40,36,3,1)−normdist(30,36,3,1)

을 통해 동일한 답 0.8860을 얻을 수 있다.

넷째, **norminv**(p, m, σ)는 평균이 m, 표준편차가 σ인 정규분포에 대해 $P(X < x) = p$를 만족하는 x를 구해준다. [예6.5]에서 대학생들의 IQ(X)가 평균 120, 표준편차 5인 정규분포를 따를 때 $P(X < x) = 0.95$를 만족하는 x를 표준화 과정을 거쳐 128.225로 구하였다. 엑셀을 이용할 때에는

=norminv(0.95, 120, 5)

로 보다 정확한 값 128.224를 얻을 수 있다.

normdist와 norminv 함수는 인수가 여럿이므로, 이를 기억하기 어려우면, 함수마법사 아이콘을 클릭하고 통계 범주에서 해당 함수를 찾은 다음 대화창에 인수들을 차례로 입력해 주어도 된다.

그리고 normdist(x, m, σ, 0)로 마지막 인수를 0으로 지정하면, 평균 m, 표준편차 σ인 정규분포의 확률밀도 $f(x)$를 구해준다. 즉, x에서 정규분포곡선의 높이를 구해주는 것이다. 이 값이 $P(X=x)$의 확률이라 착각해서는 안된다. 연속형인 정규확률변수가 특정한 하나의 값을 가질 확률은 언제나 0이라는 사실을 잊지 말아야 한다.
예를 들어

=normdist(40,36,3,0)

의 값은 0.0547이다. 이것은 $X \sim N(36, 3^2)$일 때 $x=40$에서의 정규분포곡선의 높이이다.

2. 지수분포의 확률계산

엑셀에서 지수분포의 확률을 계산해 주는 함수는 expondist이다. [예6.7]에서 $\lambda=5$인 지수분포를 살펴보았다. [그림6A.1]의 A열에는 확률변수가 가질 수 있는 값 t가 0에서 2.2까지 0.2간격으로 입력되어 있다. B열은 확률밀도를 계산한 결과이다.
먼저 B2셀에

=expondist(A2, 5, 0)

으로 $t=0$에서의 확률밀도를 구한 다음

B2셀을 B13셀까지 드래그

하여 다른 값에서의 확률밀도를 자동 채우기로 구하였다. B14셀에 계산되어 있는 합계를 보면 1과는 전혀 다른 숫자이다. B2~B13셀의 값들은 확률밀도이지 확률이 아니기 때문에 합이 1이어야 할 이유가 없는 것이다.

이 값들은 지수분포의 분포곡선을 그리는데 이용할 수 있다. 차트마법사에서

단계1. 차트 종류 **꺾은선형**을 선택하고
단계2. **데이터범위** $B$2:$B$13,
계열의 **X축 레이블** $A$2:$A$13을 입력하고

단계3. **제목** 지수분포를 입력하고

단계4. 차트 위치 **워크시트에 삽입**을 선택하면

[그림6A.1]과 같은 그래프를 얻을 수 있다.

마지막으로 [예6.7]에서 구한 확률 $P(T \le \frac{1}{5})$은

=expondist(A3, 5, 1)

을 이용하여 C3셀에 0.6321로 출력되어 있다. expondist함수의 마지막 인수가 0이면 확률밀도, 그리고 1이면 누적확률을 계산해 주는 것이다.

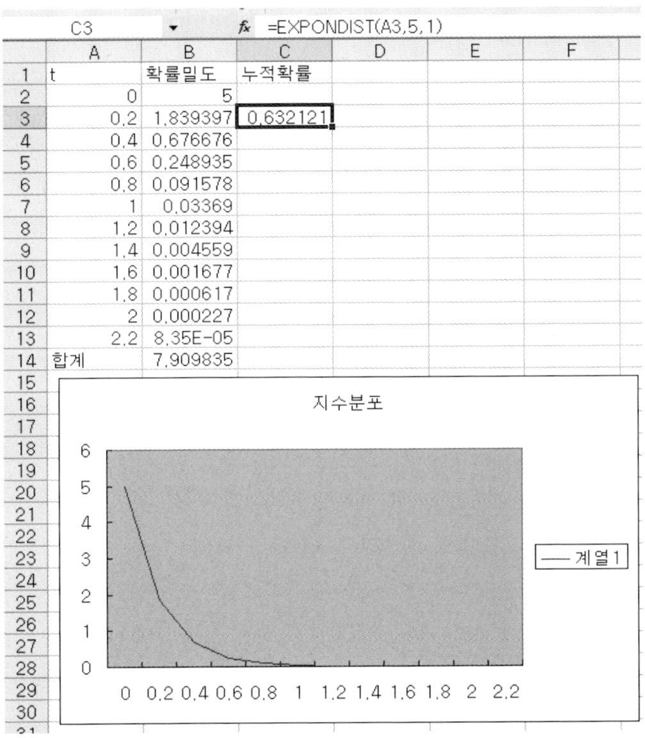

C3 =EXPONDIST(A3,5,1)

	A	B	C	D	E	F
1	t	확률밀도	누적확률			
2	0	5				
3	0.2	1.839397	0.632121			
4	0.4	0.676676				
5	0.6	0.248935				
6	0.8	0.091578				
7	1	0.03369				
8	1.2	0.012394				
9	1.4	0.004559				
10	1.6	0.001677				
11	1.8	0.000617				
12	2	0.000227				
13	2.2	8.35E-05				
14	합계	7.909835				

[그림6A.1]

연습문제

6.1. 확률변수 X는 -1과 1 사이의 구간에서 균등분포를 따른다.

(1) 확률밀도함수를 적고 이를 그래프로 나타내어라.

(2) $P(X=0)$은 얼마인가?

(3) $P(0.5 < X < 0.5)$를 구하라.

(4) $P(X \geq 0.5)$를 구하라.

6.2. X는 0과 1사이의 구간에서 균등분포를 따른다. X의 누적분포함수를 구해보자.

(1) $x \leq 0$일 때 $P(X \leq x)$를 구하라.

(2) $0 < x < 1$ 일 때 $P(X \leq x)$를 구하라.

(3) $x \geq 1$일 때 $P(X \leq x)$를 구하라.

(4) 앞의 세 문항에서 얻은 결과를 이용하여 X의 누적분포함수
$F(x) = P(X \leq x)$, x는 모든 실수의 그래프를 그려라.

6.3. 연습문제 6.2의 방법을 이용하여 $X \sim U[a,b]$일 때 X의 누적분포함수를 구한 다음, 이를 그래프로 나타내어라.

6.4. X가 다음 구간에서 균등분포를 따를 때 X의 평균과 분산을 구하라.

(1) [0, 1]

(2) [0, 2]

(3) [−1, 1]

6.5. 한 미술품 경매인은 이번 작품의 낙찰가는 100만원과 150만원 사이의 균등분포를 따를 것으로 믿고 있다.

(1) 낙찰가의 확률밀도함수를 구하라.

(2) 낙찰가의 평균과 표준편차는 얼마인가?

6.6. 확률변수 Z가 표준정규분포를 따를 때 다음 확률을 구하라.

(1) $P(-1 \le Z \le 1)$

(2) $P(-2 \le Z \le 2)$

(3) $P(-3 \le Z \le 3)$

6.7. 확률변수 Z가 표준정규분포를 따를 때, 다음 조건을 만족하는 a의 값을 구하라.

(1) $P(-a \le Z \le a) = 0.9$

(2) $P(-a \le Z \le a) = 0.95$

(3) $P(-a \le Z \le a) = 0.99$

(4) $P(Z > a) = 0.10$

(5) $P(Z > a) = 0.05$

(6) $P(Z > a) = 0.025$

(7) $P(Z < a) = 0.10$

(8) $P(Z < a) = 0.05$

(9) $P(Z < a) = 0.025$

6.8. 표준정규분포를 따르는 n개의 확률변수 $Z_1, Z_2, \cdots\cdots, Z_n$이 있고, 이들은 서로 통계적으로 독립이다.

(1) Z_1^2의 기대값 $E(Z_1^2)$은 얼마인가?

(2) $Y = Z_1^2 + Z_2^2 + \cdots\cdots + Z_n^2$의 기대값은 얼마인가?

6.9. 확률변수 X가 평균이 10, 표준편차가 2인 정규분포를 따를 때 다음 확률을 구하라.

(1) $P(X \ge 10)$

(2) $P(4 < X < 10)$

(3) $P(12 < X < 14)$

(4) $P(7 < X < 11)$

6.10. 확률변수 X가 평균이 70, 표준편차가 8인 정규분포를 따를 때 다음 조건을 만족하는 a의 값을 구하라.

(1) $P(X > a) = 0.05$

(2) $P(X > a) = 0.10$

(3) $P(X < a) = 0.05$

(4) $P(X < a) = 0.10$

6.11. 경제통계학 중간고사의 답안을 완성하는데 걸리는 시간이 평균 70분, 표준편차 5분의 정규분포를 따른다고 하자.

(1) 한 시간 이내에 답안을 완성할 확률은 얼마인가?

(2) 60명의 학생이 중간고사를 치르는데 시험시간이 80분 주어졌다. 주어진 시간 내에 답안을 완성하지 못할 학생이 몇 명일 것으로 예상되는가?

(3) 60명의 학생 중 가장 빨리 시험을 치르고 나간 25%, 즉 15명은 몇 분만에 답안을 완성하였는가?

6.12. 한 테이크아웃 커피점의 하루 매상은 평균이 50만원이고, 표준편차가 12만원인 정규분포에 가깝다고 한다.

(1) 하루 매상이 70만원 이상일 확률은 얼마인가?

(2) 매상의 20%가 순수익이라 할 때 하루 순수익은 어떤 분포를 따르는가?

6.13. 철수는 평균이 70점인 경영통계학 기말고사에서 80점을 받았으므로 자신이 적어도 상위 10%에 속할 것으로 믿고 있다. 점수의 분포가 정규분포라 할 때 철수의 생각이 옳은 경우는 언제인가?

6.14. 한 피자점에서 피자를 배달하는데 걸리는 시간이 평균 22분, 표준편차 4분의 정규분포를 따른다고 하자.

(1) 배달시간이 30분을 넘으면 피자를 무료로 제공하기로 하였다. 피자를 주문한 사람이 무료로 피자를 즐길 확률은 얼마인가?

(2) 피자점에서는 무료피자를 제공할 확률이 1%를 넘으면 곤란하다고 판단하고 있다. 배달시간이 몇 분을 초과할 때 무료 피자를 제공해야 하는가?

6.15. $n = 100,\ p = 0.3$인 이항분포에 관한 다음 질문에 답하라.

(1) 평균과 분산은 얼마인가?

(2) 이항확률을 정규분포로 근사할 수 있는 상황인가?

(3) 20번 이상, 40번 이하의 성공이 발생할 이항확률은 얼마인가?

(4) 정규분포를 이용하여 (3)번 문항의 이항확률에 대한 근사값을 구하라.

(5) 연속성 수정을 하면 더욱 정확한 근사값을 얻게 되는가?

6.16. 현재 우리나라의 청년실업률(15~29세 경제활동 인구 중 실업자의 비율)이 8%라고 한다. 15~29세 경제활동인구 중 300명을 무작위로 선택하여 실업여부를 조사해 본다고 하자. 이항분포의 정규근사를 이용하여 다음 질문에 답하라. (연속성 수정을 할 것)

(1) 실업자는 평균 몇 명이 포함되어 있을 것으로 예상되는가?

(2) 실업자 수의 분산과 표준편차는 얼마인가?

(3) 조사 대상자 중 실업자가 30명 이상일 확률은 얼마인가?

(4) 조사 대상자 중 실업자가 20명 이하일 확률은 얼마인가?

6.17. 균등분포나 지수분포와 달리 표준정규분포의 누적분포함수 $F(z) = P(Z < z)$는 알려져 있는 함수형태로 나타낼 수 없다. 하지만 표준정규분포표나 엑셀을 이용하여 누적분포함수의 모습을 그래프로 그려볼 수 있다. 다음의 질문에 답하라.

(1) $z = -2,\ -1.5,\ -1, 0.5, 0, 1, 1.5, 2$일 때, $F(z)$의 값을 구하라.

(2) (1)번에서 구한 값을 이용하여 누적분포함수 F의 그래프를 그려보라.

6.18. 확률변수 T의 확률밀도함수가 $f(t) = \frac{1}{2}e^{-\frac{t}{2}}$ (단, $t > 0$) 이다.

(1) T의 누적분포함수를 적어라.

(2) $P(T = 2)$는 얼마인가?

(3) $P(0 < T \le 2)$는 얼마인가?

(4) $P(T > 4)$는 얼마인가?

(5) $P(2 < T \le 4)$ 는 얼마인가?

(6) T의 평균과 분산은 얼마인가?

(7) T의 중위수는 얼마인가?

6.19. 한 패밀리 레스토랑은 주말 저녁에 예약을 받지 않기 때문에 여기서 식사를 하기 위해서는 번호표를 받고 기다릴 각오를 해야 한다. 대기시간이 평균 30분의 지수분포를 따른다고 하자.

(1) 대기시간의 표준편차는 얼마인가?

(2) 대기시간이 10분 이내일 확률은 얼마인가?

(3) 대기시간이 40분 이상일 확률은 얼마인가?

6.20. 연습문제 6.19의 패밀리 레스토랑을 주말에 찾은 고객 중엔 운좋게 거의 기다리지 않고 테이블에 앉는 사람이 있는가 하면, 하염없이 자신의 차례를 기다려야 하는 사람도 있다. 자연로그 계산을 통해 다음 질문에 답하라.

(1) 가장 운이 좋은 25%의 고객은 몇 분 내에 테이블에 앉는가?

(2) 가장 운이 나쁜 25%의 고객은 몇 분 이상 기다려야 하는가?

(3) 몇 분 내에 테이블에 앉으면 운이 좋은 50%에 속한다고 볼 수 있는가?

6.21. 졸업 후 취업까지의 시간이 평균 15개월인 지수분포를 따른다고 하자.
(통계청 조사에서는 청년층의 경우 평균이 11개월로 나타나고 있지만, 이 값에는 졸업이전에 취업한 사람들, 즉 취업까지의 시간이 0인 사람들이 상당수 포함되어 있다. 이 문제에서는 졸업 이전에 취업하지 못한 사람들의 취업까지의 시간을 상정하고 있는 것으로 이해하기 바란다.)

(1) 3년 이상의 장기 미취업자는 몇 %일까? (현실에선 9% 내외이다.)

(2) 상대적으로 빨리 취업한 50%의 사람들은 취업까지 걸리는 시간이 몇 개월 이내인가?

6.22. 확률변수 X는 $\lambda = 3$인 지수분포를 따른다.

(1) X의 평균과 분산은 얼마인가?

(2) X가 1 이상일 확률은 얼마인가?

(3) 현실에서 X로 볼 수 있는 예를 하나 들어보라.

6.23. 한 노트북에 장착된 배터리의 사용가능 시간은 표준편차가 2시간인 지수분포를 따른다.

(1) 사용가능 시간이 30분 이내일 확률은 얼마인가?

(2) 사용가능 시간이 2시간 이상일 확률은 얼마인가?

chapter

07 표본추출과 통계량의 표본분포

statistics

07 표본추출과 통계량의 표본분포

통계적 추론의 목적은 표본을 이용하여 모집단에 대한 정보를 얻는데 있다. 제2장에서 공부한 표본평균, 표본분산 및 표준편차, 표본비율 등의 통계량은 표본자료의 특성을 파악할 수 있도록 해줄 뿐만 아니라 모집단의 특성에 대한 중요한 정보를 제공해 준다. 예를 들어 전국의 성인 남녀 1,000명을 조사한 결과 특정 공직후보에 대한 지지율이 32%라는 보도를 보면, 전체 유권자 중에서 이 후보를 지지하는 사람의 비율, 즉 모비율도 32% 정도일 것으로 판단하게 된다.

하지만 통계량은 모집단의 일부인 표본으로부터 계산된 것이기 때문에 표본추출에 따른 변동을 보이는 것이 불가피하다. 1,000명을 조사하여 얻은 표본비율 32%가 모비율과 동일할 것으로 기대할 수 없으며, 만약 다른 1,000명을 조사하였다면 다른 결과가 나올 것으로 예상할 수밖에 없다. 실제로 동일한 후보에 대해 여러 조사기관에서 내놓는 결과가 서로 다른 것을 흔히 볼 수 있을 것이다.

통계량은 확률변수라는 것을 이해하는 것이 통계적 추론의 출발점이다. 제4장에서 확률변수는 확률실험의 결과를 숫자로 기록한 것이라 하였다. 전국의 유권자 중 1,000명을 무작위로 선택하여 조사해 보는 확률실험의 결과를 표본비율 $\hat{p}$으로 기록한다고 생각해 보라. $\hat{p}$은 하나의 고정된 값을 가지는 상수가 아니라, 0과 1 사이의 여러 가지 값을 일정한 확률로 가지는 확률변수임이 분명하다. 앞에서 본 32%는 여러 가지 가능한 값 중 하나가 실현된 것일 뿐이다.

통계량의 확률분포를 **표본분포**(sampling distribution)라 한다. 이 장에서는 표본평균, 표본비율 및 표본분산의 표본분포를 공부하게 될 것이다. 통계량의 표본분포를 통해 우리는 그 통계량에 어느 정도의 **표본오차**(sampling error)가 포함되어 있는지 파악하게 되고, 이것이 제8장 이후의 추정과 가설검정 등 통계적 추론에서 핵심적인 역할을 하게 된다.

7.1 모분포와 모수

올해 대학을 졸업하고 새로 취업한 사람들의 연봉을 모두 조사하여 그 분포를 그려본 것이 [그림7.1]의 평균 2,000(만원), 표준편차 500(만원)인 정규분포곡선과 같다고 하자. 모집단에서의 분포이므로 이것을 대졸초임의 **모분포**(population distribution)라 한다. 제6장에서 공부한 정규분포 곡선의 성질로부터 전체 대졸 취업자의 95.4%는 1,000(만원)과 3,000(만원) 사이 (즉, 평균으로부터 2 표준편차 이내의 구간)의 연봉을 받는다는 것을 알 수 있다. 표준정규분포표를 이용하면 다른 모든 구간에 대해서도 그 구간의 연봉을 받는 대졸 취업자의 비율이 얼마인지 알아낼 수 있을 것이다. 모분포는 각 구간의 값을 가지는 사람의 '비율'을 나타내고 있다. 하지만 모집단에서 '한명을 무작위로 선택' 했을 때 그 사람의 연봉이 얼마일까 생각해 보면 이 비율이 곧 '확률'로서의 의미를 가지게 된다. 전체의 95.4%가 1,000(만원)과 3,000(만원) 사이의 연봉을 받고 있다면, 무작위로 선택한 한명의 연봉이 이 구간에 속할 확률이 0.954(즉, 95.4%)가 될 것이기 때문이다. 모분포를 확률분포로 볼 수 있는 것이다.

제1장에서 모집단의 특성을 나타내는 값들을 **모수**(parameter)라 하였다. 모분포의 개념을 도입한 지금부터는 모분포의 특성을 나타내는 값을 모수라 불러도 좋을 것이다. 예컨대 모집단에서의 평균과 분산인 모평균과 모분산은 확률분포인 모분포의 평균, 분산과 동일한 개념이다. 따라서 확률분포의 평균과 분산을 나타내는데 이용하였던 그리스 문자 μ와 σ^2을 모평균과 모분산을 나타내는 데 그대로 이용하게 될 것이다. 모평균과 모분산 이외에 이 책에서 자주 등장할

그림 7.1 대졸 초임의 모분포

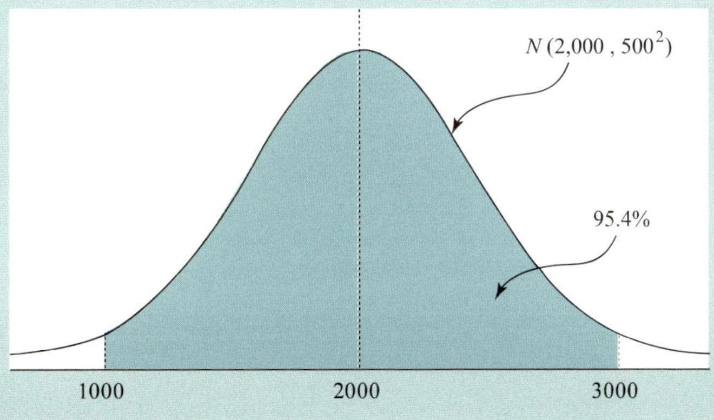

모수로는 모비율이 있으며 모비율은 p라는 기호로 표시한다.

[예7.1]

여성 4명으로 구성된 모집단이 있으며, 이들의 키는 각각 150, 160, 160, 170(cm)이라고 하자. 키의 모분포는 [그림7.2]와 같다. 모집단을 전부 조사하여 각각의 키를 가진 사람의 비율을 나타낸 것이지만 '무작위로 선택한 한 명의 키'가 가지는 확률분포로 보아도 된다. 모평균과 모분산을 계산해 보자

모평균을 계산해 보면

$$\mu = E(X) = 150 \times \frac{1}{4} + 160 \times \frac{1}{2} + 170 \times \frac{1}{4} = 160$$

이 된다. 모분포가 이산형 확률분포이므로 제4장에서 공부한 이산형 확률변수의 평균을 계산하는 방식을 따른 것이다. 물론 모집단을 모두 조사하여 이들의 평균

$$\frac{1}{4}(150 + 160 + 160 + 170) = 160$$

을 계산하여도 동일한 값을 모평균으로 얻게 된다.

모분산은

$$\sigma^2 = E(X - \mu)^2$$
$$= (150 - 160)^2 \times \frac{1}{4} + (160 - 160)^2 \times \frac{1}{2} + (170 - 160)^2 \times \frac{1}{4} = 50$$

으로 계산하면 된다.

그림 7.2 키의 모분포

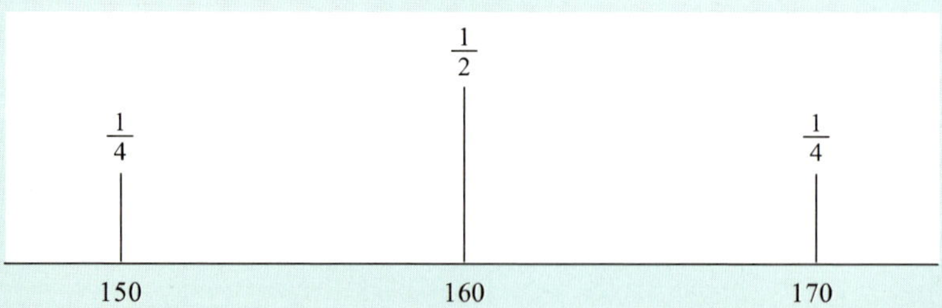

현실에서 통계분석을 하는 사람의 입장에서 보면, [예7.1]에서처럼 모분포를 구하고 이로부터 모평균과 모분산 등의 모수를 계산하는 것은 하나의 꿈에 불과하다. 일반적으로 모집단에 대한 전수조사는 불가능하거나, 시간, 비용 등의 이유로 실현가능성이 없기 때문이다. 사실, 전수조사 결과가 주어져 있다면 통계적 추론의 문제 자체가 발생하지 않을 것이다.

모집단 또는 모분포의 특성을 나타내는 모수는 '미지의 고정된 상수(unknown, but fixed constant)'이다. 전수조사를 하지 못하므로 그 값을 알 수는 없지만 하나의 고정된 상수임이 분명하다. 모평균이 여러 가지 다른 값을 가질 수는 없는 것이다. 그러나 모분포의 형태에 대해서는 분석대상 자료가 무엇인가에 따라 어느 정도 정보가 존재할 수 있다. 제6장에서 시험점수, 키, 체중 등 많은 변수들의 모분포는 정규분포로, 그리고 대기시간 등의 모분포는 지수분포로 보는 것이 타당하다는 것을 공부하였다. 모평균, 모분산 등의 모수는 모르더라도 모분포의 형태를 알고 있다면 이 정보를 통계분석에 유용하게 쓸 수 있을 것이다.

제8장 이후의 통계적 추론은 모분포에 대한 가정에 따라 크게 두 가지로 나누어 설명할 것이다. 첫째, 모분포의 형태에 대해 아무런 가정을 하지 않고, 단순히

'평균이 μ, 분산이 σ^2인 모집단'

에서 추출한 표본을 분석하는 경우가 있다. 표본의 수가 충분히 크면 모분포의 형태를 모르더라도 의미 있는 통계적 추론이 가능해지기 때문에 주로 대표본 상황에서 이런 모집단을 가정할 것이다. 두 번째는

'평균이 μ, 분산이 σ^2인 정규모집단 (또는 정규분포)**'**

에서 추출한 표본을 분석하는 경우이다. 주로 소표본 상황에서 이런 가정을 하게 된다. 표본의 수가 작을 때에는 표본 정보만으로 의미 있는 통계적 추론을 하는 것이 어렵기 때문에 모분포가 정규분포라는 가정 하에 분석을 하는 것이다. 사실 모분포가 예컨대 지수분포라는 것을 알고 있으면 이 정보를 활용한 통계적 추론이 가능하다. 하지만 정규분포 이외의 모분포를 가정한 분석은 이 책의 범위를 벗어난다.

7.2 무작위 표본

표본이 모집단을 잘 대표할 수 있으려면, 모집단에 속하는 모든 개체가 표본에 포함될 독립적이고 동일한 기회를 가질 수 있어야 한다. 먼저 N명으로 구성된 모집단에서 n명을 표본으로 추출하는 경우를 살펴보자. N명 중 n명을 비복원 추출하는 방법의 수는 ${}_NC_n$이다.

유한모집단에서의 무작위표본

${}_NC_n$개의 모든 크기 n의 표본이 실제 표본으로 선택될 확률이 동일하도록 추출한 표본을 단순무작위표본(simple random sample) 또는 무작위표본(random sample)이라 한다. (7.1)

모집단에서 한명씩 선택해 나가되 남아있는 모든 사람이 동일한 선택 확률을 가지도록 해 주면 위의 조건을 충족하는 무작위 표본을 얻을 수 있다. 각종 행사에서 참석자들을 끝까지 남도록 유인하기 위해 행사 말미에 시행하는 경품 추첨을 상상하면 될 것이다. 상자를 흔들어 행운권들을 잘 섞은 다음 한 장을 무작위로 꺼낸다. 참석자 모두가 동일한 행운기회를 가지게 된다. 상자를 흔들어 남은 행운권들이 잘 섞이도록 한 다음 또 한 장을 무작위로 꺼낸다. 남은 참석자들 모두가 동일한 행운기회를 가지게 된다. 뿐만 아니라 남은 행운권들을 다시 잘 섞었기 때문에 첫 당첨자와 독립적으로 두 번째 당첨자가 결정된다. 첫 당첨자의 가족이나 친구들이 더 많은 기회를 가지지 못하는 것이다. 이런 방식으로 경품 수만큼 추첨을 하면 참석자들 모두가 독립적이고 동일한 당첨 확률을 가지게 된다. 또한 참석자 N명 중 당첨자 n명을 선택하는 ${}_NC_n$가지의 모든 경우가 동일한 확률을 가지게 된다.

난수(random numbers)를 이용하면 N이 큰 경우에도 손쉽게 무작위 표본을 추출할 수 있다. 여기서는 난수표를 제공하는 대신 엑셀을 이용하여 난수를 만든 다음 무작위표본을 추출하는 과정을 다음의 예를 통해 살펴보자.

[예7.2]

난수를 이용하여 5,000명의 대학생 중 100명을 무작위로 추출해보자.

먼저 모든 대학생에게 1부터 5,000까지의 일련번호를 부여한 다음, 엑셀의 난수생성기를 이용하여 0과 1사이의 균등분포를 따르는 난수를 아래의 [그림7.3]은 이를 이용하여 만든 140개

그림 7.3 엑셀로 생성한 난수

	A	B	C	D	E	F	G
1	0.9370	0.0962	0.0733	0.2176	0.9119	0.6306	0.9067
2	0.5076	0.0786	0.1904	0.7405	0.5800	0.8035	0.8507
3	0.6799	0.5157	0.7668	0.7496	0.5689	0.4725	0.4631
4	0.1758	0.7760	0.7676	0.8129	0.0403	0.1116	0.7032
5	0.8907	0.8291	0.0328	0.0455	0.2922	0.9840	0.3237
6	0.0997	0.1767	0.1828	0.2762	0.4518	0.9873	0.9802
7	0.3485	0.6649	0.2417	0.6379	0.6409	0.7135	0.0445
8	0.5131	0.8115	0.6376	0.1660	0.7082	0.6959	0.5247
9	0.9751	0.8323	0.6994	0.5946	0.5147	0.8167	0.5871
10	0.3546	0.9839	0.5466	0.9254	0.2196	0.0797	0.9031
11	0.3755	0.4386	0.9521	0.2745	0.3579	0.5330	0.4183
12	0.4050	0.4646	0.7490	0.5788	0.6210	0.1941	0.2355
13	0.6779	0.6029	0.4209	0.0474	0.1320	0.0486	0.6696
14	0.1308	0.0272	0.9866	0.3094	0.3696	0.4481	0.7263
15	0.5992	0.4398	0.7581	0.5243	0.4757	0.9661	0.4676
16	0.1417	0.7485	0.8041	0.0222	0.3735	0.5057	0.5561

의 난수를 소수점 아래 네 자리까지 표시해주고 있다. 이 숫자들을 네 자리 자연수로 이해하기로 하자.

첫째 난수는 9370이지만 9370번 대학생은 없으므로 이 숫자는 버린다. 행을 따라 두 번째 난수를 찾으면 0962이므로 962번 대학생을 선택한다. 다음으로 733번과 2176번 대학생도 표본에 포함시킨다. 다음의 네 난수는 모두 5,000을 넘으므로 버리고 9번째 난수 0786에 해당하는 786번 대학생을 선택한다. 이런 방식으로 계속해서 나가면 크기 100의 무작위 표본을 얻을 수 있다.

많은 경우에 모집단은 무한하거나, 아니면 유한하더라도 지나치게 커서 무한한 것으로 보는 것이 실제적이다. 예를 들어 모분포가 정규분포라 가정할 때는 모집단이 무한하다는 것을 암묵적으로 전제하고 있다. 이때에는 크기 n의 표본을 선택하는 경우의 수도 무한하기 때문에 무작위표본의 개념을 위에서와 같이 정의할 수 없게 된다. 무한 모집단에서의 무작위 표본이란 무엇일까?

대졸초임의 모분포가 [그림7.1]의 정규분포 $N(2{,}000,\ 500^2)$을 따른다고 하자. 한 명을 무작위로 선택하여 그의 대졸초임을 X_1이라 하면 앞 절에서 설명한 바와 같이 X_1은 모분포와 동일한 분포를 따르는 확률변수가 된다. 차례로 n명을 무작위로 선택하여 그들의 대졸초임을 $X_1,\ X_2,\ \cdots,\ X_n$이라 하면 하나하나가 모두 모분포와 동일한 분포를 따르는 확률변수가 될 것이다. 무한모집단이므로 복원인가 비복원 추출인가는 아무 문제가 되지 않는다. 이 경우에 표본이 모집단을 잘 대표하는지를 결정하는 가장 중요한 요소는 이들이 통계적으로 독립인가 하는 점이다. 표본으로 선택된 첫 번째 사람이 얼마의 연봉을 받는지와 무관하게 두 번째 사람이 선택되어야만 어느 한 쪽, 예컨대 고액연봉자 쪽으로 편중되지 않은 표본을 얻을 수 있는 것이다. 무한모집단에서의 무작위표본은 다음과 같이 정의한다.

무한모집단에서의 무작위표본

다음의 두 조건을 만족할 때 $(X_1, X_2, \cdots\cdots, X_n)$을 무작위표본이라 한다.

(i) 각각의 $X_i(i=1, 2, \cdots\cdots, n)$는 모분포와 동일한 확률분포를 따른다.

(ii) X_i들은 서로 통계적으로 독립이다. (7.2)

앞으로 우리는 (7.2)를 무작위 표본의 정의로 삼고 논의를 전개해 나갈 것이다. 사실 유한모집단에서의 무작위표본도 '복원추출'일 경우에는 (7.2)의 조건을 그대로 만족한다. 그럼에도 (7.1)을 유한 모집단에서의 무작위표본에 대한 정의로 따로 소개한 것은 현실에서의 실제 표본추출 상황은 대부분 유한 모집단에서의 '비복원추출'이기 때문이다. 유한 모집단에서 비복원추출을 하면 어떤 사람들이 이미 표본으로 선택되어 모집단에서 제외되었는가가 다음의 선택에 반드시 영향을 미치게 된다. 다시 말해 (7.2)의 통계적 독립의 조건이 성립할 수 없는 것이다.

그렇다면 유한모집단에서 비복원 추출로 얻은 (7.1)의 현실적 무작위 표본을 (7.2)의 조건을 만족하는 것으로 간주하고 분석해도 좋은 것일까. 이 문제에 대한 답은 '표본의 크기가 모집단의 5%를 초과하지 않으면 (즉, $n \leq 0.05N$)' 괜찮다는 것이다. 예컨대 우리나라 3,900만 명의 유권자 중 1,000명을 표본으로 선택하는 경우라면, 비복원추출을 했더라도 마치 복원추출인 것으로 간주하고 분석해도 크게 차이가 나지 않는 것이다. 제5장에서 이항분포와 초기하분포를 비교했던 것을 상기해보라.

7.3 통계량과 표본분포

표본을 하나의 숫자로 요약해 놓은 것을 **통계량**(statistic)이라 한다. 제2장에서 평균, 분산, 중위수 등 많은 통계량이 어떻게 계산되며 어떤 의미를 가지는지 공부하였다. 통계량은 작성 목적에 따라 크게 세 가지로 분류할 수 있다. 모수를 추정하기 위해 계산하는 통계량은 **추정량**(estimator)이라 부른다. 모평균을 추정하기 위해 표본평균을 계산하였다면 표본평균은 추정량이다. 모수에 대한 가설을 검정하기 위해 계산하는 통계량은 **검정통계량**(test statistic)이라 한다. 제9장과

제10장에서 다양한 검정통계량을 공부하게 될 것이다. 마지막으로 아직 관측되지 않은 확률변수의 값을 예측하기 위해 계산하는 통계량은 **예측량**(predictor 또는 forecast)이라 부른다.

모든 통계량은 확률변수이다. 모집단에서 크기 n의 무작위표본을 추출하는 확률실험(random experiment)의 결과를 표본평균 $\bar{X}$로 기록한다고 생각해 보면 $\bar{X}$는 분명 하나의 확률변수이다. 통계분석을 하는 사람에게 주어지는 것은 하나의 숫자뿐이다. 예를 들어 대졸취업자 100명을 조사한 결과 평균 연봉은 1,850만원이었다는 식이다. 하지만 '표본을 관측하기 이전'의 상황으로 돌아가 생각해 보면, 100명을 무작위로 선택하여 조사할 때 평균연봉은 여러 가지 값을 가질 수 있는 확률변수이고 우리에게 주어진 1,850만원이라는 숫자는 가능한 여러 값 중 하나가 실현된 것임을 이해할 수 있다.

통계량이 확률변수인 것은 표본추출(sampling)에 따른 변동 때문이다. 모평균과 같은 모수는 표본추출과 관계없이 항상 하나의 값만 가지는 상수이지만, 표본평균과 같은 통계량은 어떤 사람들이 표본으로 선택되었는가에 따라 값이 변동하게 되는 것이다. 이런 이유로 통계량의 확률분포를 **표본분포**(sampling distribution)라 부른다.

확률분포란 확률변수가 가질 수 있는 여러 가지 값에 확률들이 어떻게 분포되어있는가를 말하는 것이고, 이를 표현하는 방법은 확률변수가 이산형인가 연속형인가에 따라 달라진다고 하였다. 무한모집단에서 무작위표본을 추출하여 통계량을 작성하면, 대부분 연속형 확률변수가 되거나 이산형이라 하더라도 가질 수 있는 값이 지나치게 많아서 연속형으로 다룰 수밖에 없게 된다. 하지만 연속형보다는 이산형 확률변수가 이해하기 쉬울 것이므로 이 절에서는 이산형 표본분포의 예를 통해 표본분포의 개념을 익히도록 하자. 이산형 확률변수의 확률분포는 확률변수가 가질 수 있는 값과 그 값을 가질 확률을 열거하는 방식으로 표현한다는 것을 상기하며 다음의 예를 살펴보자.

[예7.3]

[예7.1]에서 150, 160, 160, 170(cm)의 키를 가진 네 명의 여성으로 구성된 모집단에 대해, 모평균은 μ=160이고 모분산은 σ^2 =50임을 공부하였다. 이제 이 모집단에서 크기 n =2인 무작위표본을 추출할 때 표본평균 $\bar{X}$와 표본분산 s^2의 표본분포는 어떤 것인지 알아보자. 편의상 복원추출을 가정하자.[26]

[표7.1]의 첫 번째 열은 표본으로 선택된 두 사람의 키(X_1, X_2)가 가질 수 있는 모든 숫자쌍을 열거하고 있다. 바로 표본공간이다. 둘째 열은 각 표본점이 나타날 확률이고, 나머지 두 열은 확률실험의 결과를 표본평균과 표본분산으로 기록하고 있다. 예를 들어 (150, 160)의 표본점

26) 복원추출이므로 유한모집단에서의 무작위표본이지만 (7.1)이 아니라 (7.2)의 조건을 만족하는 경우임을 주의하기 바란다. 앞으로의 모든 논의에서도 무작위표본은 (7.2)를 가리키는 것임도 아울러 밝혀둔다.

이 나타날 확률은 $\frac{1}{4}\times\frac{1}{2}=\frac{1}{8}$이고, 이때 표본평균은 $\bar{X}=\frac{1}{2}(150+160)=155$이며 표본분산은 $s^2=\frac{1}{2-1}\{(150-155)^2+(160-155)^2\}=50$이다.

[표7.1] 가능한 표본과 표본평균 및 표본분산

$(X_1,\ X_2)$	확률	$\bar{X}$	s^2
(150, 150)	$\frac{1}{16}$	150	0
(150, 160)	$\frac{1}{8}$	155	50
(150, 170)	$\frac{1}{16}$	160	200
(160, 150)	$\frac{1}{8}$	155	50
(160, 160)	$\frac{1}{4}$	160	0
(160, 170)	$\frac{1}{8}$	165	50
(170, 150)	$\frac{1}{16}$	160	200
(170, 160)	$\frac{1}{8}$	165	50
(170, 170)	$\frac{1}{16}$	170	0

[표7.1]로부터 $\bar{X}$가 가질 수 있는 값과 그 값을 가질 확률을 구하여 표로 정리한 것이 [표7.2]이다. 이것이 바로 표본평균 $\bar{X}$의 표본분포이다.

[표7.2] 표본평균의 표본분포

$\bar{X}$	150	155	160	165	170
확률	$\frac{1}{16}$	$\frac{1}{4}$	$\frac{3}{8}$	$\frac{1}{4}$	$\frac{1}{16}$

마찬가지로 [표7.1]로부터 표본분산 s^2은 표본추출에 따라 0, 50, 200의 값을 가질 수 있으며 이들 값을 가질 확률은 각각 $\frac{3}{8}$, $\frac{1}{2}$, $\frac{1}{8}$임을 알 수 있다. 이 사실을 표로 요약해 놓은 [표7.3]이 바로 표본분산 s^2의 표본분포이다.

[표7.3] 표본분산의 표본분포

s^2	0	50	200
확률	$\frac{3}{8}$	$\frac{1}{2}$	$\frac{1}{8}$

매우 간단한 예이지만 [예7.3]을 통해 다음과 같은 점을 관찰할 수 있다. 첫째, 표본평균의 확률분포, 즉, 표본분포를 통해 **표본평균의 평균**(기대값)을 계산할 수 있다. [표7.2]로부터 $\bar{X}$ 의 평균은

$$E(\bar{X}) = 150 \times \frac{1}{16} + 155 \times \frac{1}{4} + 160 \times \frac{3}{8} + 165 \times \frac{1}{4} + 170 \times \frac{1}{16} = 160$$

임을 알 수 있다. 표본추출에 따라 $\bar{X}$ 는 150부터 170까지 다섯 개의 값을 가질 수 있지만 그 평균은 160이라는 의미이다. 그리고 모평균이 160이었으므로 $E(\bar{X}) = \mu$ 임도 알 수 있다. 이것은 위의 예에서 뿐만 아니라 일반적으로 성립하는 것임을 다음 절에서 공부하게 될 것이다.

둘째, **표본평균의 분산**도 계산할 수 있다. 확률변수의 분산이므로 $var(\bar{X})$ 의 기호로 표시하면, [표7.2]의 확률분포로부터

$$var(\bar{X}) = 25$$

를 쉽게 얻을 수 있다. $var(\bar{X})$는 표본평균 $\bar{X}$가 표본 추출에 따라 얼마나 큰 변동을 나타내는지 측정하는 개념이다. 이 값이 작을수록 표본추출에 따른 변동이 작은 것이다. 모분산이 50이었으므로 $var(\bar{X}) = \frac{\sigma^2}{n}\left(= \frac{50}{2}\right)$의 관계도 성립하며, 이 역시 일반적으로 성립한다는 것을 다음 절에서 공부할 것이다.

마지막으로, 표본분산의 확률분포, 즉, 표본분포로부터 표본분산의 평균(기대값)을 계산할 수 있다. [표7.3]의 표본분포로부터

$$E(s^2) = 0 \times \frac{3}{8} + 50 \times \frac{1}{2} + 200 \times \frac{1}{8} = 50(= \sigma^2)$$

임을 쉽게 확인할 수 있다. 어떤 두 사람이 표본으로 선택되느냐에 따라 표본분산은 0, 50, 200의 세 값을 가질 수 있지만, 그 평균은 모분산과 같은 50이라는 것이다. $E(s^2) = \sigma^2$도 일반적으로 성립하는 관계라는 것을 제7.6절에서 공부하게 될 것이다.

7.4 표본평균의 표본분포와 중심극한정리

표본평균의 표본분포에 대해 모분포가 정규분포인 경우와 그렇지 않은 경우로 나누어 살펴보기로 하자.

먼저 $(X_1, X_2, \ldots\ldots, X_n)$이 평균이 μ, 분산 σ^2인 모집단에서 추출한 무작위 표본이라 하자. (7.2)의 조건(i)에 의해 표본의 구성요소 X_i들은 모두 모분포와 동일한 확률분포를 따르므로 이들의 평균과 분산은 모평균 및 모분산과 같다. 즉, 모든 i에 대해

$$E(X_i) = \mu, \; var(X_i) = \sigma^2$$

이 성립한다.

따라서 제4장에서 공부한 기대값의 성질 (4.25)에 의해

$$\begin{aligned} E(\bar{X}) &= E\left[\frac{1}{n}(X_1 + X_2 + \cdots + X_n)\right] \\ &= \frac{1}{n}E(X_1) + \frac{1}{n}E(X_2) + \cdots + \frac{1}{n}E(X_n) \\ &= \frac{1}{n}\mu + \frac{1}{n}\mu + \cdots + \frac{1}{n}\mu \\ &= \mu \end{aligned}$$

가 성립한다. 일반적으로 표본평균 $\bar{X}$의 평균은 모평균과 같다는 것이다. 또한 (7.2)의 조건(ii)에 의해 X_i들은 통계적으로 독립이므로, $\bar{X}$의 분산은

$$\begin{aligned} var(\bar{X}) &= var\left(\frac{1}{n}(X_1 + X_2 + \cdots + X_n)\right) \\ &= \frac{1}{n^2}var(X_1) + \frac{1}{n^2}var(X_2) + \cdots + \frac{1}{n^2}var(X_n) \\ &= \frac{1}{n^2}\sigma^2 + \frac{1}{n^2}\sigma^2 + \cdots + \frac{1}{n^2}\sigma^2 \\ &= \frac{\sigma^2}{n} \end{aligned}$$

임을 알 수 있다. 여기서 두 번째 등호는 X와 Y가 통계적으로 독립일 때 $var(X+Y) = var(X) + var(Y)$의 관계가 성립하기 때문이다. 식(4.26)을 보라. 표본평균의 분산은 $n \geq 2$일

때, 모분산 보다 작으며, 표본크기에서 반비례하여 작아진다. 표본크기가 클수록 표본평균의 표본추출에 따른 변동은 점점 작아지는 것이다.

지금까지의 논의를 통해 '평균이 μ, 분산이 σ^2인 모집단'에서 크기 n의 무작위표본을 추출하면 표본평균 $\bar{X}$는

$$E(\bar{X}) = \mu$$
$$var(\bar{X}) = \frac{\sigma^2}{n} \tag{7.3}$$

의 성질을 만족한다는 것을 알게 되었다. [예7.3]에서 관찰했던 것이 우연이 아니었음이 밝혀진 것이다.

유한모집단에서의 비복원추출과 표본평균의 분산

무한모집단에서 무작위 표본을 추출할 때 표본평균 $\bar{X}$의 분산은

$$var(\bar{X}) = \frac{\sigma^2}{n}$$

임을 공부하였다. 하지만 현실에서의 표본추출은 많은 경우 유한모집단에서 이루어지고 있다. 무한모집단을 가정한 위의 식을 현실에 그대로 적용해도 되는 것일까? 첫째, 유한모집단이라 하더라도 복원추출일 경우에는 (7.2)에서 언급한 무작위표본의 두 성질이 만족되므로 아무런 문제가 없다. 둘째, 유한모집단에서 비복원추출을 할 경우에도 모집단의 5% 이내를 표본으로 추출하는 경우(즉, $n \le 0.05N$)에는 (7.2)의 두 성질이 '거의' 만족되는 무작위표본을 얻을 수 있으므로 역시 위의 식을 적용하는데 문제가 없다. 그러나 셋째, 유한모집단에서 모집단의 5% 이상(즉$n > 0.05N$)을 표본으로 비복원 추출하는 경우에는 위의 식을 그대로 적용하는데 무리가 따른다. 위의 식이 표본평균의 분산을 과소평가한다는 사실을 무시하기 어렵기 때문이다. 이때에는 표본평균의 분산을

$$var(\bar{X}) = \frac{N-n}{N-1}\frac{\sigma^2}{n} \qquad (n > 0.05N \text{일 때})$$

으로 조정해 주어야 한다. N은 모집단의 크기, n은 표본의 크기이며, $\frac{N-n}{N-1}$을 흔히 **유한모집단 조정요소**(correction factor)라고 부른다. 초기하분포의 분산에서 본 기억이 날 것이다. 제7장의 연습문제 7.4와 7.5를 참고하라.

그러나 표본평균 $\bar{X}$ 의 평균과 분산만으로는 통계적 추론을 하기에 부족하다. 표본평균과 모평균의 차이 $|\bar{X}-\mu|$를 표본평균의 표본오차(sampling error)라 한다. 표본추출에 따른 변동 때문에 $\bar{X}$가 가지는 오차라는 의미이다. 표본평균을 통계적 추론에 잘 활용하기 위해서는, 예컨대, 표본평균이 허용할 수 없을 정도의 큰 표본오차를 가질 확률이 얼마나 되는지 판단할 수 있어야 할 것이다. 확률분포를 모르는 상태에서 평균과 분산만으로 이 확률을 제대로 계산해 내기는 어렵다.

표본평균이 어떤 확률분포를 따르는지는 모분포의 형태에 의해 결정된다. [예7.3]에서 본 바와 같이 모분포가 [그림7.2]와 같을 때에는 표본평균의 표본분포가 [표7.2]와 같다. 하지만 무수히 많은 모분포가 존재할 터인데 그때마다 표본평균의 표본분포를 구한다는 것은 너무 번거로운 일일 것이다. 게다가 모분포의 형태를 모른다면 어찌할 것인가. 여기에 대한 답이 바로 **중심극한정리**(Central Limit Theorem)이다.

중심극한정리

$(X_1, X_2, \cdots\cdots, X_n)$이 평균이 μ, 분산이 σ^2인 모분포에서 추출한 무작위표본이라 하면, n이 충분히 클 때 표본평균 $\bar{X}$ 의 표본분포는 평균이 μ, 분산이 $\frac{\sigma^2}{n}$인 정규분포로 근사할 수 있다. 즉,

$$n \text{ 이 충분히 클 때} \qquad \bar{X} \simeq N\left(\mu,\ \frac{\sigma^2}{n}\right) \tag{7.4}$$

이다.

(7.4)에서 $\simeq$은 '근사적으로'의 의미이다. 표본평균의 평균과 분산이 μ와 $\frac{\sigma^2}{n}$임은 앞서 본 바와 같이 일반적으로 성립하는 것으로 새로운 사실이 아니다. 중심극한정리가 밝히고 있는 놀라운 사실은 '**모분포의 형태가 무엇이든**' 표본크기 n이 충분히 크면 $\bar{X}$의 표본분포가 정규분포에 가까워진다는 점이다.

[그림7.4]는 모분포가 균등분포 $U[a,b]$일 때 표본평균 $\bar{X}$의 표본분포가 표본크기 n이 증가함에 따라 어떤 형태로 변해 가는지 보여주고 있다. n이 커질수록 $\bar{X}$가 모평균에서 먼 a나 b에 가까운 값을 가질 확률은 줄어들고 분포의 중심인 모평균 μ근방의 값을 가질 확률은 증가하고 있다. $n=2$일 때, $\bar{X}$의 표본분포를 정규분포에 가깝다고 할 사람은 아무도 없을 것이다. 하지만 $n=30$일 때의 모습은 거의 정규분포로 보아도 무방할 정도이다.

n이 얼마나 커야 충분히 큰 것인지는 모분포가 무엇인지 또 허용가능한 근사오차가 어느

그림 7.4 중심극한 정리의 예

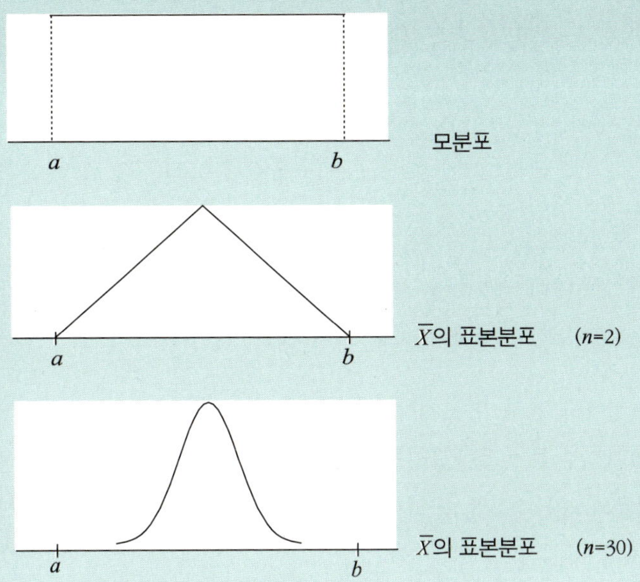

정도인가에 따라 다를 것이다. 하지만, 보통 n이 30이상이면 중심극한정리에서 요구하는 대표본 상황인 것으로 간주한다. 다시 말해, 중심극한정리를

$$n \geq 30 \text{이면 } \bar{X} \simeq N\left(\mu, \frac{\sigma^2}{n}\right) \tag{7.5}$$

인 것으로 이해하고 통계분석에 이용하게 된다.

이제 중심극한정리를 이용하여 표본평균의 표본오차를 계산해 보도록 하자.

[예7.4]

대졸취업자의 초임이 평균 2,000(만원), 표준편차 500(만원)이라 하자. 100명을 무작위로 조사할 때, 이들의 평균이 모평균 2,000(만원)에서 100(만원) 이상의 표본오차를 가질 확률은 얼마일까?

모분포에 대해 아무런 가정을 하지 않았지만, $n \geq 30$이므로 중심극한정리에 의해 $\bar{X}$의 분포를 $N\left(2{,}000,\ \frac{500^2}{100}\right)$, 즉 $N(2{,}000,\ 50^2)$에 근사한 것으로 볼 수 있다. 구하고자 하는 것은 표본오차

$|\bar{X}-2{,}000|$이 100보다 클 확률이다. 정규분포의 성질을 이용하여,

$$
\begin{aligned}
P(|\bar{X}-2{,}000|>100) &= 1-P(-100<\bar{X}-2{,}000<100) \\
&= 1-P\left(-2<\frac{\bar{X}-2{,}000}{50}<2\right) \\
&= 1-P(-2<Z<2) \\
&= 0.0456
\end{aligned}
$$

의 결과를 얻을 수 있다. 100명을 조사하여 표본평균을 계산하면 모평균으로부터 100(만원) 이상의 표본오차를 범할 확률이 5%도 되지 않는 것이다.

위의 [예7.4]에서 만약 비용제약 등의 이유로 25명밖에 조사할 수 없었다면 어떻게 할 것인가. $n<30$이므로 중심극한정리를 적용할 수 있는 대표본 상황이 되지 못한다. 소표본의 경우에 표본평균의 표본분포를 구하여 표본오차를 계산하기 위해서는 모분포에 대한 가정이 필요하다. 다음의 사실이 알려져 있다;

> $(X_1, X_2, \ldots\ldots, X_n)$이 평균이 μ, 분산이 σ^2인 정규분포로부터 추출한 무작위표본이면, 표본평균 $\bar{X}$는 표본크기 n과 상관없이 언제나 정규분포를 따른다. 즉,

$$\textbf{모분포가 정규분포이면 모든 } n\textbf{에 대해 } \bar{X}\sim N\left(\mu, \frac{\sigma^2}{n}\right) \tag{7.6}$$

그림 7.5 표본평균의 표본오차 ($n=100$)

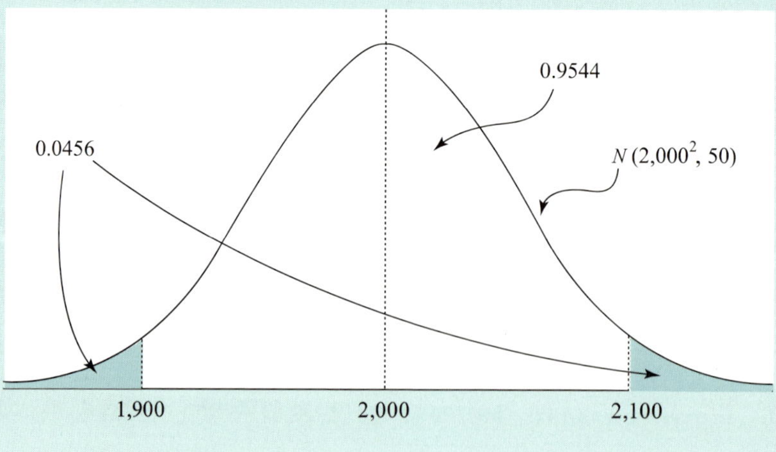

모분포가 정규분포이면 표본평균 $\bar{X}$의 표본분포는 근사적으로가 아니라 정확하게 정규분포를 따른다는 것이다. 중심극한정리 (7.4)나 (7.5)에서 $\simeq$ 기호가 등장하는 것과 달리 (7.6)에서는 $\sim$ 기호가 쓰이고 있음에 유의하기 바란다. 그리고 (7.6)의 사실은 모든 n에 대해 성립하는 것이므로 n이 크든 작든 어느 경우에나 적용할 수 있다.

소표본 상황에 (7.6)을 어떻게 적용할 것인지, 다음의 예를 통해 살펴보자.

[예7.5]

대졸취업자의 초임이 정규분포 $N(2,000, 500^2)$을 따른다고 하자. 25명을 무작위로 조사할 때 표본평균의 표본오차가 100이상일 확률은 얼마일까?

모분포가 정규분포이고 $n = 25$이므로 $\bar{X}$의 표본분포는 $N(2,000, \frac{500^2}{25})$, 즉 $N(2,000, 100^2)$이다. 따라서 구하고자 하는 확률은

$$
\begin{aligned}
P(|\bar{X} - 2,000| > 100) &= 1 - P(-100 < \bar{X} - 2,000 < 100) \\
&= 1 - P\left(-1 < \frac{\bar{X} - 2,000}{100} < 1\right) \\
&= 1 - P(-1 < Z < 1) \\
&= 0.3174
\end{aligned}
$$

그림 7.6 표본평균의 표본오차 $(n = 25)$

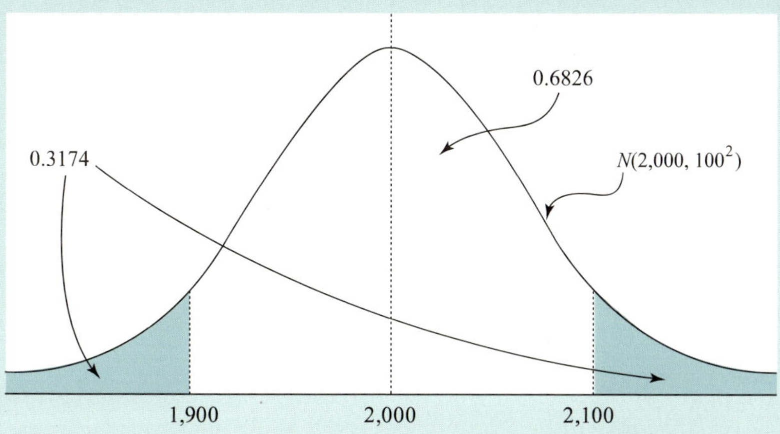

가 된다. 25명의 평균이 모평균에서 100(만원)이상 벗어난 값을 가질 확률은 31.74%나 되는 것이다. [그림7.6]이 이 사실을 그림으로 보여주고 있다.

표본크기 n이 클수록 $\bar{X}$의 분산 $\frac{\sigma^2}{n}$(또는 표준편차 $\frac{\sigma}{\sqrt{n}}$)은 작아진다. [그림7.5]와 [그림7.6]을 비교해 보면, $n=25$에서 $n=100$으로 증가함에 따라 $\bar{X}$의 표본분포가 분포의 중심으로 밀집되어간다는 것을 알 수 있다. $\bar{X}$의 분산이 작아지기 때문이다. 그리고 이것은 일정수준 이상의 표본오차를 범할 확률이 작아진다는 것으로 나타나게 된다. 많은 비용을 투입하여 더 많은 사람을 표본조사함으로써 얻는 편익은 바로 표본오차를 줄일 수 있다는 점이다.

7.5 표본비율의 표본분포

전국의 유권자 중 특정 공직후보를 지지하는 사람의 비율을 $p(0<p<1)$라 하자. 모비율 p는 모집단의 특성을 나타내는 값이므로 모수이고, 따라서 미지의 고정된 상수이다. n명의 유권자를 무작위로 선택하여 이 후보에 대한 지지여부를 조사하는 확률실험을 하고 그 결과를 표본비율 $\hat{p}$으로 기록한다면 $\hat{p}$은 확률실험을 반복할 때마다 다른 값을 가지는 확률변수가 된다. 그렇다면 $\hat{p}$의 평균과 분산은 얼마일까? 그리고 $\hat{p}$의 표본분포는 무엇일까? 표본비율의 평균, 분산 및 표본분포는 제5.2절 이항분포와 제6.3절 이항분포의 정규근사에서 이미 구해놓은 것이나 마찬가지다. 한 명을 무작위로 선택할 때 지지자(이항분포의 용어로 '성공')일 확률은 모비율 p와 같고, 이런 시행을 n번 독립적으로 시행할 때 지지자의 수(즉, 성공횟수) X는 이항분포 $B(n,p)$를 따르게 된다.

표본비율이란 n명 중 지지자의 비율이므로 $\hat{p}$으로 쓸 수 있다. 따라서 이항분포의 확률함수, 평균, 분산으로부터 $\hat{p}$의 표본분포, 평균, 분산을 쉽게 구할 수 있다. 먼저, $E(X)=np$ $var(X)=np(1-p)$이고 n은 상수이므로

$$E(\hat{p})=p$$
$$var(\hat{p})=\frac{p(1-p)}{n} \tag{7.7}$$

임을 쉽게 알 수 있다.

$\hat{p}$의 표본분포도 이항분포의 확률함수에서 그대로 읽어낼 수 있다. 표본비율 $\hat{p}$은 이산형 확률변수이다. n명 중 지지자의 비율은 0, $\frac{1}{n}$, $\frac{2}{n}$, ..., $\frac{n-1}{n}$, 1의 $n+1$가지 값을 가질 수 있다. 그리고 예컨대 $\hat{p}$이 $\frac{1}{n}$일 확률은 X가 1일 확률과 같으므로 ${}_nC_1\ p^1(1-p)^{n-1}$임도 이미 공부한 바와 같다. $\hat{p}$이 각각의 값을 가질 확률을 이항확률함수에서 찾을 수 있는 것이다. 하지만 흔히 여론조사 등에서 사용하는 표본크기가 $n=1,000$ 정도임을 감안하면 표본비율 $\hat{p}$을 1,001가지 값을 가질 수 있는 이산형 확률변수로 취급하는 것은 지나치게 불편하다.

제6.3절에서 공부한 이항분포의 정규근사를 이용하여 $\hat{p}$을 사실상의 연속형 확률변수로 취급하는 것이 훨씬 실용적일 것이다. '$np>5$ 및 $n(1-p)>5$' 의 조건을 만족할 정도로 n이 클 경우에는 성공횟수 X의 분포가 정규분포에 가깝다고 하였으므로 $\hat{p}=\frac{X}{n}$의 분포도 역시 정규분포에 가깝다. 따라서 표본비율 $\hat{p}$의 표본분포는

$$\begin{aligned} &np>5 \text{ 및 } n(1-p)>5\text{일 때} \\ &\hat{p} \simeq N\left(p, \frac{p(1-p)}{n}\right) \end{aligned} \tag{7.8}$$

라고 할 수 있다.

표본비율과 모비율의 차이 $|\hat{p}-p|$를 표본비율의 표본오차라 한다. 표본비율의 표본분포 (7.8)을 이용하여 표본비율의 표본오차에 대해 알아보자.

[예7.6]

전국의 유권자 중 특정 공직후보에 대한 지지율은 30% (즉, $p=0.3$)이다. 1,000명의 유권자를 무작위로 선택하여 지지율 $\hat{p}$을 구할 때 3% 이상의 표본오차가 나올 확률은 얼마인가?

$\hat{p}$의 표본분포는 (7.8)로부터 평균이 0.3, 분산이 $\frac{0.3\times(1-0.3)}{1,000}$인 정규분포이다. 따라서 구하고자 하는 확률은

$$\begin{aligned} P(|\hat{p}-p|>0.03) &= 1-P(-0.03<\hat{p}-0.3<0.03) \\ &= 1-P\left(-\frac{0.03}{\sqrt{\frac{0.3\times 0.7}{1,000}}}<\frac{\hat{p}-0.3}{\sqrt{\frac{0.3\times 0.7}{1,000}}}<\frac{0.03}{\sqrt{\frac{0.3\times 0.7}{1,000}}}\right) \\ &= 1-P(-2.07<Z<2.07) \\ &= 0.0384 \end{aligned}$$

된다. 표본오차가 3% 이상이어서 표본비율 $\hat{p}$이 33% 이상이나 27% 이하로 나올 확률은 3.84%임을 알 수 있다.

표본비율의 분산 $var(\hat{p}) = \frac{p(1-p)}{n}$도 표본평균의 분산 $\frac{\sigma^2}{n}$과 마찬가지로 표본크기 n에 반비례하여 작아진다. 많은 비용을 투입하여 더 많은 사람을 표본조사하면 표본비율의 분산이 작아지고 이에 따라 표본오차를 줄이게 되는 것이다. 위의 [예7.6]에서 $n = 1,500$일 때 3% 이상의 표본오차가 나올 확률을 계산해 보면 1.14%로 줄어든다는 것을 확인할 수 있을 것이다.

7.6 표본분산의 표본분포와 카이제곱(χ^2) 분포

이 절에서는 표본분산의 표본분포에 대해 모분포가 정규분포인 경우와 그렇지 않은 경우로 나누어 설명하고자 한다. 먼저, 정규분포의 가정이 없는 경우에도 표본분산의 평균은 모분산과 같다. 즉,

$$E(s^2) = \sigma^2 \tag{7.9}$$

가 성립한다. 이에 대한 증명은 이 장의 부록에 해 놓았다.

(7.9)에 의하면 크기 n의 무작위 표본을 추출하는 확률실험의 결과를 표본분산 s^2으로 기록하는 경우에, 매 실험마다 표본분산은 다른 값을 가지지만 그 평균은 모분산과 같다. [예7.3]에서 s^2의 평균이 모분산 $\sigma^2 = 50$과 같았던 것이 우연이 아닌 것이다.

모분포가 정규분포일 때에는 s^2의 표본분포에 대해 평균이 모분산 σ^2과 같다는 것 이상을 알 수 있다. 그 내용을 이해하기 위해서는 **카이제곱**(χ^2) 분포에 대해 알아야 한다;

> **통계적으로 독립인 n개의 표준정규 확률변수 $Z_1, Z_2, \ldots\ldots, Z_n$이 있을 때 이들의 제곱합 $Y = Z_1^2 + Z_2^2 + \cdots\cdots + Z_n^2$은 자유도가 n인 χ^2분포를 따른다.**

여기서 자유도(degrees of freedom)는 더해져 있는 제곱항의 수와 같다. 자유도가 n인 χ^2분포를 $\chi^2(n)$의 기호로 표시한다. Y는 0 이상의 모든 실수값을 가질 수 있는 연속형 확률변수이므로 χ^2분포는 연속형 확률분포이다. 그러나 χ^2분포의 확률밀도함수는 이해하기 어려운 상수들

그림 7.7 χ^2분포

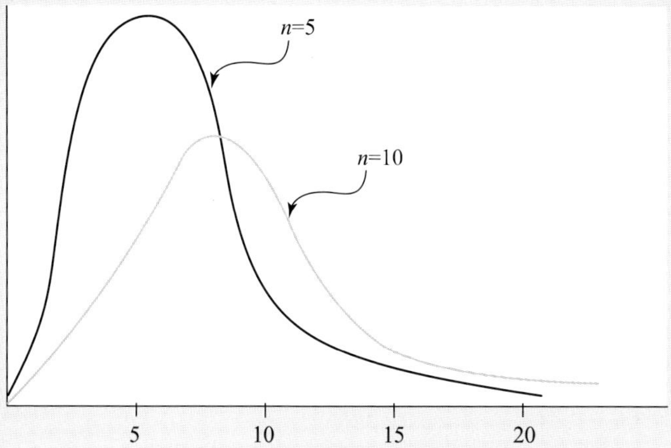

을 포함하고 있어서 이 책의 수준에서 소개하기 어렵다.

대신, 확률밀도함수의 그래프인 분포곡선의 형태를 살펴보자.

[그림7.7]은 자유도가 5와 10인 두 개의 χ^2분포의 분포곡선을 보여주고 있다. 자유도가 커짐에 따라 분포의 중심이 점차 오른쪽으로 이동한다는 것을 알 수 있다.

자유도가 n인 χ^2분포의 평균과 분산은

$$\begin{aligned} &E(Y) = n, \\ &var(Y) = 2n \end{aligned} \tag{7.10}$$

임이 알려져 있다.[27)]

χ^2분포는 다양한 자유도를 가진 여러 가족을 거느리고 있다. 따라서 표준정규분포표와 같은 하나의 카이제곱분포표를 만들어내기는 어렵다. 이 책의 부록은 통계분석에서 흔히 찾게 되는 소위 임계값들을 표로 만들어 제공하고 있다. 표의 χ_α^2는 이 값의 오른쪽에 α의 확률이 존재하게 되는 값, 즉 $P(Y > \chi_\alpha^2) = \alpha$인 임계값들이다. $\alpha = 0.995$에서 $\alpha = 0.005$까지 다양한 값에 대해 자유도별로 임계값이 표로 만들어져 있다.

27) 평균이 n이라는 사실에 대해서는 연습문제 6.8을 참고하라.

그림 7.8 $\chi^2(24)$의 임계값

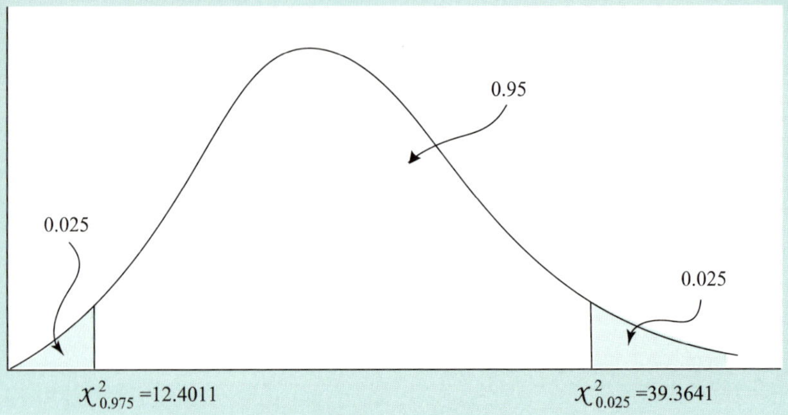

[예7.7]

Y가 자유도 24인 χ^2분포를 따른다고 하자. Y의 평균과 분산은 얼마일까? 그리고 $P(Y>y)=0.025$인 y, 즉 $\chi^2_{0.025}$와 $P(Y>y)=0.975$인 y, 즉 $\chi^2_{0.975}$는 얼마일까?

(7.10)으로 부터 Y의 평균은 $E(Y)=24$, 분산은 $var(Y)=48$임을 알 수 있다. 그리고 χ^2분포표에서 자유도가 24일 때, $\chi^2_{0.025}=39.3641$이고, $\chi^2_{0.975}=12.4011$이므로, $P(12.4011<Y<39.3641)=0.95$라는 것을 알 수 있다. [그림7.8]을 보며 χ^2분포표를 이해하기 바란다.[28]

표본분산의 표본분포와 관련하여 다음의 사실이 알려져 있다.

$$\text{모분포가 정규분포일 때 } \frac{(n-1)s^2}{\sigma^2}\text{은 자유도 } n-1\text{인 } \chi^2 \text{ 분포를 따른다.} \tag{7.11}$$

(7.11)은 표본분산 s^2 대신 여기에 상수 $\frac{n-1}{\sigma^2}$을 곱한 것이 $\chi^2(n-1)$분포를 따른다고 말하고 있다. 모분포가 정규분포일 때, 굳이 s^2의 표본분포가 무엇이냐고 묻는다면, 자유도 $n-1$인 χ^2분포에 '비례하는' 분포라고 답할 수밖에 없을 것이다. (7.9)와 (7.11)이 앞으로의 통계적 추론에 유용하게 쓰일 결과들이다.

---

28) χ^2분포표를 이용하는 대신 엑셀의 chidist와 chiinv함수를 이용하여 χ^2분포와 관련된 계산을 할 수 있다. chidist(x,df)는 $P(X>x)$의 확률, 그리고 chiinv(p,df)는 $P(X>x)=p$를 만족하는 x를 찾아준다. 예를 들어 chidist(39.3641,24)=0.025이고, chiinv(0.025,24)=39.3641이다.

예를들어 모분산 σ^2이 100인 정규모집단에서 크기 25인 무작위표본을 추출하면 표본분산 s^2은 (7.9)에 의해 평균 100으로 예상할 수 있다. 또한 모분포가 정규분포이므로 (7.11)에 의해 $\frac{24s^2}{100}$이 자유도 24인 χ^2분포를 따른다. 따라서 [예7.7]에서 찾은 임계값들을 이용하면

$$P\left(12.4011 < \frac{24s^2}{100} < 39.3641\right) = 0.95$$

이고 이를 s^2을 중심으로 정리하면

$$P(51.67 < s^2 < 126.52) = 0.95$$

임을 알 수 있다. 표본분산 s^2은 51.67과 126.52 사이의 값을 가지게 될 확률이 95%인 것이다.

중위수의 표본분포

제 7장의 내용을 공부한 독자 중에는 제 2장에서 살펴본 다른 통계량들, 예컨대 중위수, 사분위수, 백분위수 등의 표본분포는 무엇일까 궁금해 하는 사람이 있을 것이다. 통계학의 입문서인 이 책에서 본격적으로 통계적 추론에 이용할 내용은 아니지만 모수와 통계량, 그리고 표본분포라는 중요한 개념을 익히는데 유용할 것이므로 중위수의 표본분포를 중심으로 설명해 보고자 한다.

먼저 '표본' 중위수와 '모'중위수를 구별할 수 있어야 한다. 흔히 그냥 중위수라 쓰고 있지만 제 2장에서 공부한 중위수는 자료에서 계산한 값이므로 표본 중위수이다. 모중위수란 모분포를 반으로 분할하는 값을 말한다. 모중위수는 모집단을 전수조사하여 계산한 중위수로 이해해도 좋고, 모분포의 누적분포함수를 $F(x)$라 할 때 $F(m)=\frac{1}{2}$을 만족하는 m이라 생각해도 좋다.

모중위수를 m, 그리고 표본중위수를 $\hat{m}$의 기호로 나타내기로 하자. 예를들어 대졸초임의 모분포가 정규분포일 경우, 모중위수 m은 모평균 μ와 동일하다. 만약 n명의 대졸취업자를 무작위로 조사하여 이들 초임의 중위수를 제2장에서와 같이 계산한다면 이것이 표본중위수 $\hat{m}$이다.

모평균이 모수이고 표본평균이 통계량인 것처럼 모중위수 m은 미지의 고정된 상수인 모수이고 표본중위수 $\hat{m}$은 표본추출에 따라 값이 변동하는 확률변수, 즉 통계량이다. $\hat{m}$은 어떤 값을 얼마의 확률로 가질 수 있는 확률변수일까, 다시말해 $\hat{m}$의 표본분포는 무엇인지

살펴보자.

표본평균 $\bar{X}$와 달리 표본중위수 $\hat{m}$의 평균과 분산 등을 구하는 것은 매우 어려운 일이다. 그러나 $\bar{X}$에 대한 중심극한 정리와 유사한 다음과 같은 사실이 알려져 있다.

$$\boldsymbol{n}\text{이 충분히 크면} \qquad \boldsymbol{\hat{m} \simeq N\left(m, \frac{1}{4n\{f(m)\}^2}\right)} \tag{7.12}$$

여기서 n은 관측치의 수, m은 모중위수, 그리고 f는 모분포의 확률밀도함수이다. 이해를 위해 모분포가 평균 μ, 분산 σ^2인 정규분포인 경우에 식 (7.12)를 적용해 보자. 정규분포의 확률밀도함수는 제 6장에서 공부한 바와 같이

$$f(x)=\frac{1}{\sqrt{2\pi}\,\sigma}e^{-\frac{1}{2\sigma^2}(x-\mu)^2},\ -\infty < x < \infty$$

이고, 중위수 ('모'중위수임이 문맥상 분명할 것이다.) m은 μ와 같다. 따라서

$$\begin{aligned} f(m) &= \frac{1}{\sqrt{2\pi}\,\sigma}e^{-\frac{1}{2\sigma^2}(m-\mu)^2} \\ &= \frac{1}{\sqrt{2\pi}\,\sigma}e^{-\frac{1}{2\sigma^2}(\mu-\mu)^2} \qquad (\because m=\mu\text{이므로}) \\ &= \frac{1}{\sqrt{2\pi}\,\sigma} \end{aligned}$$

이다. 이 값을 (7.12)의 분산식에 대입하여 정리하면

$$n\text{이 충분히 클 때 } var(\hat{m}) \simeq \frac{\pi}{2}\frac{\sigma^2}{n}$$

이라는 결과를 얻을 수 있다.

결국 '모분포가 정규분포일 경우' 표본중위수 $\hat{m}$은 근사적으로 평균 m, 분산 $\frac{\pi}{2}\frac{\sigma^2}{n}$인 정규분포를 따른다는 것을 알 수 있다. 반면, 표본평균 $\bar{X}$는 평균 μ, 분산 $\frac{\sigma^2}{n}$인 정규분포를 따른다는 것을 제 7.4절에서 공부하였다 $\frac{\pi}{2}$는 1보다 큰 수이므로, 표본평균에 비해 표본중위수의 분산이 크다고 결론지을 수 있다.

A7 엑셀을 이용한 난수 생성

모집단에서 무작위 표본을 추출할 때 난수를 이용하는 것을 공부하였다. 본문에서 이용한 0과 1사이의 균등분포를 따르는 난수를 생성하는 과정은 다음과 같다.

먼저 엑셀 화면 상단의 메뉴표시줄에서 '도구'를 클릭하면, 풀다운 메뉴가 나타난다. 여기서 데이터분석을 선택하고, 대화창에서 난수생성을 선택하면 [그림7A.1]의 대화창이 나타난다.

0과 1사이의 균등분포를 따르는 난수 60개를 생성하려면 [그림7A.1]과 같이

변수의 개수	1
난수의 개수	60
분포	일양분포
모수 시작	0
모수 종료	1

을 입력하고 확인을 누르면 된다.

엑셀에서는 균등분포를 일양분포라고 부른다. 모수 시작과 종료를 0과 1 대신 예컨대 5와 10으로 선택하면 균등분포 에서 난수를 생성해 준다.

그리고 대화 창의 **난수 시드**는 선택 사항이므로 입력하지 않아도 된다. 하지만 [그림7A.1]에서처럼 자신이 좋아하는 적당한 수를 입력하고 기억해두면, 다음에 난수를 생성할 때 동일한 숫자들을 출력할 수 있게 된다. 난수 시드를 입력하지 않으면 난수를 생성할 때마다 다른 숫자들을 얻는다.

마지막으로, 균등분포에서 난수를 생성할 때에는 위의 절차 대신 함수마법사 수학/삼각 범주의 rand함수를 이용할 수도 있다.

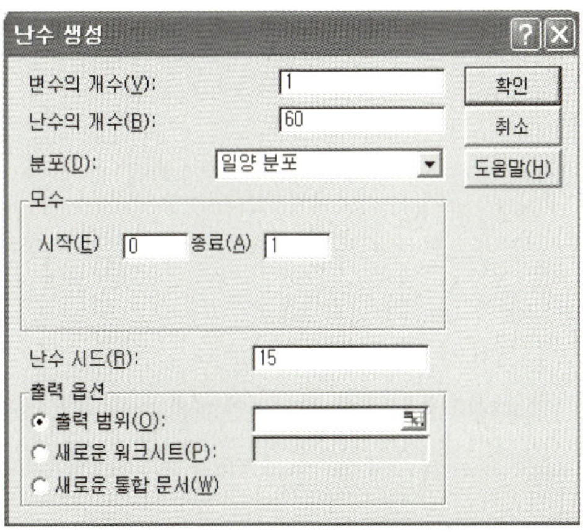

[그림7A.1]

연습문제

7.1. 호텔이나 식당에서는 서비스에 대한 고객의 평가를 알아보기 위해 설문지를 비치해 두고 고객들로 하여금 작성하도록 한다. 이렇게 수집된 자료를 무작위표본이라 볼 수 있는가?

7.2. 대한농구협회는 프로농구 한국시리즈 최종전에 입장한 고객들 중 5명에게 푸짐한 경품을 주기로 하였다. 판매된 입장권의 일련번호는 1025부터 6135였다. 엑셀을 이용하여 난수를 생성한 다음 당첨 번호를 결정해 보라.

7.3. 체중이 각각 61, 62, 63(kg)인 세 사람으로 구성된 모집단이 있다.

(1) 무작위로 선택한 한 명의 체중을 X라 할 때, X의 확률분포를 구하라.

(2) X의 평균과 분산은 얼마인가?

(3) 모평균과 모분산은 얼마인가?

7.4. 연습문제 7.3의 모집단에서 두 명을 무작위로 복원추출하여 표본평균 $\bar{X}$를 계산해 보고자 한다.

(1) 표본평균 $\bar{X}$의 표본분포를 구하라.

(2) 표본평균 $\bar{X}$의 평균과 분산은 얼마인가? 모평균과 모분산을 μ, σ^2이라 할 때, $E(\bar{X})=\mu,\ \ var(\bar{X})=\dfrac{\sigma^2}{n}$의 관계가 성립하는가?

7.5. 연습문제 7.3의 모집단에서 두 명을 무작위로 "비복원" 추출하여 표본평균 $\bar{X}$를 계산해 보고자 한다.

(1) 표본평균 $\bar{X}$의 표본분포를 구하라.

(2) 표본평균 $\bar{X}$의 평균과 분산은 얼마인가?

$E(\bar{X})=\mu,\ \ var(\bar{X})=\dfrac{N-n}{N-1}\dfrac{\sigma^2}{n}$의 관계가 성립하는가?

7.6. 예 7.1에서 다룬 4명의 여성으로 구성된 모집단에서 두 명을 무작위로 비복원추출하여 키(X)를 관측해 보기로 하였다.

(1) 모중위수 m은 얼마인가?

(2) 표본 중위수 $\hat{m}$의 표본분포를 구하라.

(3) 표본 중위수 $\hat{m}$의 평균과 분산은 얼마인가?

7.7. 평균이 200, 표준편차가 25인 모집단에서 크기 100의 무작위표본을 추출하여 표본평균 $\bar{X}$를 계산하였다

(1) $\bar{X}$의 평균은 얼마인가?

(2) $\bar{X}$의 표준편차는 얼마인가?

(3) $\bar{X}$의 표본분포는 무엇인가?

(4) $\bar{X}$가 195와 205 사이일 확률은 얼마인가?

7.8. 주사위를 10번 던져 나온 숫자들의 평균과 표준편차를 계산해 볼 때,

(1) 평균은 최대 얼마가 나올 수 있는가?

(2) 평균은 최소 얼마가 나올 수 있는가?

(3) 표준편차는 최소 얼마가 나올 수 있는가?

7.9. 어느 고급 의류점을 찾는 고객의 수는 평균 5(명/일)인 포아송분포를 따른다고 한다. 앞으로 일주일 동안 매일 몇 명의 고객이 찾아오는지 조사해 보기로 하였다. 매일 찾아오는 고객의 수를 $X_1, X_2, \ldots\ldots, X_7$ (예컨대 X_2는 둘째 날 찾아오는 고객의 수)이라 하면 $\bar{X} = \frac{1}{7}\sum_{i=1}^{7} X_i$ 는 조사대상 일주일 동안의 하루 평균 고객 수가 된다.

(1) X_1의 평균과 분산은 얼마인가?

(2) $\bar{X}$의 평균과 분산은 얼마인가?

7.10. 평균 170, 표준편차 10인 정규모집단에서 n명을 무작위로 추출하여 표본 평균을 계산해 보고자 한다. 표본평균이 모평균으로부터 ± 2이내일 확률을 다음의 n값에 대해 계산하라.

(1) $n = 4$

(2) $n = 25$

(3) $n = 100$

(4) $n = 1,000$

7.11. 무한 모집단에서 무작위표본을 추출할 때, 표본크기를 다음과 같이 증가시키면 표본평균의 표준편차는 얼마나 줄어드는가?

(1) $n = 100$에서 $n = 400$

(2) $n = 100$에서 $n = 200$

7.12. 한 음료수 제조회사의 제품은 용량의 평균이 750ml, 표준편차가 2ml이다. 용량은 정규분포를 따른다 하자. 다음 명제가 옳은지 그른지 밝히고 그 이유를 설명하라.

(1) 이 회사 제품의 용량은 95%의 경우 746.08ml와 753.92ml 사이이다.

(2) 이 회사 제품 100개를 무작위로 수거하여 조사해보면 95%의 경우 평균용량이 749.608ml와 750.392ml 사이이다.

7.13. 평균이 50, 표준편차가 3인 모집단에서 무작위표본을 추출하여 표본평균을 계산할 때 95%의 경우 표본평균의 표본오차 (즉, $|\bar{X}-\mu|$)가 1을 초과하지 않도록 하려면 표본크기를 얼마로 해야 하는가?

7.14. 모비율이 $p = 0.3$인 모집단에서 크기 $n = 100$의 무작위표본을 추출하여 표본비율 $\hat{p}$을 계산할 때,

(1) $\hat{p}$의 평균은 얼마인가?

(2) $\hat{p}$의 표준편차는 얼마인가?

(3) $\hat{p}$의 표본분포는 무엇인가?

7.15. 모비율이 0.4인 모집단에서 크기 1,000의 무작위표본을 추출하여 표본비율 $\hat{p}$을 계산할 때,

(1) $\hat{p}$이 모비율로부터 ± 0.03 이내일 확률은 얼마인가?

(2) $\hat{p}$이 모비율로부터 ± 0.01 이내일 확률은 얼마인가?

7.16. 한 국회의원 후보에 대해 선거구민들의 55%가 지지하고 있다. 선거구민 n명을 무작위로 선택하여 지지율 $\hat{p}$의 표본오차가 3%를 넘지 않을 확률이 95% 이상 되도록 하려면 선거구민 몇 명을 조사해야 하는가?

7.17. 현재 실업률이 4%이다. 경제활동인구 중 100명을 무작위로 선택하여 실업여부를 조사해 볼 때 실업자의 비율을 $\hat{p}$이라 하자.

(1) $\hat{p}$의 평균과 분산은 얼마인가?

(2) $\hat{p}$이 3.8%와 4.2% 사이일 확률은 얼마인가?

7.18. 우리나라 농가 중 60%가 60세 이상 고령농이라 한다. n개 농가를 무작위로 추출하여 이 중 고령농의 비율 $\hat{p}$을 계산할 때 $\hat{p}$이 모비율로부터 0.03(즉, 3%) 이내일 확률을 구하라.

(1) $n = 50$ 일 때

(2) $n = 100$ 일 때

(3) $n = 1,000$ 일 때

7.19. 다음 기호의 의미를 설명하고, 분표표 또는 엑셀을 이용하여 그 값을 구하라.

(1) $\chi^2_{0.05}$, $d.f. = 20$

(2) $\chi^2_{0.975}$, $d.f. = 10$

(3) $\chi^2_{0.05}(15)$

(4) $\chi^2_{0.01}(25)$

7.20. 엑셀을 이용하여 다음의 확률을 계산하라.

(1) $P(\chi^2(10) > 10)$

(2) $P(\chi^2(17) > 17)$

(3) $P(20 < \chi^2(25) < 30)$

(4) $P(\chi^2(29) > 50)$

7.21. 다음 명제가 옳은지 그른지 밝히고 그 이유를 설명하라.

(1) 모분산이 큰 모집단에서 추출한 무작위표본일수록 큰 표본분산을 보이는 경향이 있다.

(2) 정규모집단에서 무작위표본을 추출할 때 표본분산이 모분산보다 큰 값일 확률은 0.5다.

7.22. 모분산이 4인 정규모집단에서 크기 30의 무작위 표본을 추출하여 표본분산 s^2을 계산할 때,

(1) s^2의 평균은 얼마인가?

(2) s^2의 표본분포는 무엇인가?

(3) $P(s^2 > 4)$와 $P(s^2 < 4)$는 얼마인가?

(4) $P(3 < s^2 < 5)$는 얼마인가?

7.23. 졸업 후 취업까지 걸리는 시간 T(단위:월)는 λ를 모수로 하는 지수분포를 따른다고 하자. (연습문제 6.21에서는 $\lambda = \frac{1}{15}$ 이었다.) T의 평균은 $\frac{1}{\lambda}$, 그리고 T의 중위수는 $m = \frac{\ln 2}{\lambda}$ 임은 제6장에서 설명한 바 있다. 이제 n명을 무작위로 추출하여 이들이 졸업 후 취업까지 걸친 시간 $T_1,\ T_2, \cdots, T_n$을 관측한 다음 그 중위수 $\hat{m}$을 구해보기로 하였다

(1) T의 확률밀도함수 $f(t)$를 적어라.

(2) $f(m) = \frac{\lambda}{2}$ 임을 보여라

(3) n이 충분이 클 때, 표본중위수 $\hat{m}$의 표본분포는 근사적으로 $N\left(m,\ \frac{1}{n}\frac{1}{\lambda^4}\right)$임을 보여라.

부록 $E(s^2)=\sigma^2$의 증명

$(X_1, X_2, \ldots\ldots, X_n)$이 평균 μ, 분산 σ^2인 모분포에서 추출한 무작위표본이라 하자. 무작위표본의 조건 (7.2) (i)에 의해 각각의 X_i는

$$E(X_i)=\mu,\ \ var(X_i)=\sigma^2 \qquad (i=1,2,\ldots\ldots,n)$$

을 만족한다. 그리고 표본평균 $\bar{X}$의 평균과 분산은 (7.3)과 같다. 먼저,

$$\begin{aligned}\sum_{i=1}^{n}(X_i-\mu)^2 &= \sum_{i=1}^{n}(X_i-\bar{X}+\bar{X}-\mu)^2\\ &= \sum_{i=1}^{n}(X_i-\bar{X})^2+2(\bar{X}-\mu)\sum_{i=1}^{n}(X_i-\bar{X})+n(\bar{X}-\mu)^2\\ &= \sum_{i=1}^{n}(X_i-\bar{X})^2+n(\bar{X}-\mu)^2 \qquad (\because \sum_{i=1}^{n}(X_i-\bar{X})=0)\end{aligned}$$

이므로,

$$\sum_{i=1}^{n}(X_i-\bar{X})^2=\sum_{i=1}^{n}(X_i-\mu)^2-n(\bar{X}-\mu)^2$$

가 성립한다.

양변의 평균(기대값)을 계산해 보면,

$$\begin{aligned}E\left\{\sum_{i=1}^{n}(X_i-\bar{X})^2\right\} &= E\left\{\sum_{i=1}^{n}(X_i-\mu)^2\right\}-nE(\bar{X}-\mu)^2\\ &= \sum_{i=1}^{n}E(X_i-\mu)^2-nE(\bar{X}-\mu)^2\\ &= \sum_{i=1}^{n}\sigma^2-n\left(\frac{\sigma^2}{n}\right)\\ &= n\sigma^2-\sigma^2\\ &= (n-1)\sigma^2\end{aligned}$$

이 된다. 세 번째 등호는 $E(X_i - \mu)^2 = var(X_i) = \sigma^2$, $E(\bar{X} - \mu)^2 = var(\bar{X}) = \frac{\sigma^2}{n}$ 이기 때문에 성립한다.

따라서

$$E(s^2) = E\left[\frac{1}{n-1}\sum_{i=1}^{n}\left(X_i - \bar{X}\right)^2\right] = \frac{1}{n-1}E\left(\sum_{i=1}^{n}\left(X_i - \bar{X}\right)^2\right) = \sigma^2$$

을 얻는다.

chapter

08 모수의 추정

statistics

08 모수의 추정

제7장에서 우리는 표본평균, 표본비율 및 표본분산 등의 통계량이 일정한 표본분포를 따르는 확률변수임을 공부하였다. 이 장에서는 표본추출에 따라 여러 가지 다른 값을 가질 수 있는 통계량을 이용하여 미지의 고정된 상수인 모수의 값을 어떻게 추정할 것인지 알아보자.

기업인 100명을 조사한 결과 그 중 60명이 내년에 경기가 회복될 것으로 전망하고 있다 하자. 전체 기업인 중 내년에 경기가 회복될 것으로 전망하는 사람의 비율은 얼마일까? 우선 표본조사 결과에 따라 모비율 p는 표본비율인 60%일 것으로 추정해 보는 것이 합리적일 것이다. 이처럼 모수를 하나의 수치, 즉 하나의 점으로 추정하는 것을 **점추정**(point estimation)이라 한다. 하지만 표본비율 60%가 정확하게 모비율 p와 일치할 것으로 기대하는 사람은 없을 것이다. 표본비율에는 표본추출에 따른 오차가 포함되어 있기 때문이다. 표본비율이 가진 표본오차를 감안하여, 모비율 p가 일정한 구간 예컨대 55.3%와 64.7% 사이에 있을 것으로 추정하는 것이 **구간추정**(interval estimation)이다. 흔히 내년에 경기가 회복될 것으로 전망하는 기업인의 비율은 60%이며, "95% 신뢰수준에서 오차한계는 ±4.7%이다."라는 표현으로 구간추정의 결과를 보고하는 것을 보게 된다.

점추정에 이용하는 표본통계량을 점추정량 또는 추정량이라 한다. 제8.1절에서는 추정량을 선택하는 기준, 다시 말해 추정량이 갖추어야 할 바람직한 성질은 무엇인지 설명할 것이다. 모수가 존재할 것으로 추정하는 구간을 신뢰구간이라 한다. 제8.2절부터 모평균, 모비율 및 모분산에 대해 신뢰구간을 작성하는 방법을 차례로 알아보고자 한다.

8.1 점추정

모수를 하나의 수치, 즉 하나의 점으로 추정하기 위해 작성하는 통계량을 **점추정량**(point estimator) 또는 **추정량**(estimator)이라 한다. 흔히 모평균에 대해서는 표본평균, 모분산에 대해서는 표본분산, 그리고 모비율에 대해서는 표본비율을 추정량으로 이용하게 된다. 표본을 관측하기 이전의 상황에서 생각해 볼 때 추정량은 어떤 값으로 실현될지 정확히 예측할 수 없는 확률변수라는 점을 제7장에서 자세히 살펴본 바 있다.

구체적 표본에서 실현된 또는 관측된 추정량의 값을 **추정치**(estimate)라 한다. 점추정량이란 용어를 쓰는 경우라면 이것을 **점추정치**(point estimate)라 부르게 된다. 우리나라 근로자들의 월평균 임금 μ를 알아보기 위해 표본조사를 계획하는 사람이 100명을 조사하여 표본평균 $\overline{X}$를 계산해 보기로 했다면, $\overline{X}$는 μ에 대한 추정량이다. 실제로 100명을 조사한 결과 $\overline{X}$=200(만원)의 값을 얻었다면 200(만원)은 μ에 대한 추정치이다.

동일한 모수에 대해 다양한 추정량을 고려할 수 있다. 추정량을 선택하는 기준으로 이 절에서는 불편성, 효율성 및 일치성에 대해 설명하고자 한다.

불편성(unbiasedness)

일반적으로, 모수 θ에 대한 추정량 $\hat{\theta}$이 가지는 **편의**(bias)를

$$\textbf{편의} = E(\hat{\theta}) - \theta$$

로 정의하고, 편의가 0인 추정량, 즉

$$E(\hat{\theta}) = \theta \tag{8.1}$$

를 만족하는 $\hat{\theta}$을 **불편추정량**(unbiased estimator)이라 한다. 편의가 0보다 크면 (즉, $E(\hat{\theta}) > \theta$ 이면), $\hat{\theta}$은 평균적으로 모수를 과대추정하므로 상향편의(upward bias)를 가진다고 말한다. 반대로 편의가 0보다 작으면 (즉, $E(\hat{\theta}) < \theta$이면), $\hat{\theta}$은 하향편의(downward bias)를 가지는 추정량이다.

[그림8.1]은 동일한 모수 θ에 대한 세 추정량 $\hat{\theta}_1$, $\hat{\theta}_2$, $\hat{\theta}_3$의 표본분포를 나타내고 있다. $\hat{\theta}_2$과 $\hat{\theta}_3$은 각각 상향 및 하향편의를 가진 편의추정량이고 표본분포의 중심이 모수 θ와 일치하는 $\hat{\theta}_1$이 불편추정량이다. 불편추정량이 항상 모수의 값을 올바로 맞춘다고 생각해서는 안

그림 8.1 불편추정량과 편의추정량

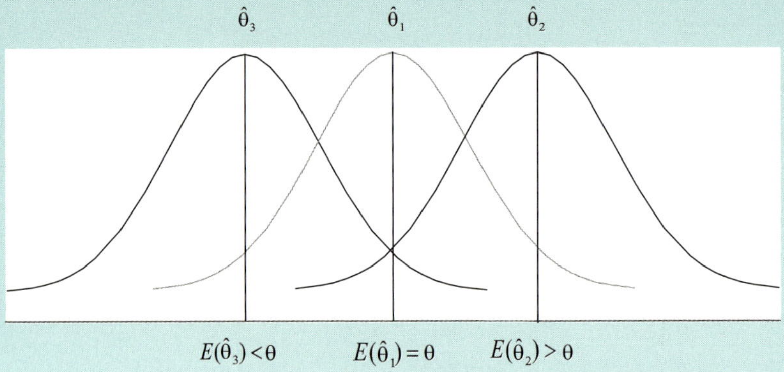

된다. $\hat{\theta}_1$의 표본분포는 구체적 표본에서 $\hat{\theta}_1$의 값이 얼마든지 모수보다 크거나 삭은 값일 수 있음을 보여주고 있다. 오히려, 연속형 확률변수가 특정한 값을 가질 확률은 0이므로 불편추정량 $\hat{\theta}_1$의 값이 모수 θ와 정확히 일치할 확률은 0이라 해야 할 것이다.

제7장에서 우리는 무작위표본에서 계산한 표본평균, 표본분산 및 표본비율은

$$
\begin{aligned}
&E(\bar{X})=\mu \\
&E(s^2)=\sigma^2 \\
&E(\hat{p})=p
\end{aligned}
\tag{8.2}
$$

임을 공부하였다. (8.1)의 정의에 의하면 $\bar{X}$, s^2, $\hat{p}$은 각각 μ, σ^2, p에 대한 불편추정량이다.

표본분산을 계산할 때 편차제곱의 합을 표본크기 n으로 나누지 않고 자유도 $n-1$로 나누는 이유를 이제 설명할 수 있다. 모분산 σ^2을

$$s^2=\frac{1}{n-1}\sum_{i=1}^{n}(X_i-\bar{X})^2$$

으로 추정하지 않고

$$\hat{\sigma}^2=\frac{1}{n}\sum_{i=1}^{n}(X_i-\bar{X})^2 \tag{8.3}$$

으로 추정한다고 하자. 그러면 $\hat{\sigma}^2=\frac{n-1}{n}s^2$이고 $E(s^2)=\sigma^2$이므로 $n\geq 2$일 경우

$$E(\hat{\sigma}^2)=\frac{n-1}{n}E(s^2)=\frac{n-1}{n}\sigma^2<\sigma^2 \tag{8.4}$$

편의를 가진 표본과 편의추정량

표본평균과 표본비율은 모평균과 모비율에 대한 불편추정량이라 하였다. 하지만 표본평균과 표본비율이 불편성을 가지기 위해서는 중요한 전제조건이 필요하다. 표본이 모집단을 잘 대표하고 있어야 하는 것이다. 우리는 무작위표본을 가정하고 있다는 것을 상기하기 바란다.

표본자체가 일정한 방향으로 편의를 가지고 있으면 표본평균과 표본비율도 편의를 가지게 된다. 각종 인터넷 사이트에서 실시하는 여론조사를 생각해보자. 조사에 참여하는 사람들은 무작위로 선택되는 것이 아니고 자신이 스스로 참여 여부를 결정하고 있다. 우선 컴퓨터나 인터넷에 익숙하지 않은 노년층보다는 젊은층이 표본에 포함될 가능성이 크다. 또 주어진 질문에 대해 강한 찬성이나 반대 의견을 가진 사람들이 주로 참여하게 될 것이다. 경우에 따라서는 특정 집단에서 참여운동을 펼치기도 한다. 표본이 모집단을 잘 대표하기를 기대하는 것은 무리일 것이다. 이처럼 편의를 가진 표본(biased sample)을 근거로 하여 만들어진 표본평균과 표본비율은 편의추정량이 될 수밖에 없다.

위에서 예로 든 인터넷 여론 조사는 표본의 **자기선택**(self-selection)으로 인하여 표본에 편의가 나타나는 대표적인 경우이다. 미국의 CNN 사이트에서 "일본은 종군위안부 문제에 대해 다시 사죄해야 하는가?"라는 질문에 90%의 응답자가 반대 의견을 보인 적이 있다. 편의를 가진 표본을 근거로 한 표본비율이 이런 엉터리 수치로 실현된 것에 크게 놀랄 일은 아닐 것이다.

의 관계가 성립한다. s^2은 불편추정량인 반면, $\hat{\sigma}^2$은 평균적으로 모분산 σ^2을 과소 추정하는 편의추정량인 것이다.

효율성

불편성은 추정량이 갖추어야 할 바람직한 성질임에 틀림없지만, 동일한 모수에 대해 여러 개의 불편추정량이 존재할 수 있다. $\hat{\theta}_1$과 $\hat{\theta}_2$이 모수 θ에 대한 불편추정량일 때,

$$var(\hat{\theta}_1) < var(\hat{\theta}_2) \tag{8.5}$$

이면, $\hat{\theta}_1$이 $\hat{\theta}_2$보다 **효율적**(efficient)인 추정량이라 한다.

그리고 $\hat{\theta}_1$에 대한 $\hat{\theta}_2$의 상대적 효율성은

$$\frac{var(\hat{\theta}_1)}{var(\hat{\theta}_2)} \tag{8.6}$$

으로 정의한다.

[그림8.2]의 두 추정량 $\hat{\theta}_1$과 $\hat{\theta}_2$은 모두 표본분포의 중심이 모수 θ와 일치하는 불편추정량이다. 하지만 $\hat{\theta}_1$의 분산이 $\hat{\theta}_2$의 분산보다 작고 따라서 $\hat{\theta}_2$보다 $\hat{\theta}_1$을 이용할 경우 큰 표본오차를 범할 확률이 작아진다. (8.5)의 정의는 $\hat{\theta}_1$이 표본을 보다 효율적으로 이용하는 방법임을 말하고 있는 것이다.

[예8.1]

$(X_1,\ X_2)$는 평균 μ, 분산 σ^2인 모집단에서 추출한 크기 2인 무작위표본이다. 모평균 μ를 추정하기 위해 영희는 표본평균 $\bar{X}=\frac{1}{2}(X_1+X_2)$를, 그리고 철수는 가중평균 $\hat{\mu}=\frac{2}{3}X_1+\frac{1}{3}X_2$를 고려하고 있다. 두 추정량을 비교해 보자.

$$E(\bar{X})=\frac{1}{2}E(X_1)+\frac{1}{2}E(X_2)=\frac{1}{2}\mu+\frac{1}{2}\mu=\mu$$

$$E(\hat{\mu})=\frac{2}{3}E(X_1)+\frac{1}{3}E(X_2)=\frac{2}{3}\mu+\frac{1}{3}\mu=\mu$$

이므로 $\bar{X}$와 $\hat{\mu}$은 모두 모평균 μ에 대한 불편추정량이다.

그림 8.2 두 불편추정량의 표본분포

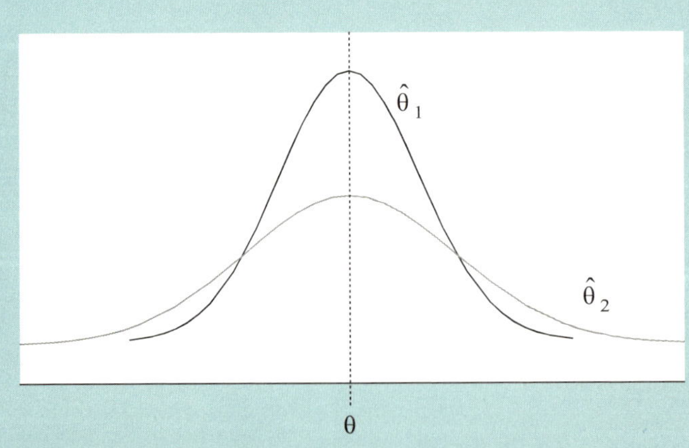

그러나

$$var(\bar{X}) = \frac{1}{4}var(X_1) + \frac{1}{4}var(X_2) = \frac{1}{4}\sigma^2 + \frac{1}{4}\sigma^2 = \frac{\sigma^2}{2}$$

$$var(\hat{\mu}) = \frac{4}{9}var(X_1) + \frac{1}{9}var(X_2) = \frac{4}{9}\sigma^2 + \frac{1}{9}\sigma^2 = \frac{5}{9}\sigma^2$$

이므로 $var(\bar{X}) < var(\hat{\mu})$이다. 따라서 영희의 추정량 $\bar{X}$가 철수의 추정량 $\hat{\mu}$보다 효율적이다.

$\hat{\mu}$의 $\bar{X}$에 대한 상대적 효율성은

$$\frac{\text{var}(\bar{X})}{\text{var}(\hat{\mu})} = \frac{\frac{1}{2}\sigma^2}{\frac{5}{9}\sigma^2} = \frac{9}{10} = 90\%$$

이다.

모든 불편추정량 중에서 가장 분산이 작은 추정량을 최소분산불편추정량 또는 **최량불편추정량**(best unbiased estimator)이라 한다. 모분포가 정규분포일 때 표본평균은 모평균에 대한 최량불편추정량임이 알려져 있다. 모분포가 정규분포가 아니라 하더라도 표본평균은 [예8.1]에서 본 $\hat{\mu} = \sum_{i=1}^{n} a_i X_i$ (단, $\sum_{i=1}^{n} a_i = 1$) 형태의 선형불편추정량 중에서는 가장 분산이 작은, 즉 가장 효율적인 추정량임을 어렵지 않게 보일 수 있다. 표본평균은 모평균에 대한 **최량선형불편추정량**(best linear unbiased estimator)이라 한다.

일치성(consistency)

표본크기 n이 점점 커져갈 때 추정량은 모수에 매우 '가까워'져야 할 것이다. 크기 n의 표본에서 구한 추정량을 $\hat{\theta}_n$으로 표시하자. 확률변수인 추정량 $\hat{\theta}_n$이 상수인 모수 θ와 가까워진다는 것을 정의하는 한 가지 방법은, n이 커짐에 따라 표본오차 $|\hat{\theta}_n - \theta|$가 임의의 작은 양수보다 클 확률이 거의 0에 가까워진다고 하는 것이다. 일반적으로,

$$\text{임의의 양수 } e\text{에 대해 } \lim_{n\to\infty} P\{|\hat{\theta}_n - \theta| > e\} = 0$$

이면, $\hat{\theta}_n$은 θ에 대한 **일치추정량**(consistent estimator)이라 한다.

불편추정량은 표본크기 n이 커질 때 분산이 0에 수렴할 경우 일치추정량이 된다.

표본평균 $\bar{X}$는 모평균 μ에 대한 불편추정량이고 분산이 $\dfrac{\sigma^2}{n}$이다. n이 커질 때 분산이 0에 가까워지므로 표본평균 $\bar{X}$는 모평균 μ에 대한 일치추정량이다. 표본비율 $\hat{p}$은 모비율 p에 대한 불편추정량이고 분산은 $\dfrac{p(1-p)}{n}$이다. 역시 n이 커질 때 분산이 0에 가까워지므로 표본비율 $\hat{p}$은 모비율 p에 대한 일치추정량이다.[29)]

표본분산 s^2은 모분산 σ^2에 대한 일치추정량임이 알려져 있다. 사실 n이 충분히 클 경우에는 편차제곱의 합을 $n-1$로 나누거나 n으로 나누거나 거의 차이가 나지 않게 된다. 따라서 s^2이 일치추정량이라면 (8.3)의 $\hat{\sigma}^2$역시 모분산에 대한 일치추정량이다.

8.2 구간추정과 모평균에 대한 신뢰구간 (모분산을 알 때)

표본을 이용하여 모수의 값에 대한 추정을 할 때 하나의 점추정치를 제시하는 대신, 모수가 존재할 것으로 보는 구간을 설정할 수도 있다. 이 구간을 **신뢰구간**(confidence interval)이라 한다. 이 절에서는 모분산이 알려져 있는 경우 모평균 μ에 대한 신뢰구간을 어떻게 구할 것인지 그리고 이를 어떻게 해석해야 하는지 알아보자.

모평균이 μ이고 모분산이 σ^2인 정규모집단에서 크기 n의 무작위표본을 추출하여 모평균에 대해 추정하고자 한다. 설명의 편의를 위해, 다소 비현실적이긴 하지만[30)], 모분산은 알려져 있다고 가정하자. 제7.4절에서 공부한 바와 같이 표본평균 $\bar{X}$는 평균이 μ이고 분산이 σ^2/n인 정규분포를 따르므로 이를 표준화시킨

$$Z = \frac{\bar{X} - \mu}{\sigma / \sqrt{n}}$$

은 표준정규분포를 따르게 된다. Z가 -1.96과 1.96 사이의 값을 가질 확률은 0.95이므로

$$P\left(-1.96 < \frac{\bar{X} - \mu}{\sigma / \sqrt{n}} < 1.96\right) = 0.95$$

29) 편의가 있는 추정량의 경우에도 표본크기 n이 커짐에 따라 편의와 분산이 모두 0으로 수렴하면 일치추정량임이 알려져 있다. 연습문제8.4를 참고하라.

30) 모평균이 얼마인지 추정하고자 하는 사람이 모분산을 알고 있는 경우는 그리 많지 않을 것이다.

를 얻는다. 여기서 괄호 안의 부등식을 모평균 μ를 중심으로 정리하면 위의 식을

$$P\left(\bar{X}-1.96\frac{\sigma}{\sqrt{n}}<\mu<\bar{X}+1.96\frac{\sigma}{\sqrt{n}}\right)=0.95 \tag{8.7}$$

로 고쳐 쓸 수 있다.

따라서 모분산이 σ^2으로 알려져 있는 모집단에서 크기 n의 무작위표본은 추출하여

$$\bar{X} \pm 1.96\frac{\sigma}{\sqrt{n}} \tag{8.8}$$

의 구간을 계산하면 95%의 경우 모평균이 이 구간 내에 포함된다. (8.8)을 모평균 μ에 대한 95% 신뢰구간이라 부른다.

[예8.2]

영희와 철수는 모분산이 4로 알려진 정규모집단에서 각각 크기 16의 무작위 표본을 추출하여 모평균에 대한 구간추정을 하려한다. 영희는 표본평균 25.2를, 그리고 철수는 표본평균 24를 얻었다. 두 사람 모두 통계학을 올바로 공부하였다면 영희와 철수가 얻는 모평균에 대한 신뢰구간은 어떻게 계산될까?

두 사람 모두 (8.8)의 절차를 이용할 것이므로 모평균에 대한 영희의 95% 신뢰구간은

$$25.2 \pm 1.96\frac{2}{\sqrt{16}} \qquad \text{즉 } (24.22,\ 26.18)$$

이고, 철수의 95% 신뢰구간은

$$24 \pm 1.96\frac{2}{\sqrt{16}} \qquad \text{즉 } (23.02,\ 24.98)$$

이 된다.

신뢰수준 95%는 (8.8)의 신뢰구간 작성절차에 부여하는 것이지 구체적인 표본에서 계산된 신뢰구간에 부여하는 것이 아님을 잘 이해해야 한다. 동일한 모집단에서 크기 n의 무작위표본을 반복 추출하여 (8.8)의 신뢰구간을 작성하면 95%의 경우 모평균이 포함된다는 것이 식 (8.7)의 의미이다.

[예8.2]의 영희가 얻은 신뢰구간을 보고 모평균이 24.04와 26.00 사이에 있을 확률이 95%라고 해석해서는 안 된다. 만약 그렇다면 철수가 얻은 구간에 있을 확률도 95%라 해야 하고, 또 다른 학생들이 구해 올 신뢰구간에 포함될 확률도 95%라 해야 할 테니 간단히 논리적

모순에 봉착하게 될 것이다. 상수인 모평균이 두 상수 사이에 있을 확률이 0이나 1이 아닌 95%일 수는 없는 것이다.

흔히 95% 신뢰구간을 구하는 것이 일반적이지만 경우에 따라 90% 또는 99% 신뢰구간을 구하기도 한다. 일반적으로 모분산 σ^2이 알려진 정규모집단의 모평균에 대한 $(1-\alpha)\times 100\%$ 신뢰구간은

$$\overline{X} \pm Z_{\alpha/2}\frac{\sigma}{\sqrt{n}} \tag{8.9}$$

가 된다. $\alpha=0.05$일 때 (8.9)는 95% 신뢰구간을 얻게 해 주며 $Z_{0.025}=1.96$ 이므로 앞에서 설명한 (8.8)과 동일한 구간임을 알 수 있다. 90% 신뢰구간을 구하기 위해서는 $\alpha=0.10$이므로 $Z_{0.05}=1.645$를 그리고 99% 신뢰구간을 구하기 위해서는 $\alpha=0.01$ 이므로 $Z_{0.005}=2.57$을 (8.8)에 대입하면 된다.

[예8.2]의 영희의 모평균에 대한 90% 신뢰구간은

$$25.2 \pm 1.645\frac{2}{\sqrt{16}}, \text{ 즉 } (24.38,\ 26.02)$$

이고, 99% 신뢰구간은

$$25.2 \pm 2.57\frac{2}{\sqrt{16}}, \text{ 즉 } (23.92,\ 26.49)$$

가 된다. 신뢰수준을 90%로 낮추면 보다 폭이 좁은 신뢰구간을 얻을 수 있지만, 신뢰수준을 99%로 높이려면 보다 폭이 넓은 신뢰구간으로 만족할 수밖에 없음을 관찰할 수 있다. 마찬가지로 철수의 모평균에 대한 90% 및 99% 신뢰구간은 각각 (23.18, 24.82)와 (22.72, 25.29)가 된다.

지금까지의 설명을 통해 모평균에 대한 신뢰구간은 점추정량인 표본평균을 중심으로 적절한 오차범위를 설정해 준 것임을 알 수 있다. (8.9)에서 신뢰구간의 폭을 결정하는 $Z_{\alpha/2}\sigma/\sqrt{n}$를 신뢰수준 $(1-\alpha)$에서의 **오차범위**(margin of error)라 부른다.

$\sigma/\sqrt{n}$ 는 익히 보아온 표본평균의 표준편차이다. 이 값이 클수록 표본평균은 신뢰하기 어려운 통계량이므로 오차범위가 커지고 따라서 신뢰구간의 폭이 넓어지는 것은 당연하다. 오차범위를 결정하는 다른 하나의 요소는 신뢰수준에 따라 결정되는 상수 $Z_{\alpha/2}$로 이를 **신뢰계수**(confidence coefficient)라 부른다. 신뢰수준 $(1-\alpha)$가 0.90, 0.95, 0.99로 높아질수록 신뢰계수는 1.645, 1.96, 2.57로 높아지고 그만큼 신뢰구간의 폭이 커지게 된다. 높은 신뢰수준을 요구할수록 오차범위를 크게 설정할 수밖에 없는 것이다.

구간추정의 결과를 흔히 점추정치와 오차범위의 형태로 보고하기도 한다. [예8.2]의 영희는

"모평균은 25.2로 추정되며, 95% 신뢰수준에서 오차범위는 0.98이다."

라는 형식으로 자신의 분석결과를 보고할 수 있다. 95% 신뢰구간이 (24.04, 26.00)이라 보고하는 것과 비교하여 어느 것이 이해하기 쉬운가에 대해서는 스스로 판단하기 바란다.

지금까지 이 절에서는 모분포가 정규분포임을 가정하고 논의를 전개해 왔다. 표본평균의 분포가 정규분포라는 사실을 이용하여 (8.8)과 (8.9)의 신뢰구간을 도출하였던 것이다. 만약 모분포가 정규분포가 아니라면 모평균에 대한 신뢰구간을 어떻게 구할 것인가? 주의 깊게 공부해온 독자는 당장 중심극한정리를 떠올릴 수 있을 것이다. 그렇다. 표본크기 n이 충분히 크면 표본평균의 표본분포는 근사적으로 정규분포를 따르므로 식 (8.7)이 근사적으로 성립한다. 따라서 (8.8)의 구간이 모평균을 포함할 확률이 약 95%이고, 마찬가지로 (8.9)의 구간이 모평균을 포함할 확률은 약 $(1-\alpha)\times 100\%$가 된다. 표본이 충분히 클 경우에는 모분포와 상관없이 앞에서 구한 신뢰구간을 그대로 이용할 수 있는 것이다. 다만 모분포가 정규분포가 아니면 근사적인 신뢰구간으로 해석해 주어야 한다.

그림 8.3 표본평균의 표본분포와 신뢰구간

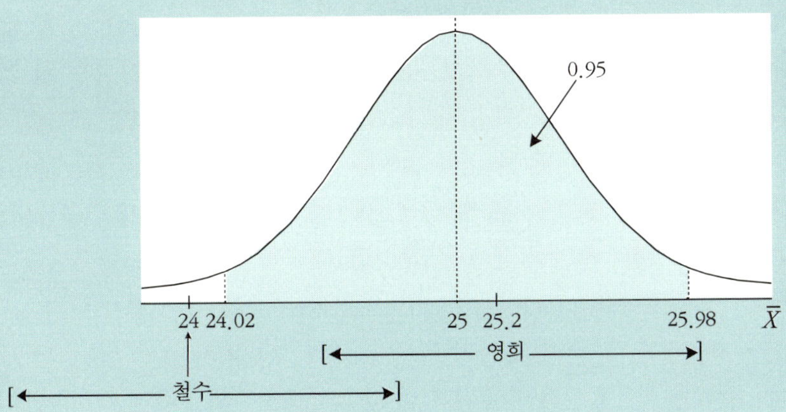

신뢰수준 95%의 의미

모평균이 25이고 모분산이 4인 정규모집단에서 크기 16인 무작위 표본을 추출하여 표본평균을 관찰해 보자. 표본평균은 평균이 25이고 분산이 4/16 (또는 표준편차가 $2/\sqrt{16}$)인 정규분포를 따르므로

$$P\left(\left|\bar{X}-25\right|<1.96\frac{2}{\sqrt{16}}\right)=P\left(\left|\bar{X}-25\right|<0.98\right)=0.95$$

이다. 95%의 경우 표본평균 $\bar{X}$는 모평균 25로부터 0.98 (=1.96 표준편차) 이내의 값을 가지게 된다. [그림8.3]의 빗금 친 부분이 이를 나타낸다. 하지만 5%의 경우에는 표본오차가 1.96 표준편차 이상일 정도로 모평균에서 먼 표본평균이 관측될 수 있다.

[예8.2]의 영희와 철수가 바로 이 모분포에서 크기 16의 무작위표본을 추출했다고 생각해 보자. 영희는 모평균에서 1.96 표준편차 ($1.96 \times 2/\sqrt{16} = 0.98$) 이내의 표본평균 25.2를 얻었고, 반면 철수는 불운하게 모평균에서 1.96 표준편차 이상 떨어진 표본평균 24를 얻었다. 그런데 영희와 철수가 95% 신뢰구간을 작성할 때 적용할 오차범위가 바로 1.96 표준편차이다. 따라서 영희의 신뢰구간에는 모평균 25가 포함되지만, 철수의 신뢰구간에는 모평균이 포함되지 않는다. [그림8.3]에서 보는 것처럼, 모평균에서 1.96 표준편차 이상 떨어진 철수의 표본평균에서 1.96 표준편차만큼 손을 뻗어 보아도 모평균은 잡히지 않는 것이다.

이제 영희와 철수뿐만 아니라 수많은 학생들이 이 모집단에서 각각 크기 16의 무작위 표본을 추출하여 모평균에 대한 95% 신뢰구간을 작성한다고 하자. 얼마나 많은 학생들이 영희처럼 모평균을 포함하는 신뢰구간을 얻고 얼마나 많은 학생들이 철수처럼 불운할 것인가? 다시 말하자면, 얼마나 많은 학생들이 모평균에서 1.96 표준편차 이내의 표본평균을 얻고 얼마나 많은 학생들이 철수처럼 불운할 것인가?

바로 표본평균의 표본분포에 그 답이 들어 있다. 앞의 [그림8.3]에서 보는 바와 같이 영희와 같은 학생이 95%이고 철수처럼 불운한 학생이 5%인 것이다. 따라서 만약 100명의 학생이 각각 크기 16의 무작위표본을 추출하여 (8.8)의 신뢰구간을 100개 작성하면 그 중 약 95개가 모평균을 포함하게 되는 것이다. 이것이 (8.8)의 구간에 부여된 신뢰수준 95%의 의미이다.

8.3 t분포

모분산이 알려져 있지 않은 경우에는 (8.8)이나 (8.9)를 이용하여 신뢰구간을 작성할 수 없다. 모표준편차 σ의 값을 모르기 때문이다. 앞절에서 $\dfrac{\bar{X}-\mu}{\sigma/\sqrt{n}}$가 표준정규분포를 따른다는 사실로부터 모평균에 대한 신뢰구간을 구할 수 있었던 것처럼, 모분산이 알려져 있지 않은 경우에는 $\dfrac{\bar{X}-\mu}{s/\sqrt{n}}$의 확률분포를 알 수 있다면 모평균에 대한 신뢰구간을 구할 수 있을 것이다. 이 절에서는 $\dfrac{\bar{X}-\mu}{s/\sqrt{n}}$이 어떤 확률분포를 가지는지 설명하고, 다음 절에서 이를 이용하여 모평균에 대한 신뢰구간을 구하고자 한다.

먼저 대표본($n \geq 30$)인 경우에는 모분포와 상관없이

$$Z = \frac{\bar{X}-\mu}{s/\sqrt{n}} \simeq N(0,1) \tag{8.10}$$

임이 알려져 있다. 이는 제9장에서 공부한 중심극한정리의 변형으로 모표준편차 σ를 표본표준편차 s로 대체하여도 정리가 여전히 성립한다는 것을 말하고 있다. 제8.1절에서 본 바와 같이 표본분산 s^2은 모분산 σ^2에 대한 일치추정량이므로 n이 충분히 크면 s가 사실상 σ와 거의 같아진다는 사실에 근거하고 있다.

소표본($n < 30$)의 경우에는 정규 모집단의 가정이 필요하다. 모분포가 정규분포이면 표본크기 n과 상관없이

$$t = \frac{\bar{X}-\mu}{s/\sqrt{n}} \sim t(n-1) \tag{8.11}$$

임이 알려져 있다. $t(n-1)$은 "자유도가 $n-1$인 **t분포**"를 나타내는 기호이다.

t분포는 0을 중심으로 좌우대칭이지만 분산이 1보다 크기 때문에 표준정규분포에 비해 양쪽 꼬리가 두터운 형태를 지니고 있다. 그리고 자유도가 커짐에 따라 표준정규분포에 점점 근접하게 된다. [그림8.4]는 자유도가 10인 t분포와 자유도가 20인 t분포를 표준정규분포와 함께 보여주고 있다.

표준정규분포를 이용하여 모평균에 대한 신뢰구간을 구할 때 $Z_{0.025}$, $Z_{0.05}$ 등의 임계값이 필요했던 것과 마찬가지로 (8.11)에 근거한 통계적 추론에서는 $t_{0.025}$, $t_{0.05}$ 등의 임계값이 필요하다.

그림 8.4 t분포와 표준정규분포

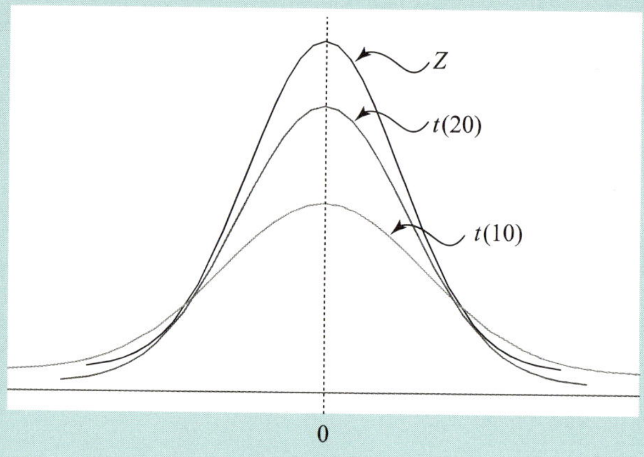

t_α는 t분포에서 오른쪽 꼬리에 α의 확률을 남겨놓는 임계값으로

$$P(t > t_\alpha) = \alpha \tag{8.12}$$

의 조건을 만족하는 값이다.

[그림8.5]는 t_α를 Z_α와 비교하여 그림으로 보여주고 있다. t분포는 표준정규분포에 비해 꼬리가 두터운 분포(fat-tailed distribution)이므로 t분포의 오른쪽 꼬리에 α의 확률을 남겨두는 임계값 t_α는 표준정규분포의 오른쪽 꼬리에 동일한 확률을 남겨두는 임계값 Z_α 보다 항상 클 수밖에 없다. 하지만 자유도가 커짐에 따라 t_α의 값은 점점 작아져서 Z_α에 가까워진다.

부록의 t분포표는 $\alpha = 0.1, 0.05, 0.025, 0.01, 0.005$에 대해 임계값 t_α를 표로 만들어 보여주고 있다. 가장 흔히 쓰이는 $t_{0.025}$ 를 살펴보면 대체로 '2보다 조금 큰 수'이지만 자유도가 커짐에 따라 점점 작아져서 자유도가 무한대(∞)일 때는 1.96이 된다는 것을 알 수 있다. 1.96은 바로 $Z_{0.025}$ 임을 기억해 두자.[31)]

31) t분포의 임계값은 엑셀의 tinv함수로 구할 수도 있다. tinv(p,df)는 자유도가 df인 t분포의 임계값 $t_{p/2}$를 계산해 준다.

그림 8.5 t분포의 임계값

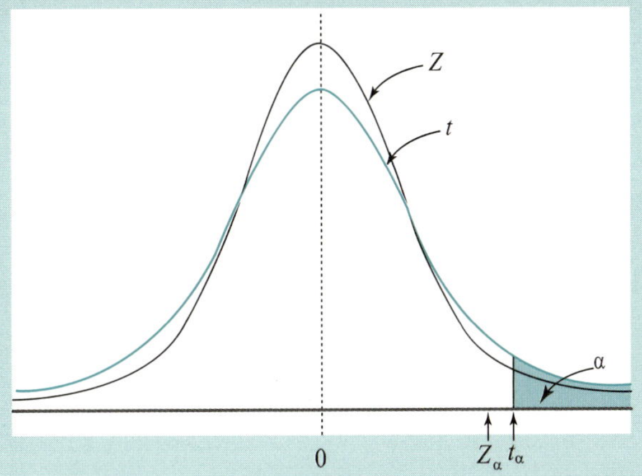

8.4 모평균에 대한 신뢰구간 (모분산을 모를 때)

이제 모분산을 모르는 보다 현실적인 상황에서 앞 절에서 설명한 $\frac{\bar{X}-\mu}{s/\sqrt{n}}$의 표본분포를 이용하여 모평균에 대한 신뢰구간을 어떻게 구할 것인지 살펴보자.

대표본의 경우

먼저 대표본인 경우($n \geq 30$)에는 $Z=\frac{\bar{X}-\mu}{s/\sqrt{n}}$의 표본분포가 표준정규분포에 근사하다는 것이 (8.10)의 내용이다. Z가 -1.96과 1.96 사이의 값을 가질 확률은 약 95% 이므로

$$P\left(-1.96 < \frac{\bar{X}-\mu}{s/\sqrt{n}} < 1.96\right) = 0.95$$

로 쓸 수 있고 괄호안의 부등식을 μ를 중심으로 정리하면

$$p\left(\bar{X}-1.96\frac{s}{\sqrt{n}} < \mu < \bar{X}+1.96\frac{s}{\sqrt{n}}\right) = 0.95$$

가 된다. 따라서

$$\bar{X} \pm 1.96\frac{s}{\sqrt{n}} \tag{8.13}$$

의 구간이 모평균을 포함할 확률이 약 95%가 된다. (8.13)이 모평균에 대한 (근사적인) 95% 신뢰구간이다.

일반적으로 $(1-\alpha)\times 100\%$ 신뢰구간은

$$\bar{X} \pm Z_{\alpha/2}\frac{s}{\sqrt{n}} \tag{8.14}$$

이 된다. (8.14)를 이용하면 90%, 99% 또는 기타 자신이 원하는 신뢰수준을 가지는 신뢰구간을 구할 수 있다.

[예8.3]

생명보험가입자 50명을 무작위로 선택하여 조사한 결과 평균 연령은 38.2세 그리고 표준편차는 7.5였다. 전체 생명보험 가입자의 평균 연령은 어느 정도일까?

모평균에 대한 점추정치는 표본평균인 38.2세이다. $n=50$이므로 대표본 상황이고 따라서 95% 신뢰수준에서 오차범위는

$$Z_{0.025}\frac{s}{\sqrt{n}} = 1.96\frac{7.5}{\sqrt{50}} = 2.08$$

로 계산할 수 있다. 따라서 전체 생명보험가입자의 평균연령에 대한 95% 신뢰구간은

$$38.2 \pm 2.08\ ,\ \text{즉}\ (36.12\ ,\ 40.28)$$

이 된다.

표준오차와 신뢰구간

모평균에 대한 95% 신뢰구간 (8.13)을 모분산을 알 때의 신뢰구간 (8.8)과 비교해보면, 오차범위를 설정할 때 표본평균의 표준편차 $\sigma/\sqrt{n}$ 대신 이를 표본자료를 이용하여 추정한 $s/\sqrt{n}$를 이용하고 있다는 것을 알 수 있다.

$s/\sqrt{n}$ 를 표본평균의 **표준오차**(standard error)라 부르고 $s.e.(\bar{X})$의 기호로 표시한다. 표준오차란 '추정된 표준편차'라고 이해할 수 있다. 모분산을 알 경우에는 표준편차 $\sigma/\sqrt{n}$가 알려져 있어서 추정할 필요가 없으므로, 그 자체가 표본평균의 표준오차가 된다. 물론 모분산을 모를 때 $\sigma/\sqrt{n}$ 를 표준오차라 불러서는 안 된다. 표준오차의 개념을 이용하면 (8.8)과 (8.13)의 95% 신뢰구간을 모두

$$\bar{X} \pm 1.96\, s.e.(\bar{X})$$

의 형태로 표시할 수 있다. 다만 모분산을 알 때는 $s.e.(\bar{X}) = \sigma/\sqrt{n}$ 이고 모분산을 모를 때에는 $s.e.(\bar{X}) = s/\sqrt{n}$ 로 상황에 따라 표준오차를 계산하는 방식이 달라질 뿐이다. 표준오차가 작을수록 표본평균은'정확한'것이고, 따라서 계산되는 신뢰구간은 짧아진다.

소표본의 경우

표본의 크기가 작을 때, 즉 $n < 30$일 때에는 모분포가 정규분포라는 가정 하에 (8.11)을 이용하여 모평균에 대한 신뢰구간을 얻을 수 있다. 모분포가 정규분포이면 표본크기와 상관없이

$$t = \frac{\bar{X} - \mu}{s / \sqrt{n}}$$

는 자유도가 $n-1$인 t분포를 따르고, t가 $-t_{0.025}$와 $t_{0.025}$ 사이의 값을 가질 확률은 0.95 이므로 이를

$$P\left(-t_{0.025} < \frac{\bar{X} - \mu}{s / \sqrt{n}} < t_{0.025}\right) = 0.95$$

로 쓸 수 있다.

괄호 안의 부등식을 모평균 μ를 중심으로 정리하면

$$P\left(\bar{X} - t_{0.025} s / \sqrt{n} < \mu < \bar{X} + t_{0.025} s / \sqrt{n}\right) = 0.95$$

를 얻는다. 따라서 정규모집단에서 무작위표본을 추출할 경우, 표본 크기 n과 상관없이

$$\bar{X} \pm t_{0.025}\frac{s}{\sqrt{n}} \tag{8.15}$$

의 구간에 모평균이 포함될 확률이 0.95가 된다. (8.15)가 바로 모평균에 대한 95% 신뢰구간이다.

일반적으로 모평균 μ에 대한 $(1-\alpha)\times 100\%$ 신뢰구간은

$$\bar{X} \pm t_{\alpha/2}\frac{s}{\sqrt{n}} \tag{8.16}$$

가 된다.

[예8.4]

편의점에서 오랫동안 일한 영희는 지금까지의 경험을 바탕으로 고객들이 한번 방문하여 지출하는 액수가 정규분포를 따른다는 것을 알고 있다. 8명의 고객을 무작위 추출하여 이들이 지출한 액수를 조사해 본 결과가 다음과 같다;

700, 2,500, 1,500, 5,000, 1,800, 4,500, 2,000, 7,500 (단위: 원)

고객들의 평균지출액에 대한 95% 신뢰구간을 구해보자.

먼저 표본평균과 표준편차를 계산해 보면 $\overline{X}=3187.5$, $s=2281.9$가 나온다. 표본평균의 표준오차는 $\frac{s}{\sqrt{n}} = \frac{2281.9}{\sqrt{8}} = 806.8$ 이고 자유도가 $8-1=7$ 인 t분포의 $t_{0.025}$는 2.365 이므로, 95% 신뢰수준에서의 오차범위는

$$t_{0.025}\times\frac{s}{\sqrt{n}} = 2.365\times 806.8 = 1907.7$$

이 된다. 따라서 95% 신뢰구간은

$$\bar{X}\pm t_{0.025}\times\frac{s}{\sqrt{n}} = 3187.5\pm 1907.7 \qquad \text{즉 } (1279.8,\ 5095.2)$$

이다.

만약 $n<30$이면서 모분포가 정규분포가 아니면 어떻게 할 것인가? 이 경우에는 모분포에 따라 표본평균의 표본분포가 달라지기 때문에 일반적인 신뢰구간 작성 방법을 구할 수 없다. 표본크기 n을 증가시켜 대표본 상황을 만든 다음 (8.13)이나 (8.14)를 이용하는 것이 유일한

대안이라 할 수 있을 것이다.

이와 반대로 $n \geq 30$ 이면서 모분포가 정규분포이면 (8.13), (8.14) 뿐만 아니라 (8.15), (8.16)도 이용할 수 있게 된다. 전자는 대표본에 적용할 수 있는 신뢰구간이고, 후자는 모분포가 정규분포이면 표본크기와 상관없이 올바른 신뢰구간이기 때문이다. 어느 것을 이용해도 좋고 또 어느 것을 이용하든 큰 차이가 나지 않는다. 예를 들어 95% 신뢰구간을 작성할 때 (8.13)은 신뢰계수 1.96을 적용하고 (8.15)는 신뢰계수 $t_{0.025}$를 적용하는데, n이 충분히 크면 두 숫자는 거의 같아지기 때문이다.

현실의 자료를 분석할 때 모분포가 정규분포인지 아닌지 보다는 표본 크기가 30 이상인지 아닌지를 가지고 구분하는 것이 더 실용적이지 않을까 하여 이 절의 내용을 아래와 같이 정리해 둔다.

• 모분산을 모를 때 모평균에 대한 신뢰구간 •

	95%	$(1-\alpha)\times 100\%$
$n \geq 30$ 일 때	$\bar{X} \pm 1.96\frac{s}{\sqrt{n}}$	$\bar{X} \pm Z_{\alpha/2}\frac{s}{\sqrt{n}}$
$n < 30$ 일 때 (정규분포 가정 하에)	$\bar{X} \pm t_{0.025}\frac{s}{\sqrt{n}}$	$\bar{X} \pm t_{\alpha/2}\frac{s}{\sqrt{n}}$

8.5 모비율에 대한 신뢰구간

모비율 p에 대한 신뢰구간을 작성하기 위해서는 표본비율 $\hat{p}$의 표본분포를 이용하여 적절한 오차범위가 얼마인지 밝혀야 한다. 제7장에서 $\hat{p}$의 표본분포는 ($np \geq 5$ 및 $n(1-p) \geq 5$의 조건을 만족할 정도로) n이 충분히 클 때, 평균 p, 분산 $\frac{p(1-p)}{n}$인 정규분포임을 공부하였다.

따라서 $\hat{p}$을 표준화한

$$Z = \frac{\hat{p}-p}{\sqrt{\frac{p(1-p)}{n}}}$$

는 표준정규분포를 따르게 된다. 여기서 n이 충분히 클 때는 분모의 모비율 p를 표본비율 $\hat{p}$으로 대체한

$$Z = \frac{\hat{p} - p}{\sqrt{\frac{\hat{p}(1-\hat{p})}{n}}}$$

도 표준정규분포를 따른다는 것이 알려져 있다. 모분산을 모르는 대표본 상황에서 σ를 s로 대체한 $\frac{\bar{X}-\mu}{s/\sqrt{n}}$이 $\frac{\bar{X}-\mu}{\sigma/\sqrt{n}}$과 마찬가지로 표준정규분포를 따르는 것과 같은 이치이다.

표준정규확률변수 Z가 -1.96과 1.96 사이의 값을 가질 확률은 0.95이므로

$$P\left(-1.96 < \frac{\hat{p} - p}{\sqrt{\frac{\hat{p}(1-\hat{p})}{n}}} < 1.96 \right) = 0.95$$

이고, 괄호안의 부등식을 p를 중심으로 정리하면

$$P\left(\hat{p} - 1.96\sqrt{\frac{\hat{p}(1-\hat{p})}{n}} < p < \hat{p} + 1.96\sqrt{\frac{\hat{p}(1-\hat{p})}{n}} \right) = 0.95$$

가 된다. 따라서 모비율 p에 대한 95% 신뢰구간은

$$\hat{p} \pm 1.96\sqrt{\frac{\hat{p}(1-\hat{p})}{n}} \tag{8.17}$$

이 된다.

$\sqrt{\frac{\hat{p}(1-\hat{p})}{n}}$ 은 점추정량 $\hat{p}$의 표준편차 $\sqrt{\frac{p(1-p)}{n}}$ 를 추정한 값이므로 $\hat{p}$의 표준오차이다. 따라서 (8.17)의 95% 신뢰구간을

$$\hat{p} \pm 1.96\ s.e.(\hat{p}) \quad \text{단, } s.e(\hat{p}) = \sqrt{\frac{\hat{p}(1-\hat{p})}{n}}$$

으로 이해해도 될 것이다.

[예8.5]

무작위로 선택한 기업인 100명을 대상으로 조사한 결과 60명이 내년에 경기가 회복될 것으로 전망하고 있었다. 전체 기업인 중 내년에 경기가 회복될 것으로 전망하고 있는 사람의 비율 p는 얼마인지 95% 신뢰구간으로 추정해 보자.

식 (8.17)에 표본크기 $n=100$과 표본비율 $\hat{p}=0.6$을 대입하면 모비율 p에 대한 95% 신뢰구간은

$$0.6 \pm 1.96\sqrt{\frac{0.6\times 0.4}{100}} = 0.6 \pm 0.096, \text{ 즉 } (0.504,\ 0.696)$$

이 된다.

"기업인 100명을 무작위로 조사한 결과 내년에 경기가 회복될 것으로 전망하는 기업인은 60%이며 95% 신뢰수준에서 오차범위는 9.6% 이다."라는 식으로 분석 결과를 보고해도 좋을 것이다.

일반적으로, n이 충분히 클 경우 모비율 p에 대한 $(1-\alpha)\times 100\%$ 신뢰구간은

$$\hat{p} \pm Z_{\alpha/2}\sqrt{\frac{\hat{p}(1-\hat{p})}{n}} \tag{8.18}$$

이 된다.

(8.17)과 (8.18)에서 표본비율 $\hat{p}$의 오차범위를 구할 때, $\hat{p}$의 표준오차를 $\sqrt{\frac{\hat{p}(1-\hat{p})}{n}}$으로 계산하고 있다. 이것은 물론 $\hat{p}$의 표준편차 $\sqrt{\frac{p(1-p)}{n}}$를 추정한 값이다. 때로는 $\sqrt{\frac{p(1-p)}{n}}$가 가질 수 있는 최대값을 이용하여 **보수적**인 신뢰구간을 구하기도 한다. 0과 1사이의 p중 $\sqrt{\frac{p(1-p)}{n}}$를 최대로 만드는 값은 $p=0.5$이며 이때의 최대값은 $\sqrt{\frac{0.5\times 0.5}{n}}$이다. 표준편차가 가질 수 있는 최대값을 이용하여 계산하는 오차범위

$$1.96\times\sqrt{\frac{0.5\times 0.5}{n}} \quad \text{또는} \quad Z_{\alpha/2}\times\sqrt{\frac{0.5\times 0.5}{n}}$$

를 각각 95% 및 $(1-\alpha)\times 100\%$ 신뢰수준에서의 **최대허용오차**라 부른다. [예 8.5]에서 $\hat{p}=0.6$에 대한 95% 신뢰수준에서의 오차범위는

$$1.96 \times \sqrt{\frac{0.6 \times 0.4}{100}} = 0.096$$

즉, 9.6%였다. $\hat{p}$에 대한 95% 신뢰수준에서의 최대허용오차는

$$1.96 \times \sqrt{\frac{0.5 \times 0.5}{100}} = 0.098$$

즉, 9.8%로 위의 오차범위보다 조금 큰 수치이다.

8.6 모분산에 대한 신뢰구간 (모분포가 정규분포일 때)

정규모집단에서 크기 n의 무작위 표본을 추출하면

$$\frac{(n-1)s^2}{\sigma^2} \sim \chi^2(n-1) \tag{8.19}$$

임을 제7.6절에서 공부하였다. 자유도가 $n-1$인 χ^2분포의 임계값 $\chi^2_{0.975}$와 $\chi^2_{0.025}$를 부록의 χ^2분포표에서 찾았다고 하자. 그러면 (8.19)로부터

$$P\left(\chi^2_{0.975} < \frac{(n-1)s^2}{\sigma^2} < \chi^2_{0.025}\right) = 0.95$$

가 성립한다. [그림8.6]은 자유도가 $n-1$인 χ^2분포를 따르는 확률변수가 두 임계값 $\chi^2_{0.975}$와 $\chi^2_{0.025}$ 사이의 값을 가질 확률이 0.95라는 것을 그림으로 보여주고 있다.

여기서 괄호안의 부등식을 모수 σ^2을 중심으로 정리하면

$$P\left(\frac{(n-1)s^2}{\chi^2_{0.025}} < \sigma^2 < \frac{(n-1)s^2}{\chi^2_{0.975}}\right) = 0.95$$

가 된다. 따라서 정규모집단의 모분산 σ^2에 대한 95% 신뢰구간은

그림 8.6 카이제곱 분포와 임계값

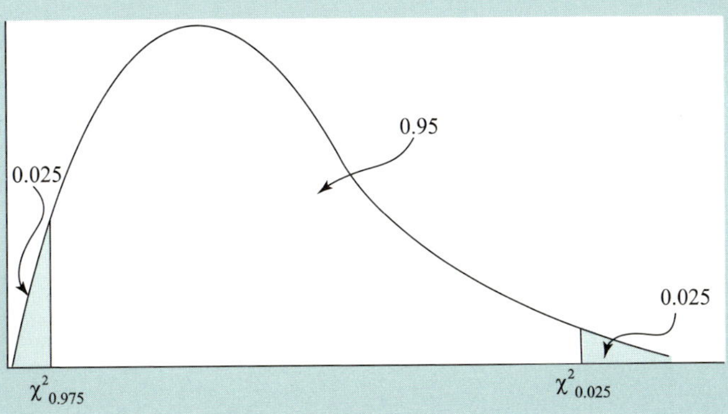

$$\left(\frac{(n-1)s^2}{\chi^2_{0.025}}, \frac{(n-1)s^2}{\chi^2_{0.975}}\right) \tag{8.20}$$

이 된다. 마찬가지 방식으로 모분산 σ^2에 대한 $(1-\alpha)\times 100\%$ 신뢰구간은

$$\left(\frac{(n-1)s^2}{\chi^2_{\alpha/2}}, \frac{(n-1)s^2}{\chi^2_{1-\alpha/2}}\right) \tag{8.21}$$

임을 보일 수 있다.

[예8.6]

무작위로 선택한 음료수병 30개를 조사한 결과 용량의 분산이 5.5였다. 음료수 용량의 모분산에 대한 95% 및 90% 신뢰구간을 구해보자

자유도 29인 χ^2분포의 임계값은 $\chi^2_{0.975} = 16.0471$, $\chi^2_{0.025} = 45.7222$이므로, 모분산에 대한 95% 신뢰구간은

$$\left(\frac{29\times 5.5}{45.7222}, \frac{29\times 5.5}{16.0471}\right) = (3.488, 9.939)$$

이다.

또한 $\chi^2_{0.95} = 17.7083$, $\chi^2_{0.05} = 42.5569$이므로 모분산에 대한 90% 신뢰구간은

$$\left(\frac{29 \times 5.5}{42.5569},\ \frac{29 \times 5.5}{17.7083}\right) = (3.748,\ 9.007)$$

로 구해진다. 신뢰수준을 95%에서 90%로 낮출 경우 보다 폭이 좁은 신뢰구간을 구할 수 있음을 알 수 있다.

A8 엑셀을 이용한 신뢰구간

모평균에 대한 대표본에서의 신뢰구간을 구하기 위해서는 confidence함수를 이용할 수 있다. confidence(α , s, n)은 표본 표준편차가 s이고 표본크기가 n일 때 $(1-\alpha)\times100\%$ 신뢰구간 작성에 필요한 오차범위를 계산해 준다. 본문의 기호법에 의하면 $Z_{\alpha/2}\dfrac{s}{\sqrt{n}}$를 구하는 함수인 것이다. [예8.3]에서 표본 평균 38.2, 표본 표준편차 7.5, 그리고 표본크기 50인 자료를 이용하여 모평균에 대한 95% 신뢰구간을 구하였다. 엑셀을 이용한다면

=confidence(0.5, 7.5, 50)

으로 필요한 오차범위 2.08을 얻을 수 있다.

모평균에 대한 소표본에서의 신뢰구간은 [그림8A.1]과 같이 작성할 수 있다. [예8.5]에서 다룬 고객들의 지출액 자료를 A3-A10셀에 입력한 다음

평균	=average(A3:A10)
표준편차	=stdev(A3:A10)
자유도	=count(A3:A10)-1
$t_{0.025}$	=tinv(0.05,B15)
표준오차	=B14/sqrt(8)
오차범위	=B16*E13

의 순서로 계산해 나가면 95% 신뢰구간 작성에 필요한 오차범위 1907.7을 얻게 된다. 표본평균에서 오차범위를 빼고 더하여 신뢰구간의 하한과 상한을 구할 수 있다.

위에서 count함수는 해당 범위에 포함된 관측치의 수를 구해주고, tinv(0.05,B15)는 자유도가 B15셀의 값 7인 t분포에서 임계값 $t_{0.025}$를 계산해 준다.

B16 | =TINV(0.05,B15)

	A	B	C	D	E	F
1						
2	지출액					
3	700					
4	2500					
5	1500					
6	5000					
7	1800					
8	4500					
9	2000					
10	7500					
11						
12						
13	평균	3187.5		표준오차	806.7655	
14	표준편차	2281.877		오차범위	1907.696	
15	자유도	7		하한	1279.804	
16	t0.025	2.364623		상한	5095.196	
17						

[그림8A.1]

연습문제

8.1. 정규 모집단에서 추출한 무작위표본으로부터 다음과 같은 결과를 얻었다. 모평균과 모분산에 대한 최선의 추정치는 얼마인가?

(1) $n=9 \quad \Sigma X_i = 45 \quad \Sigma X_i^2 = 385$

(2) $n=25 \quad \Sigma X_i = 500 \quad \Sigma (X_i - \overline{X})^2 = 2,400$

8.2. 모분포가 정규분포를 따를 때 표본중위수는 모평균에 대한 불편추정량이고 표본중위수의 분산은 $\frac{\pi}{2}\frac{\sigma^2}{n}$ 임이 알려져 있다. 표본평균과 표본중위수 중 어느 것이 모평균에 대해 효율적인 추정량인가? 그리고 표본중위수의 표본평균에 대한 상대적 효율성은 대략 몇 %인가?

8.3. 한 소형 승용차의 연비를 알아보기 위해 20대의 승용차로 시험주행을 실시해 보기로 하였다. 하지만 고집이 센 철수는 시험주행의 결과가 어떻게 나오든 이 승용차의 연비는 리터당 20km라고 굳게 믿고 있다. 다음 명제가 옳은지 그른지 밝히고 그 이유를 설명하라.

"철수의 추정량은 표본추출에 따른 변동이 전혀 없으므로 분산이 0이다. 따라서 표본평균 등의 추정량에 비해 매우 효율적이다."

8.4. 공장장 A씨는 생산된 제품의 불량률을 표본조사에서 나온 불량률 $\hat{p}$ 보다 $\frac{1}{n}$ 낮은 수치, 즉, $\hat{p}-\frac{1}{n}$ 로 추정하여 보고한다. 예를 들어, 제품 100를 표본조사하여 불량률이 0.05이면 전체 제품의 불량률이 $0.05-\frac{1}{100}=0.04$인 것으로, 그리고 제품 200개를 표본조사하여 불량률이 0.04이면 전체 제품의 불량률이 $0.04-\frac{1}{200}=0.035$인 것으로 추정하여 보고하는 것이다.

(1) A씨의 추정량 $\hat{p}-\frac{1}{n}$의 평균과 분산은 얼마인가?

(2) A씨의 추정량 $\hat{p}-\frac{1}{n}$은 모비율에 대한 불편추정량인가?

(3) A씨의 추정량 $\hat{p}-\frac{1}{n}$은 모비율에 대한 일치추정량인가?

8.5. 모평균이나 모비율에 대한 신뢰구간을 작성하기 위해서는 $Z_{\alpha/2}$ 또는 $t_{\alpha/2}$ 의 기호로 표시하는 신뢰계수를 구해야 한다. 부록의 t분포표 또는 엑셀의 tinv 함수를 이용하여 $\alpha = 0.01$, $\alpha = 0.05$, $\alpha = 0.10$에 대해 다음 표에 들어갈 $t_{\alpha/2}$ 를 구하라.

자유도(df)	5	10	15	20	25	29	$\infty(=Z_{\alpha/2})$
$\alpha = 0.01$							
$\alpha = 0.05$							
$\alpha = 0.10$							

8.6. 다음을 오름차순으로 정리하라.

$Z_{0.025}$, $Z_{0.05}$, $t_{0.025}(25)$, $t_{0.05}(25)$, $\chi^2_{0.025}(10)$, $\chi^2_{0.05}(10)$

[참고 : 분포사이의 관계, 분포의 성질 등을 이용하여 답한 다음, 표나 엑셀로 확인할 것]

8.7. 표준편차가 3으로 알려진 정규모집단에서 무작위로 추출한 16개 관측값의 평균이 20 이었다.

(1) 모평균에 대한 90% 신뢰구간을 구하라.

(2) 모평균에 대한 95% 신뢰구간을 구하라.

8.8. 정규모집단에서 무작위로 추출한 16개 관측값의 평균이 20, 표준편차가 3이었다.

(1) 모평균에 대한 90% 신뢰구간을 구하라.

(2) 모평균에 대한 95% 신뢰구간을 구하라.

8.9. 표준편차가 3으로 알려진 모집단에서 무작위로 추출한 100개 관측값의 평균이 20이었다.

(1) 모평균에 대한 90% 신뢰구간을 구하라.

(2) 모평균에 대한 95% 신뢰구간을 구하라.

8.10. 무작위로 추출한 100개 관측값의 평균이 20, 표준편차가 3이었다.

(1) 모평균에 대한 90% 신뢰구간을 구하라.

(2) 모평균에 대한 95% 신뢰구간을 구하라.

8.11. ○○회사는 용량 240*ml*의 캔 음료를 생산하여 판매하고 있다. 하지만 보틀링 과정이 완벽할 수 없어서 실제 용량은 평균 240*ml*, 표준편차 2*ml*의 정규분포를 따른다고 한다. 소비자 단체에서 이 제품이 정량대로 판매 되고 있는지 조사해 보기로 하였다. 단, 소비자 단체도 보틀링 과정의 오차로 인하여 용량의 표준편차가 2*ml*임은 알고 있다.

(1) 100개의 캔을 무작위로 수거하여 조사할 때 평균용량이 239.608*ml*와 240.392*ml* 사이일 확률은 얼마인가?

(2) 아르바이트 학생 영희가 수거한 100개의 평균용량은 240.1*ml* 였다. 모평균에 대한 영희의 95% 신뢰구간에 모평균 240*ml*가 포함되었는가?

(3) 아르바이트 학생 철수가 수거한 100개의 평균용량은 239.5*ml* 였다. 모평균에 대한 철수의 95% 신뢰구간에 모평균 240*ml*가 포함되었는가?

(4) 영희와 철수를 포함한 50명의 아르바이트 학생이 동일한 작업을 할 때, 이 중 몇 명의 95% 신뢰구간이 모평균 240*ml*를 포함할 것으로 예상할 수 있을까?

8.12. 정규모집단에서 무작위로 추출한 8개 관측값이 10, 8, 12, 15, 13, 11, 6, 5 였다.

(1) 모평균에 대한 점추정치는 얼마인가?

(2) 모분산에 대한 점추정치는 얼마인가?

(3) 모평균에 대한 95% 신뢰구간을 구하라.

(4) 모분산에 대한 95% 신뢰구간을 구하라.

8.13. 모평균을 추정하기 위해 얻은 70개 관측치의 값이 아래와 같이 요약되어 있다.

$$\sum X_i = 1,400, \quad \sum (X_i - \overline{X})^2 = 1,725$$

(1) 표본평균의 표준오차는 얼마인가?

(2) 95% 수준에서 표본평균의 오차범위는 얼마인가?

(3) 모평균에 대한 95% 신뢰구간을 구하라.

8.14. 모평균에 대한 95% 신뢰구간이 (196, 204)이고 표본 표준편차가 20.41이었다. 신뢰구간 작성에 이용한 표본의 크기는 얼마인가?

8.15. 다음의 상황이 발생하면 모평균에 대한 신뢰구간의 크기는 어떻게 변화하는가?

(1) 표본 표준편차가 증가한다.

(2) 신뢰수준을 95%에서 99%로 증가시킨다.

(3) 표본크기를 $n = 500$ 에서 $n = 1,000$으로 증가시킨다.

8.16. 대학생 16명의 한달 용돈을 조사해보니 평균 21만원, 표준편차 2만원이었다. 용돈의 모분포가 정규분포라는 가정 하에 다음 질문에 답하라.

(1) 모평균에 대한 90% 신뢰구간을 구하라.

(2) 모분산에 대한 90% 신뢰구간을 구하라.

8.17. 새 공정으로 생산한 제품 200개 중 10개가 불량품이었다.

(1) 새 공정의 불량률에 대한 점추정치는 얼마인가?

(2) 새 공정의 불량률에 대한 95% 신뢰구간을 구하라.

8.18. 한 보험회사가 자사의 자동차보험에 가입한 고객 80명을 조사한 결과 이 중 35명이 이 보험회사의 개인연금보험에도 가입한 것으로 나타났다. 자동차 보험 가입자 중 개인연금보험에도 가입한 고객의 비율은 몇 %인지 90% 신뢰구간으로 답하라.

8.19. 철수는 모비율에 대한 신뢰구간을 작성할 때 언제나 표본비율을 % 단위로 계산하여 (예컨대, 표본비율이 0.32이면 $\hat{p}=32$) $\hat{p} \pm Z_{\alpha/2}\sqrt{\frac{\hat{p}(100-\hat{p})}{n}}$ 의 공식에 대입한다. 철수는 올바른 신뢰구간을 작성하고 있는가?

8.20. 정치인 B씨는 지역구민들의 자신에 대한 지지율이 50%를 넘는지 알아보고자 한다. 통계학을 이해하고 있는 B씨는 지역구민들에 대한 표본조사를 실시하여 95% 신뢰수준에서의 오차범위를 감안하더라도 자신에 대한 지지율이 50%를 넘어설 경우에만 국회의원 선거에 출마하려 한다. 400명을 조사한 결과 210명이 자신을 지지하는 것으로 나타났다.

(1) 95% 신뢰수준에서의 오차범위는 얼마인가?

(2) B씨는 국회의원 선거에 출마할 것인가?

8.21. 연습문제 8.20의 정치인 B씨는 400명에 대한 표본조사로는 오차범위가 지나치게 크다고 판단하여, 95% 신뢰수준에서의 오차범위를 3% 이내로 줄이기 위해 새로이 표본조사를 의뢰하려 한다. 최소의 비용으로 목적을 달성하려면 몇 명의 지역구민을 조사해야 하는가?

8.22. 모평균 μ, 모비율 p, 그리고 모분산 σ^2에 대한 신뢰구간을 구할 때 출발점은 각각 표본평균 $\overline{X}$, 표본비율 $\hat{p}$, 그리고 표본분산 s^2의 표본분포였다. 다음 질문에 답할 수 있으면 통계량의 표본분포를 신뢰구간 작성에 이용하는 방법에 대해 잘 이해한 것으로 볼 수 있다;

n이 충분히 클 때 표본표준편차 s의 표본분포는 근사적으로 평균 σ, 분산 $\dfrac{\sigma^2}{2n}$인 정규분포임이 알려져 있다. 이 사실을 이용하여, 모표준편차 σ에 대한 95% 신뢰구간은

$$\left(\frac{s}{1+\dfrac{1.96}{\sqrt{2n}}},\ \frac{s}{1-\dfrac{1.96}{\sqrt{2n}}} \right)$$

임을 보여라.

chapter

09 가설검정

statistics

09 가설검정

모수에 대한 두 개의 상반된 가설을 설정하고, 표본자료가 어느 가설과 부합하는지 판단하는 통계적 절차를 가설검정이라 한다. 새로 출시된 승용차의 연비가 제조회사의 주장대로 리터 당 20km인지 확인하고자 하는 소비자단체는 연비의 모평균이 20이라는 가설과 20미만이라는 두 개의 상반된 가설을 설정한 다음, 일정 수의 승용차를 표본조사 하여 어느 가설이 타당한지 판단하려 할 것이다.

가설검정에서는 두 개의 가설이 대등한 입장에서 표본자료를 놓고 경쟁하는 것이 아니다. 연비가 20km미만이라는 결정을 내리기 위해서는 확실한 증거가 뒷받침되어야 하지만, 연비가 20km라는 제조회사의 주장은 거짓이라는 증거가 분명치 않으면 일단 맞는 것으로 인정해 줄 수밖에 없다. 거짓임을 입증할 수 없으면 받아들일 가설을 **귀무가설**(null hypothesis)이라 하고 보통 H_o의 기호로 나타낸다. 반면, 확실한 증거로 입증하고자 하는 가설을 **대립가설**(alternative hypothesis)이라 하고 H_1 또는 H_a의 기호로 나타낸다.

위의 소비자 단체는 귀무가설과 대립가설을

$$\begin{aligned} &H_o : \mu = 20 \\ &H_o : \mu < 20 \end{aligned} \tag{9.1}$$

으로 설정하고 가설검정을 하게 된다.

가설검정을 흔히 형사재판에 비유한다. 형사재판을 담당하는 판사는 피고인에 대해

$$H_o : \text{무죄}$$
$$H_1 : \text{유죄} \tag{9.2}$$

라는 두 개의 상반된 가설을 설정하고, 대립가설이 옳다는 증거가 합리적 의심의 여지가 없을 정도로 충분한가를 판단하게 된다. 만약 증거가 충분치 않으면 무죄추정의 원칙에 따라 귀무가설을 받아들일 수밖에 없다. 통계적 가설 검정이 표본자료를 이용하는데 비해 형사재판은 각종 증거나 목격자의 증언 등을 판단의 근거로 삼는다는 점이 다를 뿐이다.

가설검정이 던지는 질문을 다음과 같이 요약할 수 있다;

"귀무가설(H_o)을 기각할 충분한 증거가 있는가?"

만약 충분한 증거가 있으면 '귀무가설을 기각한다'는 결정을 내리게 되고, 이는 대립가설이 충분히 입증되었음을 의미한다. 반면, 충분한 증거를 찾지 못했으면 '귀무가설을 기각하지 못한다'는 결정을 내리게 된다. 이것이 귀무가설이 입증되었음을 뜻하지 않는다는 것은 분명하다. 형사재판에서의 무죄선고가 무죄의 입증을 의미하지 않는 것과 마찬가지다.

제9.1절에서는 가설검정에서 범할 수 있는 두 가지 오류에 대해 설명할 것이고, 제9.2절부터 제9.5절까지는 모평균, 모비율 및 모분산에 대한 가설검정의 절차에 대해 차례로 알아볼 것이다.

9.1 제1종오류와 제2종오류

가설검정은 표본이라는 부분을 보고 모집단이라는 전체에 대해 행하는 추론이므로 항상 옳은 결정을 내릴 것으로 기대할 수 없다. [표 9.1]은 가설검정에서 범할 수 있는 두 가지 오류를 보여주고 있다. 모수에 대한 상반된 두 가설을 고려하고 있으므로 둘 중 하나만이 참이다. 가설검정에서 내릴 수 있는 결정은 H_o를 기각하거나 기각하지 않는 것이다. H_o가 참인데 기각하는 오류를 **제1종오류**(Type I Error)라 하고 H_o가 거짓(즉, H_1이 참)인데 기각하지 않는 오류를 **제2종오류**(Type II Error)라 한다. (9.1)의 두 가설을 검정하는 경우 제1종오류는 제조회사의 주장이 참($\mu = 20$)인데 거짓($\mu < 20$)으로 결정하는 오류이고, 제2종오류는 제조회사의 주장이 거짓($\mu < 20$)인

데 참($\mu=20$)으로 결정하는 오류이다. (9.2)의 두 가설을 검정하는 판사의 경우 제1종오류는 무죄인 사람에게 유죄를 선고하는 오류이고 제2종오류는 유죄인 피고를 무죄로 석방하는 오류이다.

[표9.1] 제1종오류와 제2종오류

		사 실	
		H_o 참	H_o 거짓 (H_1참)
결정	H_o를 기각하지 않는다.	옳은 결정	제2종오류
	H_o를 기각한다.	제1종오류	옳은 결정

두 종류의 오류를 범할 확률을 모두 낮출 수 있는 방법이 있으면 좋을 것이다. 하지만 제1종오류와 제2종오류 사이에는 언제나 상충관계(trade-off)가 존재한다. 형사재판을 담당하는 판사가 유죄 입증요건을 강화하면 제1종오류를 범할 확률을 낮출 수 있다. 죄 없는 사람이 벌 받을 가능성이 작아지는 것이다. 하지만 범죄자가 무죄 방면될 가능성이 커지게 된다. 제2종오류를 범할 확률이 높아지는 것이다.

가설검정에서도 마찬가지다. 통계학이나 계량경제학에서 보편적으로 이용하는 기호법으로 제1종오류를 범할 확률은 α, 그리고 제2종오류를 범할 확률을 β로 표시한다. α와 β사이의 상충관계를 다음의 예를 통해 살펴보자.

[예9.1]

영희와 철수는 새로 출시된 승용차의 연비가 제조회사가 주장하는 리터당 20km가 아니라 리터당 19km일지 모른다고 생각하여 무작위로 선택한 25대의 승용차에 대해 표본조사를 실시해 보기로 하였다. 편의상 연비는 분산이 4(또는 $\sigma=2$)인 정규분포를 따른다고 가정하자.

이들은 연비가 19라는 증거가 충분한지 알아보려 하는 것이므로 'μ=19'를 대립가설로 설정하게 된다. 충분한 증거가 없으면 일단 받아들일 수밖에 없는 제조회사의 주장이 귀무가설이다. 따라서

$$H_o : \mu = 20$$
$$H_1 : \mu = 19$$

가 영희와 철수의 귀무가설과 대립가설이다.

영희가 선택한 검정방법은

"$\bar{X} < 20$ 이면 H_o를 기각한다."

이고, 철수의 검정방법은

"$\overline{X} < 19$ 이면 H_o를 기각한다."

이라 하자. 영희와 철수가 제1종오류와 제2종오류를 범할 확률이 얼마인지 알아보자.

이를 위해서는 표본평균 $\bar{X}$의 표본분포가 필요하다. 제 7장에서 공부한 바와 같이 모분포가 정규분포일 때 $\bar{X}$는 평균 μ, 분산 $\frac{\sigma^2}{n}$인 정규분포를 따르므로 H_o하에서는, 즉 $\mu = 20$ 이면

$$\bar{X} \sim N\left(20, \frac{4}{25}\right) \tag{9.3}$$

그리고 H_1하에서는, 즉 $\mu = 19$이면

$$\bar{X} \sim N\left(19, \frac{4}{25}\right) \tag{9.4}$$

의 분포를 따르게 된다.

[그림9.1]의 왼쪽의 두 분포는 귀무가설하의 $\bar{X}$의 표본분포 (9.3)을, 그리고 오른쪽의 두 분포는 대립가설하의 $\bar{X}$의 표본분포 (9.4)이다.

먼저 영희의 α와 β를 구해 보자. 영희가 제1종오류를 범하는 경우는 $\mu = 20$ 인데도 표본평균 $\bar{X}$가 20보다 작은 값이 나올 때이다. 따라서

$$\text{영희의} \quad \alpha = \text{'}\mu = 20\text{' 일 때의 } P\left(\bar{X} < 20\right) = 0.5$$

이고 이것이 [그림9.1]의 (a)에 빗금친 부분으로 표시되어 있다.

한편 영희가 제2종오류를 범하는 경우는 $\mu = 19$ 인데도 표본평균 $\bar{X}$가 20보다 큰 값이 나올 때이다. 따라서

$$\text{영희의} \quad \beta = \text{'}\mu = 19\text{'일 때의 } P\left(\bar{X} > 20\right) = 0.0062$$

가 된다. [그림9.1]의 (b)에 빗금 친 부분이 바로 영희의 β이다.

철수는 영희에 비해 제조회사에 관대한 기준을 적용하고 있으므로 H_o가 참인데도 기각할 확률 α, 즉 제조회사를 잘못 비난할 확률이 영희의 0.5보다 작을 것으로 예상할 수 있다.

그림 9.1 유의수준과 검정력

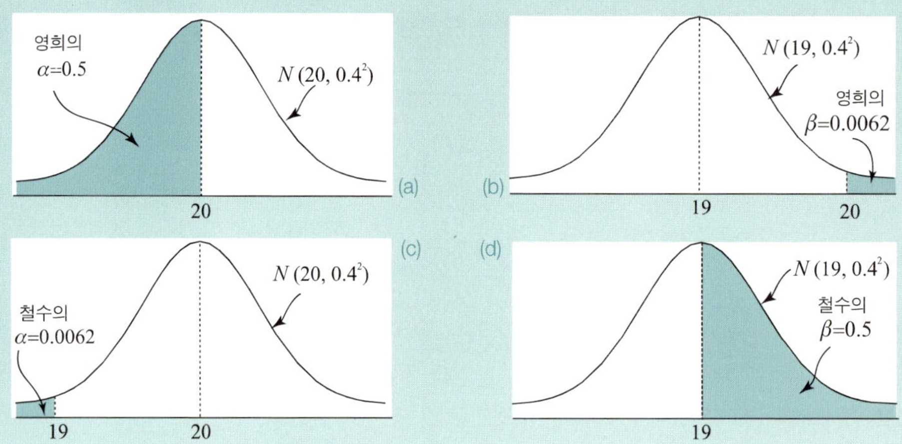

하지만 H_o가 거짓임에도 기각하지 않을 확률 β, 즉 제조회사의 불법을 올바로 찾아내지 못할 확률은 높아질 것으로 예상할 수 있다.

위와 마찬가지로 철수의 α와 β를 계산해 보면

$$\text{철수의}\quad \alpha = \text{‘}\mu = 20\text{’일 때의}\ P(\bar{X} < 19) = 0.0062$$

$$\text{철수의}\quad \beta = \text{‘}\mu = 19\text{’일 때의}\ P(\bar{X} > 19) = 0.5$$

임을 알 수 있고, [그림9.2]의 (c)와 (d)가 이들을 그림으로 나타내고 있다.

이처럼 제1종오류와 제2종오류 사이에 상충관계가 존재하여 α와 β를 모두 낮출 수 있는 방법은 없다. 통계적 가설검정에서는 제1종오류를 범할 확률 α를 매우 작은 값으로 설정한 다음 이를 만족하는 검정방법 중 제2종오류를 범할 확률 β가 작은 것을 검정방법으로 선택하게 된다. α를 검정의 **유의수준**(level of significance)이라 부르며 $\alpha = 0.05$ 또는 $\alpha = 0.01$이 흔히 사용되는 값이다. 유의수준을 1% 또는 5% 정도의 작은 값으로 설정하는 이유는, 가설의 설정방법으로 인하여 제1종오류가 제2종오류에 비해 훨씬 심각한 손실이나 비용을 발생시킨다고 보기 때문이다. 승용차 제조회사를 뚜렷한 증거도 없이 고발하거나 죄 없는 사람을 벌주는 것을 반대의 경우와 비교해 보라.

가설검정에서 유의수준 α를 엄격히 통제하는데 비해, β에 대해서는 그다지 큰 관심을 보이지 않는 경우가 많다. 제2종오류는 제1종오류에 비해 크게 심각하지 않다는 판단이 작용하고 있기도

하지만, 그보다는 검정의 β를 제대로 파악하여 통제하는 것이 현실적으로 매우 어렵기 때문이다. $1-\beta$를 **검정력**(power of a test)이라 부른다. β가 H_o가 거짓일 때 H_o를 기각하지 않을 확률이므로 검정력 $1-\beta$는 "H_o가 거짓일 때 H_o를 올바로 기각할 확률"이다.

두 종류의 오류 때문에 나타나는 가설검정에서의 두 중요개념 유의수준과 검정력을 아래와 같이 정리해 두자;

유의수준 $\alpha = H_0$를 잘못 기각할 확률

검정력 $1-\beta = H_0$를 올바로 기각할 확률

[예9.1]의 영희의 검정방법("$\bar{X} < 20$이면 H_o기각")은 유의수준 $\alpha = 0.5$와 검정력 $1-\beta = 0.9938$이 모두 높고, 철수의 검정방법 ("$\bar{X} < 19$이면 H_o기각")은 유의수준 $\alpha = 0.062$와 검정력 $1-\beta = 0.5$가 모두 낮다. α와 β사이의 상충관계가

"유의수준을 높이면 검정력이 높아지고 유의수준을 낮추면 검정력이 낮아진다."

로 변형되어 나타나게 되는 것이다.

9.2 모평균에 대한 가설검정 (대표본의 경우)

모평균에 대한 가설검정에서는 다음 중 하나의 형태로 귀무가설과 대립가설을 설정한다;

$$H_o : \mu = \mu^o \qquad H_1 : \mu < \mu^o \tag{9.5.1}$$

$$H_o : \mu = \mu^o \qquad H_1 : \mu > \mu^o \tag{9.5.2}$$

$$H_o : \mu = \mu^o \qquad H_1 : \mu \neq \mu^o \tag{9.5.3}$$

모평균이 특정한 값 μ^o보다 작다는 증거가 있는지 찾는 경우에는 (9.5.1), μ^o보다 크다는 증거를 찾고 있는 경우에는 (9.5.2), 그리고 μ^o가 아니라는 증거를 찾는 경우에는 (9.5.3)의 형태로 가설을 설정하게 된다. 귀무가설에서 지정한 값 μ^o를 모수의 **귀무값**(null value)이라 한다.

가설에서 지정하는 모수의 값이 하나일 때 그 가설을 **단순가설**(simple hypothesis)이라 하고, 지정하는 모수의 값이 다수인 가설은 **복합가설**(composite hypothesis)이라 부른다. 통계적 가설검

정에서는 보통 (9.5)에서처럼 귀무가설은 단순가설로, 그리고 대립가설은 복합가설로 설정하는 경우가 많다.

귀무가설과 대립가설에 모수의 모든 가능한 값이 다 포함될 수 있도록

$$H_o : \mu \geq \mu^o \qquad H_1 : \mu < \mu^o \tag{9.6.1}$$

$$H_o : \mu \leq \mu^o \qquad H_1 : \mu > \mu^o \tag{9.6.2}$$

$$H_o : \mu = \mu^o \qquad H_1 : \mu \neq \mu^o \tag{9.6.3}$$

의 형태로 가설을 설정할 수도 있다. 검정의 방법과 결과의 해석은 (9.5)로 설정한 경우와 동일하고, 단지 유의수준의 의미 등 설명만 다소 복잡해질 뿐이다. 따라서 이 책에서는 보다 간편한 (9.5) 형태로 가설을 설정하고 검정방법을 설명해 나갈 것이다. 다만 (9.6) 형태로 가설을 설정하는 경우에도 등호는 반드시 귀무가설에 포함되어 있어야 한다는 점을 밝혀둔다.

먼저 (9.5.1) 형태의 가설을 검정하는 방법을 다음의 예를 통해 살펴보자.

[예9.2]

한 비만클리닉에서는 자신들의 다이어트 프로그램에 참여하면 일주일 내에 5kg 이상 체중을 줄일 수 있다고 주장한다. 참여자 40명을 무작위로 선택하여 조사한 결과 체중 감량의 표본평균은 $\overline{X} = 4.5$(kg), 그리고 표본 표준편차는 $s = 1.5$(kg)이었다. 비만클리닉의 주장을 받아들여도 좋을까?

체중감량의 모평균 μ가 5 미만인 증거가 있는지 알아보고자 하는 것이므로

$$H_o : \mu = 5 \qquad H_1 : \mu < 5$$

로 가설을 설정해야 한다. 표본평균이 5 보다 작으므로 비만클리닉의 주장(H_o)을 기각하고 싶지만, 잘못된 기각일 가능성이 있다. H_o가 참이면서도 표본평균은 5보다 작은 값이 나올 수 있기 때문이다. H_o를 잘못 기각할 확률, 즉 유의수준이 예컨대 $\alpha = 5\%$가 되도록 하려면 표본평균이 5보다 충분히 작은 값일 때 H_o를 기각해야 한다.

표본평균이 얼마나 작을 때 H_o를 기각해야 하는지를 판단하기 위해서는, 표본을 관측하기 이전의 상황으로 돌아가 보아야 한다. H_o가 참일 때 크기 $n(n \geq 30)$의 무작위 표본을 추출하여

$$Z = \frac{\overline{X} - 5}{s / \sqrt{n}} \tag{9.7}$$

을 계산해 보면, Z는 표준정규분포를 따르므로 Z가 -1.645보다 작은 값이 나올 확률은 5%이다. 따라서

그림 9.2 $Z=\frac{\bar{X}-5}{s/\sqrt{n}}$의 귀무분포와 기각역

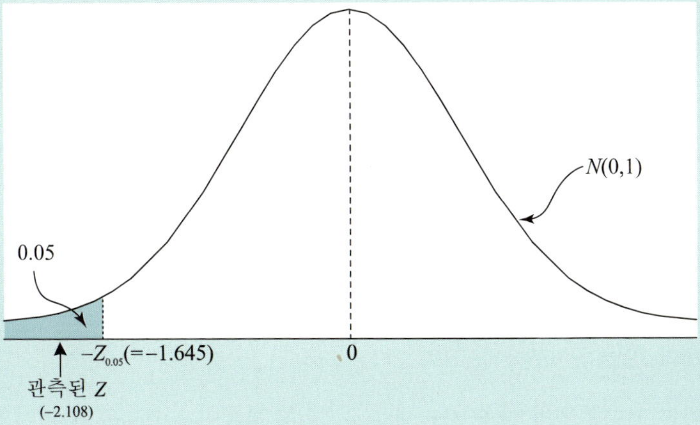

$$Z < -1.645 \quad (\text{즉 } \bar{X} < 5 - 1.645\frac{s}{\sqrt{n}}) \tag{9.8}$$

일 때, H_o를 기각하기로 하면, H_o를 잘못 기각할 확률이 5%가 될 것이다. 다시 말하자면 표본평균이 모평균의 귀무값 5보다 1.645표준오차 이상 작을 때 귀무가설을 기각하면 유의수준 5%의 검정을 할 수 있는 것이다.

(9.7)의 Z가 검정통계량이고, (9.8)이 유의수준 5%에서의 **기각역**(rejection region 또는 critical region)이다. [그림9.2]의 빗금 친 부분이 (9.8)의 기각역을 나타내고 있으며 표본에서 관측된 Z의 값이 이 영역에 포함되면 H_o를 기각하게 된다. 그리고 [그림9.2]의 표준정규분포는 H_o가 참일 때 Z의 분포이므로 이를 Z의 **귀무분포**(null distribution)라 부른다. 가설검정에서는 언제나 검정통계량의 귀무분포에 기각역을 표시하게 된다.

비만클리닉의 경우 표본에서 관측된 Z의 값은

$$\text{관측된 } Z = \frac{4.5-5}{1.5/\sqrt{40}} = -2.108\ (< -1.645)$$

이어서 (9.8)의 기각역에 포함되므로, 유의수준 5%에서 H_o를 기각한다. 비만클리닉의 주장이 참이라고 하기에는 지나치게 작은 Z 또는 지나치게 작은 표본평균이 관측되었다고 판단하는 것이다. 그리고 이 결정이 잘못된 기각일 확률은 5% 밖에 되지 않는다.

일반적으로 대표본($n \geq 30$)의 경우 (9.5)의 모평균에 대한 가설검정을 위해서는

$$Z = \frac{\bar{X} - \mu^{\circ}}{s / \sqrt{n}} \quad (\sigma\text{가 알려진 경우에는 } Z = \frac{\bar{X} - \mu^{\circ}}{\sigma / \sqrt{n}})$$

을 검정통계량으로 이용하며, 검정통계량 Z의 귀무분포는 [예9.2]에서와 같이 표준정규분포이다.

그러나 유의수준 α에서의 기각역은 대립가설에 따라 달라진다. [그림9.3]은 대립가설에 따른 기각역의 설정을 그림으로 보여주고 있다. 대립가설이 $H_1: \mu < \mu^{\circ}$이면 [예9.2]에서와 같이 귀무분포의 왼쪽 꼬리에 크기 α(빗금 친 부분의 면적)의 기각역을 설정한다. 대립가설이 $H_1: \mu > \mu^{\circ}$일 때는 Z가 매우 크다(즉, $\bar{X}$가 μ^{o}보다 매우 크다)는 것이 대립가설을 입증하는 증거이므로 귀무분포의 오른쪽 꼬리에 크기 α의 기각역을 설정한다. 마지막으로 대립가설이 $H_o: \mu \neq \mu^{\circ}$이면 귀무분포의 양쪽 꼬리에 각각 $\frac{\alpha}{2}$의 확률이 존재하도록 기각역을 설정한다. 이 경우에는 Z가 매우 크거나 매우 작다는 것이 모두 대립가설을 입증하는 증거이기 때문이다.

그림 9.3 Z의 귀무분포와 기각역

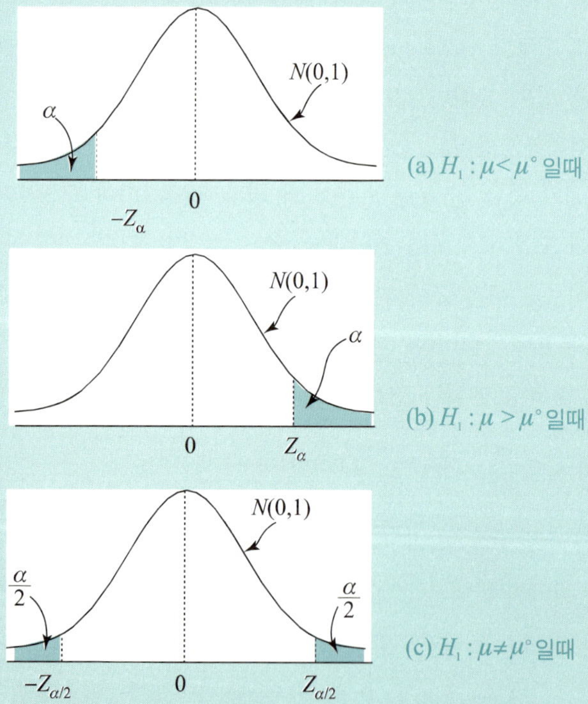

대립가설이 $H_1 : \mu < \mu^\circ$ 이거나 $H_1 : \mu > \mu^\circ$ 인 가설검정을 **단측검정**(one-tailed test)이라 하고, 대립가설이 $H_1 : \mu \neq \mu^\circ$ 인 가설검정을 **양측검정**(two-tailed test)이라 한다. 단측검정의 기각역은 [그림9.3]의 (a)와 (b)처럼 검정통계량 귀무분포의 한쪽 꼬리(one-tail)에 설정되고, 양측검정의 기각역은 [그림9.3]의 (c)처럼 양쪽 꼬리(two-tail)에 설정된다. 기각역은 검정통계량의 귀무분포에 설정하는 것이며, 기각역의 **크기는 유의수준**과 같고, 기각역의 **위치는 대립가설**에 의해 결정된다는 점을 잘 이해해 두기 바란다.

검정통계량과 기각역을 결정하였으면, 검정방법을 선택한 것이다. 남은 것은 실행이다. 구체적 표본에서 검정통계량의 값을 계산하여 관측된 검정통계량의 값이 기각역에 포함되면 주어진 유의수준에서 H_o를 기각하고, 그렇지 않으면 H_o를 기각하지 않는다.

[예9.3]

1.5ℓ들이 감귤쥬스의 라벨에는 지방 함량이 1g 이하라고 표시되어 있다. 소비자단체에서 45개의 감귤쥬스 병을 무작위로 선택하여 조사해 본 결과 지방 함량이 평균 1.1(g), 표준편차 0.2(g)로 나타났다. $H_o : \mu = 1$의 귀무가설을 $H_1 : \mu > 1$의 대립가설에 대해 1% 유의수준에서 검정해 보자.

이 문제에서의 검정방법은 $Z = \dfrac{\bar{X} - \mu^\circ}{s/\sqrt{n}}$ 을 계산하여,

"$Z > Z_{0.01} = 2.33$ 이면 H_o를 기각"

하는 것이다. [그림9.3]의 (b)가 해당 기각역의 그림이다.

표본에서 관측된 Z의 값은

$$\text{관측된 } Z = \frac{1.1 - 1.0}{0.2/\sqrt{45}} = 3.354$$

로 기각역에 포함되므로, 유의수준 1%에서 H_o를 기각한다. 감귤쥬스 라벨의 표시가 옳다고 보기에는 지나치게 많은 지방성분이 표본에서 관측된 것이다.

[예9.4]

애견 사료를 생산하는 공장에서 기계를 이용하여 사료를 $3kg$들이 포대에 담고 있다. 이 기계가 포대당 $3kg$을 제대로 담는지 확인하기 위해 $H_0 : \mu = 3$ $H_1 : \mu \neq 3$의 가설을 설정하고, 30개의 포대를 무작위로 선택하여 조사해 보았다. 그 결과 $\bar{X} = 3.1(kg)$, $s = 0.3(kg)$을 얻었다고 하자. 검정결과는 무엇일까?

유의수준 5%에서의 검정방법은

"$|Z| > Z_{0.025} = 1.96$ 이면 H_o를 기각한다."

이고, 관측된 Z의 값은

$$관측된\ Z = \frac{3.1-3}{0.3/\sqrt{30}} = 1.826$$

이어서 기각역에 포함되지 않는다. 따라서 유의수준 5%에서 H_o를 기각하지 못한다. 이를 표본평균과 귀무값의 차이(3.1−3=0.1)가 5% 유의수준에서 **통계적으로 유의하지 않다**(statistically insignificant)고 표현하기도 한다.

하지만 유의수준 10%에서는

"$|Z| > Z_{0.05} = 1.645$ 이면 H_o를 기각한다."

가 검정방법이므로 H_o를 기각할 수 있다. H_o를 잘못 기각할 확률을 10%정도 허용할 용의가 있다면 관측된 Z의 값 1.826은 H_o가 틀리고 대립가설 H_1이 옳다는 증거가 충분한 것으로 받아들일 수 있게 되는 것이다. 이를 표본평균과 귀무값의 차이(3.1−3=0.1)가 10% 유의수준에서 **통계적으로 유의하다**(statistically significant)고 표현하기도 한다.

지금까지의 논의를 다음과 같이 요약해 두자;

모평균에 대한 대표본 검정

가설	$H_o : \mu = \mu^o$	$H_o : \mu = \mu^o$	$H_o : \mu = \mu^o$
	$H_1 : \mu < \mu^o$	$H_1 : \mu > \mu^o$	$H_1 : \mu \neq \mu^o$
검정통계량	$Z = \frac{\bar{X} - \mu^o}{s/\sqrt{n}}$ (σ가 알려져 있으면 $\frac{\bar{X} - \mu^o}{\sigma/\sqrt{n}}$)		
기각역 (유의수준=α)	$Z < -Z_\alpha$	$Z > Z_\alpha$	$\|Z\| > Z_{\alpha/2}$

9.3 $p-$값을 이용한 가설검정

앞 절에서는 주어진 유의수준을 만족하는 기각역을 설정하여 모평균에 대한 가설을 검정하였다. 기각역의 크기는 유의수준과 같고, 기각역의 위치는 대립가설의 형태에 따라 결정된다. 그리고 기각역은 검정통계량의 귀무분포에서 꼬리에 위치한다는 것도 살펴보았다. 귀무가설이 참이라고 보기에는 지나치게 극단적인 값, 다시 말해 분포의 중심에서 지나치게 먼 값이 관측되면 H_o를 기각하고 H_1을 받아들이게 되는 것이다. [그림9.3]에서 본 바와 같이 Z가 $-Z_\alpha$보다 작은 값이 관측되면 $\mu < \mu^\circ$ 라 결정하고, Z가 Z_α보다 크면 $\mu > \mu^\circ$, 그리고 Z의 절대값이 $Z_{\alpha/2}$ 보다 크면 $\mu \neq \mu^o$라 결정하게 된다. $-Z_\alpha$, Z_α 및 $Z_{\alpha/2}$를 해당 가설검정에서의 **임계값**(critical value)이라 부른다.

주어진 유의수준에서의 임계값을 결정한 다음, 관측된 검정통계량의 값이 임계값을 넘을 정도로 극단적인 값인지를 판단하는 것이 앞 절에서의 검정방법이었다. 동일한 검정을 시행하는 또 하나의 방법은 관측된 검정통계량의 값이 귀무가설이 참이라고 보기에 얼마나 극단적인 값인지를 직접 계산해 보는 것이다.

$p-$값이란 H_o가 참이라는 전제하에 검정통계량이 관측된 값보다 더 극단적인 값을 가질 확률을 말한다. $p-$값을 **관측된 유의수준**(observed significance level)이라 부르기도 한다. 모평균에 대한 가설검정에서의 $p-$값은

대립가설이 $H_1 : \mu < \mu^\circ$ 일 때에는,

$p-$값$= P(Z<$관측된 $Z)$, H_o가 참이라는 전제하에

대립가설이 $H_1 : \mu > \mu^\circ$ 일 때에는,

$p-$값$= P(Z>$관측된 $Z)$, H_o가 참이라는 전제하에

그리고 대립가설이 $H_1 : \mu \neq \mu^\circ$ 일 때에는,

$p-$값$= P(|Z| > |$관측된 $Z|)$, H_o가 참이라는 전제하에

로 정의한다.

[그림9.4]는 모평균에 대한 가설검정에서의 $p-$값의 정의를 그림으로 보여주고 있다. $p-$값이 작을수록 검정통계량 귀무분포의 중심에서 매우 먼 극단적인 값이 관측된 것임을 알 수 있다.

그림 9.4 Z의 귀무분포와 $p-$값

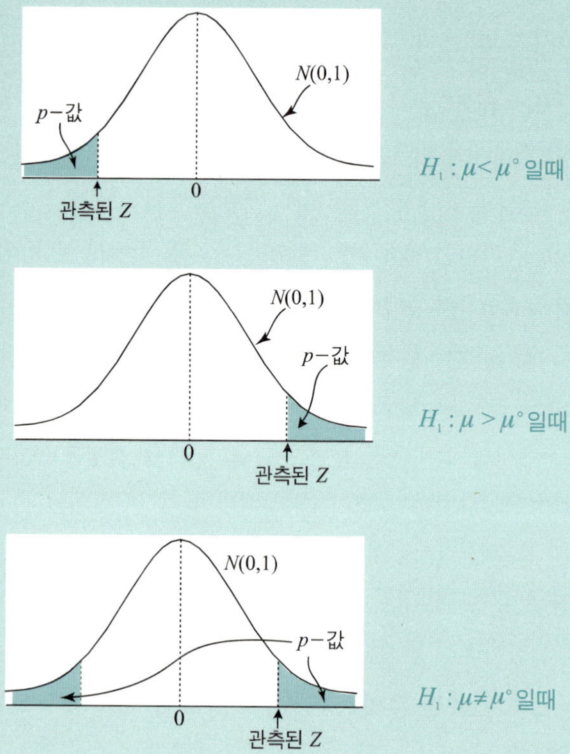

$p-$값을 이용한 가설검정은 다음과 같이 이루어진다;

$$\text{'}p-\text{값} < \alpha\text{' 이면 유의수준 } \alpha \text{에서 } H_0 \text{를 기각한다.} \tag{9.9}$$

[예9.2]의 가설검정에서 검정통계량 $Z = \dfrac{\bar{X} - \mu^{\circ}}{s / \sqrt{n}}$ 의 귀무분포는 표준정규분포이다. 관측된 $Z = -2.108$ 이므로 $p-$값은 표준정규분포에서 -2.108 이하의 확률, 즉

$$p-\text{값} = P(Z < -2.108) = 0.0175$$

이다. 유의수준이 $\alpha = 0.05$이면, $p-$값 < 0.05이므로 H_o를 기각할 수 있다. 그러나 유의수준이 $\alpha = 0.01$이면, $p-$값 > 0.01이므로 H_o를 기각할 수 없다.

이제 $p-$값을 이용한 검정이 임계값을 이용한 앞 절의 검정과 동일한 결론에 도달한다는

그림 9.5 p-값과 임계값

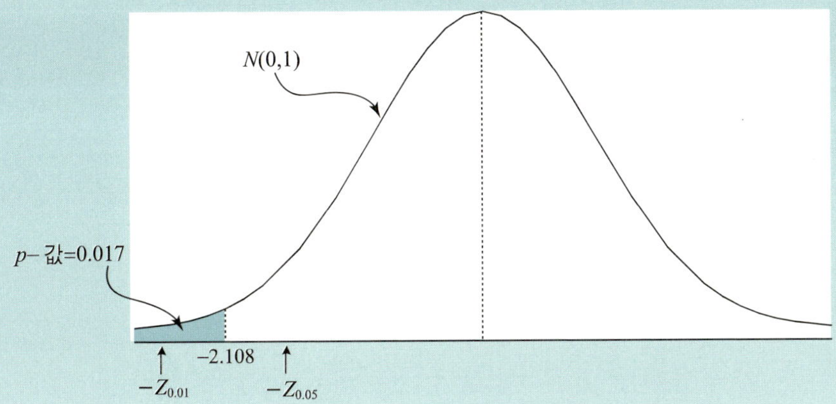

것을 확인해 보도록 하자. [그림9.5]를 보자. 관측된 Z값 -2.108의 p-값이 그림의 빗금친 부분으로 표시되어 있다. 만약 5% 유의수준에서 검정하고자 하는 사람이 임계값 $-Z_{0.05}$를 찾는다면 그 값은 -2.108의 오른쪽에 위치할 수밖에 없다. $-Z_{0.05}$의 왼쪽에 0.05의 확률이 있어야 하기 때문이다. 반면 1% 유의수준에서 검정하고자 하는 사람이 찾는 임계값 $-Z_{0.01}$은 -2.108의 왼쪽에 위치할 수밖에 없다. $-Z_{0.01}$의 왼쪽에 0.01의 확률만 남아 있어야 하기 때문이다. 굳이 표준정규분포표나 엑셀을 이용하여 $Z_{0.05}$와 $Z_{0.01}$의 값을 구하지 않더라도, p-값을 통해 관측된 Z의 값이 $-Z_{0.05}$는 넘어서지만 $-Z_{0.01}$은 넘지 못한다는 것을 알 수 있게 된다. 결국

$$-Z_{0.01} < \text{관측된 } Z < -Z_{0.05}$$

이므로 유의수준 $\alpha = 0.05$에서 H_o를 기각할 수 있으나, 유의수준 $\alpha = 0.01$에서는 H_o를 기각할 수 없다.

따라서 p-값 < 0.05이므로 H_o를 기각한다는 것은 관측된 $Z < -Z_{0.05}$ 이므로 H_o를 기각한다는 것과 동일하다. 마찬가지로 p-값 > 0.01 이므로 H_o를 기각하지 못한다는 것은 관측된 $Z > -Z_{0.01}$이므로 H_o를 기각하지 못한다는 것과 동일하다.

[예9.3]의 오른쪽 단측검정에서 얻은 $Z = 3.354$의 p-값은

$$p\text{-값} = P(Z > 3.354) = 0.000398$$

이다.[32] 따라서 유의수준을 0.01이나 0.001로 낮추어도 귀무가설을 기각하고 $\mu > 1$ 이라 결론지을 수 있다.

마지막으로 [예9.4]의 양측검정에서 얻은 $Z = 1.826$의 p-값은

$$p\text{-값} = P(|Z| > 1.826) = 2 \times P(Z > 1.826) = 0.068$$

이다. 따라서 유의수준 $\alpha = 0.05$에서는 귀무가설을 기각할 수 없고, 유의수준을 p-값보다 큰 $\alpha = 0.10$으로 높여 주어야 귀무가설을 기각할 수 있다.

지금까지의 논의를 잘 살펴보면

$$p\text{-값} = \text{귀무가설 } H_0\text{를 기각할 수 있는 최소 유의수준} \tag{9.10}$$

임을 알 수 있다.

통계적 가설검정의 일반적 절차

제9.2절과 제9.3절에서 모평균에 대한 대표본 상황에서의 검정방법을 살펴보았다. 일반적으로 통계적 가설검정은 다음과 같은 단계에 따라 이루어진다는 것을 이제 설명할 수 있게 되었다.

단계1. 가설의 설정

표본자료를 통해 입증하고자 하는 가설을 대립가설로, 그리고 대립가설이 옳다는 증거가 충분치 않으면 받아들일 수밖에 없는 가설을 귀무가설로 설정한다. 모평균에 대한 가설검정의 경우 귀무가설은 언제나 $H_0 : \mu = \mu^\circ$이고 대립가설은 분석 목적에 따라 세 가지로 설정할 수 있었다.

단계2. 검정통계량의 선택

귀무가설과 대립가설 중 어느 쪽이 타당한가를 잘 판단할 수 있도록 표본자료를 하나의 숫자로 요약한 것이 검정통계량이다. 모평균에 대한 대표본에서의 검정에서는 $Z = \dfrac{\overline{X} - \mu^\circ}{s/\sqrt{n}}$를 검정통계량으로 선택하였다. 모평균이 μ°인지를 판단하기 위해서는 표본평균이 μ°로부터 몇 표준오차 차이가 나는지 살펴보는 것이 적절할 것이기 때문이다.

---

32) 엑셀의 normsdist 함수를 이용해 계산한 값이다.

단계3. 기각역의 설정

검정통계량이 어떤 영역의 값으로 관측되면 귀무가설을 기각할 것인지를 결정해 두어야 한다. 이 영역을 기각역이라 하고, 기각역의 경계에 해당하는 값을 임계값이라 한다. 기각역은 항상 검정통계량의 귀무분포에 표시하며, 크기는 자신이 정한 유의수준과 같고 위치는 대립가설에 따라 달라진다. 모평균에 대한 가설검정에서는 검정통계량 Z의 귀무분포가 표준정규분포이므로 유의수준을 α라 할 때, 대립가설이 $H_1 : \mu \neq \mu^{\circ}$이면 표준정규분포의 양쪽 꼬리에 $\frac{\alpha}{2}$씩 확률이 남도록 기각역을 설정하고 (따라서 임계값은 $\pm Z_{\alpha/2}$), 대립가설이 $H_1 : \mu > \mu^{\circ}$이면 오른쪽 꼬리에 크기 α의 기각역을 (따라서 임계값은 Z_{α}), 그리고 대립가설이 $H_1 : \mu < \mu^{\circ}$이면 왼쪽 꼬리에 크기 α의 기각역을 (따라서 임계값은 $-Z_{\alpha}$) 설정하였다.

단계4. 검정의 실행

구체적 표본에서 관측된 검정통계량의 값이 기각역에 포함되는지 아닌지에 따라 귀무가설을 기각하거나 기각하지 않음으로써 검정이 끝나게 된다.

단계3과 단계4 대신 관측된 검정통계량의 $p-$값을 이용하는 다음의 절차를 밟아도 동일한 검정결과에 도달한다.

단계3′ 관측된 검정통계량의 $p-$값 계산

귀무가설이 옳다는 전제하에 검정통계량이 관측된 값보다 대립가설의 방향으로 더 극단적인 값을 가질 확률을 $p-$값이라 부른다. $p-$값이 작으면 귀무가설이 옳다고 보기엔 매우 이례적인 값이 관측된 것으로 볼 수 있으므로, $p-$값이 작다는 것이 귀무가설을 기각(따라서 대립가설을 채택)할 수 있는 증거로 이용된다. 모평균에 대한 가설검정의 경우, 귀무가설이 옳다면 검정통계량 Z는 표준정규분포를 따르므로, 표준정규 확률변수가 관측된 Z보다 큰 값을 가질 확률이 $p-$값이 된다. 대립가설에 따라 기각역의 위치가 달라지는 것처럼, $p-$값의 정의도 대립가설이 무엇인가에 따라 달라진다.

단계4′ 검정의 실행

관측된 검정통계량의 $p-$값이 자신이 정한, 또는 허용할 수 있는 유의수준 α보다 작으면, 유의수준 α에서 귀무가설을 기각하고, 그렇지 않으면 귀무가설을 기각하지 않는다.

9.4 모평균에 대한 가설검정 (소표본의 경우)

표본크기가 작을 때($n < 30$)에는 중심극한 정리를 이용하여 검정통계량의 귀무분포를 구할 수 없다. 하지만 모분포가 정규분포라고 가정할 수 있으면 t분포를 이용하여 모평균에 대한 가설을 검정할 수 있다. 제8.4절에서 소표본 상황에서 모평균에 대한 신뢰구간을 구하기 위해 정규분포의 가정을 도입했던 것과 마찬가지다.

모평균의 귀무값이 μ^o일 때 검정통계량

$$t = \frac{\bar{X} - \mu^{\circ}}{s / \sqrt{n}} \tag{9.11}$$

그림 9.6 t분포와 기각역

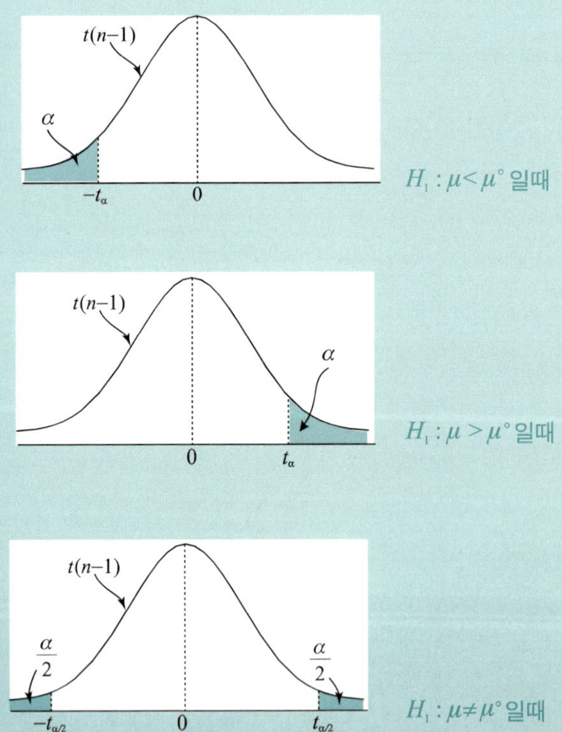

는 H_o하에서(즉, 모평균의 참값이 μ^o일 때) 자유도가 $n-1$인 t분포를 따른다. (9.11)의 t검정통계량은 대표본 상황에서의 Z와 마찬가지로 표본평균과 귀무값의 차이가 몇 표준오차에 해당하는지 계산한 값이다.

검정에 이용할 통계량과 귀무분포를 알았으므로 유의수준과 대립가설의 형태에 따른 기각역을 설정하면 모평균에 대한 가설검정을 실시할 수 있다. [그림9.6]은 유의수준 α에서의 기각역을 그림으로 보여주고 있다. 역시 기각역의 크기는 유의수준과 같고, 기각역의 위치는 대립가설의 형태에 의해 결정되고 있다. [그림9.6]의 검정방법을 다음과 같이 요약해 두자;

모평균에 대한 소표본검정 (정규분포 가정 하에서)

가설	$H_o : \mu = \mu^o$	$H_o : \mu = \mu^o$	$H_o : \mu = \mu^o$
	$H_1 : \mu < \mu^o$	$H_1 : \mu > \mu^o$	$H_1 : \mu \neq \mu^o$
검정통계량	$t = \dfrac{\bar{X} - \mu^\circ}{s / \sqrt{n}}$		
기각역 (유의수준$=\alpha$)	$t < -t_\alpha$	$t > t_\alpha$	$\lvert t \rvert > t_{\alpha/2}$

만약 모분산 σ^2이 알려져 있다면, t대신 $Z = \dfrac{\bar{X} - \mu^\circ}{\sigma / \sqrt{n}}$을 검정통계량으로 이용할 수 있고 이 때 Z의 귀무분포는 표준정규분포가 된다. 따라서 기각역도 t분포가 아닌 표준정규분포에서 찾아야 할 것이다. 하지만 현실적으로 모분산이 알려져 있는 경우는 거의 없을 것이므로 위의 표에 그 내용을 표시하지 않았다.

t검정의 기각역도 $-t_\alpha$, t_α, $t_{\alpha/2}$ 등의 임계값에 의해 정의되고 있다. 표본이 관측되고 나면 (9.11)의 t통계량을 계산하고, t분포표나 엑셀 등을 이용하여 해당 임계값을 구한 다음, 관측된 t가 임계값을 넘어서면 H_o를 기각하게 된다.

임계값을 구하는 대신, 관측된 t의 $p-$값을 계산하여 가설검정을 할 수도 있다. $p-$값은 H_o가 참이라는 전제 하에 검정통계량 t가 관측된 t보다 대립가설의 방향으로 더 극단적인 값을 가질 확률이므로, 이를 그림으로 나타내면 [그림9.7]과 같다. 다만, t분포표는 임계값을 제공할 뿐이므로 t분포표를 통해 정확한 $p-$값을 계산하는 것은 불가능하다. 관측된 t의 $p-$값을 구하기 위해서는 엑셀 등의 통계 프로그램을 이용해야 한다.

그림 9.7 t분포와 $p-$값

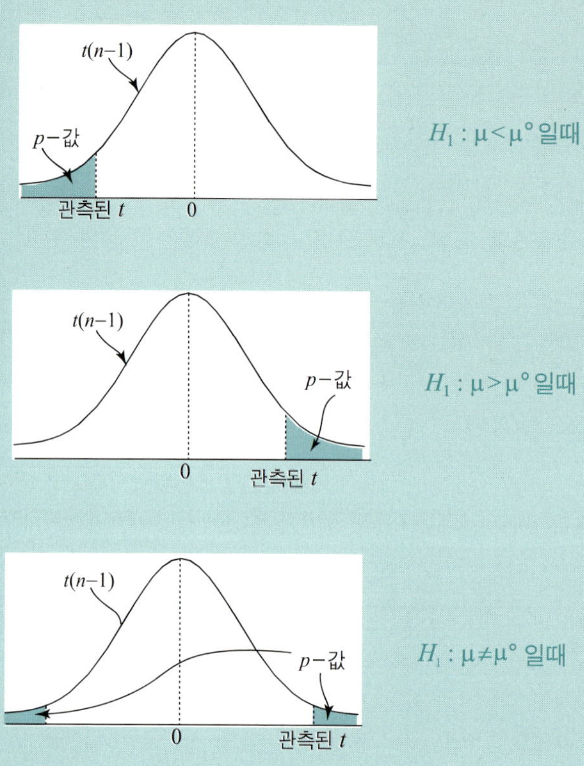

[예9.5]

하루 평균 100명이 점심식사를 하는 구내식당에서 연초에 가격을 500원 인상하였다. 그 이후 상반기 중 15일을 무작위로 선택하여 조사한 결과 구내식당 이용자 수는 평균 95명, 표준편차 5명이었다. 가격인상으로 구내식당 이용자가 줄어든 것으로 볼 수 있는지 5% 유의수준에서 검정해 보자.

귀무가설과 대립가설은

$$H_0: \mu = 100 \qquad H_1: \mu < 100$$

이고, 하루 이용자 수가 정규분포를 따른다고 가정할 때

$$t = \frac{\overline{X} - 100}{s / \sqrt{n}}$$

의 귀무분포는 자유도 $n-1\,(=14)$인 t분포이다. 따라서

"$t < -t_{0.05}(14)$이면 H_o를 기각한다."

가 5% 유의수준에서의 검정방법이다. t분포표에서 임계값을 찾아보면

$$-t_{0.05}(14) = -1.76$$

임을 알 수 있다.

한편, 표본에서 관측된 t는

$$\text{관측된}\quad t = \frac{95-100}{5/\sqrt{15}} = -3.87$$

이고 이 값은 명백히 기각역에 포함되므로 5% 유의수준에서 H_o를 기각할 수 있다. 구내식당 이용자의 수가 가격인상으로 감소했다고 볼 수 있는 것이다.

p-값을 계산해 보자. t분포표에서는 정확한 값을 찾을 수 없으므로 엑셀을 이용하여 계산해보면[33]

$$p\text{-값} = P(t < -3.87) = 0.000845$$

가 나온다. 유의수준 5% 뿐만 아니라 유의수준 1%에서도 H_o를 기각할 수 있음을 알 수 있다.

[예9.6]

남편과 두 자녀를 둔 주부들의 가사노동시간은 일주일에 평균 50시간으로 알려져 있다. 10명의 주부를 무작위로 선택하여 조사한 결과 이들의 일주일 가사노동시간은

53, 47, 59, 54, 57, 57, 58, 48, 51, 50 (단위: 시간)

이었다. 가사노동시간이 50시간을 초과한다고 볼 수 있는지 5% 유의수준에서 검정해 보자.

검정하고자 하는 가설은

$$H_0 : \mu = 50 \qquad H_1 : \mu > 50$$

이고, 표본자료는 $n=10$, $\overline{X} = 53.4$, $s = 4.3$으로 요약할 수 있다.

---

33) tdist (3.87, 14, 1)의 값이다.

주부들의 주당 가사노동시간이 정규분포를 따른다고 가정할 때

$$t = \frac{\bar{X} - 50}{s / \sqrt{n}}$$

의 귀무분포는 자유도 $n-1\,(=9)$ 인 t분포를 따른다. 오른쪽 단측검정이므로 5% 유의수준에서의 기각역은

$$t \;>\; t_{0.05}\,(9) \;=\; 1.83$$

이고, 관측된 통계량의 값은

$$\text{관측된 } t = \frac{53.4 - 50}{4.3/\sqrt{9}} = 2.50$$

으로 기각역에 포함되므로 5% 유의수준에서 H_o를 기각한다. 표본자료는 주부들의 가사노동시간이 50시간을 초과하고 있음을 말해주고 있는 셧이나.

한편 관측된 t의 $p-$값을 엑셀로 계산해 보면[34]

$$p-\text{값} \;=\; P(t > 2.50\,) \;=\; 0.017$$

이 나온다. 5% 유의수준에서는 H_o를 기각할 수 있지만, 유의수준을 1%로 낮출 경우에는 H_o를 기각할 수 없다는 것을 알 수 있다.

[예9.7]

과일 통조림의 내용량이 표시대로 340g 인지 확인하기 위해 12개를 무작위로 조사하여

343.0	337.5	337.4	345.7	336.5	337.4	
343.0	342.1	347.2	342.1	349.2	345.2	(단위 : g)

의 자료를 얻었다. H_o : $\mu = 340$ 의 귀무가설을 H_1 : $\mu \neq 340$ 의 대립가설에 대해 5% 유의수준에서 검정해 보자.

표본정보는 $n = 12$, $\bar{X} = 342.2$, $s = 4.2$로 요약할 수 있다. 내용량의 모분포가 정규분포라는 가정 하에

34) tdist (2.50, 9, 1)의 값이다.

$$t = \frac{\bar{X} - 340}{s / \sqrt{n}}$$

의 귀무분포는 자유도 $n-1\,(=11)$인 t분포이므로, 양측검정의 기각역을 결정하는 임계값은

$$t_{0.025}(11) = 2.20$$

이다. 관측된 t의 값은

$$\text{관측된 } t = \frac{342.2 - 340}{4.2/\sqrt{12}} = 1.79$$

로 그 절대값이 5% 유의수준에서의 임계값을 넘지 않는다. 따라서 5% 유의수준에서 H_o를 기각하지 못한다. 표본평균이 340g을 초과하였지만 그 차이 (342.2−340 = 2.2)는 통계적으로 유의하지 않다는 것이다.

관측된 t의 p-값은[35]

$$\begin{aligned} p\text{-값} &= P(|t| > 1.79) \\ &= P(t > 1.79 \text{ 또는 } t < -1.79) \\ &= 0.10047 \end{aligned}$$

이다. 따라서 유의수준 5% 뿐만 아니라 10% 에서도 H_o를 기각할 수 없다는 것을 알 수 있다.

35) 엑셀의 tdist (1.79, 11, 2)의 값이다.

95% 신뢰구간과 5% 유의수준에서의 가설검정

모평균에 대한 95% 신뢰구간과 5% 유의수준에서의 '양측'검정 사이에는 밀접한 관련이 있다. 모평균의 귀무값 μ^o가 95% 신뢰구간에 포함되지 않는다고 하자. 제8.4절에서 공부한 바에 의하면 소표본의 경우 모평균에 대한 95% 신뢰구간은

$$\bar{X} \pm t_{0.025}\frac{s}{\sqrt{n}}$$

이다. μ^o가 이 구간에 포함되지 않는다면

$$\mu^\circ > \bar{X} + t_{0.025}\frac{s}{\sqrt{n}} \text{ 이거나 } \mu^\circ < \bar{X} - t_{0.025}\frac{s}{\sqrt{n}}$$

이어야 한다. 이를

$$t = \frac{\bar{X} - \mu^\circ}{s/\sqrt{n}} < -t_{0.025} \text{이거나 } t = \frac{\bar{X} - \mu^\circ}{s/\sqrt{n}} > t_{0.025}$$

로 고쳐 써 보면 검정통계량 t가 5% 유의수준에서의 기각역에 포함된다는 것을 알 수 있다.

따라서 95% 신뢰구간을 구하여 귀무값 μ^o가 포함되는지를 살펴봄으로써 5% 유의수준에서의 양측검정을 실시할 수 있다. μ^o가 신뢰구간에 포함되지 않으면 H_0를 기각하고 포함되면 H_0를 기각하지 못한다. [예9.7]에서 모평균에 대한 95% 신뢰구간을 구해보면 (339.5, 343.4)가 나온다. 귀무값 340은 이 구간에 포함되므로 5% 유의수준에서 H_0를 기각하지 못한다고 결정할 수 있다.

일반적으로 $(1-\alpha)\times 100\%$ 신뢰구간을 구하여 유의수준 α에서의 '양측'검정을 실시할 수 있다. 하지만 표본평균과 귀무값의 차이가 통계적으로 유의한 것인지를 살펴보는 가설검정의 논리와 신뢰구간 작성의 논리는 서로 별개의 것이다. 신뢰구간을 통하여 가설 검정을 하려는 것보다 가설검정 자체를 공부하면서 통계자료 분석방법을 익혀나가는 것이 보다 바람직할 것이다.

9.5 모비율에 대한 가설검정

모비율에 대한 가설검정에서는 다음 중 하나의 형태로 귀무가설과 대립가설을 설정한다;

$$
\begin{aligned}
&H_o : p = p^o \qquad && H_1 : p < p^o \\
&H_o : p = p^o \qquad && H_1 : p > p^o \\
&H_o : p = p^o \qquad && H_1 : p \neq p^o
\end{aligned}
\tag{9.12}
$$

위의 둘은 단측검정이고 세 번째가 양측검정이다.

모비율에 대한 가설검정은 표본비율($\hat{p}$)과 모비율의 귀무값 (p^o)의 차이에 근거하여 이루어진다. 표본평균과 모평균 귀무값의 차이를 통해 모평균에 대한 가설검정이 이루어졌던 것과 마찬가지다. (9.12)의 가설을 검정하기 위해 이용되는 통계량은

$$
Z = \frac{\hat{p} - p^{\circ}}{\sqrt{\dfrac{p^{\circ}(1-p^{\circ})}{n}}} \tag{9.13}
$$

이다. 분모는 표본비율 $\hat{p}$ 의 표준오차이다. 따라서 (9.13)은 $\hat{p}$과 p^o의 차이가 몇 표준오차에 해당하는가를 나타내 주는 값이다.

여기서 주의할 점은 (9.13)의 표준오차는 제8.5절에서 모비율에 대한 신뢰구간을 구할 때 이용한 표준오차와 다르다는 점이다. 신뢰구간을 구할 때에는 $\hat{p}$ 의 표준편차 $\sqrt{\dfrac{p(1-p)}{n}}$ 를 표준오차 $\sqrt{\dfrac{\hat{p}(1-\hat{p})}{n}}$ 으로 추정할 수 밖에 없었다. 하지만 가설검정을 위해 임계값을 구하거나, 관측된 검정통계량의 p-값을 계산할 때는 귀무가설 H_o가 참이라는 전제 하에서의 검정통계량의 표본분포, 즉 검정통계량의 귀무분포를 이용하게 된다. 귀무가설이 참이라는 전제가 있다면 모비율의 참값이 p^o임을 알고 있는 것이므로 굳이 $\hat{p}$를 이용하여 표준오차를 계산할 필요가 없는 것이다. (9.13)의 분모는 바로 **H_0하에서의 $\hat{p}$의 표준오차**이다.

검정통계량 Z의 귀무분포는 표본이 충분히 클 때 표준정규분포에 가깝다. 따라서 유의수준 α에서 H_o : $p = p^{\circ}$ 의 귀무가설을 검정할 때 기각역은

$H_1 : p < p^o$이면 $\quad Z < -Z_\alpha$

$H_1 : p > p^o$이면 $\quad Z > Z_\alpha$

$H_1 : p \neq p^o$이면 $\quad |Z| > Z_{\alpha/2}$

로 설정하면 된다. 표본에서 관측된 Z가 얼마인지 계산하여 임계값 $-Z_{\alpha}$, Z_{α}, $Z_{\alpha/2}$와 비교함으로써 모비율에 대한 가설검정이 이루어진다. 그리고 임계값을 구하는 대신, 관측된 Z의 p-값을 계산하여 "p-값 $< \alpha$ 이면 유의수준 α에서 H_o를 기각" 할 수도 있다. 대립가설의 형태에 따른 p-값의 정의는 [그림9.4]에서와 동일하다.

[예9.8]

한 광고회사에서는 자신이 광고를 대행한 업체의 75% 이상이 매출증가를 보였다고 주장한다. 무작위로 추출한 100개 업체 중 70개 업체가 매출증가를 보였다면 광고회사의 주장을 인정할 수 있을 것인지 5% 유의수준에서 검정해 보자.

가설을

$$H_o : p = 0.75 \qquad H_1 : p < 0.75$$

로 설정하고, 검정통계량을 계산해 보면

$$\text{관측된 } Z = \frac{0.7 - 0.75}{\sqrt{\frac{0.75 \times (1 - 0.75)}{100}}} = -1.15$$

이다. 왼쪽 단측검정의 임계값은 $-Z_{0.05} = -1.645$ 이므로 관측된 Z의 값은 5% 유의수준에서의 기각역에 포함되지 않는다. 따라서 H_o를 기각할 수 없다. 표본자료를 광고회사의 주장이 거짓이라는 확실한 증거로 보기는 어려운 것이다.

관측된 Z의 p-값은

$$p\text{-값} = (Z < -1.15) = 0.1241$$

이므로, p-값을 이용하여도 5% 유의수준에서 H_o를 기각할 수 없다는 것을 알 수 있다.

[예9.9]

2005년도의 한 사회조사에 의하면 우리나라 청소년의 20%만이 결혼은 꼭 해야 하는 것으로 생각하고 있다고 한다. 400명의 청소년을 무작위로 조사한 결과 그 중 71명이 결혼은 꼭 해야 한다고 응답하였다. 2005년도에 비해 청소년들의 결혼관에 변화가 있다고 볼 수 있는지 5% 유의수준에서 검정해 보자.

가설은

$$H_o : p = 0.2 \qquad H_1 : p \neq 0.2$$

로 설정할 수 있다. 표본자료는 $n = 400,\ \hat{p} = \frac{71}{400} = 0.1775$이므로 검정통계량의 값은

$$\text{관측된 } Z = \frac{0.1775 - 0.2}{\sqrt{\frac{0.2 \times (1-0.2)}{400}}} = -1.125$$

이다. 관측된 Z의 절대값이 양측검정의 임계값 $Z_{0.025} = 1.96$을 넘지 않으므로 5% 유의수준에서 H_o를 기각할 수 없다.

한편, p-값을 계산해 보면

$$\begin{aligned} p\text{-값} &= P(Z > 1.125 \text{ 또는 } Z < -1.125) \\ &= 0.2606 \end{aligned}$$

이므로, 역시 같은 결론에 도달한다.

표본비율이 17.75%이므로 결혼관에 변화가 있는 것으로 의심이 들긴 하지만 확신을 하기에는 부족한 것이다. 더 많은 수의 청소년을 표본조사 해보아야 할 것이다.

9.6 정규모집단의 모분산에 대한 가설검정

모분포가 정규분포이면

$$\frac{(n-1)s^2}{\sigma^2} \sim \chi^2(n-1)$$

임을 제7.6절에서 공부하였고, 제8.6절에서는 이를 모분산에 대한 신뢰구간 작성에 이용하였다. 이 절에서는 모분산에 대한

$$\begin{aligned} &H_o : \sigma^2 = \sigma_0^2 \qquad && H_1 : \sigma^2 < \sigma_0^2 \\ &H_o : \sigma^2 = \sigma_0^2 \qquad && H_1 : \sigma^2 > \sigma_0^2 \\ &H_o : \sigma^2 = \sigma_0^2 \qquad && H_1 : \sigma^2 \neq \sigma_0^2 \end{aligned}$$

의 가설검정을 어떻게 할 수 있는지 알아보자.

검정통계량으로는

$$\chi^2 = \frac{(n-1)s^2}{\sigma_0^2} \tag{9.14}$$

을 사용하며, 귀무가설이 참이라면 (즉, 모분산의 참값이 귀무값 σ_0^2과 같다면) (9.14)의 χ^2 검정통계량은 자유도가 $n-1$인 χ^2분포를 따르게 된다.

[그림9.8]은 검정통계량의 귀무분포인 $\chi^2(n-1)$에 유의수준 α의 기각역을 빗금 친 부분으로 표시해 놓고 있다.

그림 9.8 χ^2의 귀무분포와 기각역

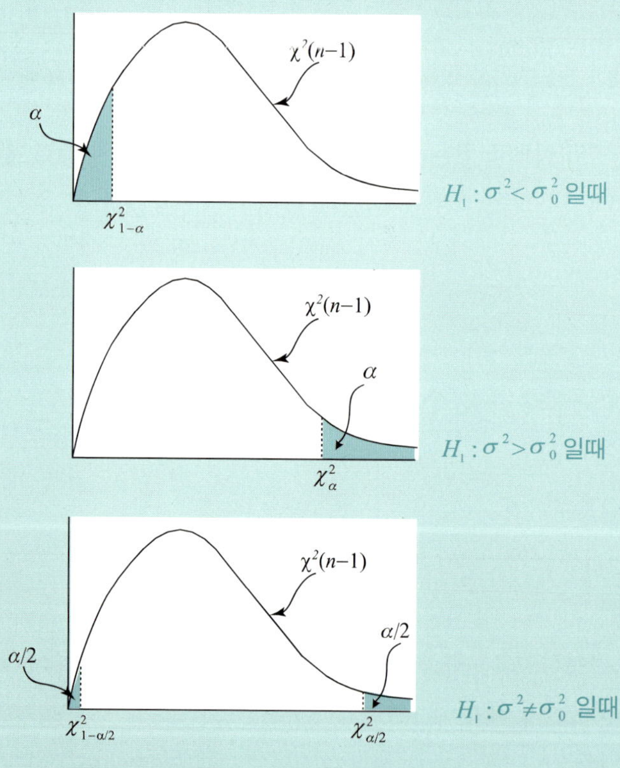

이를 다음과 같이 표로 요약해 두자.

정규 모집단의 모분산에 대한 가설검정

가설	$H_o : \sigma^2 = \sigma_0^2$	$H_o : \sigma^2 = \sigma_0^2$	$H_o : \sigma^2 = \sigma_0^2$
	$H_1 : \sigma^2 < \sigma_0^2$	$H_1 : \sigma^2 > \sigma_0^2$	$H_1 : \sigma^2 \neq \sigma_0^2$
검정통계량	$\chi^2 = \frac{(n-1)s^2}{\sigma_0^2}$		
기각역 (유의수준=α)	$\chi^2 < \chi^2_{1-\alpha}$	$\chi^2 > \chi^2_{\alpha}$	$\chi^2 > \chi^2_{\alpha/2}$ 또는 $\chi^2 < \chi^2_{1-\alpha/2}$

[예9.10]

대형극장에서 영화표 판매창구마다 관객들을 줄 세우는 대신 은행에서 시행하고 있는 번호표 제도를 도입하려 하고 있다. 관객들을 한 줄로 세운다고 해서 평균 대기시간이 줄어들지는 않겠지만, 대기시간의 분산을 줄임으로써 관객들의 불만을 감소시킬 수 있을 것으로 예상하기 때문이다. 현재 대기시간의 표준편차는 3분(따라서 $\sigma^2 = 9$)이다. 번호표제도를 시범 실시한 후 20명의 관객을 무작위로 추출하여 대기시간을 조사한 결과 표준편차가 2.1분(2분 6초)이었다. 번호표제도의 도입으로 대기시간의 분산을 줄일 수 있다고 볼 수 있는지 5% 유의수준에서 검정해 보자.

귀무가설과 대립가설은

$$H_0: \ \sigma^2 = 9 \qquad H_1: \ \sigma^2 < 9$$

이고, 표본자료는 $n = 20$, $s^2 = 2.1^2 = 4.41$로 주어져 있다.

검정통계량의 값은

$$\text{관측된 } \chi^2 = \frac{(20-1) \times 4.41}{9} = 9.31$$

이고, 5% 유의수준에서의 임계값은 자유도 19인 χ^2분포로부터

$$\chi^2_{1-0.05} = \chi^2_{0.95} = 10.1170$$

이다. 관측된 χ^2의 값은 5% 유의수준에서의 기각역에 포함된다. [그림9.9]를 보라. 따라서 H_o를 기각하고 대기시간의 분산은 번호표제도의 도입으로 감소한다고 결론지을 수 있다.

그림 9.9 관측된 χ^2과 왼쪽단측검정의 기각역

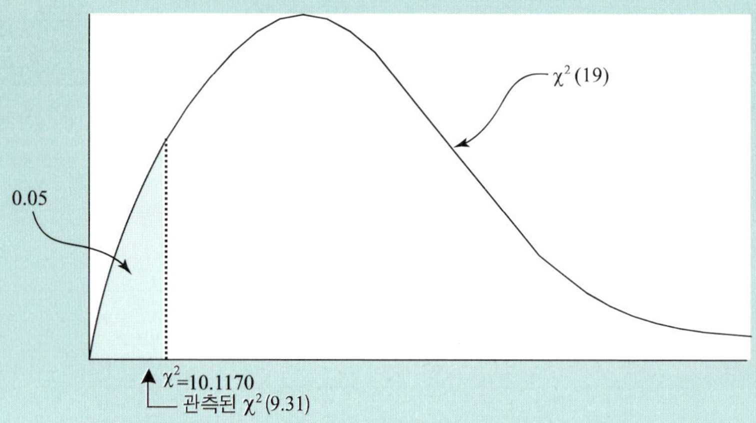

p-값은 [그림9.10]에 표시한 바와 같이 자유도 19인 χ^2확률변수가 관측된 $\chi^2 = 9.31$보다 작을 확률이다. χ^2분포표는 임계값들만 제공하고 있기 때문에 이로부터 정확한 p-값을 계산해낼 방법은 없다. 그러나 엑셀을 이용하여 계산해 보면[36]

$$p\text{-값} = P(\chi^2(19) < 9.31)$$
$$= 0.032$$

임을 알 수 있다. 따라서 p-값 $< \alpha = 0.05$ 이므로 임계값을 이용할 때와 마찬가지로 5% 유의수준에서 H_o를 기각할 수 있다는 결론을 얻게 된다.

[예9.11]

학력측정을 위한 표준화시험의 출제 유형을 변경하면서 점수의 분산은 기존의 100을 유지하려 한다. 30명의 학생을 무작위로 선택하여 새로운 유형으로 출제된 시험을 치러본 결과 표본분산이 120이었다. 점수의 분산에 변화가 있다고 볼 수 있는지 5% 유의수준에서 검정해 보자.

검정하고자 하는 가설은

$$H_0: \ \sigma^2 = 100 \qquad H_1: \ \sigma^2 \neq 100$$

36) chidist(9.31, 19)로 계산하면 된다.

그림 9.10 관측된 χ^2과 양측검정의 기각역

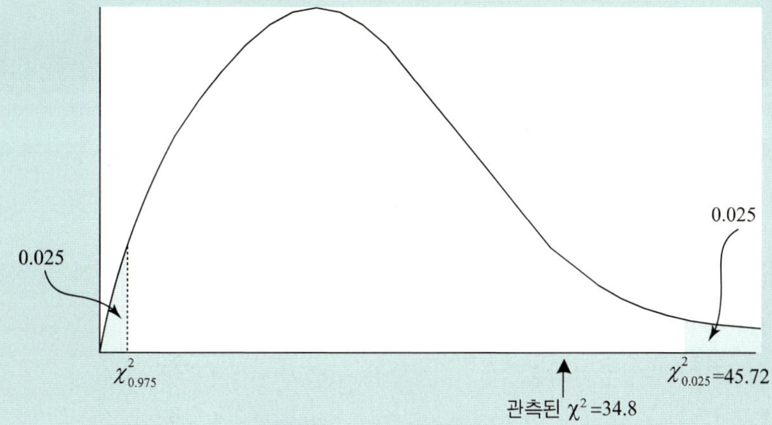

이고, 표본자료는 $n=30$, $s^2=120$으로 나와 있다.

검정통계량의 값은

$$\text{관측된 } \chi^2 = \frac{(30-1)\times 120}{100} = 34.8$$

이고, 양측검정의 임계값을 자유도 29인 χ^2분포에서 찾아보면

$$\chi^2_{1-0.05/2} = \chi^2_{0.975} = 16.05$$
$$\chi^2_{0.05/2} = \chi^2_{0.025} = 45.72$$

이다. [그림9.10]에서 보는 바와 같이 관측된 χ^2이 기각역에 포함되지 않으므로, 5% 유의수준에서 H_o를 기각할 수 없다. 출제유형의 변경으로 점수의 분산이 변화한다는 확실한 증거를 표본에서 찾을 수 없는 것이다. χ^2분포는 비대칭분포이므로 양측검정의 p-값은 보통 정의하지 않는다.[37)]

37) 굳이 계산하고자 한다면 "2×단측검정의 p-값"으로 구하면 된다.

A9 엑셀을 이용한 p–값

표준정규분포표나 t–분포표 등을 이용하여 가설검정에 필요한 임계값을 찾을 수 있다. 하지만 관측된 검정통계량의 p–값을 구하는 것은 매우 불편하다. 엑셀을 이용하면 이 문제를 손쉽게 해결할 수 있다.

Z–검정의 p–값은 다음과 같이 구할 수 있다. 관측된 Z의 값을 z라 할 때

오른쪽 단측검정의 p–값 : =1−normsdist(z)

왼쪽 단측검정의 p–값 : =normsdist(z)

양측 검정의 p–값 : =2*(1−normsdist(abs(z)))

으로 구하면 된다.

normsdist함수가 표준정규분포의 누적분포함수 $F(z)=P(Z\leq z)$를 계산해 준다는 것을 상기하면 위의 과정을 쉽게 이해할 수 있을 것이다. [예9.3], [예9.4]와 [예9.8],[예9.9]의 p값을 스스로 계산해 보기 바란다. 그리고 양측검정의 p–값을 구할 때의 abs(z)는 z의 절대값이다. abs함수는 함수 마법사 수학/삼각 범주에 내장되어 있다.

t–검정의 p–값은 다음과 같이 구할 수 있다. t–분포의 자유도를 df, 관측된 검정통계량의 값을 t라 할 때

오른쪽 단측검정의 p–값: =tdist(t,df,1)

왼쪽 단측검정의 p–값: =tdist(abs(t),df, 1)

양측검정의 p–값: =tdist(t,df,2)

으로 구하면 된다. [예9.6]과 [예9.7]의 각주에서 설명한 바와 같다. tdist함수의 첫 번째 인수는 항상 0 이상의 값이어야 하고, 세 번째 인수는 1이면 단측, 2이면 양측 확률을 뜻한다.

연습문제

9.1. 한 대기업의 인사담당 임원은 신입사원 지망자가 입사할 자격을 갖추었는지 검정하고자 한다.

(1) 만약 자격을 갖추고 있다는 것이 귀무가설이면, 대립가설은 무엇인가?

(2) 제1종오류와 제2종오류는 무엇인가?

(3) 이 임원은 가설검정을 위해 어떤 증거를 이용할 수 있는가?

9.2. $H_0 : \mu = 0$의 귀무가설을 $H_1 : \mu = 2$의 대립가설에 대해 검정하고자 한다. 영희는 표본 1개를 관측하여 그 값이 1보다 작으면 H_0를 채택하고 1보다 크면 H_1을 채택하기로 하였다. 단, 모분포는 분산이 1인 정규분포임이 알려져 있다.

(1) 영희가 제1종오류를 범할 확률 α는 얼마인가?

(2) 영희가 제2종오류를 범할 확률 β는 얼마인가?

(3) 만약 영희가 임계값을 1.5로 높이면 두 종류의 오류를 범할 확률 α와 β는 어떻게 변화하는가?

(4) 만약 영희가 임계값을 0.5로 낮추면 두 종류의 오류를 범할 확률 α와 β는 어떻게 변화하는가?

9.3. 경제통계학 담당교수는 매주 강의를 시작할 때 지난 주 공부한 내용에 관한 퀴즈를 실시한다. 퀴즈는 동일한 수준의 OX문제 10개이며, 교수는 퀴즈 결과를 가지고 각 학생에 대해 H_0 : 전혀 공부하지 않았다 H_1 : 공부 했다 의 가설검정을 실시한다. 전혀 공부하지 않은 학생이 하나의 문제를 맞힐 확률은 $p = 0.5$ 이므로 교수의 귀무가설과 대립가설은 $H_0: \ p = 0.5$, $H_1: \ p > 0.5$로 생각할 수 있다. 교수는 7문제 이상 맞힐 경우 합격, 즉 공부한 것으로 보기로 했다. 한편 철수는 수업 직전에 허겁지겁 공부해서 $p = 0.6$ 정도인 학생이고, 영희는 언제나 성실히 복습하여 $p = 0.9$의 실력을 갖춘 학생이다.[힌트: 확률의 계산은 엑셀의 binomdist 함수를 이용할 것.]

(1) 공부를 전혀 하지 않은 학생이 퀴즈에 합격할 확률은 얼마인가?

(2) 철수가 퀴즈에 합격할 확률은 얼마인가?

(3) 영희가 퀴즈에 합격할 확률은 얼마인가?

(4) 교수가 제1종오류를 범할 확률(α)은 얼마인가?

(5) 교수가 철수와 영희에 대해 제2종오류를 범할 확률(β)은 각각 얼마인가?

(6) 철수와 영희에 대한 퀴즈의 검정력은 얼마인가?

9.4. (9.3 계속) 교수가 합격기준을 높여 8문제 이상 맞혀야 합격으로 판정하기로 하였다.

(1) 교수가 제1종오류를 범할 확률은 얼마인가?

(2) 교수가 철수와 영희에 대해 제2종오류를 범할 확률은 얼마인가?

(3) 철수와 영희에 대한 퀴즈의 검정력은 얼마인가?

9.5. 분산이 100으로 알려져 있는 정규 모집단에서 크기 25의 무작위 표본을 추출한 결과 표본평균이 17이었다. 유의수준이 5%일 때 $H_o : \mu = 15$의 귀무가설을 기각하고 $H_1 : \mu > 15$의 대립가설을 받아들일 수 있는가?

9.6. 다음의 가설검정을 실시하고자 한다;

$H_o : \mu = 10$

$H_1 : \mu < 10$

크기 50의 무작위표본으로부터 표본평균 9.64, 그리고 표준편차 2를 얻었다.

(1) 검정통계량의 값은 얼마인가?

(2) 유의수준 5%에서의 기각역을 구하라.

(3) 유의수준 5%에서의 검정결과는 무엇인가?

9.7. 다음의 가설검정을 실시하고자 한다;

$H_o : \mu = 25$

$H_1 : \mu \neq 25$

크기 60의 무작위 표본으로부터 표본평균 28.6과 표준편차 2를 얻었다.

(1) 검정통계량의 값은 얼마인가?

(2) 유의수준 5%에서의 검정결과는 무엇인가?

9.8. 다음의 가설검정을 실시하고자 한다;

$H_o : \mu = 5$

$H_1 : \mu > 5$

크기 100의 무작위 표본에서 얻은 표준편차가 1이었다. 표본평균 $\bar{X}$가 어떤 값을 가질 때 다음의 유의수준에서 H_o를 기각할 수 있는가?

(1) $\alpha = 0.05$

(2) $\alpha = 0.01$

9.9. 연습문제 9.8의 상황으로 돌아가 보자. 표본평균 $\bar{X}$가 다음과 같을 때 검정 통계량 Z의 값과 관측된 Z의 p-값을 구하라.

(1) $\bar{X} = 5.0$

(2) $\bar{X} = 5.1$

(3) $\bar{X} = 5.2$

(4) $\bar{X} = 5.3$

9.10. 새로 출시된 타이어는 주행거리 10만km 이상으로 설계되어 있다. 30개의 타이어를 시험한 결과 평균 9만 8천km, 표준편차 3천km이었다.

(1) 주행거리가 10만km 이상이라는 주장을 유의수준 5%에서 기각할만한 충분한 증거가 있는가?

(2) 관측된 검정통계량의 p-값은 얼마인가?

9.11. 한 신용카드사는 고객들의 신용카드 사용액을 증가시키기 위해 한 달 동안 적립 포인트를 2배로 인상하는 행사를 실시하였다. 행사이전에는 고객 1인의 월평균 사용액이 12만원이었으나, 행사기간동안 50명의 고객을 조사해 보니 월 사용액이 평균 14만원, 표준편차 5만원이었다. 적립 포인트 인상 행사가 고객들의 신용카드 사용액을 증가시킨다고 볼 수 있는지 5% 유의수준에서 검정하라. 그리고 검정통계량의 p-값은 얼마인가?

9.12. 은행 창구에서 한 명의 고객을 서비스하는데 평균 4분이 걸린다고 한다. 신입행원들을 배치한 이후 서비스시간에 변화가 있는지 알아보기 위해 30명의 고객을 무작위로 조사해 보았더니 서비스시간이 평균 4분 30초, 표준편차 1분 30초였다.

(1) 서비스시간에 변화가 있었는지 5% 유의수준에서 검정하라.

(2) 검정통계량의 p-값은 얼마인가?

9.13. 정규모집단에서 추출한 크기 16의 무작위표본으로부터 $\bar{X} = 15.6$, $s = 1.2$의 결과를 얻었다. $H_o: \mu = 15$의 가설을 검정하고자 한다.

(1) 대립가설이 $H_1: \mu > 15$ 일 때 5% 유의수준에서의 검정 결과는 무엇인가?

(2) 대립가설이 $H_1: \mu \neq 15$ 일 때 5% 유의수준에서의 검정 결과는 무엇인가?

(3) 위의 두 검정에서 검정통계량의 p-값은 얼마인가?

9.14. 다음의 가설검정을 실시하고자 한다;

H_o : $\mu = 50$

H_1 : $\mu \neq 50$

크기 20의 무작위표본에서 얻은 검정통계량의 값이 아래와 같을 때 p - 값을 구하여 유의수준 5%에서의 검정을 수행하라.

(1) $t = 1.28$

(2) $t = 1.98$

(3) $t = 2.30$

9.15. 3분간 작동하도록 되어있는 모래시계 10개를 수거하여 시험해 본 결과 모래가 다 떨어질 때까지 걸리는 시간(단위:초)이 다음과 같았다.

170, 182, 188, 165, 175, 172, 166, 195, 184, 177

작동시간이 3분이 아니라고 볼 수 있는 충분한 증기가 있는가? 10% 유의수준에서 검정하라.

9.16. 혈압강하제의 효과를 검증하기 위해 50대 남자 25명에게 실험해본 결과 혈압강하제 복용 후 혈압이 평균 10정도 하락하는 것으로 나타났다. 어떤 경우에 이것을 통계적으로 유의한 하락이라고 볼 수 있는가? 유의수준을 5%로 하고 답하라.

9.17. 다음의 가설검정을 실시하고자 한다;

H_o : $p = 0.5$

H_1 : $p > 0.5$

크기 200의 무작위 표본에서 얻은 표본비율이 $\hat{p} = 0.55$ 였다.

(1) 검정통계량의 값은 얼마인가?

(2) 유의수준 $\alpha = 0.05$ 에서의 검정결과는 무엇인가?

(3) 검정통계량의 p - 값은 얼마인가?

9.18. 다음의 가설검정을 실시하고자 한다;

$H_0: p = 0.6$

$H_1: p < 0.6$

300명을 조사했을 때의 표본비율이 아래와 같을 때 검정통계량의 값과 $p-$값을 구한 다음 유의수준 5%에서의 검정결과를 밝혀라.

(1) $\hat{p} = 0.58$

(2) $\hat{p} = 0.56$

(3) $\hat{p} = 0.52$

9.19. 한 제조업체는 자사에서 생산하여 공급하는 부품의 95%는 결함이 전혀 없다고 주장한다. 100개의 부품을 무작위로 조사해보니 그 중 90개가 결함이 없는 부품이었다. 제조업체의 주장을 1% 유의수준에서 검정하라.

9.20. 한 월간잡지사는 구독자 중 30%가 대학생이라고 주장한다. 200명의 구독자를 무작위로 조사한 결과 65명이 대학생인 것으로 나타났다. $H_0: p = 0.3$의 귀무가설을 $H_1: p \neq 0.3$의 대립가설에 대해 10% 유의수준에서 검정하라. 그리고 검정통계량의 $p-$값은 얼마인가?

9.21. 한 펀드매니저는 자신의 펀드에 포함된 주식들의 수익률은 분산이 0.50을 넘지 않는다고 주장한다. 이 펀드에 포함된 주식 25개를 조사해 보니 수익률의 표본분산이 0.70이었다. 펀드매니저의 주장을 5% 유의수준에서 검정하라.

9.22. 대학생 16명의 한달 용돈을 조사해 보니 평균 21만원, 표준편차 2만원이었다. 용돈의 모분포가 정규분포라는 가정 하에 다음 질문에 답하라.

(1) $H_0: \mu = 20$을 $H_1: \mu > 20$에 대해 검정하고자 한다. 검정통계량의 값을 구하라.

(2) (1)에서 구한 검정통계량의 $p-$값은 얼마인가?

(3) 유의수준 5%에서의 검정결과는 무엇인가?

(4) $H_0: \sigma^2 = 3$을 $H_1: \sigma^2 > 3$에 대해 검정하고자 한다. 검정 통계량의 값을 구하라.

(5) (4)에서 구한 검정통계량의 $p-$값은 얼마인가?

(6) 유의수준 5%에서의 검정결과는 무엇인가?

chapter 10

두 모집단의 비교를 위한 추정과 검정

statistics

10 두 모집단의 비교를 위한 추정과 검정

앞의 두 장에서는 제7장에서 공부한 통계량의 표본분포를 이용하여 모평균, 모비율 및 모분산 등의 모수에 대해 추정과 가설검정을 하는 방법을 살펴보았다. 제10장에서는 이를 확장하여 두 집단의 모평균과 모분산, 모비율 등을 비교하는 방법에 대해 설명하고자 한다.

대졸 취업자의 초임에 남녀 격차가 존재하는지 알아보기 위해 남자 110명과 여자 100명을 조사한 결과 남자의 평균연봉은 2,150만원 여자의 평균연봉은 1,970만원이었다 하자. 남녀 평균연봉의 차이는 얼마로 추정해야 할 것인가? 또 표본에서 관측된 180만원의 차이는 통계적으로 유의한 것이어서 모집단에서도 남녀연봉에 차이가 있다고 결론을 내려도 좋은 것일까? 제10.1절과 제10.2절은 두 집단의 모평균 차이에 대한 신뢰구간 작성과 가설검정에 대해 알아볼 것이다.

표본으로 추출된 동일한 개체에 대해 두 번의 관측이 이루어지는 경우가 있다. 예를 들어, 공정의 효율성을 비교하기 위해 무작위로 추출된 근로자들에게 두 공정을 모두 이용하도록 하고 작업을 완료하는데 걸리는 시간을 관측해 볼 수 있다. 이런 표본을 짝진 표본(matched sample)이라 하며, 제10.3절에서는 짝진 표본을 이용하여 모평균 차이에 대한 추론을 할 것이다. 제10.4절과 제10.6절은 두 집단의 모비율과 모분산의 차이에 대한 추론을 공부할 것이며, 제10.5절에서는 모분산 차이에 대한 가설검정에 필요한 F분포를 소개한다.

10.1 두 집단 모평균 차이에 대한 추론 (대표본의 경우)

동일한 변수에 대해 두 모집단에서 독립적으로 무작위 표본을 추출하고 이를 근거로 두 집단의 모평균 차이에 대해 추정과 가설검정을 할 수 있다. 모집단 1의 평균과 분산을 μ_1, σ_1^2이라 하고, 여기서 크기 n_1의 무작위표본을 추출하여 계산한 표본평균과 표본분산을 $\bar{X}_1$, s_1^2의 기호로 나타내자. 모집단 2에 대해서도 모평균과 모분산은 μ_2, σ_2^2, 그리고 크기 n_2의 무작위표본에서 계산한 표본평균과 표본분산은 $\bar{X}_2$, s_2^2이라하자. 두 집단의 모수와 통계량에 대한 기호법은 [표 10.1]에 요약되어 있다. 표본정보에 근거하여 모평균의 차이 $\mu_1 - \mu_2$에 대해 추론을 하는 것이 이 절의 목적이다.

[표10.1] 두 집단의 모수와 통계량

	모수	통계량
모집단 1	μ_1 , σ_1^2	n_1 , $\bar{X}_1$, s_1^2
모집단 2	μ_2 , σ_2^2	n_2 , $\bar{X}_2$, s_2^2

먼저 $\bar{X}_1$가 μ_1에 대한 좋은 추정량이고 $\bar{X}_2$는 μ_2에 대한 좋은 추정량이므로

$$\boldsymbol{\mu_1 - \mu_2} \text{에 대한 점추정량은 } \boldsymbol{\bar{X}_1 - \bar{X}_2} \tag{10.1}$$

이다.

하지만 표본오차를 감안하여 모평균 차이에 대한 신뢰구간을 작성하기 위해서는 점추정량 $\bar{X}_1 - \bar{X}_2$의 표준오차가 필요하다. 이를 위해 제7장에서 공부한 표본평균의 표본분포를 상기하자.

$\bar{X}_1$의 평균과 분산은 μ_1, $\dfrac{\sigma_1^2}{n_1}$이고, $\bar{X}_2$의 평균과 분산은 μ_2, $\dfrac{\sigma_2^2}{n_2}$ 이다. 그리고 두 집단에서 독립적으로 표본을 추출하였으므로 $\bar{X}_1$와 $\bar{X}_2$는 통계적으로 독립이다.

따라서

$$E(\bar{X}_1 - \bar{X}_2) = E(\bar{X}_1) - E(\bar{X}_2) = \mu_1 - \mu_2$$
$$var(\bar{X}_1 - \bar{X}_2) = var(\bar{X}_1) + var(\bar{X}_2) = \frac{\sigma_1^2}{n_1} + \frac{\sigma_2^2}{n_2} \tag{10.2}$$

임을 알 수 있다.[38]

또한 중심극한정리에 의하면 $n_1 \geq 30$ 일 때, $\bar{X}_1$의 표본분포가 정규분포에 가깝고 $n_2 \geq 30$ 일 때 $\bar{X}_2$의 표본분포가 정규분포에 가깝다. 따라서

$$n_1 \geq 30, \quad n_2 \geq 30 \text{일 때}$$
$$\bar{X}_1 - \bar{X}_2 \sim N\left(\mu_1 - \mu_2,\ \frac{\sigma_1^2}{n_1} + \frac{\sigma_2^2}{n_2}\right)$$

이고, 이를 표준화하여

$$n_1 \geq 30, \quad n_2 \geq 30 \text{일 때}$$
$$Z = \frac{\bar{X}_1 - \bar{X}_2 - (\mu_1 - \mu_2)}{\sqrt{\dfrac{\sigma_1^2}{n_1} + \dfrac{\sigma_2^2}{n_2}}} \sim N(0,1) \tag{10.3}$$

로 쓸 수 있다.

만약 모분산 σ_1^2과 σ_2^2이 알려져 있다면 (10.3)을 이용하여 모평균 차이 $\mu_1 - \mu_2$에 대한 신뢰구간을 구하고 가설검정을 실시할 수 있을 것이다. 하지만 모분산이 알려져 있지 않은 현실적인 경우에는 이를 표본분산으로 추정할 수밖에 없다. (10.3)의 분모는 $\bar{X}_1 - \bar{X}_2$의 표준편차이므로 이를 추정한

$$\boldsymbol{s.e.(\bar{X}_1 - \bar{X}_2) = \sqrt{\frac{s_1^2}{n_1} + \frac{s_2^2}{n_2}}} \tag{10.4}$$

는 $\bar{X}_1 - \bar{X}_2$의 표준오차가 된다. (10.3)의 분모에 표준오차를 대입하여도 Z는 여전히 표준정규분포를 따르게 된다[39];

---

38) $E(\bar{X}_1 - \bar{X}_2) = \mu_1 - \mu_2$이므로 (10.1)의 $\bar{X}_1 - \bar{X}_2$는 모평균 차이 $\mu_1 - \mu_2$에 대한 불편추정량이다.

39) s_1^2과 s_2^2이 σ_1^2과 σ_2^2에 대한 일치추정량이어서 대표본에서는 양자가 거의 같은 값을 가지기 때문이다.

$n_1 \geq 30,\ n_2 \geq 30$일 때

$$Z = \frac{\bar{X}_1 - \bar{X}_2 - (\mu_1 - \mu_2)}{\sqrt{\frac{s_1^2}{n_1} + \frac{s_2^2}{n_2}}} \sim N(0,1) \tag{10.5}$$

(10.5)를 이용하면 모평균 차이에 대한 95% 신뢰구간은

$$\bar{X}_1 - \bar{X}_2 \pm 1.96\sqrt{\frac{s_1^2}{n_1} + \frac{s_2^2}{n_2}} \tag{10.6}$$

임을 알 수 있다. 제8.4절에서 단일 모집단의 모평균에 대한 신뢰구간을 구하는 것과 동일한 절차를 이용하면 된다. 그리고 일반적으로 $(1-\alpha) \times 100\%$ 신뢰구간은

$$\bar{X}_1 - \bar{X}_2 \pm Z_{\alpha/2}\sqrt{\frac{s_1^2}{n_1} + \frac{s_2^2}{n_2}} \tag{10.7}$$

이 된다.

[예10.1]

대졸취업자의 초임에 남녀격차가 존재하는지 알아보기 위해 남자 110명을 무작위로 조사한 결과 평균 2,150만원, 표준편차 510만원 이었으며 여자 100명을 무작위로 조사한 결과는 평균 1,970만원, 표준편차 490만원이었다. 남녀 초임 격차에 대한 95% 신뢰구간을 구해보자.

남자를 모집단 1로 여자를 모집단 2라 하면, 표본정보는

$$n_1 = 110, \quad \bar{X}_1 = 2,150, \ s_1^2 = 510^2$$

$$n_2 = 100, \quad \bar{X}_2 = 1,970, \ s_2^2 = 490^2$$

이다. 따라서 남녀격차 $\mu_1 - \mu_2$에 대한 점추정치는

$$\bar{X}_1 - \bar{X}_2 = 180\text{(만원)}$$

이고, 표준오차는

$$s.e.(\bar{X}_1 - \bar{X}_2) = 69.03$$

이며, 95% 신뢰수준에서의 오차범위는

$$1.96\, s.e.(\bar{X}_1 - \bar{X}_2) = 1.96 \times 69.03 = 135.30\text{(만원)}$$

이다. 따라서 95% 신뢰구간은

$$\bar{X}_1 - \bar{X}_2 \pm 1.96\, s.e.(\bar{X}_1 - \bar{X}_2) = (44.70,\ 315.30)$$

이 된다.

모평균 차이에 대한

또는
$$H_0: \mu_1 = \mu_2 \quad H_1: \mu_1 > \mu_2$$
$$H_0: \mu_1 = \mu_2 \quad H_1: \mu_1 \neq \mu_2$$

형태의 가설검정[40]을 위해서도 (10.6)의 결과를 이용한다. 귀무가설이 옳다면 $\mu_1 - \mu_2 = 0$ 이므로

$$Z = \frac{\bar{X}_1 - \bar{X}_2}{\sqrt{\frac{s_1^2}{n_1} + \frac{s_2^2}{n_2}}} \sim N(0,1) \tag{10.8}$$

이 성립한다. 따라서 Z를 검정통계량으로 이용할 경우 유의수준 α에서의 기각역은

대립가설이 $H_1:\ \mu_1 > \mu_2$ 이면 "$Z > Z_\alpha$"
대립가설이 $H_1:\ \mu_1 \neq \mu_2$ 이면 "$|Z| > Z_{\alpha/2}$" (10.9)

가 된다. 제9.3절에서 공부한 단일모집단의 평균에 대한 단측 및 양측검정과 동일한 논리이다. 다만 검정통계량이 (10.8)의 Z로 다를 뿐이다. 그리고 (10.9)의 임계값을 찾는 대신 관측된 Z의 p-값을 구하여

p-값$< \alpha$이면 H_0를 기각

할 수도 있다.

40) 모평균이 크다고 보는 집단을 모집단 1이라 하면 되므로 $H_1:\ \mu_1 < \mu_2$의 대립가설을 설정하는 경우는 별도로 고려하지 않아도 될 것이다.

[예10.2]

[예10.1]의 자료를 통해 남자의 평균 초임이 여자의 평균 초임보다 높다고 볼 수 있는지 5% 유의수준에서 검정해 보자.

가설은

$$H_0 : \mu_1 = \mu_2 \qquad H_1 : \mu_1 > \mu_2$$

로 설정할 수 있다. 확실한 증거가 없으면 남녀격차가 없다고 해야 할 것이므로 이를 귀무가설로, 그리고 남자의 초임이 높다는 증거가 있는지 알아보고자 하는 목적을 가지고 있으므로 이를 대립가설로 설정한 것이다. 표본에서 관측된 검정통계량의 값은

$$\text{관측된 } Z = \frac{\bar{X}_1 - \bar{X}_2}{\sqrt{\frac{s_1^2}{n_1} + \frac{s_2^2}{n_2}}} = \frac{180}{69.03} = 2.607$$

이고 5% 유의수준에서의 임계값은 $Z_{0.05} = 1.645$ 이므로

$$\text{관측된 } Z > Z_{0.05}$$

이다. 따라서 5% 유의수준에서 H_0를 기각할 수 있다. 표본에서 관측된 평균초임의 차이 180만원은 5% 유의수준에서 통계적으로 유의한 차이인 것이다.

관측된 Z의 $p-$값을 구하여 가설검정을 할 수도 있다. 단측검정이므로

$$\begin{aligned}\text{단측 } p-\text{값} &= P(Z > \text{관측된 } Z) \\ &= P(Z > 2.607) \\ &= 0.0046\end{aligned}$$

이고, 따라서 유의수준을 예컨대 $\alpha = 0.01$로 낮추더라도 $p-$값$< \alpha$이므로 H_0를 기각할 수 있음을 알 수 있다.

[예10.2]에서 만약 남녀의 평균초임에 차이가 있는지가 관심사였다면

$$H_0 : \mu_1 = \mu_2 \qquad H_1 : \mu_1 \neq \mu_2$$

의 양측검정을 실시하게 될 것이다. 5% 유의수준에서 검정한다고 할 때 검정통계량의 값은 동일하고 다만 기각역을

$$|\text{관측된 } Z| > Z_{0.025} = 1.96$$

으로 바꾸어주면 된다. 이 경우에는 양측검정에서도 여전히 H_0가 기각된다는 것을 알 수 있다.

양측검정에서의 p-값은

$$
\begin{aligned}
\text{양측 } p\text{-값} &= P(|Z| > |\text{관측된 } Z|) \\
&= P(|Z| > 2.607) \\
&= 2 \times \text{ 단측 } p\text{-값} \\
&= 0.0091
\end{aligned}
$$

이 된다. 유의수준이 0.0091을 초과할 경우, H_0를 기각하고 남녀초임에 차이가 있다고 결론지을 수 있다.

한편, 5% 유의수준에서의 양측검정을 95% 신뢰구간을 통해 실시할 수 있다는 것도 단일 모평균에서와 마찬가지다. [예10.1]에서 구한 $\mu_1 - \mu_2$에 대한 95% 신뢰구간 (44.70, 315.30)에 $\mu_1 - \mu_2$의 귀무값 0이 포함되지 않으므로 $\mu_1 - \mu_2 = 0$, 즉 $\mu_1 - \mu_2$의 귀무가설을 5% 유의수준에서 기각하여도 좋은 것이다.

마지막으로 두 집단 모평균의 차이가 0이 아닌 어떤 특정값인지에 대한

$$
\begin{aligned}
&H_0 : \mu_1 - \mu_2 = d^0 \quad H_1 : \mu_1 - \mu_2 > d^0 \\
\text{또는} \quad &H_0 : \mu_1 - \mu_2 = d^0 \quad H_1 : \mu_1 - \mu_2 \neq d^0
\end{aligned}
$$

형태의 가설검정을 실시하고자 할 때에는

$$
Z = \frac{\bar{X}_1 - \bar{X}_2 - d^0}{\sqrt{\dfrac{s_1^2}{n_1} + \dfrac{s_2^2}{n_2}}} \tag{10.10}
$$

를 검정통계량으로 이용하면 된다. 귀무가설이 참일 때 (10.10)은 표준정규분포를 따르므로, 주어진 유의수준에서 (10.9)의 기각역을 설정하거나, 관측된 Z의 p-값을 계산하면 된다. 이 절의 결과를 다음과 같이 요약해 두자;

모평균 차이에 대한 추론 ($n_1 \geq 30$, $n_2 \geq 30$ 일때)

$\mu_1 - \mu_2$에 대한 $(1-\alpha) \times 100\%$ 신뢰구간 ;

$$\bar{X}_1 - \bar{X}_2 \pm Z_{\alpha/2}\sqrt{\frac{s_1^2}{n_1} + \frac{s_1^2}{n_2}}$$

$$\text{검정통계량 } Z = \frac{\bar{X}_1 - \bar{X}_2}{\sqrt{\frac{s_1^2}{n_1} + \frac{s_2^2}{n_2}}} \left(\sigma_1^2, \sigma_2^2 \text{이 알려진 경우에는 } \frac{\bar{X}_1 - \bar{X}_2}{\sqrt{\frac{\sigma_1^2}{n_1} + \frac{\sigma_2^2}{n_2}}} \right)$$

$H_0 : \mu_1 = \mu_2$의 가설검정;

유의수준 α에서의 기각역

$H_1 : \mu_1 > \mu_2$ 이면 $Z > Z_\alpha$

$H_1 : \mu_1 \neq \mu_2$ 이면 $|Z| > Z_{\alpha/2}$

10.2 두 집단 모평균 차이에 대한 추론 (소표본의 경우)

$n_1 < 30$ 이거나 $n_2 < 30$(또는 둘 다)인 경우에는 중심극한정리를 적용할 수 없으므로 앞절의 절차를 이용하여 모평균 차이에 대한 추론을 할 수 없다. 제8장과 제9장에서 살펴본 바와 같이 소표본의 경우에는 자료를 보완할 추가적인 정보 또는 가정이 필요하다.

소표본의 경우에 모평균 차이에 대한 추론을 하기 위해서는 다음의 두 가정이 필요하다;

(1) 두 집단의 모분포는 정규분포이다.

(2) 두 집단의 모분산은 동일하다.

두 집단의 공통분산을 $\sigma^2\left(= \sigma_1^2 = \sigma_2^2\right)$이라 하면, 추정해야 할 모수는

$\mu_1,\ \mu_2,\ \sigma^2$

의 세 개가 된다. 모평균 μ_1과 μ_2는 각각 표본평균 $\bar{X}_1$와 $\bar{X}_2$로 추정하면 되지만, 공통분산 σ^2을 추정하기 위해서는 s_1^2과 s_2^2을 결합할 필요가 있다. 사실 제7.6절에서 공부한 바와 같이 표본분산은 모분산에 대한 불편추정량이므로 s_1^2 과 s_2^2은 둘 다 모분산 σ^2에 대한 불편추정량이다. 하지만 어느 하나를 선택하는 것보다는 둘을 결합한

$$s_p^2 = \frac{(n_1-1)s_1^2 + (n_2-1)s_2^2}{n_1+n_2-2} \tag{10.11}$$

을 σ^2에 대한 추정량으로 선택하는 것이 표본자료를 보다 효율적으로 활용하는 방법이 된다. s_p^2은 s_1^2과 s_2^2의 가중평균이며 각각의 자유도 n_1-1과 n_2-1이 가중치로 이용되고 있다. 그리고 하첨자 p는 s_p^2이 두 집단의 자료를 통합한 추정량(pooled estimator)임을 나타내는 기호이다.

두 집단의 모분포가 정규분포이면, $\bar{X}_1$와 $\bar{X}_2$는 표본크기에 상관없이 정규분포를 따르므로 표본평균 차이 $\bar{X}_1-\bar{X}_2$도 정규분포를 따른다. 두 집단의 모분산이 σ^2으로 동일하다면, $\bar{X}_1-\bar{X}_2$의 평균과 분산은

$$E\left(\bar{X}_1-\bar{X}_2\right)=\mu_1-\mu_2$$

$$var\left(\bar{X}_1-\bar{X}_2\right)=\frac{\sigma_1^2}{n_1}+\frac{\sigma_2^2}{n_2}=\sigma^2\left(\frac{1}{n_1}+\frac{1}{n_2}\right)$$

이 된다. 따라서

$$Z=\frac{\bar{X}_1-\bar{X}_2-(\mu_1-\mu_2)}{\sqrt{\sigma^2\left(\frac{1}{n_1}+\frac{1}{n_2}\right)}} \sim N(0,1) \tag{10.12}$$

을 얻게 된다. 만약 공통분산 σ^2이 알려져 있다면, (10.12)의 Z를 이용하여 모평균 차이 $\mu_1-\mu_2$에 대한 신뢰구간을 구할 수 있다.

하지만 모분산이 알려져 있지 않은 현실적인 경우에는 σ^2을 (10.11)의 s_p^2으로 추정하게 된다. $\bar{X}_1-\bar{X}_2$의 표준편차 $\sqrt{\sigma^2\left(\frac{1}{n_1}+\frac{1}{n_2}\right)}$를 추정한

$$s.e.(\bar{X}_1-\bar{X}_2)=\sqrt{s_p^2\left(\frac{1}{n_1}+\frac{1}{n_2}\right)} \tag{10.13}$$

가 $\bar{X}_1-\bar{X}_2$의 표준오차이다.

이를 (10.12)의 분모에 대입하면 표준정규분포보다 분산이 조금 큰 t분포를 따르는 확률변수를 얻게 된다. 즉,

$$t=\frac{\bar{X}_1-\bar{X}_2-(\mu_1-\mu_2)}{\sqrt{s_p^2\left(\frac{1}{n_1}+\frac{1}{n_2}\right)}}\sim t(n_1+n_2-2) \tag{10.14}$$

임이 알려져 있다. 이제 제8.4절에서 단일 모집단의 평균에 대한 소표본에서의 신뢰구간을 구하던 것과 동일한 절차에 따라, 모평균 차이에 대한 95% 신뢰구간은

$$\bar{X}_1-\bar{X}_2\pm t_{0.025}(n_1+n_2-2)\sqrt{s_p^2\left(\frac{1}{n_1}+\frac{1}{n_2}\right)} \tag{10.15}$$

임을 쉽게 알 수 있다. 그리고 일반적으로 $\mu_1-\mu_2$에 대한 $(1-\alpha)\times 100\%$ 신뢰구간은

$$\bar{X}_1-\bar{X}_2\pm t_{\alpha/2}(n_1+n_2-2)\sqrt{s_p^2\left(\frac{1}{n_1}+\frac{1}{n_2}\right)} \tag{10.16}$$

로 구하게 된다.

[예10.3]

두 경쟁 차종의 5년 후 잔존가치에 차이가 있는지 알아보기 위해 중고차 매매시장에서 자료를 수집해 본 결과가 다음 표와 같았다;

차종	표본크기	평균가격	표준편차
A	10	360 만원	20 만원
B	15	350 만원	18 만원

잔존가치의 차이가 얼마나 되는지 90% 신뢰구간을 구해 보자.

차종 A의 5년 후 잔존가치의 모평균을 μ_1, 차종 B의 모평균을 μ_2라 하면, 차이 $\mu_1-\mu_2$에 대한 점추정치는

$$\bar{X}_1 - \bar{X}_2 = 360 - 350 = 10(\text{만원})$$

이다. 소표본이므로 두 모분포가 모두 정규분포이고, 또한 모분산이 σ^2으로 동일하다고 가정하자. σ^2에 대한 통합 추정치는

$$\begin{aligned} s_p^2 &= \frac{(n_1-1)s_1^2 + (n_2-1)s_2^2}{n_1+n_2-2} \\ &= \frac{(10-1)\times 20^2 + (15-1)\times 18^2}{10+15-2} \\ &= 353.7 \end{aligned}$$

이다. 따라서 $\bar{X}_1 - \bar{X}_2$의 표준오차는

$$\begin{aligned} s.e(\bar{X}_1 - \bar{X}_2) &= \sqrt{s_p^2\left(\frac{1}{n_1}+\frac{1}{n_2}\right)} \\ &= \sqrt{353.7\times\left(\frac{1}{10}+\frac{1}{15}\right)} \\ &= 7.68 \end{aligned}$$

이 되고, 신뢰계수 $t_{0.05}$는 자유도 23인 t분포로부터

$$t_{0.05}(23) = 1.714$$

이다. 90% 신뢰수준에서의 오차범위는

$$\text{오차범위} = t_{0.05}(23) \times s.e.(\bar{X}_1 - \bar{X}_2) = 12.63$$

이므로 $\mu_1 - \mu_2$에 대한 90% 신뢰구간은

$$10 \pm 12.63 = (-2.63,\ 22.63)$$

이 된다.

(10.14)를 이용하여 두 집단의 모평균에 대한

$$\boldsymbol{H}_0 : \mu_1 = \mu_2 \quad \boldsymbol{H}_1 : \mu_1 > \mu_2$$

또는

$$\boldsymbol{H}_0 : \mu_1 = \mu_2 \quad \boldsymbol{H}_1 : \mu_1 \neq \mu_2$$

형태의 가설검정을 할 수 있다. 귀무가설이 옳다면 $\mu_1 - \mu_2 = 0$ 이므로

$$t = \frac{\bar{X}_1 - \bar{X}_2}{\sqrt{s_p^2\left(\frac{1}{n_1} + \frac{1}{n_2}\right)}} \sim t(n_1 + n_2 - 2) \tag{10.17}$$

이다. 따라서 (10.17)의 t를 검정통계량으로 이용할 경우 유의수준 α에서의 기각역은

대립가설이 $H_1 : \mu_1 > \mu_2$ 이면 "$t > t_\alpha(n_1 + n_2 - 2)$"
대립가설이 $H_1 : \mu_1 \neq \mu_2$ 이면 "$|t| > t_{\alpha/2}(n_1 + n_2 - 2)$" (10.18)

이다. 그리고 (10.18)의 임계값을 구하는 대신 관측된 t의 p-값을 구하여

p-값$< \alpha$ 이면 H_0를 기각

하여도 된다.

[예10.4]

[예10.3]의 자료를 이용하여 차종 A의 잔존가치가 차종 B의 잔존가치보다 높다고 볼 수 있는지 5% 유의수준에서 검정해 보자.

귀무가설과 대립가설은

$H_0 : \mu_1 = \mu_2 \qquad H_1 : \mu_1 > \mu_2$

로 설정한다. 표본에서 관측된 검정통계량의 값은

$$\text{관측된 } t = \frac{\bar{X}_1 - \bar{X}_2}{\sqrt{s_p^2\left(\frac{1}{n_1} + \frac{1}{n_2}\right)}} = \frac{10}{7.68} = 1.30$$

이고 5% 유의수준에서의 임계값 $t_{0.05}(23) = 1.714$ 이다.

관측된 t가 임계값을 넘지 못하였으므로 5% 유의수준에서 H_0를 기각할 수 없다. 표본평균 차이 10(만원)은 통계적으로 유의하지 않다고 할 수 있다.

한편, 관측된 t의 p-값은

$$\text{단측 } p\text{-값} = P(t > \text{관측된 } t)$$
$$= P(t > 1.30)$$
$$= 0.1028$$

이다.[41] 따라서 유의수준을 10%로 낮추더라도 H_0를 기각할 수 없다.

[예10.4]에서 양측검정을 실시하고자 한다면, 기각역을 결정하는 임계값만 새로이 찾으면 될 것이다. 또 양측검정에서의 p-값은

$$\text{양측 } p\text{-값} = P(|t| > |\text{관측된 } t|)$$
$$= P(|t| > 1.30)$$
$$= 2 \times \text{ 단측 } p\text{-값}$$
$$= 0.2056$$

이므로 이를 이용하여 다양한 유의수준에서 양측검정을 실시할 수 있다. 그리고 유의수준 10% 에서의 양측검정은 [예10.3]에서 구한 90% 신뢰구간을 통해서 할 수도 있다. 모평균 차이에 대한 90% 신뢰구간 (-2.63, 22.63)이 귀무값 0을 포함하고 있으므로 모평균이 동일(즉, $\mu_1 - \mu_2 = 0$)하다는 귀무가설을 기각하지 못하게 되는 것이다.

만약, 두 집단의 모분산이 동일하다는 가정을 할 수 없는 상황이면 어떻게 해야 할까. 가장 확실한 방법은 표본크기를 증가시켜 $n_1 \geq 30, n_2 \geq 30$이 되도록 만든 다음, 제10.1절의 절차를 이용하는 것이다. 하지만 이것이 불가능할 경우에도 n_1과 n_2가 비슷하면 이 절의 절차를 그대로 이용해도 괜찮다는 것이 알려져 있다. 따라서 두 집단의 모평균 차이에 대해 추론을 할 때는 가능하면 두 집단에서 비슷한 크기의 표본을 추출하는 것이 바람직하다.

이 절의 결과를 다음과 같이 요약해 두자;

41) t분포표에서는 정확한 값을 찾을 수 없으므로 엑셀에서 tdist(1.30, 23, 1)로 구한 값이다.

모평균 차이에 대한 추론 (소표본)

(1) 두 집단 모분포가 정규분포이고

(2) $\sigma_1^2 = \sigma_2^2 = \sigma^2$ 이면

$\mu_1 - \mu_2$에 대한 $(1-\alpha)\times 100\%$ 신뢰구간;

$$\bar{X}_1 - \bar{X}_2 \pm t_{\alpha/2}(n_1 + n_2 - 2)\sqrt{s_p^2\left(\frac{1}{n_1} + \frac{1}{n_2}\right)}$$

$H_0 : \mu_1 = \mu_2$의 가설검정;

$$\text{검정통계량 } t = \frac{\bar{X}_1 - \bar{X}_2}{\sqrt{s_p^2\left(\frac{1}{n_1} + \frac{1}{n_2}\right)}}$$

유의수준 α에서의 기각역

$H_1 : \mu_1 > \mu_2$ 이면 $t > t_\alpha$

$H_1 : \mu_1 \neq \mu_2$ 이면 $|t| > t_{\alpha/2}$

단, $s_p^2 = \dfrac{(n-1)s_1^2 + (n_2 - 1)s_2^2}{n_1 + n_2 - 2}$, t의 자유도 $= n_1 + n_2 - 2$

10.3 두 집단 모평균 차이에 대한 추론 (짝진 표본의 경우)

다이어트 프로그램이 체중감량 효과를 가지는지 알아보기 위해서는 참여자들의 참여 전 체중과 참여 후 체중을 조사하여 그 차이를 분석하는 것이 참여자와 비참여자들의 체중을 각각 조사하여 분석하는 것보다 훨씬 효과적일 것이다. 후자의 경우가 앞의 두 절에서 살펴본 독립 표본(independent samples)이고 전자는 **짝진 표본**(matched samples)이라 부른다.

짝진 표본에서는 표본으로 추출된 동일한 개체에 대해 두 번의 관측이 이루어진다. 예를

들어 두 공정의 효율성을 비교하기 위해 무작위로 추출된 n명의 근로자에게 두 공정을 모두 이용하도록 하고 작업을 완료하는데 걸린 시간을 관측한 자료가 [표 10.2]의 제2열 및 제3열과 같다고 하자. 동일한 근로자에 대해 두 번 관측이 이루어지고 있으므로 X_i와 Y_i가 서로 독립이라 볼 수 없다. 예를 들어 i 번째 근로자가 능력이 떨어지는 사람이어서 A공정을 이용할 때의 작업완료시간 X_i가 큰 값일 경우 B공정을 이용할 때의 작업시간 Y_i도 역시 큰 값일 확률이 높을 것이다.

[표10.2] 작업 완료 시간

근로자	공정 A	공정 B	차이
1	X_1	Y_1	$D_1 = X_1 - Y_1$
2	X_2	Y_2	$D_2 = X_2 - Y_2$
⋮	⋮	⋮	⋮
n	X_n	Y_n	$D_n = X_n - Y_n$

짝진 표본을 분석할 때는 $(X_i,\ Y_i)$들이 아니라 그 차이인 $D_i = X_i - Y_i$를 통계적 추론에 이용하게 된다. 작업완료시간 차이 D의 모평균을 μ_D, 모분산을 σ_D^2이라 하고 μ_D에 대한 추정과 가설검정에 대해 알아보자. A공정 작업완료시간(X)의 모평균을 μ_X, B공정 작업완료시간(Y)의 모평균을 μ_Y라 하면 $\mu_D = \mu_X - \mu_Y$는 두 집단 모평균의 차이로 이해할 수도 있다. 대부분의 짝진 표본은 표본크기가 작으므로 소표본의 경우에 통상하듯이 D의 모분포는 정규분포라고 가정한다.

그러면

$$t = \frac{\overline{D} - \mu_D}{s_D/\sqrt{n}} \tag{10.19}$$

는 자유도 $n-1$인 t분포를 따르게 된다. 여기서

$$\overline{D} = \frac{1}{n}\sum_{i=1}^{n} D_i$$

$$s_D^2 = \frac{1}{n-1}\sum_{i=1}^{n}(D_i - \overline{D})^2$$

은 각각 D_i들의 표본평균과 표본분산이다.

(10.9)를 이용하면 μ_D에 대한 95% 신뢰구간은

$$\overline{D} \pm t_{0.025} \frac{s_D}{\sqrt{n}}$$

이고, 일반적으로 $(1-\alpha) \times 100\%$ 신뢰구간은

$$\overline{D} \pm t_{\alpha/2} \frac{s_D}{\sqrt{n}}$$

가 된다. 두 집단을 비교하고 있지만 차이 D_i를 분석하고 있으므로 단일 모집단의 평균에 대한 신뢰구간 작성절차와 동일한 것이다.

두 집단 모평균의 차이에 대한

$$H_0: \mu_D = 0 \qquad H_1: \mu_D > 0$$

또는

$$H_0: \mu_D = 0 \qquad H_1: \mu_D \neq 0$$

형태의 가설검정방법도 단일 모집단의 평균에 대한 가설검정 절차와 동일하다.

귀무가설이 옳다면 $\mu_D = 0$ 이므로

$$t = \frac{\overline{D}}{s_D/\sqrt{n}} \sim t(n-1) \tag{10.20}$$

이 성립하고, 따라서 유의수준 α에서의 기각역은

$$H_1: \mu_D > 0 \text{ 일 경우에는 } \quad t > t_\alpha$$

$$H_1: \mu_D \neq 0 \text{ 일 경우에는 } \quad |t| > t_{\alpha/2} \tag{10.21}$$

가 된다. p-값을 구하여 가설검정에 이용하는 과정도 단일모집단의 평균에 대한 제9.4절에서의 과정과 동일하다.

[예10.5]

7명의 근로자에게 두 공정으로 작업을 하도록 한 후 작업완료시간을 관측한 자료가 다음 표와 같다고 하자. 표의 마지막 열은 작업완료시간의 차이를 계산해 보여주고 있다. μ_D에 대한 통계적 추론을 해보자.

근로자	공정 A (X_i)	공정 B (Y_i)	차이 ($D_i = X_i - Y_i$)
1	11	8	3
2	7	8	−1
3	9	6	3
4	10	8	2
5	11	9	2
6	10	9	1
7	9	10	−1

단위 : 분

먼저 작업완료시간의 차이 μ_D에 대한 점추정치는

$$\overline{D} = 1.286(\text{분})$$

이므로 A 공정을 이용할 때 약 1.286분 정도 더 많은 시간이 소요되고 있다. D의 모분포가 정규분포라는 가정 하에 μ_D에 대한 90% 신뢰구간은

$$\begin{aligned}\overline{D} \pm t_{0.05}(6)\frac{s_D}{\sqrt{n}} &= 1.286 \pm 1.943 \times \frac{1.704}{\sqrt{7}} \\ &= 1.286 \pm 1.252 \\ &= (0.034, 2.538)\end{aligned}$$

이다.

그리고 $H_0: \mu_D = 0$의 귀무가설을 $H_1: \mu_D > 0$의 대립가설에 대해 5% 유의수준에서 검정할 경우

$$\text{관측된 } t = \frac{\overline{D}}{s_D/\sqrt{n}} = 1.996$$

이고 임계값은

$$t_{0.05}(6) = 1.943$$

이므로 H_0를 기각할 수 있다. 5% 유의수준에서 A공정의 평균 작업완료시간이 B공정의 평균 작업완료시간 보다 크다고 결론지을 수 있다는 것이다.

관측된 t의 p-값을 엑셀로 계산해 보면

$$\text{단측 } p\text{-값} = P(t > 1.996) = 0.046$$

이므로[42] 이를 통해서도 유의수준 5%에서 H_0를 기각할 수 있음을 알 수 있다.

두 집단 모평균의 차이가 특정값 D^0라는 귀무가설을 검정하고자 할 때에는

$$t = \frac{\overline{D} - D^0}{s_D / \sqrt{n}} \qquad (10.22)$$

을 검정통계량으로 이용하면 된다. (10.22)의 검정통계량 t의 귀무분포는 물론 자유도 $n-1$인 t분포이다.

10.4 두 집단 모비율 차이에 대한 추론

음료수 제조회사가 자사제품에 대한 선호도에 남녀 차이가 있는지 알아보기 위해서는 남녀 일정수를 표본으로 추출하여 표본비율의 차이를 살펴보게 될 것이다. 이 절에서는 표본비율의 차이를 통해 모비율 차이에 대한 신뢰구간을 작성하는 방법과 두 집단의 모비율이 동일한지를 통계적으로 검정하는 방법에 대해 설명하고자 한다.

모집단 1의 모비율은 p_1이며 무작위로 추출한 크기 n_1의 표본에서 표본비율 $\hat{p}_1$을 얻고, 모비율이 p_2인 모집단 2에서 크기 n_2의 무작위 표본을 추출하여 표본비율 $\hat{p}_2$을 얻었다고 하자. 두 집단의 모수와 통계량은 [표 10.3]에 요약해 놓았다.

[표10.3] 두 집단의 모수와 통계량

$n = 25$	모비율	통계량
모집단 1	p_1	n_1 , $\hat{p}_1$
모집단 2	p_2	n_2 , $\hat{p}_2$

42) tdist(1.996, 6, 1)의 값이다.

먼저 표본비율 $\hat{p}_1$과 $\hat{p}_2$이 모비율 p_1과 p_2에 대한 좋은 추정량이므로

$p_1 - p_2$에 대한 점추정량은 $\hat{p}_1 - \hat{p}_2$

이다. 하지만 표본오차를 감안하여 모비율 차이에 대한 신뢰구간을 작성하기 위해서는 점추정량 $\hat{p}_1 - \hat{p}_2$의 표본분포를 알아야 한다. 제7.4절에서 공부한 표본비율의 표본분포에 의하면, $\hat{p}_1$의 평균과 분산은 p_1 , $\frac{p_1(1-p_1)}{n_1}$이고 $\hat{p}_2$의 평균과 분산은 p_2 , $\frac{p_2(1-p_2)}{n_2}$이다. 그리고 두 집단에서 독립적으로 무작위 표본을 추출하였으므로 $\hat{p}_1$과 $\hat{p}_2$은 통계적으로 독립이다. 따라서

$$E(\hat{p}_1 - \hat{p}_2) = p_1 - p_2$$

$$var(\hat{p}_1 - \hat{p}_2) = var(\hat{p}_1) + var(\hat{p}_2) = \frac{p_1(1-p_1)}{n_1} + \frac{p_2(1-p_2)}{n_2}$$

를 얻는다.

또한 $n_1p_1 \geq 5$이고 $n_1(1-p_1) \geq 5$이면 $\hat{p}_1$의 표본분포를 정규분포로 볼 수 있고, $n_2p_2 \geq 5$이고 $n_2(1-p_2) \geq 5$이면 $\hat{p}_2$의 표본분포를 정규분포로 볼 수 있으므로

n_1p_1, $n_1(1-p_1)$, n_2p_2, $n_2(1-p_2)$가 모두 5 이상일 때,

$$\hat{p}_1 - \hat{p}_2 \sim N\left(p_1 - p_2,\ \frac{p_1(1-p_1)}{n_1} + \frac{p_2(1-p_2)}{n_2}\right)$$

임을 알 수 있다. 이를 표준화시키면

$$Z = \frac{\hat{p}_1 - \hat{p}_2 - (p_1 - p_2)}{\sqrt{\frac{p_1(1-p_1)}{n_1} + \frac{p_2(1-p_2)}{n_2}}} \sim N(0,1) \tag{10.23}$$

로 쓸 수 있다.

(10.23)을 이용하여 모비율 차이에 대한 신뢰구간을 작성하기 위해서는 분모에 있는 $\hat{p}_1 - \hat{p}_2$의 표준편차를 아래의 표준오차로 추정해주어야 한다;

$$s.e.(\hat{p}_1 - \hat{p}_2) = \sqrt{\frac{\hat{p}_1(1-\hat{p}_1)}{n_1} + \frac{\hat{p}_2(1-\hat{p}_2)}{n_2}} \tag{10.24}$$

모비율 차이 $p_1 - p_2$에 대한 점추정량과 표준오차를 구하였고 점추정량의 표본분포가 정규분포임을 알았으므로, $p_1 - p_2$에 대한 95% 신뢰구간은

$$\hat{p}_1 - \hat{p}_2 \pm 1.96\sqrt{\frac{\hat{p}_1(1-\hat{p}_1)}{n_1} + \frac{\hat{p}_2(1-\hat{p}_2)}{n_2}} \tag{10.25}$$

임을 쉽게 이해할 수 있을 것이다. 일반적으로 모비율 차이에 대한 $(1-\alpha)\times 100\%$ 신뢰구간은

$$\hat{p}_1 - \hat{p}_2 \pm Z_{\alpha/2}\sqrt{\frac{\hat{p}_1(1-\hat{p}_1)}{n_1} + \frac{\hat{p}_2(1-\hat{p}_2)}{n_2}} \tag{10.26}$$

이다.

[예10.6]

두 개의 TV광고 A와 B의 효과에 얼마나 차이가 있는지 알아보기 위해 두 광고를 각각 5회씩 방영하고, 일주일 후 시청자를 대상으로 표본조사를 실시하였다. A광고를 본 사람 120명 중 36명이 광고의 내용을 올바로 기억하고 있었고 B광고를 본 100명 중 21명이 광고를 올바로 기억하고 있었다.
광고의 내용을 올바로 기억하는 사람의 모비율을 각각 p_A, p_B라 할 때, $p_A - p_B$에 대한 90% 신뢰구간을 구해 보자.

먼저 $\hat{p}_A = \frac{36}{120} = 0.30$, $\hat{p}_B = \frac{21}{100} = 0.21$ 이므로 $p_A - p_B$에 대한 점추정치는

$$\hat{p}_A - \hat{p}_B = 0.09$$

즉 9%이다. A광고의 기억률이 B광고의 기억률 보다 9%포인트 높은 것으로 나타나고 있다.

표준오차는

$$s.e.(\hat{p}_A - \hat{p}_B) = \sqrt{\frac{0.30\times 0.70}{120} + \frac{0.21\times 0.79}{100}} = 0.058$$

이고 90% 신뢰수준에서의 신뢰계수는 $Z_{0.05} = 1.645$ 이므로 오차범위는

$$1.645\, s.e.(\hat{p}_A - \hat{p}_B) = 1.645\times 0.058 = 0.096$$

이다. 따라서 $p_A - p_B$에 대한 90% 신뢰구간은

$$(\hat{p}_A - \hat{p}_B) \pm 1.645\, s.e.(\hat{p}_A - \hat{p}_B) = (-0.006,\ 0.186)$$

이 된다.

모비율 차이에 대한

$$H_0 : p_1 = p_2 \quad H_1 : p_1 > p_2$$

또는

$$H_0 : p_1 = p_2 \quad H_1 : p_1 \neq p_2$$

형태의 가설검정을 위해서도 $\hat{p}_1 - \hat{p}_2$의 표본분포 (10.23)이 중요한 역할을 한다.

하지만 (10.23)을 이용하여 검정통계량을 구할 때 분모에 있는 $\hat{p}_1 - \hat{p}_2$의 표준편차를 추정하는 방식은 신뢰구간을 작성할 때와 달라진다. 귀무가설이 옳다면 두 집단의 모비율이 동일하므로, 이를 $p(= p_1 = p_2)$라 할 때 p를

$$\bar{p} = \frac{n_1 \hat{p}_1 + n_2 \hat{p}_2}{n_1 + n_2} \tag{10.27}$$

로 추정해주는 것이 바람직할 것이다. 따라서 귀무가설 하에서 $\hat{p}_1 - \hat{p}_2$의 표준오차는

$$s.e.(\hat{p}_1 - \hat{p}_2) = \sqrt{\bar{p}(1-\bar{p})\left(\frac{1}{n_1} + \frac{1}{n_2}\right)} \tag{10.28}$$

이 된다.

이제 귀무가설이 참이면

$$Z = \frac{\hat{p}_1 - \hat{p}_2}{\sqrt{\bar{p}(1-\bar{p})\left(\frac{1}{n_1} + \frac{1}{n_2}\right)}} \sim N(0, 1) \tag{10.29}$$

임을 알 수 있다. (10.29)의 Z가 바로 모비율 차이의 검정에 이용되는 검정통계량이다.

유의수준 α에서의 기각역은

$H_1 : p_1 > p_2$ 이면 "$Z > Z_{\alpha}$"

$H_1 : p_1 \neq p_2$ 이면 "$|Z| > Z_{\alpha/2}$"

가 되며, 주어진 유의수준에서의 기각역을 구하는 대신 관측된 Z의 p-값을 구하여 검정을 할 수도 있다.

[예10.7]

[예10.6]의 자료를 이용하여 A광고가 B광고보다 효과적이라 볼 수 있는지 10% 유의수준에서 검정해 보자.

귀무가설과 대립가설은

$$H_0 : p_A = p_B \qquad H_1 : p_A > p_B$$

로 설정해야 하고, 귀무가설 하에서 모비율 p는

$$\bar{p} = \frac{120 \times 0.30 + 100 \times 0.21}{120 + 100} = 0.259$$

로 추정한다.

검정통계량의 값은

$$\text{관측된 } Z = \frac{\hat{p}_A - \hat{p}_B}{\sqrt{\bar{p}(1-\bar{p})\left(\frac{1}{n_1} + \frac{1}{n_2}\right)}}$$

$$= \frac{0.30 - 0.21}{\sqrt{0.259 \times (1 - 0.259)\left(\frac{1}{120} + \frac{1}{100}\right)}}$$

$$= 1.517$$

이고, 10% 유의수준에서의 임계값은 $Z_{0.10} = 1.28$ 이어서

$$\text{관측된 } Z > Z_{0.10} = 1.28$$

이므로 H_0를 기각할 수 있다.

한편, 관측된 Z의 p-값은

$$\text{단측 } p\text{-값} = P(Z > 1.517) = 0.0646$$

이다. 따라서 10% 유의수준에서는 H_0를 기각할 수 있지만 유의수준을 5%로 낮출 경우에는 H_0를 기각할 수 없다는 것을 알게 된다.

한 가지 유의할 점은 모비율 차이에 대한 유의수준 α에서의 양측검정을 $(1-\alpha)\times 100\%$ 신뢰구간을 이용하여 수행하는 데는 약간의 문제가 발생한다는 것이다. $\hat{p}_1 - \hat{p}_2$의 표준오차를 계산하는 방식이 신뢰구간을 작성할 때는 (10.24)이고, 가설검정 시에는 (10.28)이어서 서로 일치하지 않기 때문이다. 따라서 예컨대 $p_1 - p_2$에 대한 95% 신뢰구간에 귀무값 0이 포함되지 않으므로 유의수준 5%에서 $p_1 = p_2$ (즉, $p_1 - p_2 = 0$)의 귀무가설을 기각하고 $p_1 \neq p_2$의 대립가설을 받아들이는 것은 정확하지 않다.

이 절의 내용을 아래와 같이 요약해 두자;

모비율 차이에 대한 추론 (대표본)

$p_1 - p_2$에 대한 $(1-\alpha)\times 100\%$ 신뢰구간;

$$\hat{p}_1 - \hat{p}_2 \pm Z_{\alpha/2}\sqrt{\frac{\hat{p}_1(1-\hat{p}_1)}{n_1} + \frac{\hat{p}_2(1-\hat{p}_2)}{n_2}}$$

$H_0 : p_1 = p_2$ 의 가설검정;

$$\text{검정통계량 } Z = \frac{\hat{p}_1 - \hat{p}_2}{\sqrt{\bar{p}(1-\bar{p})\left(\frac{1}{n_1} + \frac{1}{n_2}\right)}}$$

유의수준 α에서의 기각역

$H_1 : p_1 > p_2$ 이면 $\quad Z > Z_\alpha$

$H_1 : p_1 \neq p_2$ 이면 $\quad |Z| > Z_{\alpha/2}$

단, $\bar{p} = \dfrac{n_1\hat{p}_1 + n_2\hat{p}_2}{n_1 + n_2}$

10.5 F분포

다음 절에서 두 정규모집단의 모분산 동일성검정을 하게 된다. 이 절에서는 이를 위해 필요한 F분포를 소개하고자 한다. F분포는 다음 장의 분산분석에서도 집중적으로 이용될 것이다.

확률변수 X_1이 자유도 n_1인 χ^2분포를 따르고, X_2가 자유도 n_2인 χ^2분포를 따르며, X_1과 X_2가 통계적으로 독립일 때

$$F = \frac{X_1/n_1}{X_2/n_2}$$

는 자유도 $(n_1,\ n_2)$인 F분포를 따르며

$$F \sim F(n_1, n_2)$$

의 기호로 나타낸다. n_1을 분자자유도, 그리고 n_2를 분모자유도라 부른다.

F분포의 형성과정을 보면

$$F \sim F(n_1, n_2) \text{ 이면 } \quad \frac{1}{F} \sim F(n_2, n_1) \tag{10.30}$$

임이 분명하다.

모분산이 σ_1^2과 σ_2^2인 두 정규 모집단에서 각각 크기 n_1과 크기 n_2의 무작위 표본을 독립적으로 추출하여 표본분산 s_1^2과 s_2^2을 얻었다 하자. 제7.6절에서 공부한 바에 의하면

$$\frac{(n_1-1)s_1^2}{\sigma_1^2} \sim \chi^2(n_1-1)$$
$$\frac{(n_2-1)s_2^2}{\sigma_2^2} \sim \chi^2(n_2-1)$$

이 성립한다. 독립표본이므로 이들은 서로 통계적으로 독립이다. 따라서 이들을 각각의 자유도로 나눈 후 비율을 구한

$$F = \frac{s_1^2/\sigma_1^2}{s_2^2/\sigma_2^2} \tag{10.31}$$

그림 10.1 $F(15,20)$ 분포와 임계값 $F_{0.05}$

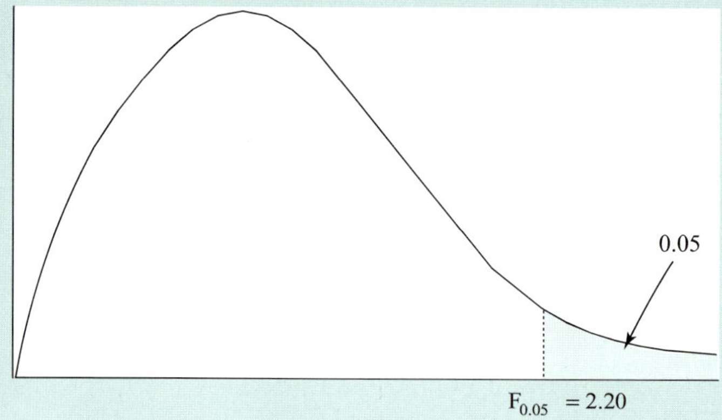

은 $F(n_1-1, n_2-1)$의 분포를 따르게 된다. 다음 절에서는 (10.31)을 이용하여 두 정규모집단의 모분산 동일성을 검정하게 될 것이다.

F 분포의 모습은 χ^2분포와 흡사하다. [그림10.1]은 자유도 (15, 20)인 F 분포의 분포곡선을 보여주고 있다. F 분포를 검정에 이용할 때는

$$P(F > F_\alpha) = \alpha$$

를 만족하는 임계값 F_α를 구해야 한다. F 분포의 임계값은 부록의 F 분포표에 수록되어 있다. 자유도가 둘이기 때문에 다양한 α값에 대한 임계값을 모두 소개하지 못하고 $F_{0.05}$, $F_{0.025}$ 및 $F_{0.01}$만을 수록해 놓았다. [표 10.4]는 $F_{0.05}$표의 일부를 보여주고 있다. [표 10.4]를 보면 분자자유도가 15이고 분모자유도가 20일 때, $F_{0.05}$의 값은 2.20이며 이것이 [그림10.1]에 표시되어 있다.

F 분포표는 $F_{0.05}$, $F_{0.025}$, $F_{0.01}$만을 제공하고 있지만, (10.30)의 관계를 이용하면 $F_{0.95}$, $F_{0.975}$, $F_{0.99}$도 F분포표에서 구할 수 있다. 예를 들어, 앞에서 구한 $F_{0.05}(15, 20) = 2.20$을 이용하면

$$\begin{aligned} F_{0.95}(20, 15) &= \frac{1}{2.20} \\ &= 0.45 \end{aligned}$$

임을 알 수 있다. 왜냐하면

$$\begin{aligned} 0.05 &= P(F(15, 20) > 2.20) \\ &= P\left(\frac{1}{F(20, 15)} > 2.20\right) \\ &= P\left(F(20,\ 15) < \frac{1}{2.20}\right) \end{aligned}$$

이기 때문이다.

[표10.4] F 분포표 ($\alpha = 0.05$)

분모 자유도	분자자유도												
	1	2	3	4	5	6	7	8	9	10	12	15	20
1	161.4	199.5	215.7	224.6	234.0	234.0	236.8	238.9	240.5	241.9	243.9	245.9	248.0
2	18.51	19.00	19.16	19.25	19.30	19.33	19.35	19.37	19.38	19.40	19.41	19.43	19.45
3	10.13	9.55	9.28	9.12	6.01	8.94	8.89	8.85	8.81	8.79	8.74	8.70	8.66
4	7.71	6.94	6.59	6.39	6.26	6.16	6.09	6.04	6.00	5.96	5.91	5.86	5.80
5	6.61	5.79	5.41	5.19	5.05	4.95	4.88	4.82	4.77	4.74	4.68	4.62	4.56
6	5.99	5.14	4.76	4.53	4.39	4.28	4.21	4.15	4.10	4.06	4.00	3.94	3.87
7	5.59	4.74	4.35	4.12	3.97	3.87	3.79	3.73	3.68	3.64	3.57	3.51	3.44
8	5.32	4.46	4.07	3.84	3.69	3.58	3.50	3.44	3.39	3.35	3.28	3.22	3.15
9	5.12	4.26	3.86	3.63	3.48	3.37	3.29	3.23	3.18	3.14	3.07	3.01	2.94
10	4.96	4.10	3.71	3.48	3.33	3.22	3.14	3.07	3.02	2.98	2.91	2.85	2.77
11	4.84	3.98	3.59	3.36	3.20	3.09	3.01	2.95	2.90	2.85	2.79	2.72	2.65
12	74.75	3.89	3.49	3.26	3.11	3.00	2.91	2.85	2.80	2.75	2.69	2.62	2.54
13	4.67	3.81	3.41	3.18	3.03	2.92	2.83	2.77	2.71	2.67	2.60	2.53	2.46
14	4.60	3.74	3.34	3.11	2.96	2.85	2.76	2.70	2.65	2.60	2.53	2.46	2.39
15	4.54	3.68	3.29	3.06	2.90	2.79	2.71	2.64	2.59	2.54	2.48	2.40	2.33
16	4.49	3.63	3.24	3.01	2.85	2.74	2.66	2.59	2.54	2.49	2.42	2.35	2.28
17	4.45	3.59	3.20	2.96	2.81	2.70	2.61	2.55	2.49	2.45	2.38	2.31	2.23
18	4.41	3.55	3.16	2.93	2.77	2.66	2.58	2.51	2.46	2.41	2.34	2.27	2.19
19	4.38	3.52	3.13	2.90	2.74	2.63	2.54	2.48	2.42	2.38	2.31	2.23	2.16
20	4.35	3.49	3.10	2.87	2.71	2.60	2.51	2.45	2.39	2.35	2.28	2.20	2.12
21	4.32	3.47	3.07	2.84	2.68	2.57	2.49	2.42	2.37	2.32	2.25	2.18	2.10
22	4.30	3.44	3.05	2.82	2.66	2.55	2.46	2.40	2.34	2.30	2.23	2.15	2.07
23	4.28	3.42	3.03	2.80	2.64	2.53	2.44	2.37	2.32	2.27	2.20	2.13	2.05
24	4.26	3.40	3.01	2.78	2.62	2.51	2.42	236	2.30	2.25	2.18	2.11	2.03

일반적으로

$$F_{\alpha}(n_1, n_2) = \frac{1}{F_{1-\alpha}(n_2, n_1)} \tag{10.32}$$

의 관계가 성립한다는 것을 쉽게 확인할 수 있을 것이다. 물론, 엑셀 등의 패키지를 이용하면 모든 α에 대한 임계값을 쉽게 구할 수 있다. 예를 들어 $F_{0.05}(15, 20)$은 엑셀에서 $finv(0.05, 15, 20)$으로 구할 수 있다.

10.6 두 정규 모집단의 모분산 동일성에 대한 검정

모분산이 σ_1^2과 σ_2^2인 두 정규 모집단에서 각각 크기 n_1과 크기 n_2의 무작위 표본을 독립적으로 추출하여 표본분산 s_1^2과 s_2^2을 얻었다고 하자. 단, $s_1^2 > s_2^2$이라 하자. 표본분산이 큰 집단을 모집단 1, 작은 집단을 모집단 2로 부르자는 것이다.

만약,

$$H_0: \sigma_1^2 = \sigma_2^2 \quad H_1: \sigma_1^2 > \sigma_2^2$$

또는

$$H_0: \sigma_1^2 = \sigma_2^2 \quad H_1: \sigma_1^2 \neq \sigma_2^2$$

형태의 가설을 검정하고자 한다면 표본분산비

$$F = \frac{s_1^2}{s_2^2} \tag{10.33}$$

을 검정통계량으로 이용할 수 있다.

단측검정의 경우 만약 $s_1^2 > s_2^2$ 이어서 F의 값이 1보다 크면 일단 모분산에 대해서도 $\sigma_1^2 > \sigma_2^2$ 일지 모른다는 생각을 하게 된다. 하지만 귀무가설$(\sigma_1^2 = \sigma_2^2)$이 참이면서도 표본분산은 $s_1^2 > s_2^2$ 일 수 있기 때문에, H_0를 잘못 기각할 가능성이 있다. 따라서 제1종오류를 범할 확률을 낮추기 위해서는 s_1^2이 s_2^2보다 충분히 클 때, H_0를 기각해야 할 것이다. 표본분산의 비율 F가

1보다 얼마나 클 때 H_0를 기각하면 유의수준을 0.05나 0.01로 낮출 수 있을까. 이를 위해서는 귀무가설이 참일 때 검정통계량 F가 어떤 표본분포를 따르는지 알아야 한다. 바로 앞 절에서 공부한 F분포가 이 문제를 해결해 준다.

귀무가설이 참일 경우에는 $\sigma_1^2 = \sigma_2^2$ 이므로 (10.31)로부터 검정통계량 F의 귀무분포가 자유도 (n_1-1, n_2-1)의 F분포임을 알 수 있다. 따라서 단측검정일 경우 유의수준 α에서의 기각역은

$$F > F_\alpha(n_1-1, n_2-1)$$

이 된다. [그림10.2]의 (1)이 단측검정 기각역을 보여주고 있다.

한편 양측검정의 기각역은, 귀무분포의 양쪽 꼬리에 각각 $\frac{\alpha}{2}$의 확률이 있도록

$$F < F_{1-\alpha/2}(n_1-1, n_2-1) \text{ 또는 } F > F_{\alpha/2}(n_1-1, n_2-1)$$

로 설정하여야 한다. 그러나 **표본분산이 큰 쪽을 모집단 1로 부르자는 약속** 때문에 H_0의 기각은 항상 오른쪽 꼬리에서 일어날 수밖에 없다. 따라서 유의수준 α에서 양측검정의 기각역은

$$F > F_{\alpha/2}(n_1-1, n_2-1)$$

이라 할 수 있다. [그림10.2]의 (2)가 양측검정의 기각역을 보여주고 있다.

그림 10.2 유의수준 α에서의 기각역

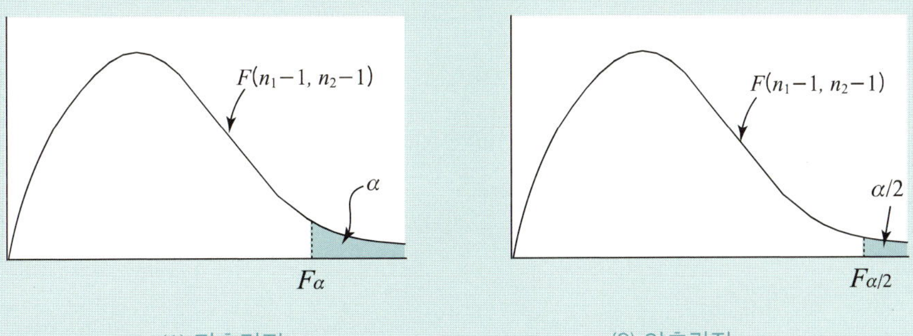

[예10.8]

애견사료를 3kg 부대에 담는 두 대의 기계가 있다. 어느 기계가 더 정밀한지 알아보기 위해 A기계로 담은 부대 13개와 B기계로 담은 부대 20개를 무작위로 추출하여 조사해 보았다. A기계 제품의 표본분산은 0.40이고 B기계 제품의 표본분산은 0.63이었다. A기계 제품의 모분산이 B기계 제품의 모분산보다 작다고 볼 수 있는지 5% 유의수준에서 검정해 보자.

먼저 일반적인 관행대로 표본분산이 작은 B기계 제품들을 모집단 1, 그리고 A기계 제품들을 모집단 2라고 하면, 주어진 자료는 $n_1 = 20,\ s_1^2 = 0.63,\ n_2 = 13,\ s_2^2 = 0.40$으로 표시할 수 있다.

검정하고자 하는 가설은

$$H_0 : \sigma_1^2 = \sigma_2^2 \quad H_1 : \sigma_1^2 > \sigma_2^2$$

으로 설정하게 되고, 검정통계량의 값은

$$\text{관측된} \quad F = \frac{s_1^2}{s_2^2} = \frac{0.63}{0.40} = 1.575$$

이다. 그리고 5% 유의수준에서 단측검정의 임계값은 $F(19, 12)$분포로부터

$$F_{0.05} = 2.55$$

이므로 관측된 F의 값이 기각역에 포함되지 않는다. 따라서 A기계 제품의 모분산이 B기계 제품의 모분산보다 작다고 볼 수 없다.

만약

$$H_0 : \sigma_1^2 = \sigma_2^2 \quad H_1 : \sigma_1^2 \neq \sigma_2^2$$

의 양측 검정을 실시하고자 한다면 검정통계량의 값은 동일하지만 임계값이

$$F_{0.025} = 3.09$$

로 바뀌게 된다. 여전히

$$\text{관측된} \quad F < F_{0.025}$$

이므로 5% 유의수준에서 H_0를 기각할 수 없다. 두 기계 제품의 모분산이 서로 다르다고 볼

수 없다는 것이다. 이처럼 F 검정을 통해 모분산 동일성을 검정할 때는 두 기계제품의 중량이 정규분포를 따른다는 가정을 할 수 있어야 함은 물론이다.

지금까지의 결과를 아래와 같이 요약해 두자;

모분산 동일성 검정(정규 모집단)

$H_0 : \sigma_1^2 = \sigma_2^2$ 의 검정

검정통계량 $F = \dfrac{s_1^2}{s_2^2}$

유의수준 α에서의 기각역

$H_1 : \sigma_1^2 > \sigma_2^2$ 이면 $F > F_{\alpha}(n-1,\ n_2-1)$

$H_1 : \sigma_1^2 \neq \sigma_2^2$ 이면 $F > F_{\alpha/2}(n-1,\ n_2-1)$

단, 표본분산이 큰 모집단이 모집단 1이다. 즉, $s_1^2 > s_2^2$ 이다.

A10 엑셀을 이용한 두 모집단 비교

먼저 [예10.5]에서 다룬 짝진표본에서의 모평균 비교 문제를 살펴보자. [그림10.A.1]에서 보는 바와 같이 7명 근로자에 대한 자료를 입력한 후

도구 – 데이터 분석 – t – 검정 : 쌍체비교

를 누르면 하단의 대화창이 나타난다

변수들의 입력범위에는 해당 셀들의 위치를 입력하면 된다. 모평균이 동일하다는 가설을 검정하고 있으므로 **가설평균차**는 0으로 입력하고, **유의수준**은 자신이 원하는 수준으로 입력해준다.

그림 10A.1

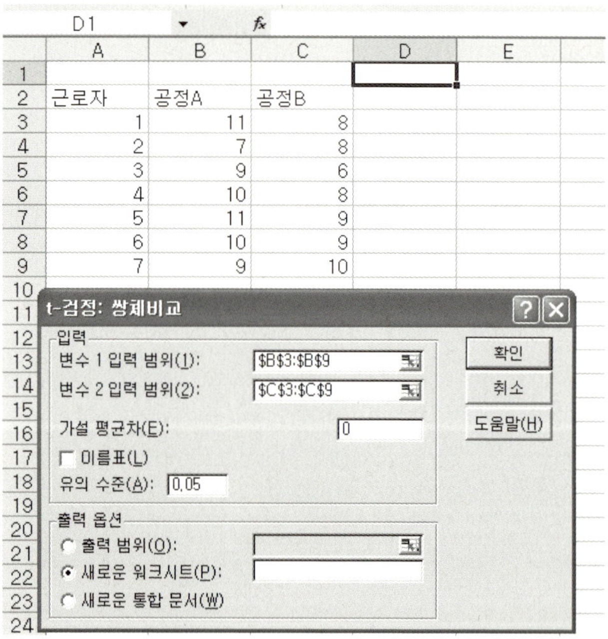

대화창에서 확인을 누르면 [그림10A.2]와 같은 결과가 출력된다. t통계량은 [예10.5]에서 구한 것과 마찬가지로 1.996으로 계산되어 있고 그 아래 B11–B14셀에는 검정에 필요한 임계값과 p–값이 계산되어 있다. 이들은 각각

B11셀은 오른쪽 단측검정의 p-값, 즉 $P(t > 1.996)$

B12셀은 오른쪽 단측검정의 임계값, 즉 $t_{0.05}$

B13셀은 양측검정의 p-값, 즉 $P(|t| > 1.996)$

B14셀은 양측검정의 임계값, 즉 $t_{0.025}$

로 이해하면 된다.

그림 10A.2

	A	B	C
1	t-검정: 쌍체 비교		
2			
3		변수 1	변수 2
4	평균	9.571429	8.285714
5	분산	1.952381	1.571429
6	관측수	7	7
7	피어슨 상관 계수	0.176711	
8	가설 평균차	0	
9	자유도	6	
10	t 통계량	1.995897	
11	P(T<=t) 단측 검정	0.046477	
12	t 기각치 단측 검정	1.943181	
13	P(T<=t) 양측 검정	0.092953	
14	t 기각치 양측 검정	2.446914	

두 번째로 소표본에서 등분산의 가정하에 두 모평균의 동일성을 검정하는 제10.2절의 문제를 살펴보자. 여기서는 독립표본을 가정하고 있다.

[그림10A.3]에는 [그림10A.1]의 작업시간 자료가 **독립표본**인 것으로 가정하고 입력되어 있다. 두 모분포가 정규분포이고 모분산이 동일하다는 가정 하에 모평균의 동일성을 검정하기 위해서는

도구 – 데이터 분석 – t – 검정:등분산가정 두집단

을 눌러 [그림10A.3]의 하단과 같은 대화창을 띄운다. 입력할 값들은 앞의 쌍체비교와 동일하므로 다시 설명할 필요가 없을 것이다.

그림 10A.3

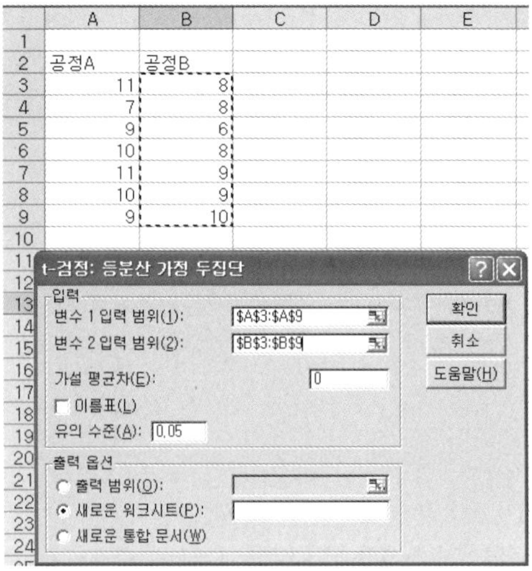

대화창에서 확인을 누르면 [그림10A.4]와 같은 결과가 출력되어 나온다. B7셀의 **공동**(Pooled)**분산**의 값이 모분산에 대한 통합 추정치 s_p^2 이다. B11-B14셀까지의 숫자들은 앞의 쌍체 비교에서와 마찬가지로 검정에 필요한 임계값과 p-값들이다.

그림 10A.4

	A	B	C
1	t-검정: 등분산 가정 두 집단		
2			
3		변수 1	변수 2
4	평균	9.571429	8.285714
5	분산	1.952381	1.571429
6	관측수	7	7
7	공동(Pooled) 분산	1.761905	
8	가설 평균차	0	
9	자유도	12	
10	t 통계량	1.812121	
11	P(T<=t) 단측 검정	0.047524	
12	t 기각치 단측 검정	1.782287	
13	P(T<=t) 양측 검정	0.095048	
14	t 기각치 양측 검정	2.178813	

마지막으로, 대표본에서의 모평균 동일성을 검정하는 제10.1절의 문제를 해결하기 위해서는 자료를 입력한 후

도구 – 데이터 분석 – z **– 검정:평균에 대한 두집단**

을 이용하면 된다.

연습문제

10.1. 두 모집단에서 독립적으로 추출한 무작위표본으로부터 다음과 같은 결과를 얻었다.

표본 1	표본 2
$n_1 = 100$	$n_2 = 125$
$\overline{X_1} = 7$	$\overline{X_2} = 6$
$s_1 = 0.5$	$s_2 = 0.2$

(1) 두 집단의 모평균 차이에 대한 점추정치는 얼마인가?

(2) 표본평균 차이 $\bar{X}_1 - \bar{X}_2$의 표준오차는 얼마인가?

(3) 두 집단의 모평균 차이에 대한 95% 신뢰구간을 구하라.

10.2. 연습문제 10.1의 자료를 이용하여 두 집단의 모평균에 차이가 있는지 유의수준 1%에서 검정하고자 한다.

(1) 귀무가설과 대립가설은 무엇인가?

(2) 검정통계량과 p-값을 구하라.

(3) 검정결과는 무엇인가?

10.3. 남자가 여자보다 전산관련 업무에 대한 이해가 빠르다는 주장이 있다. 한 대기업에서 남자 직원 40명과 여자 직원 50명을 무작위로 선발하여 새로운 전산관련 업무에 대한 교육을 시킨 후 이해정도를 평가해 보았다. 남자 직원들의 평균은 62.8, 표준편차는 7.3이었고, 여자 직원들의 평균은 60.2, 표준편차는 8.5였다. 남자가 여자보다 이해가 빠르다는 주장을 받아들일 수 있는지 5% 유의수준에서 검정하라.

10.4. 인천국제공항과 도쿄의 나리타 공항에 대한 이용자들의 만족도를 비교해 보기 위해 설문조사를 실시하였다. 인천국제공항 이용자 50명을 무작위로 선택하여 만족도를 0에서 10 사이의 숫자로 평가하도록 한 결과 평균 7.35, 표준오차 1.5였으며, 나리타공항 이용자 50명에 대한 동일한 조사 결과는 평균 6.80, 표준편차 1.6이었다. 인천국제공항에 대한 만족도가 나리타 공항에 비해 높다고 볼 수 있는지 5% 유의수준에서 검정하라.

10.5. 두 정규 모집단에서 독립적으로 추출한 무작위 표본으로부터 다음과 같은 결과를 얻었다.

표본 1	표본 2
$n_1 = 8$	$n_2 = 10$
$\bar{X}_1 = 22.57$	$\bar{X}_2 = 20.4$
$s_1 = 2.3$	$s_2 = 2.1$

두 집단의 모분산은 동일하다는 가정 하에 다음 질문에 답하라.

(1) 두 집단의 모평균 차이에 대한 점추정치는 얼마인가?

(2) 모분산에 대한 통합 추정치는 얼마인가?

(3) 표본평균 차이 $\bar{X}_1 - \bar{X}_2$의 표준오차는 얼마인가?

(4) 두 집단의 모평균 차이에 대한 95% 신뢰구간을 구하라.

10.6. 연습문제 10.5의 자료를 이용하여 두 집단의 모평균에 차이가 있는지 유의 수준 10%에서 검정하고자 한다.

(1) 귀무가설과 대립가설은 무엇인가?

(2) 검정결과는 무엇인가?

(3) 유의수준 5%에서의 검정결과는 무엇인가?

(4) 검정통계량의 p-값은 얼마인가?

10.7. 한 맥주회사에서는 소비자들이 자사제품을 경쟁사 제품보다 높이 평가하는지 조사해 보기로 하였다. 먼저 9명을 무작위로 선발하여 아무 표시도 하지 않은 병에 든 자사 제품을 마시도록 한 후 100점 만점으로 평가하도록 하고, 다시 9명을 무작위로 선발하여 동일한 조건에서 경쟁사 제품을 평가하도록 하였다. 평가결과는 아래와 같았다.

자사 제품 :	72,	75,	71,	69,	73,	74,	70,	68,	73
경쟁사 제품 :	69,	72,	70,	73,	66,	70,	73,	72,	67

(1) 자사제품에 대한 평가가 높다고 할 수 있는가? 유의수준 5%에서 검정하라.

(2) 검정통계량의 p-값은 얼마인가

(3) 검정을 위해 어떤 가정이 필요한지 밝혀라.

10.8. 한 음식점에서는 새로운 광고 캠페인이 일일 평균수입을 증가시켰는지 알고 싶어 한다. 광고 전 50일과 광고 후 30일의 일일 수입(단위: 천원)을 조사한 결과가 아래와 같았다.

광고 이전	광고 이후
$n_1 = 50$	$n_2 = 30$
$\bar{X}_1 = 1,225$	$\bar{X}_2 = 1,330$
$s_1 = 215$	$s_2 = 238$

(1) 귀무가설과 대립가설은 무엇인가?

(2) 검정통계량의 값은 얼마인가?

(3) 관측된 검정통계량의 p-값은 얼마인가?

(4) 유의수준 5%에서의 검정결과는 무엇인가?

10.9. 한 TV 방송국은 프라임 타임에 스포츠 경기를 중계하는 것과 영화를 방영하는 것 중 어느 것이 더 많은 시청자를 끄는지 알아보고자 한다. 스포츠 중계 13번과 영화 방영 15번에 대해 시청자수(단위: 백만명)를 조사한 결과가 아래와 같다.

스포츠 중계	영화 방영
$n_1 = 13$	$n_2 = 15$
$\bar{X}_1 = 6.8$	$\bar{X}_2 = 5.3$
$s_1 = 1.8$	$s_2 = 1.6$

(1) 귀무가설과 대립가설을 적어라.

(2) 검정통계량의 값은 얼마인가?

(3) 관측된 검정통계량의 p-값은 얼마인가?

(4) 유의수준 5%에서의 검정결과는 무엇인가?

10.10. 한 비만 클리닉에서는 자신들의 새로운 비만치료 프로그램에 참여하면 한 달에 7kg 이상의 감량효과가 나타난다고 주장하고 있다. 7명의 참여 전과 참여 후 체중을 조사한 결과가 아래와 같다.

참여자	참여 전	참여 후
1	72	66
2	65	63
3	77	71
4	80	71
5	66	58
6	55	53
7	69	62

(1) 감량효과의 평균과 표준편차는 얼마인가?

(2) 감량효과에 대한 95% 신뢰구간을 구하라.

10.11. 연습문제 10.10의 자료를 이용하여 비만클리닉의 주장이 옳은지 검정 하고자 한다.

(1) 귀무가설과 대립가설은 무엇인가?

(2) 유의수준 5%에서의 검정결과는 무엇인가?

감량효과가 7kg미만이라고 볼 충분한 증거가 있는가?

10.12. 두 모집단에서 독립적으로 추출한 무작위표본으로부터 다음과 같은 결과를 얻었다;

$$n_1 = 300 \qquad \hat{p}_1 = 0.48$$
$$n_2 = 400 \qquad \hat{p}_2 = 0.40$$

(1) 모비율의 차이에 대한 점추정치는 얼마인가?

(2) 표본비율의 차이 $\hat{p}_1 - \hat{p}_2$ 의 표준오차는 얼마인가?

(3) 모비율의 차이에 대한 90% 신뢰구간을 구하라.

10.13. 연습문제 10.12의 자료를 이용하여

$$H_o:\ p_1 = p_2 \qquad H_1:\ p_1 \neq p_2$$

의 가설검정을 실시하고자 한다.

(1) 검정통계량의 값은 얼마인가?

(2) 유의수준 5%에서의 검정결과는 무엇인가?

(3) 유의수준 1%에서의 검정결과는 무엇인가?

(4) 표본비율의 차이 0.08(즉, 8%)은 통계적으로 유의한 차이인가?

10.14. 한 취업정보센터의 조사에 의하면 남녀 대졸자들의 취업률에 통계적으로 유의한 차이가 있다고 한다.

(1) 무슨 의미인가?

(2) 만약 유의수준 α를 높이면 결론에 변화가 올 가능성이 있는가?

10.15. 한 대학교에서는 서울출신 학생들과 지방출신 학생들의 학업성취도에 통계적으로 유의한 차이가 없었다고 발표하였다.

(1) 무슨 의미인가?

(2) 만약 유의수준 α를 높이면 결론에 변화가 올 가능성이 있는가?

10.16. 고등학생들의 음주실태를 조사하기 위해, 남학생 100명과 여학생 100명을 무작위로 추출하여 음주경험이 있는지 물어본 결과 58명의 남학생과 46명의 여학생이 그렇다고 대답하였다. 아래의 질문에 답하라.

(1) 고등학생들의 과반이 음주경험이 있다고 볼 수 있는가? 5% 유의수준에서 검정하라.

(2) 남학생의 음주율이 여학생보다 높다고 볼 수 있는가? 10% 유의수준에서 검정하라.

10.17. 이혼 숙려기간 도입에 대한 찬반여부를 알아보기 위해 200명을 조사한 결과 120명이 찬성하고 있는 것으로 나타났다.

(1) 찬성률에 대한 95% 신뢰구간을 구하라.

(2) 찬성률이 50%를 넘는지 5% 유의수준에서 검정하라.

(3) 표본을 남녀로 구분하여 살펴보니 남자 100명 중 50명, 그리고 여자 100명 중 70명이 찬성하고 있었다. 남녀 찬성률 차이에 대한 95% 신뢰구간을 구하라.

(4) 찬성률에 남녀 차이가 있는지 5% 유의수준에서 검정하라.

10.18. 소득수준에 따라 대통령선거에서의 투표율에 차이가 있는지 알아보기 위해 연간 소득이 5천만원 이상인 사람 500명을 조사해 보니 이 중 350명이 투표를 하였고, 연간소득이 5천만원 미만인 사람 400명 중 260명이 투표를 하였다.

(1) 투표율 차이에 대한 95% 신뢰구간을 구하라.

(2) 소득수준에 따라 투표율에 차이가 있다고 볼 수 있는지 5% 유의수준에서 검정하라.

(3) (2)번의 검정에서 p-값은 얼마인가?

10.19. 서울 강남의 중고등학생 200명 중 155명, 그리고 강북의 중고등학생 300명 중 205명이 사교육을 받고 있는 것으로 조사되었다. 강남 학생들의 사교육 비율이 강북 학생들에 비해 높다고 할 수 있는가? 유의수준 5%에서 검정하라.

10.20. F 분포표 또는 엑셀을 이용하여 다음의 임계값들을 구하라.

(1) $F_{0.05}(12, 11)$

(2) $F_{0.01}(20, 5)$

(3) $F_{0.95}(11, 20)$

(4) $F_{0.99}(10, 15)$

10.21. 다음 명제가 옳은지 그른지 밝히고 그 이유를 설명하라:

두 정규모집단에서 독립적으로 크기 n_1 및 크기 n_2의 무작위표본을 추출하면 표본분산비 s_1^2/s_2^2은 $F(n_1-1, n_2-1)$의 분포를 따른다.

10.22. 두 정규모집단에서 독립적으로 추출한 무작위표본으로부터 다음과 같은 결과를 얻었다.

$n_1 = 16 \quad s_1^2 = 7.5$

$n_2 = 25 \quad s_2^2 = 3.5$

5% 유의수준에서 다음의 가설검정을 실시하라.

(1) H_o: $\sigma_1^2 = \sigma_2^2$ $\qquad$ H_o: $\sigma_1^2 \neq \sigma_2^2$

(2) H_o: $\sigma_1^2 = \sigma_2^2$ $\qquad$ H_o: $\sigma_1^2 > \sigma_2^2$

10.23. 두 주식 A와 B의 위험도를 비교하기 위해 25일간 수익률을 조사해 본 결과 주식 A의 수익률은 평균 0.25, 표준편차 0.30이었고, 주식 B의 수익률은 평균 0.12, 표준편차 0.50이었다. 주식 B가 주식 A보다 위험도가 높다고 볼 수 있는지 5% 유의수준에서 검정하라.

chapter

11 분산분석 (ANOVA)

statistics

11 분산분석(ANOVA)

이 장에서는 제10장의 논의를 확장하여 둘 이상의 집단에 대해 모평균의 동일성을 검정하는 방법을 설명하고자 한다.

분산분석은 여러 집단의 표본평균 차이가 통계적으로 유의한 것인지를 검정할 수 있도록 해 주는 통계적 기법이다. 제11.1절의 일원 분산분석에서는 하나의 요인(factor) 또는 특성에 의해 구분되는 여러 집단의 모평균이 동일한지 검정한다. 제11.2절의 이원분산분석은 두 개의 요인에 의해 집단들을 구분하고 각 요인의 수준에 따라 모평균에 차이가 있는지 그리고 두 요인의 상호작용(interaction)이 존재하는지 등을 검정하게 된다.

분산분석에서는 관측치들의 총변동을 분해하여 분산분석표를 작성하고 이 표를 통해 통계적 추론을 하게 된다. 일원분산분석은 총변동을 집단간 변동과 집단내 변동으로 분해하여 집단간 변동이 집단내 변동보다 충분히 클 경우 집단간 모평균의 차이가 있는 것으로 추론한다. 이원분산분석은 총변동을 각 요인의 차이에 의한 변동, 두 요인의 상호작용에 의한 변동, 우연에 기인한 변동 등 네 개의 합으로 분해한 후 분산분석표를 작성한다. 그리고 우연에 기인한 변동에 비해 요인의 차이에 의한 변동이 크면 요인의 수준에 따라 모평균이 다른 것으로 그리고 상호작용에 의한 변동이 크면 상호작용이 존재하는 것으로 결론을 내린다.

11.1 일원 분산분석 (One-Way ANOVA)

분산분석(ANOVA, Analysis of Variance)은 여러 집단의 모평균의 동일성을 검정하는 통계기법이다. 하지만 분석 대상이 되는 자료가 표본추출에 의해 단순히 관측된 것이 아니라 실험설계(Experimental Design)에 의해 얻어진 경우가 대부분이기 때문에 독특한 용어가 많이 등장하게 된다.

사원교육을 위해 강의, 토의, 사례분석 중 어떤 교육방법을 이용하는 것이 효과적일까를 생각해 보자. 이 문제에 대한 답을 얻는 한 가지 방법은 일정수의 사원을 무작위로 선발하고 이들을 무작위로 세 집단으로 분류한 다음 각 집단에 한 가지씩의 교육방법을 적용해 보는 것이다. 교육후의 평가결과에 집단간 차이가 얼마나 나타나는지 살펴보면 교육방법에 따라 교육효과에 차이가 있는지, 그리고 차이가 있다면 어떤 교육방법이 가장 효과적인지 판단할 수 있을 것이다.

교육방법처럼 실험자가 여러 수준(level)으로 설정하는 변수를 **요인**(factor)이라 하고, 요인의 수준에 따라 피실험자, 즉 실험단위(experimental unit)가 나타내는 반응을 측정하는 변수를 반응변수(response variable)라 한다. 앞의 예에서는 교육방법을 강의, 토의, 사례분석의 세 가지 수준으로 설정하고 있으며, 반응변수로는 교육 후의 평가점수를 이용하고 있다. "요인의 수준에 의해 구분되는 각 집단에서 반응변수의 모평균이 동일한가?"가 분산분석에서 던지는 질문이다.

이 절에서는 하나의 요인만을 분석 대상으로 하는 일원 분산분석(One-Way ANOVA)을 설명하고 두 개의 요인을 고려하는 이원 분산분석(Two-Way ANOVA)은 다음 절에서 다루게 될 것이다.

무작위로 선정된 총 n_T명의 실험단위를 J개의 집단에 무작위로 배치한 다음, j번째 $(j=1, \ldots, J)$ 집단에 속하는 n_j명에게 요인수준 j를 처리(treatment)하여 반응을 관측한 상황을 [표11.1]과 같이 정리하자.

집단 j의 반응변수 모평균은 μ_j,, 분산은 σ^2이며, 여기서 얻은 n_j개 관측치의 표본평균은 $\overline{X_j} = \frac{1}{n_j}\sum_{i=1}^{n_j} X_{ij}$, 표본분산은 $s_j^2 = \frac{1}{n_j - 1}\sum_{i=1}^{n_j}\left(X_{ij} - \overline{X_j}\right)^2$이다.

[표11.1]의 마지막 행에는 각 집단 내에서의 반응변수의 제곱합을 참고로 표시해 놓았으며 예컨대 집단 j의 제곱합은 $\sum_{i=1}^{n_j}\left(X_{ij} - \overline{X_j}\right)^2$으로 이는 물론 $(n_j - 1)\times s_j^2$과 같다. 그리고 총 관측치의 수는 $n_T = n_1 + n_2 + \cdots + n_J$이고, 모든 n_T 관측치의 평균, 즉 총평균(grand mean)은 $\overline{X} = \frac{n_1\overline{X}_1 + n_2\overline{X}_2 + \cdots + n_J\overline{X}_J}{n_T}$의 기호로 표시하고 있다.

[표11.1] 집단별 관측치와 모수 및 통계량

	집단 1	......	집단 j	.....	집단 J
	X_{11}	.....	X_{1j}	.....	X_{1J}
	X_{21}	.....	X_{2j}	.....	X_{2J}
	$\vdots$	.....	$\vdots$	.....	$\vdots$
	X_{i1}	.....	X_{ij}	.....	X_{iJ}
	$\vdots$	.....	$\vdots$	.....	$\vdots$
	$X_{n_1 1}$	.....	$X_{n_j j}$	.....	$X_{n_J J}$
모평균	μ_1	.....	μ_j	.....	μ_J
모분산	σ^2	.....	σ^2	.....	σ^2
표본크기	n_1	.....	n_j	.....	n_J
표본평균	$\overline{X_1}$	.....	$\overline{X_j}$	.....	$\overline{X_J}$
표본분산	s_1^2	.....	s_j^2	.....	s_J^2
제곱합	$\sum_{i=1}^{n_1}(X_{i1}-\overline{X_1})^2$	.....	$\sum_{i=1}^{n_j}(X_{ij}-\overline{X_j})^2$	.....	$\sum_{i=1}^{n_J}(X_{iJ}-\overline{X_J})^2$

※ 총표본크기: $n_T = n_1 + n_2 + \cdots + n_J$

총평균: $\overline{X} = \dfrac{n_1\overline{X}_1 + n_2\overline{X}_2 + \cdots + n_J\overline{X}_J}{n_T}$

다른 요인수준을 처리하면 일반적으로 다른 반응이 나타날 것으로 예상할 수 있으므로 반응변수의 모평균은 집단별로 다를 것이다. 일원 분산분석은 실험의 결과 관측된 집단별 표본평균 $\overline{X_1}, \overline{X_2}, \cdots, \overline{X_J}$의 차이를 통해 모평균이 동일한가를 검정하고자 한다.

일원 분산분석은 다음의 세 가지 가정을 전제로 한다;

(1) 각 모집단[43)]은 정규분포를 따른다.

(2) 반응변수의 모분산 σ^2은 모든 모집단에서 동일하다.

(3) 모든 관측치들은 서로 통계적으로 독립이다.

이 가정들은 제10.2절의 두 집단 모평균의 동일성 검정(소표본의 경우)에서 이미 보았던

43) 처리집단이라 부르기도 한다.

가정으로, 여러 모집단의 모평균 동일성을 검정하고자 하는 일원 분산분석에서도 여전히 필요하다. 다만 가정 (3)은 약간의 설명을 필요로 한다. 제10.2절에서는 두 모집단에서 독립적으로 무작위 추출(sampling)을 하였기 때문에 모든 관측치들이 통계적으로 독립이었다. 하지만 여기서는 실험단위들을 각 처리집단에 무작위로 배치함으로써 관측치들의 통계적 독립을 보장하게 된다. 실험단위들을 각 처리집단에 무작위로 배치하는 실험을 **완전확률화 실험계획법**(completely randomized experimental design)이라 하며 일원 분산분석에서는 이를 가정하고 있다. 일원 분산분석에서 검정하고자 하는 가설은

$$H_0 : \mu_1 = \mu_2 = \cdots\cdots = \mu_J$$

H_1 :모든 모평균이 동일하지는 않다.

이다. H_0를 기각할 수 있으면 적어도 하나의 집단에서는 요인의 수준 때문에 타 집단에서와 다른 반응이 나타난 것으로 판단하게 된다.

분산분석에서는 위의 가설을 검정하기 위해 반응변수의 변동 또는 분산을 요인의 수준 차이에 기인한 부분과 우연에 의한 부분으로 분해한 다음, 전자가 후자에 비해 충분히 클 때 요인의 수준에 따라 집단간 차이가 있는 것으로 판단한다. 분해 과정을 먼저 살펴보자.

다음은 모든 관측치에 대해 항상 성립한다;

$$X_{ij} - \overline{X} = (\overline{X}_j - \overline{X}) + (X_{ij} - \overline{X}_j) \tag{11.1}$$

(11.1)의 양변을 제곱한 다음 모든 i , j에 대해 합하면

$$\sum_{j=1}^{J}\sum_{i=1}^{n_j}\left(X_{ij} - \overline{X}\right)^2 = \sum_{j=1}^{J} n_j\left(\overline{X}_j - \overline{X}\right)^2 + \sum_{j=1}^{J}\sum_{i=1}^{n_j}\left(X_{ij} - \overline{X}_j\right)^2 \tag{11.2}$$

를 얻는다.[44]

(11.2)의 좌변은 반응변수의 총변동(이를 자유도 $n_T - 1$로 나누면 반응변수의 표본분산)으로 **총제곱합**(Total Sum of Squares, **TSS**)이라 부른다. 만약 반응변수의 모든 관측치가 동일하다면 총제곱합은 0이다. 하지만 그런 경우는 현실에서 만나기 어려울 것이다. 왜 반응변수의 관측치에 변동이 발생하여 총제곱합이 0이 아닌 값을 가지는 것일까?

이 질문에 대한 답이 (11.2)의 우변이다. 첫째, 처리의 효과로 인하여 집단간에 평균반응의

44) 교차항이 있지만, 그 합은 0이기 때문에 (11.2)의 분해가 가능하다.

차이($\overline{X}_j - \overline{X}$)가 나타날 수 있고, 둘째 동일 집단 내에서도 실험단위들의 반응에 우연한 차이($X_{ij} - \overline{X}_j$)가 나타날 수 있다. 우변의 첫째항을 **집단간 제곱합**(Between-Group Sum of Squares, **SSB**) 또는 처리 제곱합이라 하고 둘째 항을 **집단내 제곱합**(Within-Group Sum of Squares, **SSW**) 또는 **오차 제곱합**이라 부른다. 집단내 제곱합은 [표11.1]의 마지막 행에 표시된 각 집단의 집단내 제곱합을 모두 합한 값이다.

총제곱합을 구성하는 두 부분 중 처리의 효과로 인한 집단간 제곱합이 우연 또는 오차에 기인한 집단내 제곱합에 비해 충분히 크다면 모든 집단의 모평균이 동일하다는 귀무가설을 기각할 수 있을 것이다.

[그림11.1]을 보자. [그림11.1]의 (a)와 (b)는 반응변수에 대한 관측치의 분포를 집단별로 나타내고 있으며, 집단별 표본평균 $\overline{X}_1$, $\overline{X}_2$, $\overline{X}_3$의 차이는 동일한 것으로 가정하고 있다. 따라서 집단간 제곱합(SSB)은 두 경우에 동일하다. 하지만 (a)의 경우에는 집단 내에서 관측치의 변동이 거의 없는 반면 (b)의 경우에는 동일 집단 내에서도 관측치의 변동이 매우 심하다. 즉, (a)에서보다 (b)에서 SSW가 훨씬 크게 나타나고 있다. (a)와 (b) 중 어느 것이 세 집단의 모평균이 서로 다르다는 강력한 증거가 될 수 있을까? 당연히 집단간 제곱합(SSB)이 집단내 제곱합(SSW)보다 상대적으로 큰 (a)의 경우일 것이다.

하지만 SSB가 SSW에 비해 얼마나 커야 충분히 큰 것으로 볼 수 있을까? 제10.5절에서 공부한 F분포가 이에 대한 답을 제공해 준다. SSB를 자유도[45] $J-1$로 나눈 값을 **집단간 평균제곱**(Between-Group Mean Square, **MSB**)이라 한다;

그림 11.1 집단내 제곱합과 집단간 제곱합

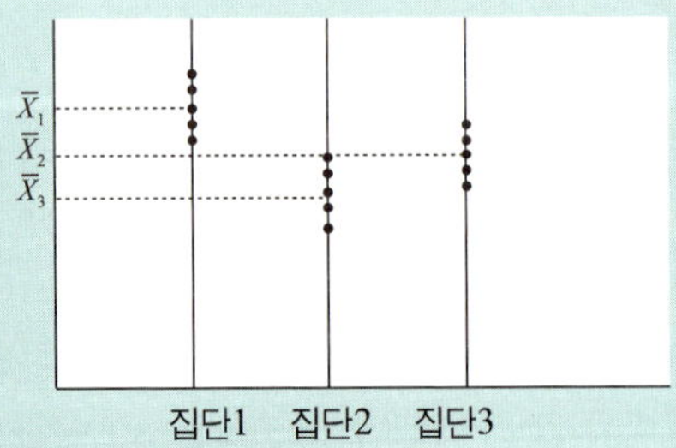

(a) SSB가 큰 경우

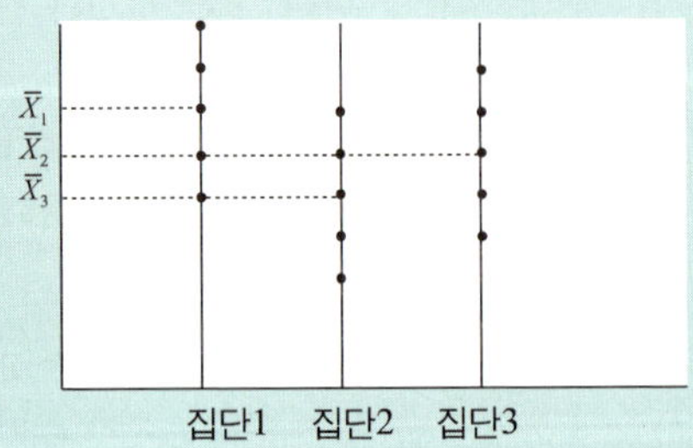

(b) SSW가 큰 경우

45) SSB에 등장하는 J개 항은 $\sum_{j=1}^{J} n_j(\overline{X}_j - \overline{X}) = 0$ 이라는 하나의 제약을 만족한다.

$$MSB = \frac{SSB}{J-1}\left(= \frac{1}{J-1}\sum_{j=1}^{J} n_j\left(\overline{X_j} - \overline{X}\right)^2\right) \quad (11.3)$$

SSW를 자유도[46] $n_T - J$ 로 나눈 값을 **집단내 평균제곱**(Within-Group Mean Square, **MSW**)이라 한다;

$$MSW = \frac{SSW}{n_T - J}\left(= \frac{1}{n_T - J}\sum_{j=1}^{J}\sum_{i=1}^{n_j}\left(\overline{X_{ij}} - \overline{X_j}\right)^2\right) \quad (11.4)$$

귀무가설이 참일 때, 이들의 비율은 자유도 $(J-1,\ n_T - J)$의 F 분포를 따른다는 것이 알려져 있다. 즉,

$$\boldsymbol{H_0\text{하에서}\quad F\text{비}= \frac{MSB}{MSW} \sim F(J-1,\ n_T - J)} \quad (11.5)$$

이다. 따라서 [그림11.2]에서 보는 바와 같이 $F > F_\alpha$ 이면 H_0를 기각하는 것이 유의수준 α에서의 검정방법이다.

지금까지의 논의를 다음의 [표11.2]로 요약해 두자. [표11.1]의 기호법을 참고하여 이해해 두기 바란다. 그리고 TSS의 자유도 $n_T - 1$은 SSB의 자유도 $J-1$과 SSW의 자유도 $n_T - J$의 합과 일치한다.[47] [표11.2]를 일원 분산분석의 **분산분석표**라 부른다.

[표11.2] 일원 분산분석의 분산분석표

변동요인	제곱합	자유도	평균제곱	F비
집단간	$SSB = \sum_{j=1}^{J} n_j(\overline{X}_j - \overline{X})^2$	$J-1$	$MSB = \frac{SSB}{J-1}$	$F = \frac{MSB}{MSW}$
집단내	$SSW = \sum_{j=1}^{J}\sum_{i=1}^{n_j}(X_{ij} - \overline{X}_j)^2$	$n_T - J$	$MSW = \frac{SSW}{n_T - J}$	
합계	$TSS = \sum_{j=1}^{J}\sum_{i=1}^{n_j}(X_{ij} - \overline{X})^2$	$n_T - 1$		

46) SSW에 등장하는 n_T개의 항은 $\sum_{i=1}^{n_j}(X_{ij} - \overline{X}_j) = 0\ (j = 1, 2, \ldots\ldots, J)$의 J개 제약을 만족한다.

47) TSS에 등장하는 n_T개 항은 $\sum_{j=1}^{J}\sum_{i=1}^{n_j}(X_{ij} - \overline{X}) = 0$ 이라는 하나의 제약을 만족한다.

그림 11.2 F 비의 귀무분포와 기각역

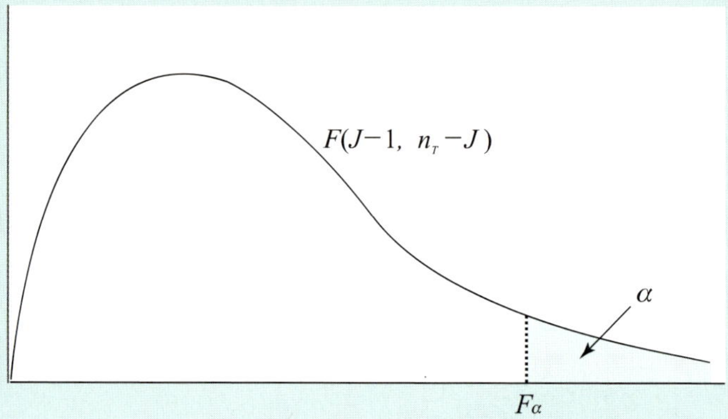

[예11.1]

교육방법에 따라 사원교육의 효과가 다른지 알아보기 위해 15명의 사원을 선발한 다음, 무작위로 5명씩 3개조로 편성하였다. 동일한 내용을 제1조는 강의 방식으로, 그리고 제2조와 3조는 각각 토의와 사례분석 방식으로 교육하였다. 교육 후의 평가점수가 [표11.3]과 같다고 하고 교육방법에 따라 교육효과에 차이가 있는지 5% 유의수준에서 검정해 보자.

[표11.3] 교육방법에 따른 평가점수

	1 (강의)	2 (토의)	3 (사례)
1	76	68	72
2	72	66	70
3	68	72	69
4	71	67	68
5	73	67	71
평균($\overline{X}_j$)	72	68	70
분산(s_j^2)	8.5	5.5	2.5
제곱합($\sum_{i=1}^{J}(X_{ij}-\overline{X}_j)^2$)	34	22	10

※ 총평균 $\overline{X}=70$

세 집단 평가점수의 모평균을 μ_1, μ_2, μ_3라 하면 검정하고자 하는 가설은

H_0 : $\mu_1 = \mu_2 = \mu_3$
H_1 : 세 집단의 모평균이 동일하지 않다.

로 설정할 수 있다. 각 집단 평가점수의 모분포는 모두 정규분포를 따르고 모든 집단의 모분산은 σ^2으로 동일하다고 가정하자.

분산분석표의 작성에 필요한 제곱합은 다음과 같다;

$$TSS = \sum_{j=1}^{3}\sum_{i=1}^{5}(X_{ij} - \bar{X})^2$$
$$= (76-70)^2 + (72-70)^2 + ... + (68-70)^2 + (71-70)^2$$
$$= 106$$

$$SSB = \sum_{j=1}^{3} 5(\bar{X}_j - \bar{X})^2 \quad \text{(모든 } n_j = 5\text{이므로)}$$
$$= 5[(72-70)^2 + (68-70)^2 + (70-70)^2]$$
$$= 40$$

$$SSW = \sum_{j=1}^{3}\sum_{i=1}^{5}(X_{ij} - \bar{X}_j)^2$$
$$= 34 + 22 + 10 \quad \text{([표11.3]의 마지막 행을 이용)}$$
$$= 66$$

이들의 자유도는 각각 14, 2, 12 이므로 아래와 같은 분산분석표를 얻는다;

〈분산분석표〉

변동요인	제곱합	자유도	평균제곱	F 비
집단간	40	2	$20\left(=\frac{40}{2}\right)$	$3.636\left(=\frac{20}{5.5}\right)$
집단내	66	12	$5.5\left(=\frac{66}{12}\right)$	
합계	106	14		

한편, 자유도 (2, 12)인 F분포에서 임계값은 $F_{0.05}=3.89$이다. 따라서

관측된 $F=3.636 < F_{0.05}$

이므로 5% 유의수준에서 H_0를 기각할 수 없다. 평가점수의 표본평균이 집단간에 차이를 보이고 있지만, 그 차이는 통계적으로 유의한 차이라 볼 수 없다는 것이다. 물론 관측된 F의 p-값을 계산하여 검정에 이용할 수도 있다.

엑셀을 이용하여 계산해 보면

$$p\text{-값} = P(F(2,12) > 3.636) = 0.058$$

이므로 유의수준 5%에서 H_0를 기각할 수 없다. 하지만 유의수준이 예컨대 10%이면 H_0를 기각할 수 있다는 것을 알게 된다.

실험에 의해 얻어진 자료(experimental data)가 아니라 표본추출에 의해 관측된 자료(observational data)를 이용하여 여러 집단의 모평균 동일성을 검정할 때에도 일원 분산분석을 그대로 이용할 수 있다. [예11.1]에서 사용한 [표 11.3]의 자료가 실험자료가 아니라 관측자료라고 해보자. 예를 들어, 강의 방식으로 교육받은 사원 중 5명을 무작위로 추출하고, 토의와 사례분석 방식으로 교육받은 사원 중 5명씩을 무작위로 추출하여 이들의 평가점수를 표로 만들어 놓은 것이라 하자.

각 집단 평가점수의 모평균이 동일한가를 검정하는 과정은 [예11.1]에서와 전혀 다르지 않으며 따라서 동일한 검정결과에 도달하게 된다. 하지만 이용한 자료가 무엇인가에 따라 검정결과의 해석에 중요한 차이가 발생한다. 관측된 자료를 이용하여 H_0를 기각했다면

"모든 집단의 모평균이 동일하지는 않다."

는 통상의 해석에 그친다. 그러나 완전확률화 실험계획으로 얻은 실험자료를 이용하여 H_0를 기각했으면

"모든 집단의 모평균이 동일하지는 않으며 그 이유는 요인의 수준 차이 때문이다."

로 해석할 수 있다. 각 집단에 실험 단위들을 무작위로 배치함으로써 서로 다른 집단에 속한 실험단위들이 요인의 수준을 제외하고는 다른 모든 특성이 동일하다고 볼 수 있기 때문이다.

[예11.1]에서 우리는 유의수준 10%에서는 H_0를 기각할 수 있었다. 각 교육방식에 사원들을 무작위로 배치했으므로, "교육방식의 차이 때문에" 각 집단의 평가점수 모평균에 차이가

발생한 것으로 해석할 수 있다. 하지만 주어진 자료가 관측 자료일 때에는 모평균에 차이가 있다는 것을 확인할 수 있을 뿐이고 그 이유에 대해서는 결론을 내릴 수 없다. 모평균의 차이는 교육방식의 차이 때문일 수도 있지만, 예컨대 강의와 같은 특정 교육방식을 우수한 사원들이 많이 선택한 탓인지 알 수 없기 때문이다. 말하자면 관측자료에서는 다른 특성들의 값이 통제되어 있지 않다는 것이다.

마지막으로, 일원 분산분석의 모형을 다음과 같이 표현하기도 한다;

$$X_{ij} = \mu + \alpha_j + e_{ij}, \quad i = 1,2,\cdots,n_j, \ j = 1,2,\cdots, J \qquad (11.6)$$

단, $\alpha_j = \mu_j - \mu$ 이고 $\sum_{j=1}^{J}\alpha_j = 0$ 이며 모든 e_{ij}는 통계적으로 독립이고 $N(0,\sigma^2)$의 분포를 따른다.

(11.6)은 각 집단에 공통인 어떤 모평균 μ를 상정하고, 요인의 수준 j를 처리해 주면 그 효과를 인해 해당 집단의 모평균이 μ를 중심으로 α_j 만큼 증가 또는 감소 (즉, $\mu_j = \mu + \alpha_j$)한 것으로 모형화 하고 있다. α_j를 요인 수준 j의 **주효과**(main effect)라고 하며 이 기호법에 따르면, 일원 분산분석의 귀무가설을

$$H_0: \ \alpha_1 = \alpha_2 = ... = \alpha_J = 0$$

으로 나타낼 수 있다.

11.2 이원 분산분석 (Two-Way ANOVA)

이 절에서는 두 가지 요인의 수준별로 집단을 구분하고 각 요인이 실험단위들의 반응에 효과를 미치는지 검정하는 이원 분산분석에 대해 설명하고자 한다. 이원 분산분석에서는 한 요인의 효과가 다른 요인의 수준에 따라 달라지는지, 즉 두 요인 간에 상호작용이 존재하는지도 중요한 문제로 다루어진다.

예를 들어, 사원 교육의 효과가 교육방법 뿐만 아니라 사원의 근속년수에 따라 다를 것으로 예상한다면 교육방법과 근속년수를 기준으로 집단을 구분하고 각 집단에 실험단위들을 배치하게 된다. 그리고 세 가지 질문을 던진다;

교육방법에 따라 교육 후 평가점수에 차이가 나타나는가?

근속년수에 따라 교육 후 평가점수에 차이가 나타나는가?
교육방법에 따른 차이는 근속년수에 따라 다르게 나타나는가?

요인 A의 수준이 I개이고 요인 B의 수준이 J개라 할 때, 총 $I \cdot J$개의 모집단 또는 처리집단이 나타난다. 각 집단에 K명의 실험단위들을 무작위로 배치하고 반응을 조사하면 [표11.4]와 같은 자료를 얻게 된다. 이원 분산분석에서는 다음의 세 가지 가정을 전제로 분석을 시행한다;

(1) 각 모집단에서 반응변수는 정규분포를 따른다.
(2) 반응변수의 모분산 σ^2은 모든 모집단에서 동일하다.
(3) 모든 관측치들은 서로 통계적으로 독립이다.

[표11.4]의 기호법을 살펴보자. 먼저 관측치들은 'X_{ijk} = 요인 A의 수준이 i, 요인 B의 수준이 j인 처리집단에서 k번째 실험단위의 반응'의 형태로 나타내고 있다. (i, j)셀의 표본평균은

$$\overline{X}_{ij} = \frac{1}{K}\sum_{k=1}^{K} X_{ijk}$$

이고, 대응하는 모평균은 μ_{ij}이며, 각 셀 하단의 괄호속에 표시하였다. 모두 IJ개의 표본평균과 이에 대응하는 모평균이 존재한다. 모든 셀에서 모분산은 가정에 의해 σ^2으로 동일하므로 굳이 표시하지 않았다.

셀의 표본평균들을 행으로 평균하면 요인 A의 수준별 표본평균을 얻게된다. 이를

$$\overline{X}_{i.} = \frac{1}{J}\sum_{j=1}^{J} \overline{X}_{ij}$$

의 기호로 나타내고 있으며, 이는 요인 A의 수준이 i인 모든 JK개 관측치들의 평균이다.

마찬가지로 셀의 표본평균들을 열로 평균한

$$\overline{X}_{.j} = \frac{1}{I}\sum_{i=1}^{I} X_{ij}$$

는 요인 B의 수준이 j인 모든 IK개 관측치들의 평균이다.

[표11.4] 이원 분산분석의 자료배열

요인 B 요인 A	1	2	.....	J	요인 A 수준별 평균
1	X_{111} X_{112} ⋮ X_{11K} $(\overline{X}_{11},\ \mu_{11})$	X_{121} X_{122} ⋮ X_{12K} $(\overline{X}_{12},\ \mu_{12})$	.....	X_{1J1} X_{1J2} ⋮ X_{1JK} $(\overline{X}_{1J},\ \mu_{1J})$	$\overline{X}_{1\cdot\cdot},\ \mu_{1\cdot}$
2	X_{211} X_{212} ⋮ X_{21K} $(\overline{X}_{21},\ \mu_{21})$	X_{221} X_{222} ⋮ X_{22K} $(\overline{X}_{22},\ \mu_{22})$	.....	X_{2J1} X_{2J2} ⋮ X_{2JK} $(\overline{X}_{2J},\ \mu_{2J})$	$\overline{X}_{2\cdot\cdot},\ \mu_{2\cdot}$
⋮	⋮	⋮	. . . . .	⋮	⋮
I	X_{I11} X_{I12} ⋮ X_{I1k} $(\overline{X}_{I1},\ \mu_{I1})$	X_{I21} X_{I22} ⋮ X_{I2k} $(\overline{X}_{I2},\ \mu_{I2})$	.....	X_{IJ1} X_{IJ2} ⋮ X_{IJK} $(\overline{X}_{IJ},\ \mu_{IJ})$	$\overline{X}_{I\cdot\cdot},\ \mu_{I\cdot}$
요인 B 수준별 평균	$\overline{X}_{\cdot 1},\ \mu_{\cdot 1}$	$\overline{X}_{\cdot 2},\ \mu_{\cdot 2}$	.....	$\overline{X}_{\cdot J},\ \mu_{\cdot j}$	총평균 $\overline{X}$, μ

※ 1. 각 셀의 괄호 안에 해당 셀의 표본평균$(\overline{X}_{ij})$과 모평균(μ_{ij})을 표시하였다.

2. 마지막 열에 요인 A 수준별 표본평균 $(\overline{X}_{i.})$과 모평균$(\mu_{i.})$을 표시하였다.
단, $\overline{X}_{i.} = \frac{1}{J}\sum_{j=1}^{J}\overline{X}_{ij}$ 이고 $\mu_{i\cdot} = \frac{1}{J}\sum_{j=1}^{J}\mu_{ij}$ 이다.

3. 마지막 행에 요인 B 수준별 표본평균 $(\overline{X}_{\cdot j})$과 모평균 $(\mu_{\cdot j})$을 표시하였다.
단, $\overline{X}_{\cdot j} = \frac{1}{I}\sum_{i=1}^{I}\overline{X}_{ji}$ 이고 $\mu_{\cdot j} = \frac{1}{I}\sum_{i=1}^{I}\mu_{ij}$ 이다.

4.총평균 $\overline{X}$는 모든 X_{ijk}들의 표본평균이고 μ는 대응하는 모평균이다.

그리고 모든 IJK개 관측치들의 총평균(grand mean)은

$$\bar{X} = \frac{1}{IJK} \sum_{i=1}^{I} \sum_{j=1}^{J} \sum_{k=1}^{K} X_{ijk}$$

로 나타내었으며, $\bar{X}$는 물론 $\bar{X}_{i.}$들의 평균 또는 $\bar{X}_{.j}$들의 평균으로 보아도 된다.

셀의 표본평균들을 행으로, 열로, 그리고 모두 평균함으로서 $\bar{X}_{i.}$, $\bar{X}_{.j}$, $\bar{X}$ 를 얻은 것과 마찬가지로 셀의 모평균들을 행으로 평균하여 $\mu_{i.}$, 열로 평균하여 $\mu_{.j}$, 그리고 모든 μ_{ij}들의 평균을 μ로 나타내고 있다.

[주효과와 상호작용효과]

요인 A의 수준을 i로 처리할 경우 실험단위들의 평균반응은 요인 B의 수준에 따라 μ_{i1}, μ_{i2}, ... , μ_{iJ}의 값을 가지지만 평균적으로는 $\mu_{i.}$ $(=\frac{1}{J}\sum_{j=1}^{J}\mu_{ij})$이라 할 수 있다.

$$\alpha_i = \mu_{i.} - \mu, \qquad i = 1, 2, \ldots I \tag{11.7}$$

를 요인 A의 수준 i의 **주효과**(main effect)라 한다. 전체적인 평균 반응은 μ이지만 요인 A의 수준이 i이기 때문에 α_i만큼 높거나 낮은 평균반응을 보이기 때문이다. α_i들은 $\sum_{i=1}^{I}\alpha_i = 0$의 조건을 만족하며, α_i에 대한 표본에서의 추정량은 $\bar{X}_{i.} - \bar{X}$가 된다.

만약 모든 α_i가 0이면 요인 A의 주효과가 없다고 한다. 즉, 모든 i에 대해 $\alpha_i = 0$이면 요인 A의 주효과는 0이라고 말한다. 이때 모든 $\bar{X}_{i.} - \bar{X}$도 0에 가까운 값으로 관측 될 것으로 예상할 수 있다.

마찬가지로 요인 B의 수준을 j로 처리할 경우 실험단위들의 평균반응은 전체적인 평균반응에 비해

$$\beta_j = \mu_{.j} - \mu \qquad j = 1, 2, \cdots, J \tag{11.8}$$

만큼의 차이를 보이게 된다. β_j를 요인 B의 수준 j의 주효과라 부른다. β_j들은 $\sum_{j=1}^{J}\beta_j = 0$ 의 조건을 만족하게 되며, 각각의 β_j에 대한 표본에서의 추정량이 $\bar{X}_{.j} - \bar{X}$가 되는 것도 자명하다.

만약 모든 β_j가 0이면 요인 B의 주효과가 없다고 한다. 즉, 모든 j에 대해 $\beta_j = 0$이면 요인 B의 주효과가 0이라고 말한다. 이때 모든 $\bar{X}_{.j} - \bar{X}$도 0에 가까운 값으로 관측되리라 예상할 수 있다.

한 요인의 효과가 다른 요인의 수준에 따라 달라질 때 두요인 사이에 **상호작용**(interaction)이 존재한다고 말한다. 상호작용을 설명하기 위해 요인 B의 수준이 j라 하자. 실험단위들의 평균 반응은 $\mu_{.j}$이지만 요인 A의 수준이 i 일 때에는 평균반응이 μ_{ij}이다. 따라서

$$\mu_{ij} - \mu_{.j}$$

를 '요인 B의 수준이 j일 때' 요인 A의 수준 i 의 주효과라 할 수 있다. 이 값과 (11.6)에 있는 요인 A의 수준 i 의 주효과 α_i 와의 차이

$$\gamma_{ij} = \mu_{ij} - \mu_{.j} - \alpha_i$$

또는 여기에 $\alpha_i = \mu_{i.} - \mu$를 대입하여 고쳐 쓴

$$\gamma_{ij} = \mu_{ij} - \mu_{.j} - \mu_{i.} + \mu, \qquad i = 1, 2, \cdots, I,\ j = 1, 2, \ldots, J \tag{11.9}$$

를 요인 A의 수준 i 와 요인 B의 수준 j 사이의 상호작용이라 부른다. $\gamma_{ij} = 0$ 이면 $\mu_{ij} - \mu_{.j} = \mu_{i.} - \mu$ 이므로, 요인 A의 수준 i 의 주효과는 요인 B의 수준이 j라 하여도 달라지지 않는다. 만약 모든 j에 대해 $\gamma_{ij} = 0$이면 요인 A의 수준 i 의 주효과는 요인 B의 수준이 무엇인가에 상관없이 일정한 값을 가지게 된다.

(11.9)의 γ_{ij}들 중 적어도 하나가 0이 아닐 경우 두 요인 사이에 상호작용이 있다고 말한다. 그리고 상호작용들은

모든 i 에 대해 $\sum_{j=1}^{J} \gamma_{ij} = 0$

모든 j에 대해 $\sum_{i=1}^{I} \gamma_{ij} = 0$

의 조건을 만족한다는 것을 쉽게 확인할 수 있을 것이다.[48]
상호작용 γ_{ij}에 대한 표본에서의 추정량은

$$\overline{X}_{ij} - \overline{X}_{.j} - \overline{X}_{i.} + \overline{X}$$

가 된다. 두 요인 사이에 상호작용이 없는 경우에는 이 값들이 모두 0에 가까운 값으로 관측될 것이다.

다음의 두 예를 통해 주효과와 상호작용효과의 개념을 익혀보자. 특히 상호작용이 있는 경우와 없는 경우의 차이에 유의하기 바란다.

---

48) [연습문제 11.7]로 남겨둔다.

[예11.2]

(상호작용이 없는 경우) 사원교육의 효과가 교육방법과 근속년수에 따라 다르게 나타난다고 하자. 강의, 토의, 사례분석의 세 가지 교육방법을 근속년수 0~5년, 5~10년, 10년 이상인 세 집단에 각각 적용할 때 교육 후 평가점수의 **모평균**들이 [표 11.5]와 같다고 하자. 두 요인간의 상호작용이 없다는 것을 확인해 보자.

교육방법을 요인 A, 근속년수를 요인 B라 할 때, 두 요인이 각각 세 개의 수준을 가지고 있으므로 모두 9개의 처리 집단이 나타난다. [표 11.5]의 첫 3×3 블록이 처리집단별 반응변수 모평균들을 나타낸다.

[표11.5] 처리집단별 모평균 (상호작용이 없는 경우)

요인 B / 요인 A	1 (0~5년)	2 (5~10년)	3 (10년 이상)	$\mu_{i\cdot}$	요인 A의 주효과 ($\alpha_i = \mu_{i\cdot} - \mu$)
1 (강의)	80	75	70	75	0
2 (토의)	85	80	75	80	5
3 (사례)	75	70	65	70	-5
$\mu_{\cdot j}$	80	75	70	$\mu = 75$	
요인 B의 주효과 ($\beta_j = \mu_{\cdot j} - \mu$)	5	0	-5		

먼저 요인 A의 주효과는 마지막 열에 계산되어 있으며 토의가 가장 효과적인 교육방법으로 강의에 비해 평균 5점, 그리고 사례분석에 비해서는 평균 10점이 높은 평가점수를 얻도록 해준다. 이것은 근속년수가 다른 세 집단에 대해 평균한 결과이다. 마찬가지로 요인B의 주효과는 마지막 행에 계산되어 있으며 근속년수가 0~5년인 집단에서 교육의 효과가 가장 크게 나타나고 있음을 알 수 있다. 역시 모든 교육방법에 대해 평균한 결과이다.

마지막으로 상호작용이 있는지 판단하기 위해서는 9개 처리집단 모평균들이 어떤 패턴을 가지고 있는지 살펴보면 된다. [표 11.5]를 보면 교육방법의 효과는 모든 근속년수에 대해 동일한 패턴을 가지고 있음을 쉽게 확인할 수 있다.

근속년수에 상관없이 토의가 가장 효과적이며 강의에 비해 평균 5점, 그리고 사례분석에 비해 평균 10점이 높은 평가점수를 얻도록 해 주고 있다. 이것이 “두 요인 사이에 상호작용이 없다”는 것의 의미이다. (11.9)에 정의된 상호작용을 계산해 보면

$$\text{모든 } i, j\text{에 대해 } \gamma_{ij} = 0$$

임을 쉽게 확인할 수 있을 것이다.

그리고 상호작용은 항상 대칭적으로 나타난다. [표11.5]를 관찰해 보면 근속년수의 효과도 교육방법에 상관없이 일정하다는 것을 알 수 있다. 강의를 하건 토의를 하건 아니면 사례분석을 하든 언제나 근속년수 0~5년인 경우 가장 교육의 효과가 크고 다른 집단간의 차이도 변함이 없다.

[예11.3]

(상호작용이 있는 경우) [표11.6]은 상호작용이 있는 경우의 처리집단별 모평균이 어떤 패턴을 가지고 있는지 예시해 준다. 상호작용을 강조하기 위해 두 요인 모두 주효과는 없는 예를 만들어 보았다. 두 요인간에 어떤 상호작용이 있는지 살펴보자.

[표11.6] 처리집단별 모평균 (상호작용이 있는 경우)

요인 A \ 요인 B	1 (0~5년)	2 (5~10년)	3 (10년 이상)	$\mu_{i}\cdot$	요인 A의 주효과 (α_i)
1 (강의)	85	75	80	80	0
2 (토의)	80	85	75	80	0
3 (사례)	75	80	85	80	0
$\mu_{\cdot j}$	80	80	80	$\mu = 80$	
요인 B의 주효과 (β_j)	0	0	0		

[표 11.6]의 마지막 열을 보면 요인 A의 주효과는 모두 0이며 교육방법에 따라 평가점수의 모평균이 달라지지 않는다. 하지만 이것은 교육의 효과를 근속년수가 다른 세 집단에 대해 평균한 것인데 유의해야 한다. 근속년수 별로 살펴보면 0~5년인 집단에서는 강의가 가장 효과적이고 5~10년인 집단에서는 토의, 그리고 10년 이상인 집단에서는 사례분석이 가장 효과적이라는 것을 쉽게 확인할 수 있다. 이처럼 요인 B의 수준에 따라 요인 A의 효과가 다르게 나타나는 경우 "두 요인 사이에 상호작용이 있다"고 말하는 것이다.

이 예를 통해 두 요인의 주효과가 없다고 해서 두 요인이 아무런 효과를 미치지 못한다고 할 수 없음에 유의해야 한다. 상호작용이 있을 수 있기 때문이다. (11.9)의 상호작용 γ_{ij}들을 계산해 보면 [표 11.7]과 같다는 것을 스스로 확인해 보기 바란다.

[표11.7] 상호작용

요인 A \ 요인 B	1 (0~5년)	2 (5~10년)	3 (10년 이상)
1 (강의)	5	−5	0
2 (토의)	0	5	−5
3 (사례)	−5	0	5

[표11.7]의 각 행은 요인 A의 수준에 따라 요인 B의 효과가 어떻게 나타나는지 보여준다. 평균을 중심으로 한 편차형식으로 나타내고 있기 때문에 행의 합은 항상 0이다. 모든 i 에 대해 $\sum_{j=1}^{J}\gamma_{ij}=0$ 임을 상기하라. 또한 [표 11.7]의 각 열은 요인 B의 수준에 따라 요인 A의 효과가 어떻게 나타나는지 보여준다. 열의 합이 항상 0인 것도 행의 합이 0인 것과 같은 이유에서다. 모든 j에 대해 $\sum_{i=1}^{I}\gamma_{ij}=0$ 임을 상기하라.

[제곱합의 분해]

지금까지의 논의를 통해 이원 분산분석의 자료들은

$$X_{ijk}=\mu+\alpha_i+\beta_j+\gamma_{ij}+e_{ijk} \tag{11.10}$$

로 모형화 할 수 있다. 여기서

$$\alpha_i=\mu_{i\cdot}-\mu,\quad \beta_j=\mu_{\cdot j}-\mu,\quad \gamma_{ij}=\mu_{ij}-\mu_{i\cdot}-\mu_{\cdot j}+\mu$$

이며, 이들은

$$\sum_{i=1}^{I}\alpha_i=0,\quad \sum_{j=1}^{J}\beta_j=0$$

모든 i 에 대해 $\sum_{j=1}^{J}\gamma_{ij}=0$

모든 j에 대해 $\sum_{i=1}^{I}\gamma_{ij}=0$

의 제약조건을 만족한다. 그리고 e_{ijk}들은 서로 통계적으로 독립이며 $N(0,\sigma^2)$의 분포를 따른다.

(i,j)셀의 k번째 관측치 X_{ijk}는 셀평균 μ_{ij}에 오차 e_{ijk}가 더해진 값으로 볼 수 있으므로, $X_{ijk}=\mu_{ij}+e_{ijk}$로 쓸 수 있다. (11.9)는 셀평균 μ_{ij}를 요인 A의 주효과(α_i), 요인 B의 주효과(β_j),

그리고 두 요인 사이의 상호작용(γ_{ij})의 합으로 분해하여 표현한 것이다.

이원 분산분석에서 검정하고자 하는 가설은 다음의 세 가지이다. 각 경우에 대립가설은 모두 '귀무가설이 참이 아니다' 이므로 생략하고 귀무가설만 정리해 두자.

가설 1 : 요인 A의 주효과는 0이다. (즉, 모든 i 에 대해 $\alpha_i = 0$) (I-1개의 제약)

가설 2 : 요인 B의 주효과는 0이다. (즉, 모든 j에 대해 $\beta_j = 0$) (J-1개의 제약)

가설 3 : 요인 A와 요인 B 사이에 상호작용이 없다.

(즉, 모든 i , j에 대해 $\gamma_{ij} = 0$) ((I-1) (J-1)개의 제약)

각 가설이 모수에 대해 몇 개의 제약을 가하고 있는지 알아두는 것도 차후의 자유도 계산에 유용하다. 먼저 가설 1은 I개의 α_i가 0이라는 제약을 가하고 있으나 α_i 들은 합이 0 (즉, $\sum_{i=1}^{I} \alpha_i = 0$)이라는 조건을 만족하고 있으므로 결국 $I-1$개의 제약을 가하고 있는 것이다. 마찬가지로 가설 2에는 $J-1$개의 제약이 있다. 그리고 γ_{ij}는 모두 IJ개가 있지만, 이들은 "모든 i 에 대해 $\sum_{j=1}^{J}\gamma_{ij} = 0$", 이라는 I개의 조건과 "모든 j에 대해 $\sum_{i=1}^{I}\gamma_{ij} = 0$"이라는 J개의 조건을 만족하므로 결국 가설 3에는 $IJ - I - J + 1 = (I-1)(J-1)$개의[49]제약이 있다.

위의 세 가설을 검정하기 위해 이원 분산분석은 반응변수의 총변동 또는 총제곱합을 각 요인의 주효과와 두 요인의 상호작용에 기인한 부분, 그리고 우연이나 오차에 기인한 부분으로 분해한다. 총제곱합의 분해는 다음의 항등식에서 출발한다;

$$X_{ijk} - \overline{X} = (\overline{X}_{i\cdot} - \overline{X}) + (\overline{X}_{\cdot j} - \overline{X}) + (\overline{X}_{ij} - \overline{X}_{i\cdot} - \overline{X}_{\cdot j} + \overline{X}) + (X_{ijk} - \overline{X}_{ij})) \qquad (11.11)$$

(11.11)은 (11.10)의 표본에서의 대응개념으로 이해할 수 있다. 앞에서 언급한 것처럼 $\overline{X}_{i\cdot} - \overline{X}$는 요인 A의 주효과($\alpha_i = \mu_i - \mu$)에 대한 추정량이고 $X_{\cdot j} - \overline{X}$는 요인 B의 주효과, $\overline{X}_{ij} - \overline{X}_{i\cdot} - \overline{X}_{\cdot j} + \overline{X}$는 상호작용에 대한 추정량이다. 물론 총평균 $\overline{X}$는 μ에 대한 추정량이다.

(11.11)의 양변을 제곱한 다음 모든 i, j, k 에 대해 합하면 모든 교차항들의 합이 0 이어서 다음의 결과를 얻게 된다;

49) γ_{ij}들의 모든 I개 행의 합이 0일 때, $J-1$개 열의 합이 0이면, 마지막 열의 합은 당연히 0이 되므로 +1이 필요하다.

$$\sum_{i=1}^{I}\sum_{j=1}^{J}\sum_{k=1}^{K}(X_{ijk}-\overline{X})^2 = JK\sum_{i=1}^{I}(\overline{X}_{i\cdot}-\overline{X})^2 + IK\sum_{j=1}^{J}(\overline{X}_{\cdot j}-\overline{X})^2 + K\sum_{i=1}^{I}\sum_{j=1}^{J}(\overline{X}_{ij}-\overline{X}_{i\cdot}-\overline{X}_{\cdot j}+\overline{X})^2 + \sum_{i=1}^{I}\sum_{j=1}^{J}\sum_{k=1}^{K}(X_{ijk}-\overline{X}_{ij})^2 \qquad (11.12)$$

좌변은 반응변수의 총변동, 또는 총제곱합이므로 TSS라 부르자. 우변의 첫 항은 요인 A의 주효과에 기인한 부분이므로 SSA, 둘째 항은 요인 B의 주효과에 기인한 부분이므로 SSB, 셋째 항은 상호작용에 기인한 부분이므로 SSI라 부르자. 마지막 항은 동일한 셀 내에서의 변동이므로 오차제곱합이라 할 수 있다. SSE의 기호로 나타내자.

이러한 기호법을 이용하여 (11.12)를 다음과 같이 정리해 두자;

$$TSS = SSA + SSB + SSI + SSE \qquad (11.13)$$

$$TTS = \sum_i\sum_j\sum_k(X_{ijk}-\overline{X})^2 \qquad (\text{자유도} = IJK-1)$$

$$SSA = JK\sum_{i=1}^{I}(\overline{X}_{i.}-\overline{X})^2 \qquad (\text{자유도} = I-1)$$

$$SSB = IK\sum_{j=1}^{J}(\overline{X}_{.j}-\overline{X})^2 \qquad (\text{자유도} = J-1)$$

$$SSI = K\sum_{i=1}^{I}\sum_{j=1}^{J}(\overline{X}_{ij}-\overline{X}_{i.}-\overline{X}_{.j}+\overline{X})^2 \qquad (\text{자유도} = (I-1)(J-1))$$

$$SSE = \sum_i\sum_j\sum_k(X_{ijk}-\overline{X}_{ij})^2 \qquad (\text{자유도} = IJ(K-1))$$

괄호 속에 표시된 각 제곱합의 자유도는 더해진 항의 수에서 이들 항이 만족해야 하는 제약의 수를 뺀 값으로 이해하면 될 것이다.

그리고 제곱합을 자유도로 나누어 준 값을 평균제곱이라 한다. (11.13)의 우변에 있는 네 개의 제곱합에 대해 다음과 같은 기호로 해당 평균제곱을 나타내기로 하자;

$$MSA = \frac{SSA}{I-1}$$

$$MSB = \frac{SSB}{J-1}$$

$$MSI = \frac{SSI}{(I-1)(J-1)}$$

$$MSE = \frac{SSE}{IJ(K-1)}$$

[분산분석표의 작성과 가설검정]

(11.13)의 제곱합 분해를 이용하여 앞서 설정한 세 가설에 대한 검정을 실시할 수 있다. 예컨대 총제곱합 중 요인 A의 주효과에 기인한 부분의 비율이 충분히 크면 요인 A의 주효과가 모두 0이라는 가설 1을 기각할 수 있을 것이다. 역시 문제는 얼마나 커야 충분히 큰 것으로 볼 수 있는가인데 이에 대한 해답은 F분포가 제공해 준다.

가설 1이 참일 때

$$F = \frac{MSA}{MSE} \sim F(I-1,\ IJ(K-1))$$

임이 알려져 있다. 자유도 $(I-1,\ IJ(K-1))$인 F 확률변수가 F_α보다 큰 값을 가질 확률은 α이므로

$$F > F_\alpha \text{ 이면 } \text{가설 1을 기각}$$

함으로써 유의수준 α에서의 검정을 실시할 수 있다.

마찬가지로, 가설 2가 참일 때

$$F = \frac{MSB}{MSE} \sim F(J-1,\ IJ(K-1))$$

이고, 가설 3이 참일 때

$$F = \frac{MSI}{MSE} \sim F((I-1)(J-1),\ IJ(K-1))$$

임이 알려져 있으므로, 이 사실을 이용하여 가설 2와 가설 3을 주어진 유의수준에서 검정할 수 있다.

결국 이원 분산분석에서의 검정은 총제곱합을 분해하여, 요인 A의 주효과에 기인한 부분이 충분히 크면 요인 A의 주효과가 있다, 요인 B의 주효과에 기인한 부분이 충분히 크면 요인 B의 주효과가 있다, 그리고 상호작용에 기인한 부분이 충분히 크면 두 요인 사이에 상호작용이 있다고 하는 매우 상식적이고 직관적인 방법임을 알 수 있다. 다만, 얼마나 커야 충분히 큰 것인지를 유의수준에 따라 결정하기 위해, 통계학 이론이 필요했던 것이다. 각 경우에 모두 비교대상을 우연에 기인한 부분으로 함으로써 F분포를 활용할 수 있다는 것이 바로 이론에서 증명하고 있는 부분이다.

이원 분산분석을 위해서는 [표11.8]과 같은 분산분석표로 통계량들을 요약하는 것이 편리하다. 표의 마지막 열이 각 변동요인의 효과를 검정하기 위한 F통계량이다. 그리고 F통계량의 분자 자유도는 분자에 등장하는 평균제곱의 자유도이고 분모 자유도는 오차 평균제곱의 자유도 $IJ(K-1)$이다.

[표11.8] 이원 분산분석의 분산분석표

변동요인	제곱합	자유도	평균제곱	F비
요인 A	SSA	$I-1$	MSA	MSA/MSE
요인 B	SSB	$J-1$	MSB	MSB/MSE
상호작용	SSI	$(I-1)(J-1)$	MSI	MSI/MSE
오차	SSE	$IJ(K-1)$	MSE	
합계	TSS	$IJK-1$		

[예11.4]

근속년수 0~5년인 사원 6명을 무작위로 선발하여 무작위로 2명씩 3개조로 구분한 다음 각각 강의, 토의, 사례분석의 방법으로 교육을 시켜보았다. 그리고 근속년수 5~10년과 근속년수 10년 이상인 집단에 대해서도 동일한 실험을 실시하였다. 교육 후 평가점수가 [표 11.9]와 같다고 하고, 교육의 효과가 교육방법과 근속년수에 따라 다르게 나타나는지 살펴보자. 또한 교육방법에 따른 교육효과가 근속년수에 따라 다른지, 즉 두 요인 간에 상호작용이 있는지 알아보도록 하자.

[표 11.9]에는 실험단위들의 평가점수 뿐만 아니라 각 셀의 평균, 각 행의 평균, 각 열의 평균 및 총평균도 함께 표시해 놓았다. 이들을 살펴보면 자료가 무엇을 이야기하고 있는지 큰 그림을 이해할 수 있다.

마지막 열을 보면 평균적으로 강의가 가장 효과적인 교육방법으로 토의와 사례분석에 비해 각각 5점 및 10점 높은 평가점수를 보여주고 있다. 하지만 이 차이는 통계적으로 유의한 차이인가 아니면 우연이나 오차에 의해 나타날 수 있는 무의미한 차이인가? 이것이 가설 1의 검정에서 던지는 질문이다. 마지막 행에는 근속년수 0~5년인 집단의 평가점수가 타 집단에

[표11.9] 교육의 효과

교육방법(A) \ 근속년수(B)	1 (0~5년)	2 (5~10년)	3 (10년 이상)	요인 A 수준별 평균
1 (강의)	73, 71 $\bar{X}_{11}=72$	75, 81 $\bar{X}_{12}=78$	76, 74 $\bar{X}_{13}=75$	$\bar{X}_{1\cdot}=75$
2 (토의)	76, 78 $\bar{X}_{21}=77$	60, 68 $\bar{X}_{22}=64$	65, 73 $\bar{X}_{23}=69$	$\bar{X}_{2\cdot}=70$
3 (사례)	68, 66 $\bar{X}_{31}=67$	63, 61 $\bar{X}_{32}=62$	68, 64 $\bar{X}_{33}=66$	$\bar{X}_{3\cdot}=65$
요인 B 수준별 평균	$\bar{X}_{\cdot 1}=72$	$\bar{X}_{\cdot 2}=68$	$\bar{X}_{\cdot 3}=70$	총평균 $\bar{X}=70$

비해 4점 또는 2점 높게 나타나 있다. 이 차이가 유의한 것인지 판단하는 것이 가설 2에 대한 검정이다.

마지막으로 첫 열의 셀 평균들을 살펴보면 근속년수 0~5년인 집단에서는 토의가 가장 효과적인 교육방법으로 나타나있다. 근속년수가 5~10년인 집단이나 10년 이상인 집단에서 강의가 가장 효과적인 것과 차이가 난다. 근속년수에 따라 교육방법의 효과가 다르게 나타나고 있는 것이다. 표본에서 나타난 이 현상이 통계적으로 유의한 것인지 판단하는 것이 가설 3에 대한 검정이다.

분산분석표를 작성하는데 필요한 제곱합들은 다음과 같이 계산할 수 있다;

$$\begin{aligned} TSS &= \sum_{i=1}^{3}\sum_{j=1}^{3}\sum_{k=1}^{2}(X_{ijk}-\bar{X})^2 \\ &= (73-70)^2+(71-70)^2+.....+(64-70)^2 \\ &= 636 \end{aligned}$$

$$\begin{aligned} SSA &= JK\sum_{i=1}^{3}(\bar{X}_i-\bar{X})^2 \\ &= 3\times 2\,\{(75-70)^2+(70-70)^2+(65-70)^2\} \\ &= 300 \end{aligned}$$

$$\begin{aligned} SSB &= IK\sum_{j=1}^{3}(\bar{X}_{.j}-\bar{X})^2 \\ &= 3\times 2\,\{(72-70)^2+(68-70)^2+(70-70)^2\} \\ &= 48 \end{aligned}$$

$$\begin{aligned} SSI &= K\sum_{i=1}^{3}\sum_{j=1}^{3}(\bar{X}_{ij}-\bar{X}_{i.}-\bar{X}_{.j}+\bar{X})^2 \\ &= 2\,\{(72-75-72+70)^2+(78-75-68+70)^2 \\ &\qquad +...+(66-65-70+70)^2\} \\ &= 188 \end{aligned}$$

$$\begin{aligned} SSE &= \sum_{i=1}^{3}\sum_{j=1}^{3}\sum_{k=1}^{2}(X_{ijk}-\bar{X}_{ij})^2 \\ &= (73-72)^2+(71-72)^2+...+(64-66)^2 \\ &= 100 \end{aligned}$$

※ 제곱합들 사이에는 (11.12)의 관계가 성립하므로 SSE는 $TSS-SSA-SSB-SSI$로 계산하여도 좋다.

위에서 계산한 제곱합과 이들의 자유도를 이용하여 다음과 같은 분산분석표가 만들어진다. [표11.10]에는 검정에 필요한 임계값 $F_{0.05}$와 관측된 F비의 p-값도 함께 표시해 두었다.

[표11.10] 분산분석표

변동요인	제곱합	자유도	평균제곱	F 비	$F_{0.05}$	p-값
교육방법(A)	300	$I-1=2$	150	2.16	$F_{0.05}(2,9)=4.26$	0.002
근속년수(B)	48	$J-1=2$	24	13.5	$F_{0.05}(2,9)=4.26$	0.171
상호작용	188	$(I-1)(J-1)=4$	47	4.23	$F_{0.05}(4,9)=3.63$	0.034
오차	100	$IJ(K-1)=9$	11.1			
합계	636	17				

먼저 요인 A, 즉 교육방법의 주효과가 모두 0이라는 가설 1은

$$\text{관측된 } F=13.5 > F_{0.05}=4.26$$

이므로 5% 유의수준에서 기각할 수 있다. 관측된 F의 p-값 0.002를 통해서도 같은 결론을 얻을 수 있다. 교육방법이 평가점수에 영향을 미친다고 볼 수 있다.

둘째, 요인 B, 즉 근속년수의 주효과가 모두 0이라는 가설 2는

$$\text{관측된 } F=2.16 < F_{0.05}=4.26$$

이므로 유의수준 5%에서 기각할 수 없다. p-값 0.171을 통해서도 같은 결론을 얻을 수 있다. 근속년수에 따라 교육효과가 다르게 나타난다는 증거는 충분하지 않은 것이다.

마지막으로 교육방법과 근속년수 사이에 상호작용이 없다는 가설 3은

$$\text{관측된 } F=4.23 > F_{0.05}=3.63$$

이므로 유의수준 5%에서 기각할 수 있다. 관측된 F의 p-값 0.034도 동일한 결론을 가리키고 있다. 따라서 교육효과는 근속년수에 따라 다르게 나타난다고 볼 수 있다.

A11 엑셀을 이용한 분산분석

1. 일원 분산분석

[예11.1]의 자료를 이용하여 일원 분산분석표를 만들고자 할 때에는 [그림11A.1]과 같이 먼저 자료를 입력한 다음

도구 – 데이터분석 – 분산분석: 일원배치법

을 선택하여 하단과 같은 대화창을 띄운다.

그림에서처럼 **입력 범위**에 $B$3:$D$7를 입력하고 **데이터방향**은 열을 선택한다. 만약 검정의 유의수준을 조정하고 싶으면 **유의수준**에 0.05 대신 원하는 값을 입력하면 된다.

위의 대화창에서 확인을 누르면 [그림11A.2]와 같은 결과가 출력되어 나온다. 하단의 분산분석표는 [예11.1]에서 구한 것과 동일하다. 단, 엑셀에서는 집단간 제곱합을 처리제곱합으로 그리고 집단내 제곱합을 잔차제곱합으로 표현하고 있을 뿐이다.

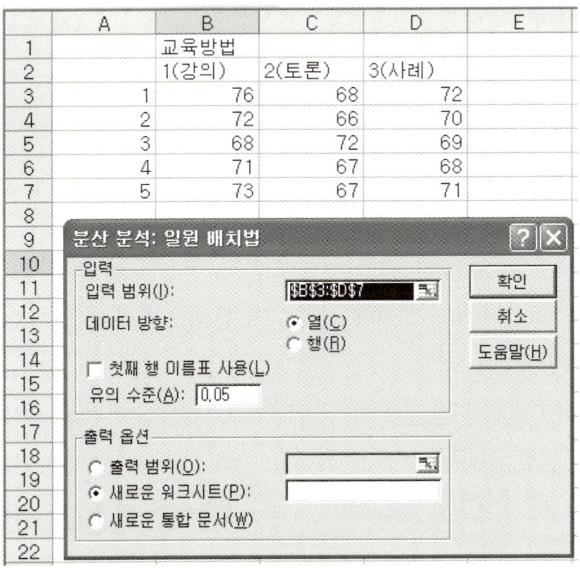

[그림11A.1]

엑셀에서는 검정통계량 F 비뿐만 아니라 p－값과 지정된 유의수준에서의 임계값(여기서는 $F_{0.05}$) 까지 제공하고 있으므로 쉽게 검정에 활용할 수 있다.

	A	B	C	D	E	F	G
1	분산 분석: 일원 배치법						
2							
3	요약표						
4	인자의 수준	관측수	합	평균	분산		
5	Column 1	5	360	72	8.5		
6	Column 2	5	340	68	5.5		
7	Column 3	5	350	70	2.5		
8							
9							
10	분산 분석						
11	변동의 요인	제곱합	자유도	제곱 평균	F 비	P-값	F 기각치
12	처리	40	2	20	3.6364	0.0583	3.8853
13	잔차	66	12	5.5			
14							
15	계	106	14				

[그림11A.2]

2. 이원 분산분석

[예11.4]의 자료를 이용하여 이원 분산분석표를 만들고자 할 때에는 [그림11A.3]과 같이 먼저 자료를 입력한 다음

도구 – 데이터분석 – 분산분석: 반복 있는 이원배치법

을 선택하여 하단과 같은 대화창을 띄운다.

유의할 점은 **입력 범위**에 요인 수준을 나타내는 행(즉, 제2행)과 열(즉, A열)을 포함하여 $A$2:$D$8을 입력해야 한다는 것이다. **표본당 행수**에는 2를 입력해야 하며 이는 본문의 기호법에 의하면 k의 값이다. 그리고 검정의 유의수준을 조정하고 싶으면 **유의수준**에 0.05 대신 원하는 값을 입력해 준다.

위의 대화창에서 확인을 누르면 [그림11A.4]와 같은 결과가 출력되어 나온다. 하단의 분산분석표는 [예11.4]에서 구한 것과 동일하다. 단, 용어에 약간의 차이가 있다. 엑셀은 상호작용을 교호작용으로, 오차제곱합을 잔차제곱합으로, 그리고 평균제곱을 제곱평균으로 부르고 있다.

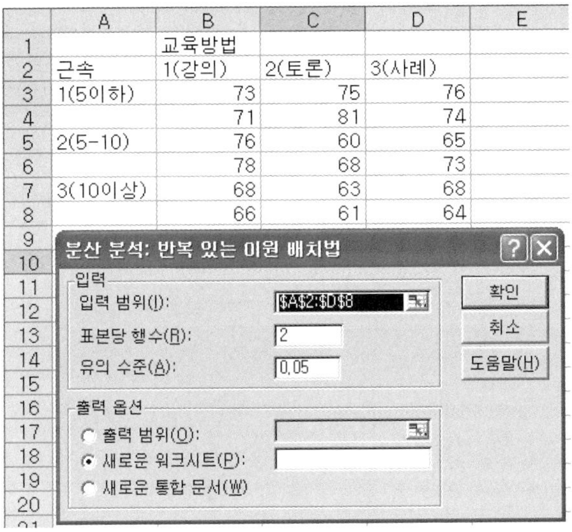

[그림11A.3]

일원분산분석에서와 마찬가지로 검정통계량 F비뿐만 아니라 p-값과 지정된 유의수준에서의 임계값(여기서는 $F_{0.05}$)까지 제공하고 있으므로 쉽게 검정에 활용할 수 있다.

마지막으로 엑셀은 **데이터분석** 메뉴에 **분산분석: 반복 없는 이원배치법**을 두어 각 처리집단에 대한 관측치가 1, 즉 $K=1$인 경우의 이원 분산분석을 할 수 있도록 하고 있다. 분산분석표에 상호작용(엑셀의 용어로는 교호작용) 항이 나타나지 않을 것이다. $k=1$인 경우에는 주효과에 대한 가설검정만 가능하고 상호작용에 대한 가설검정은 이루어지지 않기 때문이다.

	A	B	C	D	E	F	G
1	분산 분석: 반복 있는 이원 배치법						
2							
3							
4	분산 분석						
5	변동의 요인	제곱합	자유도	제곱 평균	F 비	P-값	F 기각치
6	인자 A(행)	300	2	150	13.5	0.00195	4.25649
7	인자 B(열)	48	2	24	2.16	0.17133	4.25649
8	교호작용	188	4	47	4.23	0.03373	3.63309
9	잔차	100	9	11.111			
10	계	636	17				

[그림11A.4]

연습문제

11.1. 아래의 분산분석표에 대한 다음 질문에 답하라.

변동요인	제곱합	자유도	평균제곱	F
집단간	(a)	2	20	(e)
집단내	(b)	12	(d)	
합계	88	(c)		

(1) (a)~(e)에 들어갈 숫자는 각각 얼마인가?

(2) 유의수준이 $\alpha = 0.05$일 때 위의 표로부터 어떤 결론을 얻을 수 있는가?

11.2. 국내에서 생산된 소형차들의 연비를 비교하기 위해 세 가지 모델에 대해 각각 4대씩 시험주행을 해본 결과가 다음과 같다.

(단위 : 리터 당 Km)

모델1	모델2	모델3
13	22	17
15	18	19
11	18	16
17	22	20

(1) 각 모델별 평균 연비는 얼마인가? 연비에 차이가 있는 것으로 보이는가?

(2) 집단간 제곱합을 구하라.

(3) 집단내 제곱합을 구하라

(4) 분산분석표를 작성하라.

(5) 세 모델의 연비에 대해 어떤 결론을 내릴 수 있는가? 유의수준은 5%로 하라.

11.3. 세 모집단으로부터 얻은 표본이 다음과 같다.

표본1	표본2	표본3
60	58	52
49	70	58
57	50	60
50	66	64

(1) 세 집단의 모평균에 차이가 있는 것으로 보이는가?
(2) 집단간 제곱합을 구하라
(3) 집단내 제곱합을 구하라
(4) 분산분석표를 작성하라
(5) 세 집단의 모평균에 대해 어떤 결론을 내릴 수 있는가? 유의수준 5%에서 결정하라

11.4. 네 개의 모집단으로부터 각각 15개의 관측치를 얻었다. 다음의 분산분석표를 완성한 다음, 유의수준 5%에서 네 집단의 모평균이 동일하다는 귀무가설을 기각할 수 있는지 밝혀라.

변동요인	제곱합	자유도	평균제곱	F
집단간			400	
집단내				
합계	2,200			

11.5. 세 모집단으로부터 각각 20개의 관측치를 얻어 분석해 본 결과 집단간 제곱합은 120, 집단내 제곱합은 196이었다.
(1) 분산분석표를 작성하라
(2) 유의수준 5%에서 세 집단의 모평균이 동일하다는 귀무가설을기각할 수 있는가?

11.6. 세 종류의 타이어의 주행거리를 비교하기 위해 각각 30개를 시험해 본 결과가 아래와 같이 요약되어 있다;

(단위 : 천 Km)

타이어	표본평균	표준편차
A	82	2.1
B	78.5	1.8
C	83.1	2.0

(1) 집단간 제곱합을 구하라

(2) 집단내 제곱합을 구하라

(3) 세 타이어의 주행거리가 동일하다는 가설을 유의수준 5%에서 검정하라.

11.7. 상호작용 $\gamma_{ij} = \mu_{ij} - \mu_{.j} - \mu_{i.} + \mu$들은

모든 i 에 대해 $\sum_{j=1}^{J} \gamma_{ij} = 0$

모든 j에 대해 $\sum_{i=1}^{I} \gamma_{ij} = 0$

의 조건을 만족함을 보여라.

[힌트 : $\mu_{i.} = \frac{1}{J}\sum_{j=1}^{J}\mu_{ij}$, $\mu_{.j} = \frac{1}{I}\sum_{i=1}^{I}\mu_{ij}$, $\mu = \frac{1}{I}\sum_{i=1}^{I}\mu_{i.} = \frac{1}{J}\sum_{j=1}^{J}\mu_{.j}$의 관계를 이용할 것]

11.8. 아래의 분산분석표에 관한 다음 질문에 답하라.

변동요인	제곱합	자유도	평균제곱	F
요인 A	(a)	2	3,050	(b)
요인 B	45,300	(c)	(d)	(e)
상호작용	(f)	4	(g)	(h)
오차	19,850	9	(i)	
합계	82,450	(j)		

(1) (a)~(j)에 들어갈 숫자는 각각 얼마인가?

(2) 통계적으로 유의한 주효과가 나타나고 있는가? 유의수준 5%에서 검정하라.

(3) 두 요인간의 상호작용이 존재하는지 유의수준 5%에서 검정하라.

11.9. 요인 A의 두 수준과 요인 B의 세 수준에 따라 관측된 자료가 다음과 같다.

요인(A) \ 요인(B)	수준1	수준2	수준3
수준1	125	80	65
	145	76	83
수준2	115	117	110
	105	115	126

(1) 각 셀의 평균($\bar{X}_{ij}$), 요인 A의 수준별 평균($\bar{X}_{i.}$), 요인 B의 수준별 평균($\bar{X}_{.j}$)을 구하여라. 각 요인의 주효과와 두 요인간의 상호작용이 존재하는 것으로 보이는가?

(2) 분산분석표를 작성하라.

(3) 통계적으로 유의한 주효과나 상호작용이 존재하는지 5% 유의수준에서 검정하라.

11.10. 성별과 학력별로 초임에 차이가 있는지 알아보기 위해 12명을 조사한 결과가 아래와 같았다;

성 \ 학력	고졸	대졸	대학원졸
남	15, 20	35, 25	27, 35
여	12, 16	25, 20	24, 25

(1) 초임에 학력별 차이가 있다고 볼 수 있는가? $\alpha = 0.10$에서 검정하라.

(2) 초임에 성별 차이가 있다고 볼 수 있는가? $\alpha = 0.10$에서 검정하라.

(3) 상호작용이 존재한다고 볼 수 있는가? $\alpha = 0.10$에서 검정하라. 그리고 상호작용이 존재한다는 것은 무엇을 의미하는지 설명하라.

chapter

12 단순선형회귀분석

statistics

12 단순선형회귀분석

제7장부터 제11장까지의 통계적 추론은 한 변수의 모평균과 모분산 등을 추정하거나 이들에 대한 가설을 검정하는 방법을 다루었다. 하지만 대부분의 경제, 경영이론은 가격이 상승하면 수요량이 감소한다든가 이자율이 상승하면 주가가 하락한다는 등 두 변수 사이의 관계에 대해 말하고 있다. 이러한 이론이 현실을 잘 설명하는지 실증적으로 분석하기 위해서는 두 변수 사이의 관계를 통계자료를 이용하여 파악할 수 있는 도구가 필요하다. **회귀분석**(regression analysis)은 바로 이러한 목적으로 개발된 통계적 기법이다.

제12장에서는 회귀 분석의 입문으로 단순선형회귀 모형을 자료를 이용하여 추정하고 검정하는 방법을 다룬다. 독립변수와 종속변수라 부르는 오직 두 개의 변수만을 다루고 있기 때문에 '단순'회귀모형이고 두 변수 사이의 관계를 선형으로 가정하고 있기 때문에 '선형'회귀모형이다.

경제, 경영이론에 대한 본격적인 실증분석을 수행하기 위해서는 독립변수가 둘 이상 등장하는 '다중'선형회귀모형, 시계열 자료를 분석하는데 유용한 시계열 모형 등을 공부해야 한다. 하지만 이들은 통계학의 입문서인 이 책의 수준을 넘어서는 방대한 내용을 담고 있기 때문에 보다 고급 과정에서 다룰 수밖에 없다. 이 장에서 공부할 내용은 회귀분석의 기초를 이루는 핵심적인 개념들이다. 이것을 제대로 이해해 두는 것은 고급과정으로의 진전을 위해 반드시 거쳐야 할 단계라 할 수 있다.

제12.1절에서 단순선형회귀모형을 설정한 다음 제12.2절에서는 최소제곱법을 이용하여 모형을 추정하는 방법을 설명할 것이다. 모집단의 특성을 나타내는 모수와 표본에서 계산하는 통계량을 잘 구분할 수 있어야 한다. 제12.3절은 최소제곱법으로 얻은 추정량의 평균과 분산을 구하고 일정한 가정 하에서 최소제곱추정량이 최량선형불편추정량임을 밝힐 것이다. 단순선형회귀모형에 대한 통계적 추론은 제12.4절에서 이루어진다. 제12.5절의 결정계수는 단순선형회귀모형이 표본자료를 얼마나 잘 설명하는지를 측정하는 기술 통계량이다. 제12.5절에서는 또한 회귀분석의 결과를 보고하는 형식에 대해 설명할 것이다.

12.1 단순선형회귀모형

우리나라의 가구별 소득과 식비지출액 사이에 어떤 관계가 있을지 생각해 보면, 월소득(X, 단위: 만원)이 높은 가구가 낮은 가구에 비해 반드시 식비지출액(Y, 단위: 만원)이 높지는 않을 것이다. 월소득이 동일한 가구라 하더라도 가구원 수, 재산, 음식에 대한 취향 등이 다르면 식비지출액이 다를 것이기 때문이다. 그럼에도 불구하고 흔히 소득이 높으면 식비지출액이 높다고 하는 것은, 월소득이 높은 가구들의 '평균' 식비지출액이 월소득이 낮은 가구들의 '평균' 식비지출액에 비해 높다는 의미일 것이다.

각 소득수준에서의 평균 식비지출액을

$$E(Y \mid X) \tag{12.1}$$

의 기호로 나타내 보자. (12.1)은 월소득이 X로 주어졌을 때 식비지출액 Y의 평균을 나타내는 것으로 보통 Y의 조건부기대값, 또는 **회귀함수**(regression function)라 부른다. 월소득이 높을수록 평균 식비지출액이 높다는 것은 바로 회귀함수 $E(Y \mid X)$가 X의 증가함수임을 의미한다.

(12.1)의 회귀함수가 실제로 어떤 형태를 가지고 있는지 알아내기 위해서는 전 가구에 대한 조사가 필요하다. 예를 들어 월소득이 100만원, 즉 $X = 100$인 수많은 가구들을 모두 조사하여 평균 식비지출액을 구하면

$$E(Y \mid X = 100)$$

을 얻을 수 있고, 또 월소득이 200만원인 수많은 가구들을 모두 조사하여 평균 식비지출액을 구하면

$$E(Y \mid X = 200)$$

을 얻을 수 있다. 가능한 모든 월소득 수준에 대해 이와 같은 과정을 밟으면, X와 Y 사이의 평균적 관계를 나타내는 회귀함수를 얻게 된다.

단순 선형회귀모형은 (12.1)의 회귀함수가 X의 선형함수, 즉

그림 12.1 단순선형 회귀모형

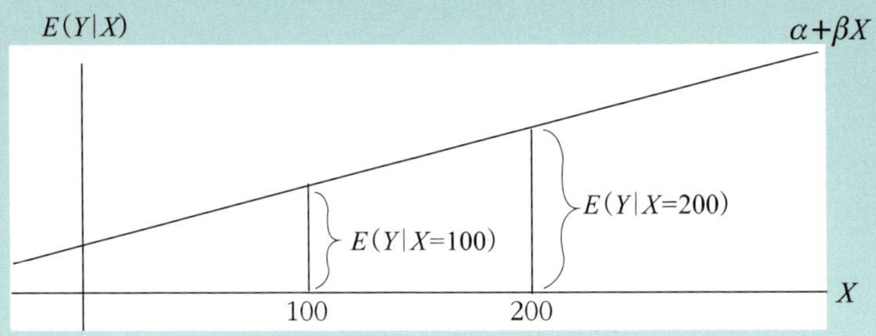

$$E(Y \mid X) = \alpha + \beta X \tag{12.2}$$

라고 기정한 모형을 말한다. [그림12.1]은 선형회귀함수의 그래프를 보여주고 있다. $X=100$일 때 그래프의 높이가 월소득 100만원인 가구들의 평균 식비지출액 $E(Y \mid X=100)$이고, $X=200$일 때 그래프의 높이가 월소득 200만원인 가구들의 평균 식비지출액 $E(Y \mid X=200)$이다. 월소득이 높을수록 평균 식비지출액이 높을 것이기 때문에 직선의 기울기 β가 0보다 큰 값으로 상정하였고, 또 소득이 전혀 없는, 즉 $X=0$인 가구들도 식비지출은 있을 것이기 때문에 직선의 절편 α도 0보다 큰 값으로 상정하였다.

단순선형회귀분석은 표본자료를 이용하여 (12.2)의 선형회귀함수에 대해 추론하는 과정을 말한다. 절편 α와 기울기 β가 선형회귀함수를 결정하기 때문에 단순선형회귀분석의 핵심은 표본자료를 이용하여 α와 β에 대한 추정과 가설검정을 하는데 있다고 할 수 있다.

다음 절에서 우리는 최소제곱법을 이용하여 α와 β를 추정하는 방법을 공부할 것이다. 그러나 최소제곱법이 단순선형회귀모형을 추정하는 유일한 방법은 아니다. 고급과정으로 올라가면 최소제곱법 이외에 일반화 최소제곱법, 최우추정법, 도구변수 추정법 등을 공부하게 될 것이다. 어떤 방법을 쓰는 것이 효율적인가는 결국 모집단에 대해 어떤 가정을 할 수 있는가에 달려있다. 최소제곱법이 효율적인 추정방법이고, 또한 최소제곱법에 근거한 추정과 가설검정이 유효하기 위해서는 몇 가지 가정이 필요하다. 이 절에서는 소위 선형회귀모형에 대한 **고전적 가정**(classical assumptions)을 소개하고자 한다.

n개의 가구를 표본조사할 때 우리가 관측할 수 있는 값들은 각 가구의 월소득(X)과 식비지출액(Y)이다. i번째 가구의 X와 Y를 X_i와 Y_i의 기호로 나타낸다면, 표본자료는

$$(X_1, Y_1),\ (X_2, Y_2),\ .....\ ,\ (X_n, Y_n)$$

으로 쓸 수 있다.

첫째 가정은 설명변수의 값 X_i들은 고정된 상수이고 적어도 둘 이상의 서로 다른 값을 가진다는 것이다. n개의 가구를 무작위로 선택할 때 이들의 월소득은 분명히 확률변수일 것이다. 하지만 최소제곱 추정량의 성질을 밝히고 추정과 가설검정 등의 추론 방법을 설명하기 위해서는 X_i를 상수로 취급하는 것이 매우 편리하다. 고전적 가정에서는 이런 '편의'상의 목적 때문에 X_i들을 상수로 가정한다. 미리 정해진 월소득 수준을 가진 가구들 중에서 표본을 추출하는 것으로 이해하면 될 것이다.

그리고 단순선형회귀분석의 목적은 X의 값이 변할 때 Y의 평균이 어떻게 변하는지를 알아보고자 하는데 있으므로 표본에서 X_i들이 적어도 둘 이상의 서로 다른 값을 가지지 않으면 곤란하다. 예를 들어, 월소득이 100만원인 가구들만 조사한 자료를 가지고 월소득과 식비지출액의 관계에 대해 추론하려는 것은 무모한 일일 것이다. 다음 절에서 설명하겠지만, 모든 X_i들이 동일한 하나의 값만 가질 경우에는 최소세곱법으로 단순선형회귀모형을 추정하는 것이 불가능해진다.

두 번째 가정은 (12.2)의 단순선형회귀모형을 우리가 관측할 수 있는[50] 변수들을 이용하여 다음과 같이 고쳐 쓸 수 있다는 것이다;

$$Y_i = \alpha + \beta X_i + e_i\ ,\quad i = 1, 2, ..., n \qquad (12.3)$$

여기서 e_i는 **오차항**(error term) 또는 **교란항**(disturbance term)이라 부르며, i 번째 가구의 실제 식비지출액 (Y_i)과 i 번째 가구와 동일한 월소득을 가진 모든 가구들의 평균식비지출액 ($E(Y \mid X = X_i) = \alpha + \beta X_i$)의 차이를 나타낸다. 따라서 $e_i > 0$ 이면 i 번째 가구는 동일한 월소득을 가진 가구들의 평균에 비해 더 많은 식비지출을 한 것이고, $e_i < 0$ 이면 평균보다 낮은 식비지출을 한 것이다. [그림12.2]는 세 번째 가구가 전자의 경우이고 5번째 가구가 후자의 경우임을 보여주고 있다.

각 가구의 식비지출액 Y_i를 해당 가구의 월소득으로부터 예측할 수 있는 값, 즉 $E(Y \mid X = X_i) = \alpha + \beta X_i$ 와 오차항 e_i의 합으로 나타낼 수 있다는 (12.3)이 바로 두 번째 가정이다.

---

50) (12.2)에 등장하는 $E(Y \mid X)$는 월소득이 X인 모든 가구의 평균 식비지출액으로 전수조사를 하지 않는 한 관측할 수 없는 값이다.

그림 12.2 오차항

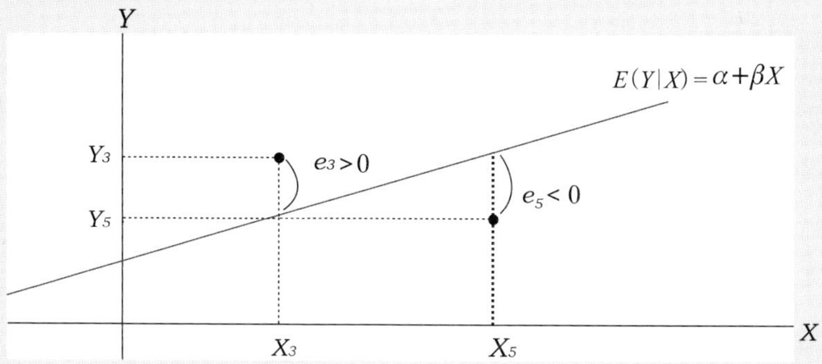

세 번째 가정은

$$\text{모든 } i \text{ 에 대해 } E(e_i)=0 \tag{12.4}$$

이라는 것이다. 월소득이 X_i인 가구 하나를 무작위로 추출하면 이 가구의 식비지출액은 동일소득 가구들의 평균보다 높을($e_i > 0$)수도 있고, 낮을($e_i < 0$)수도 있지만, 평균적으로는 같을 것으로 예상($E(e_i)=0$)할 수 있다는 의미이다. X_i 들이 상수라 가정하였으므로 (12.4)는 종속변수 Y_i의 평균이

$$E(Y_i)=\alpha+\beta X_i$$

임을 의미하는 것으로 이해할 수도 있다.[51)]

여기서, 오차항 e_i는 월소득 이외에 식비지출액에 영향을 미치는 "모든 다른 변수들의 총체적 영향"을 나타내는 항임을 기억해 두자. (12.2) 또는 (12.3)의 단순선형회귀모형을 분석하고자 하는 어느 누구도 월소득 X가 식비지출액 Y를 결정하는 유일한 요인이라고 믿지는 않을 것이다. 가구의 재산상태, 가구원의 수, 음식에 대한 취향 등 수많은 요인이 식비지출액에 영향을 미칠 것이다. 그럼에도 불구하고 (12.2) 또는 (12.3)의 단순 선형회귀모형을 추정해 보려하는 것은 월소득이 가장 중요한 요인이라고 보기 때문이다. 월소득이 X_i인 가구는 평균적으로 $\alpha+\beta X_i$ 만큼을 식비로 지출하지만 다른 생략된 변수들의 영향으로 인하여 오차항 e_i 만큼의 차이가 나타나는 것으로 이해하면 될 것이다. [그림11.2]에는 오차항이 0보다 큰 가구와

51) (12.3)의 양변의 기대값을 계산해 보라.

0보다 작은 가구가 하나씩 표시되어 있다. 세 번째 가구는 소득수준(X_3)에 비추어 평균보다 높은 식비지출을 하는 가구라는 것이 $e_3 > 0$으로 나타나고, 다섯 번째 가구는 소득수준(X_5)에 비추어 평균보다 낮은 식비지출을 하는 가구라는 것이 $e_5 < 0$으로 나타나게 된다.

그러나 오차항 e_i는 "관측불가능"하다는 것도 반드시 기억해 두어야 한다. (12.3)으로부터 오차항은

$$e_i = Y_i - (\alpha + \beta X_i)$$

로 쓸 수 있다. 표본조사를 통하여 우리는 i 번째 가구의 월소득(X_i)과 식비지출액(Y_i)을 관측할 수 있다. 하지만 앞에서 언급한 바와 같이 α와 β의 값은 전수조사를 하지 않고서는 알 수 없는 값이다. 따라서 표본자료가 주어지더라도 각 가구의 오차항의 값은 결코 알 수 없다. 예를 들어, 월소득이 200만원인 가구의 식비지출액이 50만원일 때 이 가구가 동일 소득을 가진 전 가구의 평균보다 높은 지출을 하고 있는지([그림12.2]의 세 번째 가구처럼), 아니면 낮은 지출을 하고 있는지는 (다섯 번째 가구처럼)알 수 없다. 왜냐하면 동일 소득을 가진 전 가구의 평균 식비지출액이 얼마인지 알지 못하기 때문이다.

고전적 가정의 네 번째는 모든 가구에 대해 오차항의 분산이 동일하다는 것으로

$$\text{모든 } i \text{ 에 대해 } var(e_i) = \sigma^2 \tag{12.5}$$

으로 쓸 수 있고, 이것을 **동분산**(homoscedasticity)의 가정이라 한다. 제4장에서 공부한 분산의 성질을 상기하면 (12.5)를

$$\text{모든 } i \text{ 에 대해 } var(Y_i) = \sigma^2$$

으로 이해해도 좋다.[52)]

동분산의 가정을 쉽게 이해하기 위해서는 그렇지 않은 경우와 비교해 보는 것이 좋다. 동분산이 아닐 때 우리는 **이분산**(heteroscedasticity)이 있다고 말한다. [그림12.3]은 월소득이 $X_1 = 100$(만원)인 가구들과 $X_2 = 200$(만원)인 가구들의 식비지출액의 분포를 동분산인 경우와 이분산인 경우로 나누어 보여주고 있다. [그림12.3]의 (a)에서는 월소득 수준이 얼마이든 식비지출액의 분산이 동일하고 (b)에서는 월 소득수준이 높아지면 식비지출액의 평균뿐만 아니라 분산도 증가하고 있다. 어느 것이 타당한 가정일까? 소득 수준이 높은 가구들 중에는 평균보다 매우 높거나 매우 낮은 식비지출액을 보이는 가구가 많이 있을 가능성이 있으므로 (b)와 같이

---

52) $Y_i = \alpha + \beta X_i + e_i$이고 α, β, X_i는 상수이므로 $var(Y_i) = var(e_i)$이다.

그림 12.3 동분산과 이분산

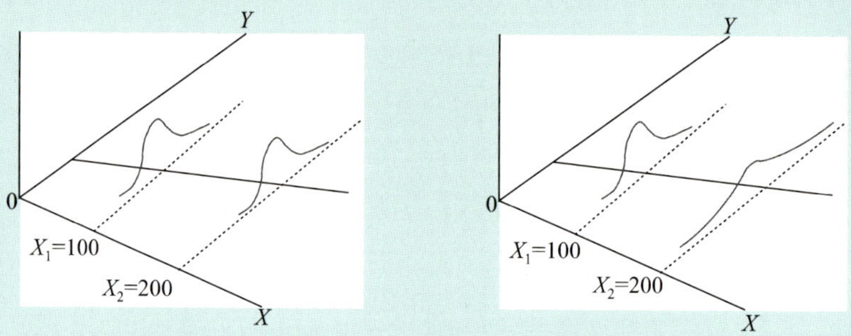

(a) 동분산　　(b) 이분산

이분산을 가정하는 것이 더 타당하지 않을까?

우리는 고전적 가정을 따라 (12.5)의 동분산을 가정하고 단순선형회귀분석을 진행할 것이다. [그림12.3]의 (a)가 모집단의 모습을 나타내는 것으로 가정하는 것이다. 이분산의 존재를 탐지하는 방법과 이분산이 있는 경우의 추론방법 등은 계량경제학 등의 고급과정으로 미룰 수밖에 없다.

마지막 가정은 서로 다른 가구들의 식비지출액은 상관관계가 없다는 것으로

$$i \neq j\text{일때 } cov(e_i\,,\, e_j) = 0 \tag{12.6}$$

또는

$$i \neq j\text{일때 } cov(Y_i\,,\, Y_j) = 0$$

으로 쓸 수 있다.[53)]

만약 모집단에서 가구들을 무작위로 추출한다면 서로 다른 가구의 식비지출액 Y_i와 Y_j는 상관관계가 없고, 따라서 오차항 e_i와 e_j도 상관관계가 없으므로 (12.6)의 가정이 성립하게 된다.

(12.6)의 가정이 타당하지 않을 것으로 의심하게 되는 경우는 주로 분석에 이용되는 자료가 시계열 자료일 때이다. 이 때에는 하첨자 i와 j가 지금까지의 설명에서처럼 가구를 나타내는 것이 아니라 시점을 나타내게 되므로 i 시점의 식비지출액 Y_i와 j시점에서의 식비지출액 Y_j 사이에 상관관계가 나타날 가능성이 있다. 하지만 (12.6)의 가정이 타당한지 검정하는 방법

53) $Y_i = \alpha + \beta X_i + e_i$,　$Y_j = \alpha + \beta X_j + e_j$ 이고 α, β, X_i, X_j는 상수이므로 $cov(Y_i\,,\, Y_j) = cov(e_i, e_j)$이다.

과 (12.6)이 성립하지 않을 때의 통계적 추론 등은 고급과정으로 미룰 수밖에 없다.

지금까지의 논의를 다음과 같이 정리해 두자;

〈단순선형회귀모형에 대한 고전적 가정〉

가정 1 $Y_i = \alpha + \beta X_i + e_i, \quad i = 1, 2, ..., n$

가정 2 모든 i에 대해 $E(e_i) = 0$ (또는 $E(Y_i) = \alpha + \beta X_i$)

가정 3 모든 i에 대해 $var(e_i) = \sigma^2$ (또는 $var(Y_i) = \sigma^2$)

가정 4 $i \neq j$일 때 $cov(e_i, e_j) = 0$ (또는 $cov(Y_i, Y_j) = 0$)

가정 5 X_i들은 고정된 상수이며, 적어도 둘 이상의 서로 다른 값을 가진다.

위의 다섯 가지 고전적 가정 이외에 때로는 Y_i 또는 오차항 e_i가 정규분포를 따른다고 가정하기도 한다. 제8장부터 제11장까지의 논의에서 보았던 것처럼 특히 소표본에서 추정량이나 검정통계량의 표본분포를 설명할 때 필요한 가정이다. 대표본에서는 중심극한정리를 이용할 수 있기 때문에 굳이 하지 않아도 되는 가정이다. 이것을 다음과 같이 정리해 두자;

가정 6 (선택적) 모든 i에 대해 $e_i \sim N(0, \sigma^2)$ (또는 $Y_i \sim N(\alpha + \beta X_i, \sigma^2)$)

12.2 최소제곱법

표본자료 $(X_1, Y_1), (X_2, Y_2), ..., (X_n, Y_n)$을 이용하여 앞 절에서 설정한 단순선형회귀모형을 추정하는 방법에 대해 알아보자.

추정의 대상이 되는 모수는 α, β 및 σ^2이다. α와 β는 회귀함수의 위치를 결정하는 모수이며, 이들의 값을 추정하면 두 변수 X와 Y 사이의 평균적 관계가 어떠한지 알 수 있다. 그리고 σ^2은 오차항의 분산인 동시에 종속변수 Y의 분산이다.

표본자료를 [그림12.4]와 같이 산포도로 나타낼 수 있을 것이다. n개의 표본점을 가장 잘 설명하는, 회귀분석의 용어로는 가장 잘 '적합'시키는, 직선은 무엇일까? [그림12.4]는 절편이 a이고 기울기가 b인 임의의 직선

$$\hat{Y} = a + bX$$

를 선택했을 때, 각 표본점에서 직선까지의 수직 방향 거리를 $\hat{e}_1$, $\hat{e}_2$, ……, $\hat{e}_n$ 의 기호로 표시하고 있다. 이들을 **잔차**(residual)라 부른다. Y_1은 직선의 위에 있으므로 Y_1의 잔차 $\hat{e}_1$ 은 0보다 크고 Y_2는 직선의 아래에 있으므로 Y_2의 잔차 $\hat{e}_2$ 은 0보다 작다.

최소제곱법(method of least squares)은 잔차제곱의 합을 최소화하는 직선을 표본점들을 가장 잘 적합시키는 직선으로 선택한다. 자의적인 기준이긴 하지만, 이 기준으로 선택한 직선이 고전적 가정 하에서 매우 바람직한 통계적 성질을 만족한다는 것을 다음 절에서 공부하게 될 것이다.

최소제곱법의 문제는

$$\sum_{i=1}^{n} \hat{e}_i^{\,2} = \sum_{i=1}^{n} [Y_i - (a + bX_i)]^2$$

을 최소화하는 a와 b를 찾는 것이다. [그림12.4]에서 보는 바와 같이 a와 b의 값이 달라지면 잔차들이 달라지므로 잔차제곱합 $\sum_{i=1}^{n} \hat{e}_i^{\,2}$은 a와 b의 함수이다. 이를 최소화하는 a와 b는 다음의 두 조건을 만족하는 값임이 알려져 있다.[54]

그림 12.4 표본회귀함수와 잔차

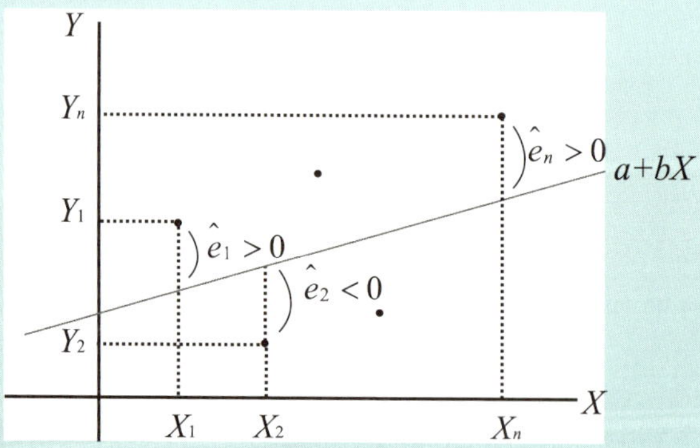

54) 미분을 아는 독자는 $\frac{\partial}{\partial a}\sum \hat{e}_i^2 = 0$, $\frac{\partial}{\partial b}\sum \hat{e}_i^2 = 0$의 두 조건으로부터 (12.7)이 유도된다는 것을 확인할 수 있을 것이다.

$$\sum_{i=1}^{n} \hat{e}_i = 0$$
$$\sum_{i=1}^{n} X_i \hat{e}_i = 0 \tag{12.7}$$

(12.7)을 **정규방정식**(normal equations)이라 부른다. 잔차는 $\hat{e}_i = Y_i - (a + bX_i)$이므로 이를 (12.7)에 대입하여 정리하면

$$\sum_{i=1}^{n} Y_i = na + b\sum_{i=1}^{n} X_i$$
$$\sum_{i=1}^{n} X_i Y_i = a\sum_{i=1}^{n} X_i + b\sum_{i=1}^{n} X_i^2 \tag{12.8}$$

이 되고, (12.8)은 a와 b의 두개의 미지수에 대한 일차연립방정식이다. (12.8)을 a와 b에 대해 풀면

$$b = \frac{\sum_{i=1}^{n} x_i y_i}{\sum_{i=1}^{n} x_i^2} \tag{12.9}$$
$$a = \overline{Y} - b\overline{X}$$

를 얻는다. 단, $x_i = X_i - \overline{X}$ 이고 $y_i = Y_i - \overline{Y}$ 이다.

이처럼 잔차제곱합을 최소화시키는 (12.9)의 a와 b를 모수 α와 β에 대한 **통상 최소제곱추정량**(**OLS**, ordinary least squares estimator) 또는 간단히 **최소제곱추정량**이라 한다. 모든 X_i들이 동일한 값을 가지면 b의 분모가 0이 되므로 최소제곱추정량을 구할 수 없다. 하지만 앞 절에서 가정 4를 설명하며 언급한 바와 같이 이때에는 추정에 필요한 자료를 갖추지 못했다고 보아야 하므로 최소제곱법에 문제가 있다고 할 수는 없다.

그리고 a와 b를 절편과 기울기로 가지는 직선

$$\hat{Y} = a + bX$$

를 표본회귀함수 또는 **표본회귀선**(sample regression line)이라 부르며 이를 통해 모회귀함수 또는 **모회귀선**(population regression line)

$$E(Y \mid X) = \alpha + \beta X$$

의 위치에 대해 추정할 수 있게 된다.

[예12.1]

무작위로 선택한 8가구의 월소득(X, 단위:만원)과 식비지출액(Y, 단위:만원)이 [표 12.1]과 같다고 하자. 이 자료를 이용하여 a와 b, 그리고 표본회귀선을 구해보자.

[표12.1] 월소득과 식비지출액

가구	Y (식비지출액)	X (월소득)
1	40	200
2	60	400
3	30	110
4	50	300
5	20	90
6	20	120
7	30	15
8	30	210

최소제곱추정을 위해서는 [표12.2]와 같은 워크시트를 만드는 것이 편리하다. [표12.2]의 제 2열과 제 3열은 [표12.1]에 주어진 X와 Y에 대한 자료이다. 먼저 이들의 합을 구하여 관측치의 수 $n = 8$로 나누면 표의 아래쪽에 표시된 바와 같이 $\bar{X} = 197.5$, $\bar{Y} = 35$를 얻는다. 제4 및 제5열은 X와 Y를 평균으로부터의 편차 형식으로 나타낸 $y_i = Y_i - \bar{Y}$ 와 $x_i = X_i - \bar{X}$ 를 보여주고 있다. 이들의 합은 모두 0이어야 한다.

[표 12.2]의 제6열과 제7열은 x_i^2 및 $x_i y_i$이며 이들의 합이 바로 (12.9)의 b를 구하기 위해 필요한 값이다;

$$b = \frac{\sum x_i y_i}{\sum x_i^2} = \frac{10,000}{79,150} = 0.126$$

그리고 이 값을 미리 구해놓은 $\bar{X}, \bar{Y}$와 함께 이용하면 a를 얻을 수 있다;

$$a = \bar{Y} - b\bar{X} = 3.5 - 0.126 \times 197.5 = 10.047$$

따라서 [표12.1]의 자료를 이용하여 최소제곱법으로 구한 표본회귀선은

$$\widehat{Y} = 10.047 + 0.126X$$

가 된다.

설명변수 값 X_i에 대응하는 표본회귀선 상의 값 $\widehat{Y_i} = a + bX_i$를 Y_i에 대한 **적합치**(fitted value)라 한다. 설명변수의 값이 X_i일 때 표본회귀선이 예측하는 Y값이라는 의미에서 $\widehat{Y_i}$을 Y_i에 대한 **예측치**(predicted value)라 부르기도 한다. 그리고 관측된 Y_i와 표본회귀선이 예측하는 값 $\widehat{Y_i}$의 차이 $\widehat{e_i} = Y_i - \widehat{Y_i}$을 최소제곱 잔차 또는 간단히 **잔차**(residual)라 한다. 관측된 Y_i 중에서 표본회귀선이 설명하지 못하고 남겨둔 부분이라는 의미이다.

[표12.2] 최소제곱 추정량을 구하기 위한 워크시트

가구	Y_i	X_i	$y_i = Y_i - \overline{Y}$	$x_i = X_i - \overline{X}$	x_i^2	$x_i y_i$
1	40	200	5	2.5	6.25	12.5
2	60	400	25	202.5	41,006.25	5,062.5
3	30	110	−5	−87.5	7,656.25	437.5
4	50	300	15	102.5	10,506.25	1,537.5
5	20	90	−15	−107.5	11,556.25	1,612.5
6	20	120	−15	−77.5	6,006.25	1,162.5
7	30	150	−5	−47.5	2,256.25	237.5
8	30	210	−5	12.5	156.25	−62.5
합계	280	1,580	0	0	79,150.00	10,000.0
	$\overline{Y} = 35$	$\overline{X} = 197.5$				

[그림12.5]를 보며 적합치 또는 예측치와 잔차의 개념을 익혀보자. [그림12.5]에는 [예12.1]에서 구한 표본회귀선 $\widehat{Y} = 10.047 + 0.126X$가 그려져 있다. 먼저 첫째 가구는 월소득이 200만원($X_1 = 200$)이므로 식비지출액은 소득수준을 감안할 때

$$\widehat{Y_1} = 10.047 + 0.126 \times 200 = 35.32\text{(만원)}$$

으로 예측된다. 실제로 관측된 식비지출액과 예측치의 차이

$$\widehat{e_1} = Y_1 - \widehat{Y_1} = 40 - 35.32 = 4.68\text{(만원)}$$

이 바로 첫째 가구에 대한 잔차이다. 그리고 월소득이 120만원인 여섯 번째 가구의 식비지출액에 대해서 표본회귀선은

그림 12.5 적합치와 잔차

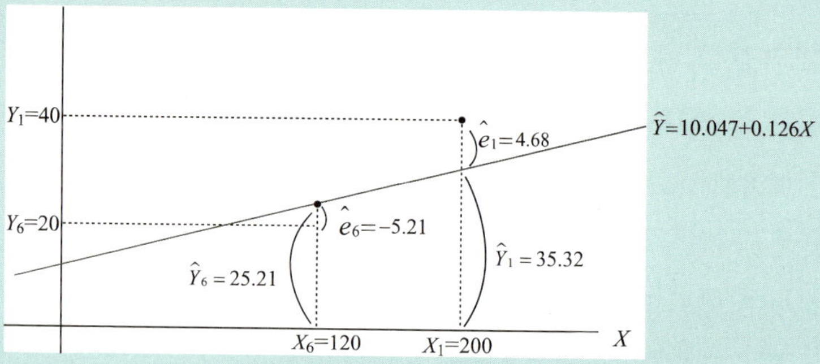

$$\hat{Y}_6 = 10.047 + 0.126 \times 120 = 25.21 \text{(만원)}$$

으로 예측하고 있고, 이 가구의 실제 식비지출액은 $Y_6 = 20$(만원) 이므로

$$\hat{e}_6 = Y_6 - \hat{Y}_6 = 20 - 25.21 = -5.21 \text{(만원)}$$

이 여섯 번째 가구에 대한 잔차이다.

최소제곱법으로 표본회귀선을 구함으로써, 종속변수의 관측된 값들이

$$Y_i = \widehat{Y}_i + \hat{e}_i$$

의 두 부분으로 분해되고 있다. 적합치 또는 예측치 $\widehat{Y}_i$은 종속변수의 관측된 값 중 설명변수 X_i의 값으로 설명할 수 있는 부분이고, 잔차 $\hat{e}_i$은 설명하지 못하고 남겨둔 부분이다. 잔차가 0보다 큰 가구는 표본회귀선이 예측하는 것보다 식비지출액이 높은 가구이고, 잔차가 0보다 작은 가구는 표본회귀선이 예측하는 것보다 식비지출액이 낮은 가구이다. [예12.1]의 모든 가구에 대해 적합치와 잔차를 구해놓은 것이 [표12.3]이다. [표12.3]의 마지막 열을 보면 잔차의 합이 0이다. 이것은 이 예에서만 우연히 나타난 현상이 아니라 최소제곱 잔차가 일반적으로 만족시키는 성질이다. (12.7)의 정규방정식을 보면, 최소제곱추정량 a와 b는 잔차들이

$$\sum_{i=1}^{n} \hat{e}_i = 0 \qquad (12.10)$$
$$\sum_{i=1}^{n} X_i \hat{e}_i = 0$$

의 두 성질을 반드시 만족하도록 결정되고 있기 때문이다.

[표12.3] 적합치와 잔차

가구	관측치(Y_i)	적합치($\hat{Y}_i$)	잔차($\hat{e}_i$)
1	40	35.32	4.68
2	60	60.58	−0.58
3	30	23.95	6.05
4	50	47.95	2.05
5	20	21.42	−1.42
6	20	25.21	−5.21
7	30	29.00	1.00
8	30	36.58	−6.58
합계	280	280	0

마지막으로 오차항의 분산 σ^2은 어떻게 추정할 것인지 생각해 보자. 만약 오차항 e_i 들을 관측할 수 있다면, 예컨대 $\frac{1}{n-1}\sum_{i=1}^{n} e_i^2$ 등으로 σ^2을 추정할 수 있을 것이다. 하지만 오차항 $e_i = Y_i - (\alpha + \beta X_i)$는 미지의 고정된 상수 α와 β에 의존하고 있기 때문에 (X_i, Y_i)의 표본자료가 주어져도 계산할 수 없는 양이다.

다행히 우리는 오차항 e_i에 가까운 값으로 볼 수 있는 잔차 $\hat{e_i} = Y_i - (a + bX_i)$를 표본자료로부터 계산해 낼 수 있다. 오차항의 분산 σ^2은 잔차들을 이용하여

$$\hat{\sigma}^2 = \frac{1}{n-2}\sum_{i=1}^{n} \hat{e}_i^{\,2}$$

으로 추정한다. 분모의 $n-2$를 흔히 단순선형회귀모형의 자유도 또는 잔차제곱합의 **자유도**[55] 라고 부르며, 따라서 $\hat{\sigma}^2$은 잔차제곱합을 자유도로 나눈 값이다.

[예12.1]의 자료를 이용하여 오차항의 분산 σ^2을 추정해보자. 먼저 잔차제곱합은 [표 12.3]으로부터

55) 잔차제곱합 $\sum_{i=1}^{n}\hat{e_i}^2$을 계산할 때 n개의 잔차가 이용되지만, 이들은 (12.10)의 두 개의 제약 하에 놓여있다. 이런 이유로 $n-2$를 잔차제곱합의 자유도라고 부른다.

$$\sum_{i=1}^{8}\hat{e_i}^2 = 4.68^2 + (-0.58)^2 + ... + (-6.58)^2 = 136.58$$

이고 자유도는

$$n-2 = 8-2 = 6$$

이므로

$$\hat{\sigma}^2 = \frac{1}{n-2}\sum_{i=1}^{n}\hat{e_i}^2 = \frac{1}{8-2}\times 136.58 = 22.76$$

이 σ^2에 대한 최소제곱추정치가 된다.

지금까지의 결과를 다음과 같이 요약해 두자.

최소제곱법

모수 α, β에 대한 최소제곱추정량;

$$b = \frac{\sum_{i=1}^{n} x_i y_i}{\sum_{i=1}^{n} x_i^2}$$

$$a = \overline{Y} - b\overline{X}$$

단, $x_i = X_i - \overline{X}, \quad y_i = Y_i - \overline{Y}, \quad i = 1, 2, ..., n$

모회귀선 $E(Y \mid X) = \alpha + \beta X$를 추정하는 표본회귀선;

$$\hat{Y} = a + bX$$

적합치 또는 예측치; $\hat{Y_i} = a + bX_i \ , \quad i = 1, 2, ..., n$

잔차; $\hat{e}_i = Y_i - \hat{Y_i} \ , \quad i = 1, 2, ..., n$

잔차의 성질; $\sum_{i=1}^{n}\hat{e}_i = 0$

$$\sum_{i=1}^{n} X_i\,\hat{e}_i = 0$$

오차항의 분산 σ^2에 대한 최소제곱추정량;

$$\hat{\sigma}^2 = \frac{1}{n-2}\sum_{i=1}^{n}\hat{e}_i^2$$

12.3 최소제곱추정량의 성질

최소제곱법은 표본점들을 잘 적합시키는 직선을 찾는 방법으로 매우 간편하고 직관적이다. 하지만 최소제곱추정량도 표본오차를 가지는 통계량임을 인식해야 한다. 앞 절의 [예12.1]에서 8가구에 대한 관측치를 이용하여 최소제곱법으로 모수 α와 β에 대한 추정치를 구하였다. 만약 다른 8가구가 표본으로 관측되었다면 다른 값을 얻었을 것이다. 최소제곱 추정량이 어느 정도의 표본오차를 가지는지 파악하기 위해서는 이들의 표본분포를 구하는 것이 필요하다. 이 절에서는 최소제곱추정량의 평균과 분산, 그리고 표본분포의 형태가 무엇인지 밝힐 것이다. 또한 점추정량으로서 어떤 바람직한 성질을 가지고 있는지도 공부할 것이다.

먼저, 최소제곱추정량 b는 이 장의 부록 A에서 보여주고 있는 바와 같이

$$b = \sum_{i=1}^{n} k_i Y_i \tag{12.11}$$

로 쓸 수 있다. 단, k_i 들은 X_i 들에 의존하는 상수이다. (12.11)과 같이 표본자료 Y_i 들의 선형함수로 나타낼 수 있는 추정량을 선형추정량이라 한다.

또한, 부록 A는 b의 평균이

$$E(b) = \beta \tag{12.12}$$

임을 보여주고 있다. (12.12)는 최소제곱추정량 b가 모수 β에 대한 불편추정량임을 의미한다. 수많은 크기 n의 표본을 이용하여 b를 계산할 때 때로는 β를 과소추정하고 때로는 과대추정하지만 평균적으로는 β를 올바로 추정한다는 것이다. (12.11)과 (12.12)를 통해 최소제곱추정량 b가 모수 β에 대한 선형 불편추정량임을 알 수 있다.

한편, 표본추출에 따라 b가 얼마나 큰 변동을 보일 것인지 알아보기 위해서는 b의 분산을 구해야 한다. 이 장의 부록 A는

$$var(b) = \frac{\sigma^2}{\sum_{i=1}^{n} {x_i}^2} \tag{12.13}$$

임을 밝히고 있다. b의 분산은 모분산[56] σ^2이 클수록 큰 값을 가지고, 설명변수 X_i 들의 표본분산

56) 제12.1절에서 설명한 바와 같이 σ^2은 오차항 e_i의 분산인 동시에 종속변수 Y_i의 분산이다.

(즉, $\frac{1}{n-1}\sum_{i=1}^{n} x_i^2$)이 클수록 작은 값을 가진다는 것을 알 수 있다.

β에 대한 모든 선형불편추정량은 (12.13)보다 작은 분산을 가질 수 없다는 것이 알려져 있다. 다시 말해 최소제곱추정량 b는 β에 대한 선형불편량 중 가장 분산이 작은, 즉 가장 효율적인 추정량인 것이다. b를 β에 대한 **최량 선형불편추정량**(blue, best linear unbiased estimator)이라고 부른다. 마찬가지로 a는 α에 대한 최량 선형불편추정량이다. 이 내용이 소위 **가우스-마르코프 정리**(Gauss-Markov Theorem)로 알려져 있으며, 증명은 이 장의 부록 B에 수록해 놓았다.

[가우스-마르코프 정리] 단순선형회귀모형에 대한 고전적 가정 (즉, 가정 1~가정5) 하에서, 최소제곱추정량 a와 b는 각각 α와 β에 대한 최량 선형불편추정량이다.

그리고

$$\hat{\sigma}^2 = \frac{1}{n-2}\sum_{i=1}^{n} \hat{e_i}^2$$

에 대해서는

$$E(\hat{\sigma}^2) = \sigma^2$$

이 성립함을 보일 수 있다. $\hat{\sigma}^2$은 오차항의 분산 σ^2에 대한 불편추정량인 것이다. 이것이 잔차제곱합을 관측치의 수 n 대신 자유도 $n-2$로 나누어주는 이유이기도 하다.

가우스-마르코프 정리는 최소제곱법이 매우 효율적인 추정방법임을 밝히는 중요한 정리이다. 그러나 모수에 대한 점추정을 넘어서서, 구간추정이나 가설검정 등의 통계적 추론을 하기 위해서는 추정량의 평균과 분산뿐만 아니라 표본분포가 무엇인지 밝혀야 한다.

(12.11)을 보면 최소제곱추정량 b의 표본분포는 Y_i들의 모분포가 무엇인가에 의해 결정된다는 것을 알 수 있다. 여기서 제12.1절에서 소개한

가정6 (선택적) 모든 i에 대해 $e_i \sim N(0, \sigma^2)$ (또는 $Y_i \sim N(\alpha + \beta X_i, \sigma^2)$)

을 도입하기로 하자. Y_i들이 정규분포를 따른다면 이들의 선형함수인

$$b = \sum_{i=1}^{n} k_i Y_i$$

역시 정규분포를 따르게 된다.

b의 평균과 분산은 (12.12)와 (12.13)에 이미 구해놓았으므로, 결국 b의 표본분포는

$$b \sim N\left(\beta, \frac{\sigma^2}{\sum_{i=1}^{n} x_i^{\ 2}}\right) \tag{12.14}$$

임을 알 수 있다. 가정6을 '선택적'이라 한 이유는 표본수 n이 충분히 클 경우에는 굳이 모분포가 정규분포라는 가정을 하지 않더라도 중심극한 정리에 의해 (12.14)가 근사적으로 성립하기 때문이다. 제7장에서 표본평균의 표본분포를 설명할 때와 마찬가지 논리이다.

지금까지의 결과를 다음과 같이 요약해두자. a의 평균과 분산, a의 표본분포, 그리고 a와 b 사이의 공분산 등도 함께 정리해 둔다.

최소제곱추정량의 성질

가정1~가정5가 성립할 때:

$$E(b) = \beta \qquad E(a) = \alpha$$

$$var(b) = \frac{\sigma^2}{\sum_{i=1}^{n} x_i^2} \qquad var(a) = \sigma^2\left(\frac{1}{n} + \frac{\bar{X}^2}{\sum_{i=1}^{n} x_i^2}\right)$$

$$cov(a, b) = -\sigma^2 \frac{\bar{X}}{\sum_{i=1}^{n} x_i^2}$$

$$X(\hat{\sigma}^2) = \sigma^2$$

가정6을 추가할 때:

$$b \sim N\left(\beta, \frac{\sigma^2}{\sum_{i=1}^{n} x_i^2}\right)$$

$$a \sim N\left(\alpha, \sigma^2\left(\frac{1}{n} + \frac{\bar{X}^2}{\sum_{i=1}^{n} x_i^2}\right)\right)$$

12.4 통계적 추론: 구간추정과 가설검정

지금까지 우리는 두 변수 X와 Y 사이에

$$Y_i = \alpha + \beta X_i + e_i \tag{12.15}$$

의 관계가 있다고 가정한 후, 표본자료

$$(X_1, Y_1),\ (X_2, Y_2),\ \ldots\ldots,\ (X_n, Y_n)$$

을 이용하여 모수 β와 α를 최소제곱추정량

$$b = \frac{\sum_{i=1}^{n} x_i y_i}{\sum_{i=1}^{n} {x_i}^2}$$

$$a = \overline{Y} - b\overline{X}$$

로 추정하였고, a와 b는 일정한 가정 하에 매우 효율적인 추정량임을 공부하였다.

이제 모수에 대한 신뢰구간을 어떻게 구할 것인지 알아보자. β에 대한 신뢰구간을 작성하기 위해서는 b의 표본분포 (12.14)를 이용하게 된다. (12.14)를 표준화하면

$$\frac{b-\beta}{\sigma / \sqrt{\sum_{i=1}^{n} x_i^2}} \sim N(0,1) \tag{12.16}$$

를 얻는다. 만약 σ를 알고 있다면 (12.16)을 이용하여, 예컨대 β에 대한 95% 신뢰구간을

$$b \pm 1.96 \frac{\sigma}{\sqrt{\sum_{i=1}^{n} x_i^2}}$$

로 구할 수 있을 것이다. 하지만 σ를 모르는 현실적인 경우에는 σ대신 이에 대한 추정량 $\hat{\sigma}\ (=\sqrt{\hat{\sigma}^2})$을 이용할 수밖에 없으며, 이럴 경우

$$\frac{b-\beta}{\hat{\sigma} / \sqrt{\sum_{i=1}^{n} x_i^2}} \sim t(n-2) \tag{12.17}$$

임이 알려져 있다.[57)]

(12.17)의 분모는 b의 표준편차를 추정한 값이므로 이를 b의 표준오차라고 한다. 이를

$$s.e.(b)=\frac{\hat{\sigma}}{\sqrt{\sum_{i=1}^{n}x_i^2}} \tag{12.18}$$

의 기호로 표시하자.

자유도가 $n-2$인 t분포에서 임계값 $t_{0.025}$를 찾으면,

$$P\left(-t_{0.025}<\frac{b-\beta}{\hat{\sigma}/\sqrt{\sum_{i=1}^{n}x_i^2}}<t_{0.025}\right)=0.95$$

가 성립하고 괄호안의 부등식을 β를 중심으로 정리하면

$$P\left(b-t_{0.025}\frac{\hat{\sigma}}{\sqrt{\sum_{i=1}^{n}x_i^2}}<\beta<b+t_{0.025}\frac{\hat{\sigma}}{\sqrt{\sum_{i=1}^{n}x_i^2}}\right)=0.95$$

가 성립한다. 따라서 β에 대한 95% 신뢰구간은

$$b\pm t_{0.025}\frac{\hat{\sigma}}{\sqrt{\sum_{i=1}^{n}x_i^2}} \quad (=b\pm t_{0.025}s.e.(b)) \tag{12.19}$$

임을 알 수 있다. 일반적으로 β에 대한 $(1-\alpha)\times 100\%$ 신뢰구간은

$$b\pm t_{\alpha/2}\frac{\hat{\sigma}}{\sqrt{\sum_{i=1}^{n}x_i^2}} \quad (=b\pm t_{\alpha/2}s.e.(b)) \tag{12.20}$$

이다. (12.20)에서 $t_{\alpha/2}$는 물론 자유도가 $n-2$인 t분포에서 구한 임계값이다.

α에 대한 신뢰구간도 마찬가지로 구할 수 있다. 다만, a의 표준오차가

57) 모평균에 대한 구간 추정을 할 때 σ를 알면 $z=\frac{\overline{X}-\mu}{\sigma/\sqrt{n}}$ 를 이용하지만, σ를 모르면 $t=\frac{\overline{X}-\mu}{s/\sqrt{n}}$ 를 이용한다는 것을 상기하라.

$$s.e.(a) = \hat{\sigma}\sqrt{\frac{1}{n}+\frac{\overline{X}^2}{\sum_{i=1}^{n} x_i^2}}$$

라는 사실을 기억해 두어야 한다.

일반적으로 α에 대한 $(1-\alpha)\times 100\%$ 신뢰구간은

$$a \pm t_{\alpha/2}\ \hat{\sigma}\sqrt{\frac{1}{n}+\frac{\overline{X}^2}{\sum_{i=1}^{n} x_i^2}}\ (= a \pm t_{\alpha/2} s.e.(a)) \tag{12.21}$$

로 구할 수 있다.

[예12.2]

[예12.1]에서 $n=8$개의 관측치를 이용하여 $a=10.047 \quad b=0.126 \quad \hat{\sigma}^2=22.76$을 모수 α, β 및 σ^2에 대한 최소제곱추정치로 얻었다. α와 β에 대한 신뢰구간을 작성해 보자.

신뢰구간을 구하기 위해서는 먼저 a와 b의 표준오차를 계산해야 한다. [표12.2]에서 필요한 수치들을 찾아서 계산해 보면

$$s.e.(b) = \frac{\hat{\sigma}}{\sqrt{\sum_{i=1}^{n} x_i^2}} = \frac{\sqrt{22.76}}{\sqrt{79,150}} = 0.017$$

$$s.e.(a) = \hat{\sigma}\sqrt{\frac{1}{n}+\frac{\overline{X}^2}{\sum_{i=1}^{n} x_i^2}} = \sqrt{22.76}\sqrt{\frac{1}{8}+\frac{197.5^2}{79,150}} = 3.750$$

임을 알 수 있다. 한편 이 모형의 자유도는 $n-2=6$이므로 자유도 6인 t분포에서 95% 신뢰구간 작성에 필요한 신뢰계수를 찾아보면

$$t_{0.025}(6) = 2.447$$

이다.

따라서 β에 대한 95% 신뢰구간은

$$0.126 \pm 2.447 \times 0.017 = (0.085, 0.168)$$

이며, α에 대한 95% 신뢰구간은

$$10.047 \pm 2.447 \times 3.750 = (6.297,\ 19.224)$$

가 된다.●●●

(12.15)의 단순 선형회귀모형을 추정하고 나면 통상적으로

$$H_o : \beta = 0 \tag{12.22}$$

의 귀무가설을 검정하게 된다. $\beta = 0$의 가설은 설명변수 X와 종속변수 Y 사이에 아무런 관계도 없다는 것을 의미하므로, 두 변수 사이에 관계가 있는 것으로 믿고 분석을 시작한 분석자로서는 $\beta = 0$의 귀무가설을 표본자료를 통해 기각할 수 있기를 바랄 것이다. 대립가설은 입증하고자 하는 바가 무엇인가에 따라

$$H_1 : \beta \neq 0 \qquad \text{또는} \qquad H_1' : \beta > 0 \qquad \text{또는} \qquad H_1'' : \beta < 0$$

으로 설정하게 된다.

대립가설이 무엇이든 (12.22)의 귀무가설을 검정하기 위해서는

$$t = \frac{b}{\hat{\sigma} / \sqrt{\sum_{i=1}^{n} x_i^2}} \left(= \frac{b}{s.e.(b)} \right) \tag{12.23}$$

을 검정통계량으로 이용하게 되며, (12.17)을 보면 이 검정통계량은 귀무가설이 옳을 때, 즉 $\beta = 0$일 때, 자유도가 $n-2$인 t분포를 따르게 된다. 따라서 예컨대 유의수준 $\alpha = 0.05$에서 기각역은

$$\begin{aligned} &H_1 : \beta \neq 0 \text{ 일 때} && |t| > t_{0.025}(n-2) \\ &H_1' : \beta > 0 \text{ 일 때} && t > t_{0.05}(n-2) \\ &H_1'' : \beta < 0 \text{ 일 때} && t < -t_{0.05}(n-2) \end{aligned} \tag{12.24}$$

로 설정한다. 물론 관측된 검정통계량의 p-값을 구하여

p-값 $< \alpha$ 이면 유의수준 α에서 H_o를 기각

할 수도 있으며, 대립가설에 따른 p-값의 정의는 제9장에서 상세히 설명한 바와 같다.

일반적으로

$$H_o : \beta = \beta^{\circ}$$

의 귀무가설을

$$H_1 : \beta \neq \beta^\circ \quad \text{또는} \quad H_1' : \beta > \beta^\circ \quad \text{또는} \quad H_1'' : \beta < \beta^\circ$$

의 대립가설에 대해 검정할 때에는

$$t = \frac{b - \beta^\circ}{\hat{\sigma} / \sqrt{\sum_{i=1}^{n} x_i^2}} \quad \left(= \frac{b - \beta^\circ}{s.e.(b)} \right)$$

를 검정통계량으로 이용하게 되며, 귀무가설이 참일 때, 즉 $\beta = \beta^\circ$ 일 때, 이 검정통계량은 자유도 $n-2$인 t분포를 따르게 된다. 기각역은 (12.24)와 같다.

[예12.3]

[예12.1]과 [예12.2]에서 분석한 단순선형회귀모형에서 $H_o : \beta = 0 \quad H_1 : \beta \neq 0$의 가설을 검정해 보자. 유의수준은 편의상 $\alpha = 0.05$로 하자.

먼저 가설의 의미를 살펴보면, 귀무가설은 가구들의 월소득(X)이 식비지출액(Y)에 아무런 영향을 미치지 않는다는 것이고 대립가설은 영향을 미친다는 것이다. 가구소득이 식비지출액을 결정하는 중요한 변수라 믿고 분석을 시작한 사람이라면 당연히 귀무가설을 표본자료를 통해 기각할 수 있기를 바랄 것이다.

검정통계량의 값은

$$t = \frac{b}{s.e.(b)} = \frac{0.126}{0.017} = 2.679$$

이고[58)]

기각역을 결정하는 임계값은

$$t_{0.025}(6) = 2.447$$

이다. 관측된 검정통계량의 값이 기각역에 속하므로 유의수준 5%에서 귀무가설을 기각하고 $\beta \neq 0$이라 결론 지을 수 있다.

물론 p-값을 구하여 검정에 이용할 수도 있다. 이 경우

$$p\text{-값} = P(\,|\,t(6)\,| > 2.679) = 0.0366$$

---

58) b와 $s.e.(b)$는 [예12.2]에서 이미 구해 놓았었다.

이어서

$$p-\text{값} < \alpha=0.05$$

이므로 역시 유의수준 5%에서 H_o를 기각한다는 동일한 결론에 도달한다.

만약

$$H_o : \beta=0.1 \qquad H_1 : \beta \neq 0.1$$

의 가설검정을 하고자 한다면, 검정통계량의 값은

$$t=\frac{b-0.1}{s.e.(b)}=\frac{0.12-0.1}{0.017}=1.553$$

이고, 기각역은 전과 동일하므로 검정통계량의 값이 기각역에 포함되지 않는다. 따라서 유의수준 5%에서 $\beta=0.1$의 귀무가설을 기각하지 못한다. $b=0.126$과 β의 귀무값 0.1의 차이는 통계적으로 유의하지 않은 것이다.

12.5 결정계수(R^2)와 결과의 보고

단순선형 회귀분석을 실시하고 나면 관행적으로 보고하는 통계량으로 **결정계수**(coefficient of determination)가 있다. R^2의 기호로 표시하는 결정계수는 소위 모형의 **적합도**(goodness of fit)를 측정하는 척도이며, 종속변수 Y의 총변동 중 회귀모형에 의해 설명되는 부분의 비율이다.

결정계수 R^2의 개념을 올바로 이해하기 위해, 최소제곱법은 관측치 Y_i를 예측치 또는 적합치 $\hat{Y_i}$과 잔차 $\hat{e_i}$으로 분해한다는 사실을 상기하자. 즉,

$$Y_i=\hat{Y_i}+\hat{e_i}$$

이며, 양변에서 표본평균 $\bar{Y}$를 빼면

$$Y_i-\bar{Y}=(\hat{Y}_i-\bar{Y})+\hat{e}_i \tag{12.25}$$

이 된다.

(12.25)는 i 번째 가구의 식비지출액과 전체 표본가구 평균과의 차이 $Y_i-\bar{Y}$가 두 부분으

그림 12.6 $Y_i - \overline{Y}$ 의 분해

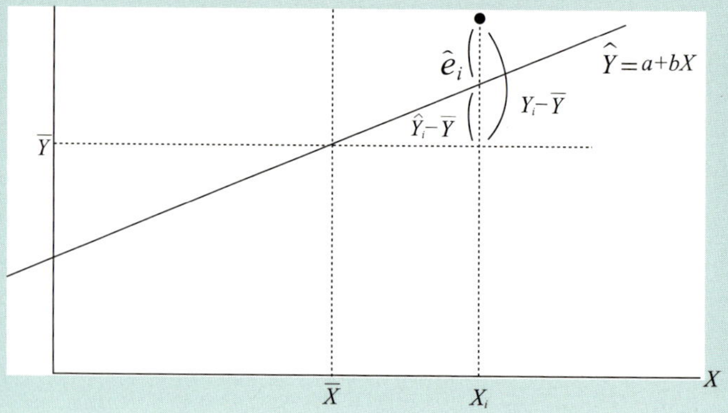

로 분해된다는 사실을 보여주고 있다. 첫째 항 $\hat{Y}_i - \overline{Y}$는 회귀모형에 의해 설명되는 부분이고 둘째 항 $\hat{e}_i$은 설명되지 않는 부분이다.

[그림12.6]을 통해 (12.25)의 의미를 다시 살펴보자. [그림12.6]에는 표본회귀선 $\hat{Y} = a + bX$가 표본평균점 $\overline{X}$, $\overline{Y}$를 지나도록 그려져 있고59) i 번째 가구에 대한 관측치 (X_i, Y_i)가 하나의 점으로 표시되어 있다. 이 가구는 전체 표본가구의 평균보다 높은 식비지출액을 보이고 있다. 왜 이 가구는 평균보다 $Y_i - \overline{Y}$ 만큼 높은 식비지출액을 보이는 것일까? 표본회귀선은 이 가구의 식비지출액이 평균보다 $\hat{Y}_i - \overline{Y}$ 만큼 높을 것으로 예측하고 있다. 그런데

$$\hat{Y}_i - \overline{Y} = a + bX_i - \overline{Y} = (\overline{Y} - b\overline{X}) + bX_i - \overline{Y} = b(X_i - \overline{X})$$

이므로, 결국 표본회귀선은 이 가구는 '소득이 전체 표본 가구의 평균보다 $X_i - \overline{X}$ 만큼 높기 때문에' $Y_i - \overline{Y}$ 만큼 높은 식비지출액을 보인 것으로 설명하고 있는 셈이다. $Y_i - \overline{Y}$를 회귀모형에 의해 설명된 부분, 또는 설명변수 X에 의해 설명된 부분으로 이해할 수 있는 것이다. 하지만 $\hat{e}_i$만큼의 차이가 더 나는 것에 대해서는 회귀모형이 설명하지 못하고 있다. 설명변수 X이외의 다른 변수 또는 요인에 의해 발생하는 것으로 보아야 할 것이다. 설명하지 못하고 남겨둔 부분이라는 의미에서 $\hat{e}_i$을 잔차라고 부른다는 것은 이미 제12.2절에서 밝힌 바 있다.

(12.25)의 양변을 제곱하여 모든 i 에 대해 합하면

59) 표본회귀선은 반드시 표본평균점을 지난다. 연습문제 12.10을 보라.

$$\sum_{i=1}^{n}(Y_i - \bar{Y})^2 = \sum_{i=1}^{n}(\hat{Y}_i - \bar{Y})^2 + \sum_{i=1}^{n}\hat{e}_i^2 \tag{12.26}$$

를 얻는다. 제곱하여 더하는 과정에 교차항 $2\sum_{i=1}^{n}(\hat{Y}_i - \bar{Y})\hat{e}_i$ 이 등장하지만, 잔차의 성질 (12.10)를 이용하여 이 항의 값이 0임을 쉽게 보일 수 있다.[60] (12.26)의 세 항을 다음과 같이 부른다;

$\sum_{i=1}^{n}(Y_i - \bar{Y})^2 = Y$의 총변동 또는 **총제곱합**(TSS, total sum of squares)

$\sum_{i=1}^{n}(\hat{Y}_i - \bar{Y})^2 =$ **설명된 제곱합**(ESS, explained sum of squares)

$\sum_{i=1}^{n}\hat{e}_i^2 =$ **잔차 제곱합**(RSS, residual sum of squares)

위의 용어를 사용하여 (12.26)을

$$TSS = ESS + RSS \tag{12.27}$$

로 쓸 수 있으며, 종속변수 Y의 총변동 또는 총제곱합(TSS) 을 회귀모형 또는 설명변수 X에 의해 설명되는 부분(ESS)과 설명되지 않는 부분(RSS)으로 분해 할 수 있음을 보여주고 있다.

결정계수 R^2는

$$R^2 = \frac{\sum_{i=1}^{n}\left(\hat{Y}_i \overline{Y}\right)^2}{\sum_{i=1}^{n}\left(Y_i - \overline{Y}\right)^2} = 1 - \frac{\sum_{i=1}^{n}\hat{e}_i^2}{\sum_{i=1}^{n}\left(Y_i - \overline{Y}\right)^2}$$

또는

$$R^2 = \frac{ESS}{TSS} = 1 - \frac{RSS}{TSS} \tag{12.28}$$

로 정의한다.

지금까지의 설명을 통해 결정계수 R^2는 종속변수 Y의 총변동 중 회귀모형에 의해 설명되는 부분의 비율임을 알 수 있다. 분석에 이용한 단순선형회귀모형은 X를 가지고 Y를 설명하는 모형이므로, R^2를 Y의 총변동 중 X에 의해 설명되는 부분의 비율로 이해하여도 좋을 것이다.

---

60) 연습문제 12.11로 남겨둔다.

그림 12.7 R^2의 값과 산포도

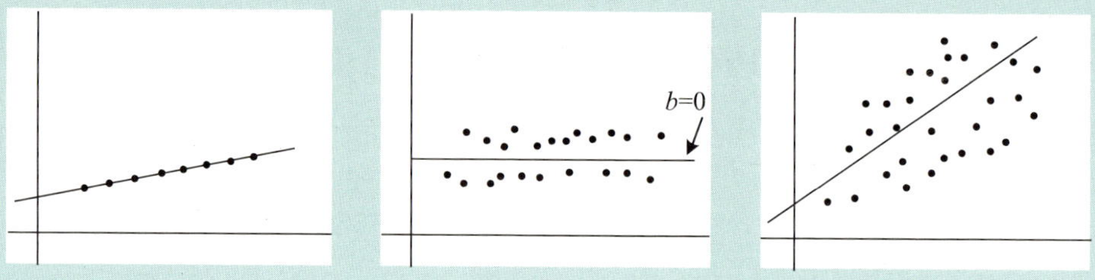

(a) R^2=1　(b) R^2=0　(c) 0< R^2<1

R^2는 반드시 $0 \leq R^2 \leq 1$을 만족한다. (12.26) 또는 (12.27)의 분해에 등장하는 세 개의항은 모두 제곱합이므로 언제나 0 이상의 값을 가지기 때문이다.

$R^2 = 1$인 경우는 $RSS = \sum_{i=1}^{n} \hat{e}_i^2 = 0$일 때 뿐이며, 이는 모든 잔차가 0, 다시 말하자면 모든 모든 표본점들이 정확하게 표본회귀선 상에 놓여 있는 경우이다. [그림12.7]의 (a)와 같은 경우이며, 이때 표본회귀선이 자료를 완전적합시켰다고 말한다. $R^2 = 0$인 경우는 $ESS = \sum_{i=1}^{n}(\hat{Y}_i - \overline{Y})^2 = 0$일 때 뿐이며, 이는 $b = 0$, 즉 표본회귀선이 수평선인 경우 뿐이다. $b = 0$이어야만 모든 i 에 대해 $\hat{Y}_i - \overline{Y} = b(X_i - \overline{X}) = 0$이 성립할 수 있기 때문이다. $b = 0$이면 표본회귀선 또는 설명변수 X가 Y의 변동을 전혀 설명하지 못한다고 할 수 있으며 [그림12.7]의 (b)가 이러한 경우이다 이러한 양 극단을 제외한 대부분의 경우에 R^2는 [그림12.7]의 (c)에서처럼 0과 1사이의 값을 가지게 된다.

[예12.4]

[예12.1]부터 [예12.3]까지 다루어 온 단순선형회귀분석에서 결정계수 R^2를 구해보자.

Y의 총변동은 [표 12.2]의 워크시트로부터

$$TSS = \sum_{i=1}^{n}(Y_i - \overline{Y})^2 = 5 + 25^2 + \cdots\cdots + (-5^2) = 1,400$$

으로 구할 수 있다. 잔차제곱합은 $\hat{\sigma}^2$을 구하는 과정에서 이미

$$RSS = \sum_{i=1}^{n} \hat{e_i}^2 = 136.58$$

로 계산해 놓았다. 따라서 결정계수의 값은

$$R^2 = 1 - \frac{RSS}{TSS} = 1 - \frac{136.58}{1,400} = 0.902$$

이고, 이는 식비지출액의 총변동 중 약 90.2%가 가구소득에 의해 설명된다는 것을 의미한다. 또는 가구소득을 설명변수로 이용한 단순선형회귀모형에 의해 설명된다고 하여도 좋다. 만약 설명된 제곱합을 구하고자 한다면

$$ESS = TSS - RSS = 1,400 - 136.58 = 1,263.42$$

또는

$$ESS = \sum_{i=1}^{n} (\hat{Y_i} - \overline{Y})^2 = b^2 \sum_{i=1}^{n} (X_i - \overline{X})^2 = (0.126)^2 \times 79,150 = 1263.42$$

의 관계를 이용하면 된다. ●●●

이제 마지막으로 회귀분석의 결과를 보고하는 양식에 대해 알아보자. 지금까지 우리는 8가구에 대한 월소득과 식비지출액 자료를 이용하여 많은 통계량들을 계산하고 그 의미에 대해 공부하였다. 엑셀 등의 통계 패키지를 이용하여 회귀분석을 실시하면, 이 장에서 다루지 못한 더 많은 통계량들이 생산되어 나올 것이다. 간결하면서도 독자들이 잘 이해하고 활용할 수 있도록 회귀분석의 결과를 보고해 주어야 한다.

흔히 다음과 같은 방식으로 회귀분석 결과를 정리하여 보고한다;

$$\hat{Y} = 10.047 + 0.126X$$
$$(3.750) \qquad (0.017)$$
$$n = 8 \qquad R^2 = 0.902$$

*괄호 안의 숫자는 표준오차

독자들은 표본회귀선을 통해 월소득(X)이 한 단위, 즉 만원 증가하면 식비지출액이 0.126 단위, 즉 1,260원 증가한다는 결과가 나왔음을 알게 된다. 다음으로 표준오차를 통해 이 추정치가 어느 정도의 표본오차를 가지고 있는지 알게 된다. 만약 신뢰구간을 작성하고자 한다면

자유도 $n-2(=6)$인 t분포표에서 신뢰계수를 찾고 여기에 표준오차를 곱함으로써 오차범위를 구할 수 있을 것이다. 그리고 R^2 값을 통해 식비지출액 변동의 90.2%가 월소득에 의해 설명될 수 있음을 알게 된다. 때로는 관측치의 수 $n=8$ 대신 자유도 $d.f.=6$을 보고하기도 한다.

만약 독자들이 'X가 Y에 미치는 영향의 크기가 얼마인가'보다 'X가 통계적으로 유의한 변수인가'에 관심을 가지고 있다면, 표준오차 대신 $t-$값을 보고하는 다음의 방식이 보다 편리할 것이다;

$$\hat{Y}=10.047+0.126X$$
$$(2.679) \qquad (7.450)$$
$$n=8 \qquad R^2=0.902$$

* 괄호 안의 숫자는 $t-$값

여기서 $t-$값이란, $H_0:\alpha=0$ 또는 $H_0:\beta=0$의 귀무가설에 대한 검정통계량의 값을 말한다. 예를 들어 $b=0.126$의 $t-$값 7.450은

$$t-\text{값}=\frac{b}{s.e(b)}$$

을 계산한 것이고, 이는 $H_0:\beta=0$의 귀무가설을 검정하는 데 이용된다. 검정에 필요한 정확한 임계값은 자유도 6인 t분포표에서 찾아야 할 것이다. 하지만 어느 정도 통계학에 익숙한 독자라면 흔히 이용하는 유의수준을 5%라 할 때 $t-$값 7.450은 '매우 큰 값'임을 쉽게 파악할 것이다. 따라서 위의 보고를 접하는 순간 $H_0:\beta=0$의 귀무가설이 기각된다는 것을 알게 된다. 가구소득(X)이 통계적으로 유의한 변수라는 결과임을 $t-$값을 통해 쉽게 이해하는 것이다.

A12 엑셀을 이용한 회귀분석

제12장에서 다룬 여덟 가구에 대한 식비지출액과 소득에 대한 관측치를 이용하여 단순선형회귀분석을 해 보자. 회귀분석에 앞서 산포도를 그려봄으로써 자료의 모습을 살펴 두는 것이 바람직하다.

[그림12A.1]과 같이 자료를 입력한 다음 **차트마법사**에 들어가 다음의 네 단계를 거치면 하단의 산포도가 출력되어 나온다;

단계1　차트종류 **분산형**을 선택하고

단계2　**계열** 탭을 눌러 **X값**에 $C$2:$C$9, **Y값**에 $B$2:$B$9를 입력하고

단계3　제목에 소득과 식비지출, X축에 소득, Y축에 식비지출을 입력하고

단계4　마침을 누른다.

	A	B	C	D	E	F
1	관측치	식비지출액(Y)	소득(X)			
2	1	40	200			
3	2	60	400			
4	3	30	110			
5	4	50	300			
6	5	20	90			
7	6	20	120			
8	7	30	150			
9	8	30	210			

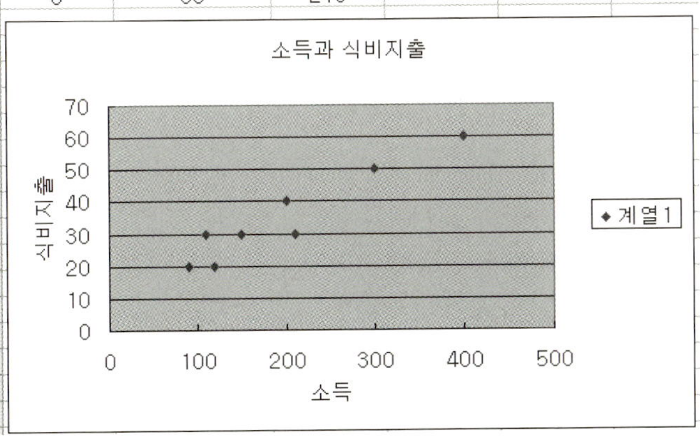

[그림12A.1]

엑셀을 이용하여 회귀분석을 수행하기 위해서는

도구 – 데이터분석 – 회귀 분석

을 선택하고, [그림12A.3]의 대화창이 뜨면

Y축 입력범위: $B$2:$B$9

X축 입력범위: $C$2:$C$9

를 입력하고 확인을 누르면 된다. 물론 Y는 종속변수이고 X는 설명변수이다. 만약 90% 신뢰구간을 구하고 싶으면 신뢰수준을 체크한 다음 90을 입력해 준다.

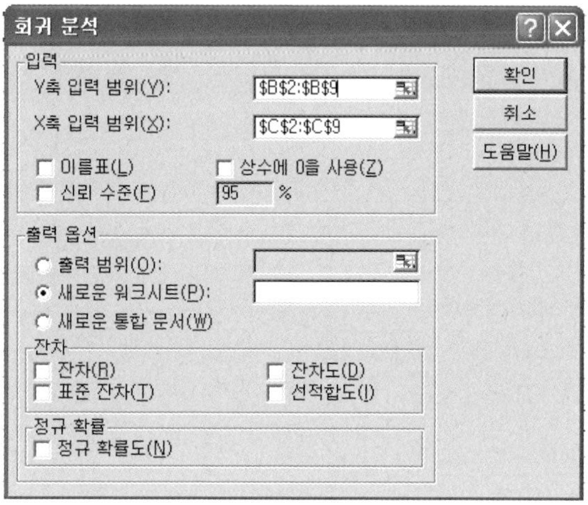

[그림12A.2]

엑셀에서 출력되는 회귀분석 결과는 [그림12A.4]와 같다. B5셀의 숫자 0.902가 결정계수 R^2의 값이고 '표준오차'라는 이름으로 표시된 B7의 4.77은 $\hat{\sigma}$ 의 값이다. B4 셀의 다중상관계수와 B6셀의 조정된 결정계수는 설명변수가 둘 이상인 '다중'선형회귀모형의 분석에 필요한 개념들이다.

[그림12A.4]의 하단에는 계수들의 추정치와 표준오차 그리고 t 통계량이 순서대로 출력되어 있다. 여기서 t 통계량이란 물론 해당 변수의 계수(α 또는 β)가 0이라는 귀무가설을 검정하는 t-값을 말한다.

E12셀과 E13셀에는 t-통계량의 p-값이 계산되어 있다. 이들은 **양측검정**에서의 p-값이다. 단측검정의 p-값을 구하려면 이 값들을 반으로 나누어주면 된다. 그리고 F열과 G열에서 α와 β에 대한 95% 신뢰구간을 찾을 수 있다.

	A	B	C	D	E	F	G
1	요약 출력						
2							
3	회귀분석 통계량						
4	다중 상관계수	0.949971					
5	결정계수	0.902446					
6	조정된 결정계수	0.886187					
7	표준 오차	4.771026					
8	관측수	8					
9							
10							
11		계수	표준 오차	t 통계량	P-값	하위 95%	상위 95%
12	Y 절편	10.04738	3.75008	2.67924	0.0366	0.8713	19.224
13	X 1	0.126342	0.01696	7.45011	0.0003	0.0848	0.1678
14							

[그림12A.3]

연습문제

12.1. 두 변수 X와 Y에 대한 세 번의 관측치가 다음과 같다.

X_i	1	2	3
Y_i	1	3	2

$Y_i = \alpha + \beta X_i + e_i$의 단순선형회귀모형을 가정하고 다음의 질문에 답하라

(1) α와 β에 대한 최소제곱추정치 a와 b는 얼마인가?

(2) 위의 추정방법, 즉 최소제곱추정량은 어떤 가정 하에서 어떤 바람직한 통계적 성질을 가지는지 설명하라.

(3) (X, Y)의 산포도에 표본회귀선을 그린 다음 예측치 $\widehat{Y}_i$와 잔차 $\hat{e}_i$을 표시하라.

(4) 결정계수(R^2)의 값을 구하고 그 의미를 설명하라.

(5) b의 표준오차는 얼마인가?

(6) $H_0 : \beta = 0$의 귀무가설을 $H_1 : \beta \neq 0$의 대립가설에 대해 유의수준 10%에서 검정하라

12.2. 다음 주장이 옳은지 그른지 밝히고 그 이유를 설명하라.

(1) 최소제곱 잔차들은 모두 0이다.

(2) 오차항들의 합은 0이다. 즉, $\sum_{i=1}^{n} e_i = 0$이다.

(3) X와 Y 사이의 표본공분산(s_{xy})이 0보다 크면 표본회귀선의 기울기도 0보다 크다.

12.3. 표본자료를 정리한 결과가 다음과 같다.

$n=30x$	$\sum X_i = 15$	$\sum Y_i = 30$
$\sum X_i Y_i = 30$	$\sum X_i^2 Y_i^2 = 12.5$	$\sum Y_i^2 = 160$

(1) 표본회귀선 $\hat{Y} = a + bX$을 구하라.

(2) 오차항의 분산 σ^2을 추정하라.

(3) R^2는 얼마인가?

(4) 유의수준 5%에서 $H_0 : \beta = 0 \quad H_1 : \beta \neq 0$의 가설검정을 실시하라.

12.4. 표본자료를 정리한 결과가 다음과 같다.

$n=25$	$\sum X_i = 75$	$\sum Y_i = 50$
$\sum X_i Y_i = 30$	$\sum X_i^2 Y_i^2 = 625$	$\sum Y_i^2 = 150$

(1) 표본회귀선 $\hat{Y} = a + bX$을 구하라.

(2) R^2는 얼마인가?

(3) b의 표준오차를 구하라.

(4) β에 대한 95% 신뢰구간을 구하라.

12.5. 회귀분석을 위해 수집한 두 변수에 대한 관측치가 다음과 같았다;

X_i	2	3	2	6	4
Y_i	2	4	5	7	6

(1) 표본회귀선 $\hat{Y} = a + bX$을 구하라.

(2) 유의수준 10%에서 $H_0 : \beta = 0 \quad H_1 : \beta \neq 0$의 가설검정을 실시하라.

12.6. 30명의 근로자들 대상으로 직장까지의 통근거리(X, 단위 :km)와 연간 결근일수(Y, 단위 :일)를 조사한 자료를 이용하여 다음과 같은 회귀분석 결과를 얻었다.

$$\hat{Y} = 8.10 - 0.21X$$
$$\quad (2.32) \quad (0.07)$$

$R^2 = 0.71 \quad n = 30$

*괄호 안의 숫자는 표준오차

(1) 기울기 계수 -0.21의 의미는 무엇인지 설명하라

(2) 두 변수 사이에 통계적으로 유의한 관계가 존재하는가? 유의수준 $\alpha = 0.05$에서 검정하라.

(3) 통근거리가 1km 증가할 때 연간 결근일수는 평균 몇 일 이나 증가 또는 감소하는지 95% 신뢰구간으로 답하라.

12.7. 두 변수 X와 Y에 대한 20개의 관측치를 이용하여 다음과 같은 회귀분석 결과를 얻었다;

$$\hat{Y} = 65.0 + 7.21X$$
$$\quad (7.20) \quad (2.80)$$

$\hat{\sigma} = 12.53 \quad R^2 = 0.524$

*괄호 안의 숫자는 표준오차

(1) 종속변수 Y의 총변동 또는 총제곱합은 얼마인가?

(2) 두 변수 사이에 통계적으로 유의한 관계가 존재하는가? 유의수준 5%에서 검정하라.

(3) $H_0 : \beta = 10 \qquad H_1 : \beta < 10$의 가설검정을 유의수준 5%에서 실시하라

12.8. 두 변수에 대한 n번의 관측치 (X_i, Y_i)들을 이용하여 영희는 $\hat{Y} = a + bX$의 표본회귀선을 구했다. 철수는 관측치들을 평균으로부터의 편차형식으로 표현한 $y_i = Y_i - \overline{Y}$, $x_i = X_i - \overline{X}$를 종속변수와 설명변수로 하여 $\hat{y} = a^* + b^* x$의 표본회귀선을 구했다. 두 사람 모두 최소제곱법을 이용하였다면, 영희의 추정치 a, b와 철수의 추정치 a^*, b^* 사이에는 어떤 관계가 있는가?

12.9. 다음과 같은 회귀분석 결과가 주어져 있다.

$$\hat{Y} = 1.2 - 3.0X$$
$$\quad (0.56) \quad (1.24)$$

$n = 30 \quad \hat{\sigma} = 0.5 \quad R^2 = 0.92$

*괄호 안의 숫자는 표준오차

(1) 총제곱합(TSS), 설명된 제곱합(ESS) 및 잔차제곱합(RSS)는 얼마인가?

(2) X와 Y의 표본분산은 각각 얼마인가?

12.10. 표본회귀선 $\hat{Y} = a + bX$는 표본평균점 $(\overline{X},\ \overline{Y})$를 지남을 보여라.

12.11. 잔차의 성질을 이용하여 $\sum_{i=1}^{n}(\hat{Y}_i - \overline{Y})\hat{e}_i = 0$임을 보여라

12.12. 예측치 $\hat{Y}_i$의 평균과 관측치 Y_i의 평균은 서로 일치함을 보여라.

12.13. 예측치 $\hat{Y}_i$과 관측치 Y_i 사이의 상관계수를 r이라 할 때 $r^2 = R^2$ 임을 보여라

12.14. 철수는 최소제곱법은 지나치게 복잡하다고 생각하여, 표본자료가 주어지면 처음과 마지막 표본점을 연결하는 직선을 표본회귀선으로 구해 버린다. 즉, 철수의 표본회귀선을 $\hat{Y} = a^* + b^*X$라 하면 $b^* = \dfrac{Y_n - Y_1}{X_n - X_1}$가 β에 대한 철수의 추정량이다.

(1) 철수의 추정량 b^*는 선형추정량인가?

(2) 철수의 추정량 b^*는 불편추정량인가?

(3) b^*의 표본분포는 무엇인가?

(4) b^*는 효율적인 추정량인가?

12.15. $k_i = \dfrac{x_i}{\sum_{i=1}^{n} x_i^2}$, $i = 1, 2, \cdots\cdots, n$에 대해 다음의 관계가 성립함을 보여라. 단, $x_i = X_i - \overline{X}$이다.

(1) $\sum_{i=1}^{n} k_i = 0$

(2) $\sum_{i=1}^{n} k_i X_i = 1$

(3) $\sum_{i=1}^{n} k_i = \dfrac{1}{\sum_{i=1}^{n} x_i^2}$

부록 최소제곱추정량 b의 평균과 분산

A. 최소제곱추정량 b의 평균과 분산

$$\sum_{i=1}^{n} x_i y_i = \sum_{i=1}^{n} x_i (Y_i - \overline{Y}) = \sum_{i=1}^{n} x_i Y_i$$

이므로 b를

$$b = \frac{\sum_{i=1}^{n} x_i Y_i}{\sum_{i=1}^{n} x_i^2} = \sum_{i=1}^{n} k_i Y_i \qquad (12A.1)$$

로 쓸 수 있다. 단, $k_i = \dfrac{x_i}{\sum_{i=1}^{n} x_i^2}$ 이며 k_i들은

$$\sum k_i = 0, \ \sum k_i X_i = 1, \ \sum k_i^2 = \frac{1}{\sum x_i^2} \qquad (12A.2)$$

을 만족한다[61]는 것을 쉽게 볼 수 있다. (12A.1)에 의하면 최소제곱추정량 b는 표본자료 Y_i들의 선형함수이므로 선형추정량이다. 평균과 분산의 계산을 좀 더 간편하게 할 수 있도록 (12A.1)을

$$\begin{aligned} b &= \sum_{i=1}^{n} k_i Y_i = \sum_{i=1}^{n} k_i (\alpha + \beta X_i + e_i) \quad (\because \text{가정 1에 의해 } Y_i = \alpha + \beta X_i + e_i) \\ &= \alpha \sum_{i=1}^{n} k_i + \beta \sum_{i=1}^{n} k_i X_i + \sum_{i=1}^{n} k_i e_i \\ &= \beta + \sum_{i=1}^{n} k_i e_i \qquad (\because \sum_{i=1}^{n} k_i = 0, \ \sum_{i=1}^{n} k_i X_i = 1 \text{ 이므로}) \end{aligned}$$

즉,

$$b = \beta + \sum_{i=1}^{n} k_i e_i \qquad (12A.3)$$

로 고쳐 쓰자.

---

61) 연습문제 12.15를 참고하라.

이제(12A.3)의 양변에 기대값을 취하면

$$E(b) = \beta + \sum_{i=1}^{n} E(k_i e_i)$$

$$= \beta + \sum_{i=1}^{n} k_i E(e_i) \quad (\because \text{가정 5에 의해 } X_i\text{들 따라서 } k_i\text{들은 상수이므로})$$

$$= \beta \quad (\because \text{가정 2에 의해 } E(e_i) = 0)$$

이 된다. 따라서 최소제곱 추정량 b의 평균은 모수 β와 같으므로 b는 불편추정량이다. 그리고 (12A.3)으로부터 b의 분산은

$$var(b) = E(\sum_{i=1}^{n} k_i e_i)^2$$

$$= E(k_1^2 e_1^2 + k_1^2 e_2^2 + \ldots\ldots + k_n^2 e_n^2$$
$$+ 2k_1 k_2 e_1 e_2 + \ldots\ldots + 2k_{n-1} k_n e_{n-1} e_n)$$

$$= \sigma^2 \sum_{i=1}^{n} k_i^2 \quad (\because \text{가정 3에 의해 } E(e_i^2) = \sigma^2 \text{이고 가정 4에 의해 } E(e_i e_j) = 0, i \neq j\text{이므로})$$

$$= \frac{\sigma^2}{\sum x_i^2} \quad (\because \text{(12.A.2)에 의해 } \sum k_i^2 = \frac{1}{\sum x_i^2} \text{이므로})$$

으로 구할 수 있다.

B. 가우스-마르코프 정리의 증명

β에 대한 임의의 다른 선형불편추정량을

$$b^* = \sum_{i=1}^{n} w_i Y_i \tag{12B.1}$$

이라 하자. b^*의 평균은

$$E(b^*) = \sum_{i=1}^{n} w_i E(Y_i)$$

$$= \sum_{i=1}^{n} w_i (\alpha + \beta X_i)$$

$$= \alpha \sum_{i=1}^{n} w_i + \beta \sum_{i=1}^{n} w_i X_i$$

이다. b^*가 불편추정량이기 위해서는 모수가 어떤 값이든 즉, 모든 α와 β에 대해 $E(b^*) = \beta$이어야 하므로 (12B.1)의 상수 w_i들은

$$\sum_{i=1}^{n} w_i = 0, \quad \sum_{i=1}^{n} w_i X_i = 1 \tag{12B.2}$$

을 만족해야 한다.

(12B.2)를 이용하면 b^*를

$$\begin{aligned} b^* &= \beta + \sum_{i=1}^{n} w_i Y_i = \sum_{i=1}^{n} w_i (\alpha + \beta X_i + e_i) \\ &= \alpha \sum_{i=1}^{n} w_i + \beta \sum_{i=1}^{n} w_i X_i + \sum_{i=1}^{n} w_i e_i \\ &= \beta + \sum_{i=1}^{n} w_i e_i \end{aligned}$$

즉,

$$b^* = \beta + \sum_{i=1}^{n} w_i e_i \tag{12B.3}$$

로 고쳐쓸 수 있다.

따라서 b^*의 분산은

$$\begin{aligned} var(b^*) &= var(\sum_{i=1}^{n} w_i e_i) \\ &= E(w_1^2 e_1^2 + w_2^2 e_2^2 + ...w_n^2 e_n^2 + 2w_1 w_2 e_1 e_2 + ... + 2w_{n-1} w_n e_{n-1} e_n) \\ &= \sigma^2 \sum_{i=1}^{n} w_i^2 \quad (\because \text{가정 3에 의해 } E(e_i^2) = \sigma^2 \text{이고 가정 4에 의해 } E(e_i e_j) = 0,\ i \neq j \text{ 이므로}) \end{aligned}$$

이 된다.

이제 b^*의 분산과 b의 분산을 다음과 같이 비교해 보자;

$$\begin{aligned} var(b^*) &= \sigma^2 (\sum_{i=1}^{n} w_i^2) \\ &= \sigma^2 \sum_{i=1}^{n} (w_i - k_i + k_i)^2 \\ &= \sigma^2 \left[\sum_{i=1}^{n} (w_i - k_i)^2 + 2\sum_{i=1}^{n} (w_i - k_i) k_i + \sum_{i=1}^{n} k_i^2 \right] \end{aligned}$$

$$= \sigma^2 \sum_{i=1}^{n} (w_i - k_i)^2 + \sigma^2 \sum_{i=1}^{n} k_i^2$$

($\because$ (12B.2)를 이용하면 $\sum (w_i - k_i) k_i = 0$임을 보일 수 있다)

$$= \sigma^2 \sum_{i=1}^{n} (w_i - k_i)^2 + var(b) \geq var(b)$$

따라서 최소제곱추정량 b의 분산은 임의의 다른 선형불편추정량 b^*의 분산보다 같거나 작다. 등호가 성립하는 것은 모든 i에 대해 $w_i = k_i$인 경우 뿐이며, 이 때는 $b^* = b$이다.

통계학

부록 확률분포표

1. 표준정규분포
2. $t-$분포
3. χ^2분포
4. F분포 $F_{0.05}$
5. F분포 $F_{0.025}$
6. F분포 $F_{0.01}$

statistics

| 1 | 표준정규분포표 $P(0 \leq Z \leq z_0) = \int_0^{z_0} \frac{1}{\sqrt{2\pi}} e^{-\frac{1}{2}x^2} dx$

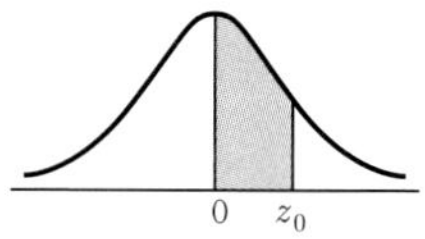

z	.00	.01	.02	.03	.04	.05	.06	.07	.08	.09
0.0	.0000	.0040	.0080	.0120	.0160	.0199	.0239	.0279	.0319	.0359
0.1	.0398	.0438	.0478	.0517	.0557	.0596	.0636	.0675	.0714	.0753
0.2	.0793	.0832	.0871	.0910	.0948	.0987	.1026	.1064	.1103	.1141
0.3	.1179	.1217	.1255	.1293	.1331	.1368	.1406	.1443	.1480	.1517
0.4	.1554	.1591	.1628	.1664	.1700	.1736	.1772	.1808	.1844	.1879
0.5	.1915	.1950	.1985	.2019	.2054	.2088	.2123	.2157	.2190	.2224
0.6	.2257	.2291	.2324	.2357	.2389	.2422	.2454	.2486	.2517	.2549
0.7	.2580	.2611	.2642	.2673	.2704	.2734	.2764	.2794	.2823	.2852
0.8	.2881	.2910	.2939	.2967	.2995	.3023	.3051	.3078	.3106	.3133
0.9	.3159	.3186	.3212	.3238	.3264	.3289	.3315	.3340	.3365	.3389
1.0	.3413	.3438	.3461	.3485	.3508	.3531	.3554	.3577	.3599	.3621
1.1	.3643	.3665	.3686	.3708	.3729	.3749	.3770	.3790	.3810	.3830
1.2	.3849	.3869	.3888	.3907	.3925	.3944	.3962	.3980	.3997	.4015
1.3	.4032	.4049	.4066	.4082	.4099	.4115	.4131	.4147	.4162	.4177
1.4	.4192	.4207	.4222	.4236	.4251	.4265	.4729	.4292	.4306	.4319
1.5	.4332	.4345	.4357	4370	.4382	.4394	.4406	.4418	.4429	.4441
1.6	.4452	.4463	.4474	.4484	.4495	.4505	.4515	.4525	.4535	.4545
1.7	.4554	.4564	.4573	.4582	.4591	.4599	.4608	.4616	.4625	.4633
1.8	.4641	.4649	.4656	.4664	.4671	.4678	.4686	.4693	.4699	.4706
1.9	.4713	.4719	.4726	.4732	.4738	.4744	.4750	.4756	.4761	.4767
2.0	.4772	.4778	.4783	.4788	.4793	.4798	.4803	.4808	.4812	.4817
2.1	.4821	.4826	.4830	.4834	.4838	.4842	.4846	.4850	.4854	.4857
2.2	.4861	.4864	.4868	.4871	.4875	.4878	.4881	.4884	.4887	.4890
2.3	.4893	.4896	.4898	.4901	.4904	.4906	.4909	.4911	.4913	.4916
2.4	.4918	.4920	.4922	.4925	.4927	.4929	.4931	.4932	.4934	.4936
2.5	.4938	.4940	.4941	.4943	.4945	.4946	.4948	.4949	.4951	4952
2.6	.4953	.4955	.4956	.4957	.4959	.4960	.4961	.4962	.4963	.4964
2.7	.4965	.4966	.4967	.4968	.4969	.4970	.4971	.4972	.4973	.4974
2.8	.4974	4975	.4976	.4977	.4977	.4978	.4979	.4979	.4980	.4981
2.9	.4981	.4982	.4982	.4983	.4984	.4984	.4985	.4985	.4986	.4986
3.0	.4987	.4987	.4987	.4988	.4988	.4989	.4989	.4989	.4990	.4990

| 2 | t 분포표 $P(t \geq t_{\alpha}) = \alpha$

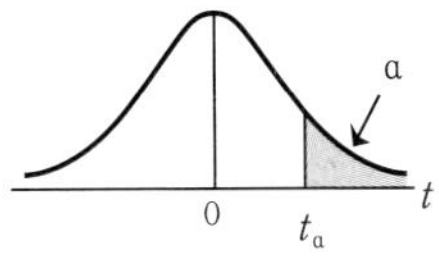

$d.f.$	$t_{0.100}$	$t_{0.050}$	$t_{0.025}$	$t_{0.010}$	$t_{0.005}$
1	3.078	6.315	12.706	21.821	63.657
2	1.886	2.920	4.303	6.965	9.525
3	1.638	2.353	3.182	4.541	5.841
4	1.533	2.132	2.776	3.747	4.604
5	1.476	2.015	2.571	3.365	4.032
6	1.440	1.943	2.447	3.143	3.499
7	1.415	1.895	2.365	2.998	3.499
8	1.397	1.860	2.306	2.896	3.355
9	1.383	1.833	2.262	2.821	3.250
10	1.372	1.812	2.228	2.764	3.169
11	1.363	1.796	2.201	2.718	3.106
12	1.356	1.782	2.179	2.681	3.055
13	1.350	1.771	2.160	2.650	3.012
14	1.345	1.761	2.145	2.624	2.977
15	1.341	1.753	2.131	2.602	2.947
16	1.337	1.746	2.120	2.583	2.921
17	1.333	1.740	2.110	2.567	2.898
18	1.330	1.734	2.101	2.552	2.878
19	1.328	1.729	2.093	2.539	2.861
20	1.325	1.725	2.086	2.528	2.845
21	1.323	1.721	2.080	2.518	2.831
22	1.321	1.717	2.074	2.508	2.819
23	1.319	1.714	2.069	2.500	2.807
24	1.318	1.711	2.064	2.492	2.797
25	1.316	1.708	2.060	2.485	2.787
26	1.315	1.706	2.059	2.479	2.779
27	1.314	1.703	2.052	2.473	2.771
28	1.313	1.701	2.048	2.467	2.763
29	1.311	1.699	2.045	2.462	2.756
inf.	1.282	1.645	1.960	2.326	2.576

| 3 | χ^2 분포표 $P(\chi^2 \geq \chi^2_\alpha) = \alpha$

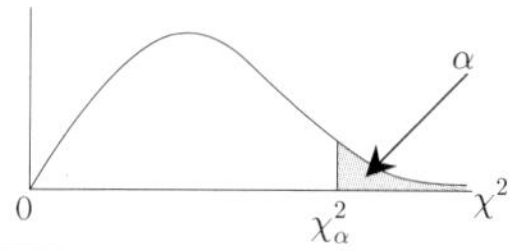

$d.f.$	$\chi^2_{0.995}$	$\chi^2_{0.990}$	$\chi^2_{0.975}$	$\chi^2_{0.950}$	$\chi^2_{0.900}$	$\chi^2_{0.100}$	$\chi^2_{0.050}$	$\chi^2_{0.025}$	$\chi^2_{0.010}$	$\chi^2_{0.005}$
1	0.0000393	0.0001571	0.0009821	0.0039321	0.0157908	2.70554	3.84145	5.02389	6.63490	7.87944
2	0.0100251	0.0201007	0.0506356	0.102587	0.210720	4.60517	5.99147	7.37776	9.21034	10.5966
3	0.0717212	0.114832	0.215795	0.351846	0.584375	6.25139	7.81473	9.34840	11.3449	12.8381
4	0.206990	0.297110	0.484419	0.710721	1.063623	7.77944	9.48773	11.1433	13.2767	14.8602
5	0.411740	0554300	0.831211	1.145476	1.61031	9.23635	110705	12.8325	15.0863	16.7496
6	0.675727	0.872085	1.237347	1.63539	2.20413	10.6446	12.5916	14.4494	16.8119	18.5476
7	0.989265	1.239043	1.68987	2.16735	2.83311	12.0170	14.0671	16.0128	18.4753	20.2777
8	1.344419	1.646482	2.17973	2.73264	2.48954	13.3616	15.5073	17.5346	20.0902	21.9550
9	1.734926	2.087912	2.70039	3.32511	4.16816	14.6837	16.9190	19.0228	21.6660	23.5893
10	2.15585	2.55821	3.24697	3.94030	4.86518	15.9871	18.3070	20.4831	23.2093	25.1882
11	2.60321	3.05347	3.81575	4.57481	5.57779	17.2750	19.6751	21.9200	24.7250	26.7569
12	3.07382	.57056	4.40379	5.22603	6.30380	18.5494	21.0261	23.3367	26.2170	28.2995
13	3.56503	4.10691	5.00874	5.89186	7.04150	19.8119	22.3621	24.7356	27.6883	29.8194
14	4.07468	4.66043	5.62872	6.57063	7.78953	21.0642	23.6848	26.1190	29.1413	31.3193
15	4.60094	5.22935	6.26214	7.26094	8.54675	22.3072	24.9958	27.4884	30.5779	32.8013
16	5.14224	5.81221	6.90766	7.96164	9.31223	23.5418	26.2962	28.8454	31.9999	34.2672
17	5.69724	6.4077	7.56418	8.67176	10.0852	24.7690	27.5871	30.1910	33.4087	35.7185
18	6.26481	7.01491	8.23075	9.39046	10.8649	25.9894	28.8693	31.5264	34.8053	37.1564
19	6.84398	7.63273	8.90655	10.1170	11.6509	27.2036	30.1435	32.8523	36.1908	38.5822
20	7.43386	8.26040	9.59083	10.8508	12.4426	28.4120	31.4104	34.1696	37.5662	29.9968
21	8.03366	8.89720	10.28293	11.5913	13.2396	29.6151	32.6705	35.4789	38.9321	41.4010
22	8.64272	9.54349	10.9823	12.3380	14.0415	30.8133	33.9244	36.7807	40.2894	42.7956
23	9.26042	10.19567	11.6885	13.0905	14.8479	32.0069	35.1725	38.0757	41.6384	44.1813
24	9.8863	10.8564	12.4011	13.8484	15.6587	33.1963	36.4151	39.3641	42.9798	45.5585
25	10.5197	11.5240	13.1197	14.6114	16.4734	34.3816	37.6525	40.6465	44.3141	46.9278
26	11.1603	2.1981	13.8439	15.3791	17.2919	35.5631	38.8852	41.9232	45.6417	48.2899
27	11.8076	12.8786	14.5733	16.1513	18.1138	36.7412	40.1133	43.1944	46.9630	49.6449
28	12.4613	13.5648	15.3079	16.9279	18.9392	37.9159	41.3372	44.4607	48.2782	50.9933
29	13.1211	14.2565	16.0471	17.7083	19.7677	39.0875	42.5569	45.7222	49.5879	52.3356
30	13.7867	14.9535	16.7908	18.4926	20.5992	40.2560	43.7729	46.9792	50.8922	53.6720
40	20.7065	22.1643	24.4331	26.5093	29.0505	51.8050	55.7585	59.3417	63.6907	66.7659
50	27.9907	29.7067	32.3574	34.7642	37.6886	63.671	67.5048	71.4202	76.1639	79.4900
60	35.5346	37.4848	40.4817	16.1879	46.4889	74.3970	79.0819	83.2976	88.3794	91.9517
70	43.2752	45.4418	48.7576	51.7393	55.3290	85.5271	90.5312	95.0231	100.425	104.215
82	51.1720	53.5400	57.532	60.3915	64.2778	96.5782	101.879	106.629	112.329	116.321
90	59.1963	61.7541	165.6466	69.1260	73.2912	107.565	113.145	118.136	124.116	128.299
100	67.3276	70.0648	74.2219	77.9295	82.3581	118.498	124.342	129.561	135.807	140.169

| 4 | F 분포표

$F(F \geq F_\alpha) = \alpha$

$(\alpha = 0.05)$

	$v_1(d.f.)$																		
$v_2(d.f.)$	1	2	3	4	5	6	7	8	9	10	12	15	20	24	30	40	60	120	∞
1	161.4	199.5	215.7	224.6	230.2	234.0	236.8	238.9	240.5	241.9	243.9	245.9	248.0	249.1	250.1	251.1	252.2	253.3	254.3
2	18.51	19.00	19.25	19.25	19.30	19.33	19.35	19.37	19.38	19.40	19.41	19.43	19.45	19.45	19.46	19.47	19.48	19.49	19.50
3	10.13	9.55	9.28	9.12	9.01	8.94	8.89	8.85	8.81	8.79	8.74	8.70	8.66	8.64	8.62	8.59	8.57	8.55	8.53
4	7.71	6.94	6.59	6.39	6.26	6.16	6.09	6.04	6.00	5.96	5.91	5.86	5.80	5.77	5.75	5.72	5.69	5.66	5.63
5	6.61	5.79	5.41	5.19	5.05	4.95	4.88	4.82	4.77	4.74	4.68	4.62	4.56	4.53	4.50	4.46	4.43	4.40	4.36
6	5.99	5.14	4.76	4.53	4.39	4.28	4.21	4.15	4.10	4.06	4.00	3.94	3.87	3.84	3.81	3.77	3.74	3.70	3.67
7	5.59	4.74	4.35	4.12	3.97	3.87	3.79	3.73	3.68	3.64	3.57	3.51	3.44	3.41	3.38	3.34	3.30	3.27	3.23
8	5.32	4.46	4.07	3.84	3.69	3.58	3.50	3.44	3.39	3.35	3.28	3.22	3.51	3.12	3.08	3.04	3.01	2.97	2.93
9	5.12	4.26	3.86	3.63	3.48	3.37	3.29	3.23	3.18	3.14	3.07	3.01	2.94	2.90	2.86	2.83	2.79	2.75	2.71
10	4.96	4.10	3.71	3.48	3.33	3.22	3.14	3.07	3.02	2.98	2.91	2.85	2.77	2.74	2.70	2.66	2.62	2.58	2.54
11	4.84	3.98	3.59	3.36	3.20	3.09	2.01	2.95	2.90	2.85	2.79	2.72	2.65	2.61	2.57	2.53	2.49	2.45	2.40
12	4.75	3.89	3.49	3.26	3.11	3.00	2.91	2.85	2.80	2.75	2.69	2.62	2.54	2.51	2.47	2.43	2.38	2.34	2.30
13	4.67	3.81	3.41	3.18	3.03	2.92	2.83	2.77	2.71	2.67	2.60	2.53	2.46	2.42	2.38	2.34	2.30	2.25	2.21
14	4.60	3.74	3.34	3.11	2.96	2.85	2.76	2.70	2.65	2.60	2.53	2.46	2.39	2.35	2.31	2.27	2.22	2.18	2.13
15	4.54	3.68	3.29	3.06	2.90	2.79	2.71	2.64	2.59	2.54	2.48	2.40	2.33	2.29	2.25	2.20	2.16	2.11	2.07
16	4.49	3.63	3.24	3.01	2.85	2.74	2.66	2.59	2.54	2.49	2.42	2.35	2.28	2.24	2.19	2.15	2.11	2.06	2.01
17	4.45	3.59	3.20	2.96	2.81	2.70	2.61	2.55	2.49	2.45	2.38	2.31	2.23	2.19	2.15	2.10	2.06	2.01	1.96
18	4.41	3.55	3.16	2.93	2.77	2.66	2.58	2.51	2.46	2.41	2.34	2.27	2.19	2.15	2.11	2.06	2.02	9.7	1.92
19	4.38	3.52	3.13	2.90	2.74	2.63	2.54	2.48	2.42	2.38	2.31	2.23	2.16	2.11	2.07	2.03	1.98	19.3	1.88
20	4.35	3.49	3.10	2.87	2.71	2.60	2.51	2.45	2.39	2.35	2.28	2.20	2.12	2.08	2.04	1.99	1.95	19.0	1.84
21	4.32	3.47	3.07	2.84	2.68	2.57	2.49	2.42	2.37	2.32	2.25	2.18	2.10	2.05	2.01	1.96	1.92	18.7	1.81
22	4.30	3.44	3.05	2.82	2.66	2.55	2.46	2.40	2.34	2.30	2.23	2.15	2.07	2.03	1.98	1.94	1.89	18.4	1.78
23	4.28	3.42	3.03	2.80	2.64	2.53	2.44	2.37	2.32	2.27	2.20	2.13	2.05	2.01	1.96	1.91	1.86	18.1	1.76
24	4.26	3.40	3.01	2.78	2.62	2.51	2.42	2.36	2.30	2.25	2.18	2.11	2.03	1.98	1.94	1.89	1.84	17.9	1.73
25	2.42	3.39	2.99	2.76	2.60	2.49	2.40	2.34	2.28	2.24	2.16	2.09	2.01	1.96	1.92	1.87	1.82	17.7	1.71
26	4.23	3.37	2.98	2.74	2.59	2.47	2.39	2.32	2.27	2.22	2.5	2.07	1.99	1.95	1.90	1.85	1.80	17.5	1.69
27	4.21	3.35	2.96	2.73	2.57	2.46	2.37	2.31	2.25	2.20	21.3	2.06	1.97	1.93	1.88	1.84	1.79	17.3	1.67
28	4.20	3.34	2.95	2.71	2.56	2.45	2.36	2.29	2.24	2.19	21.2	2.04	1.96	1.91	1.87	1.82	1.77	17.1	1.65
29	4.18	3.33	2.93	2.70	2.55	2.43	2.35	2.28	2.22	2.18	21.0	2.03	1.94	1.90	1.85	1.81	1.75	17.0	1.64
30	4.17	3.32	2.92	2.69	2.53	2.42	2.33	2.27	2.21	2.16	20.9	2.01	1.93	1.89	1.84	1.79	1.74	16.8	1.62
40	4.08	3.23	2.84	2.61	2.45	2.34	2.25	2.18	2.12	2.08	20.0	1.92	1.84	1.79	1.74	1.69	1.64	15.8	1.51
60	4.00	3.15	2.76	2.53	2.37	2.25	2.17	2.10	2.04	1.99	19.2	1.84	1.75	1.70	1.65	1.59	1.53	14.7	1.39
120	3.92	3.07	2.68	2.45	2.29	2.17	2.09	2.02	1.96	1.91	18.3	1.75	1.66	1.61	1.55	1.50	1.43	13.5	1.25
∞	3.84	3.00	2.60	2.37	2.21	2.10	2.01	1.94	1.88	1.83	17.5	1.67	1.57	1.52	1.46	1.39	1.32	12.2	1.00

| 5 | F분포표

$P(F \geq F_{\alpha}) = \alpha$
$(\alpha = 0.025)$

$v_2(d.f.)$	$v_1(d.f.)$ 1	2	3	4	5	6	7	8	9	10	12	15	20	24	30	40	60	120	∞
1	647.8	799.5	864.2	899.6	921.8	937.1	948.2	956.7	963.3	968.6	976.7	984.9	993.1	997.2	1001	1006	1010	1014	1018
2	38.51	39.00	39.17	39.25	39.30	39.33	39.36	39.37	39.39	39.40	39.41	39.43	39.45	39.46	39.46	39.47	39.48	39.49	39.50
3	17.44	16.04	15.44	15.10	14.88	14.73	14.62	14.54	14.47	14.42	14.32	14.25	14.17	14.12	14.08	14.04	13.99	13.95	13.90
4	12.22	10.65	9.98	9.60	9.36	9.20	9.07	8.98	8.90	8.84	8.75	8.66	8.56	8.51	8.46	8.41	8.36	8.31	8.26
5	10.01	8.43	7.76	7.39	7.15	6.85	6.76	6.76	6.68	6.62	6.52	6.43	6.33	6.28	6.23	6.18	6.12	6.07	6.02
6	8.81	7.26	6.60	6.23	5.99	5.70	5.70	5.60	5.52	5.46	5.37	5.27	5.17	5.12	5.07	5.01	4.96	4.90	4.85
7	8.07	6.54	5.89	5.52	5.29	4.99	4.99	4.90	4.82	4.76	4.67	4.57	4.47	4.42	4.36	4.31	4.25	4.20	4.14
8	7.57	6.06	5.42	5.05	4.82	4.53	4.53	4.43	4.36	4.30	4.20	4.10	4.00	3.95	3.89	3.84	3.78	3.73	3.67
9	7.21	5.71	5.08	5.72	4.48	4.20	4.20	4.10	4.03	3.96	3.87	3.77	3.67	3.61	3.56	3.51	3.45	3.39	3.33
10	6.94	5.46	4.83	4.47	4.24	3.95	3.95	3.85	3.78	3.72	3.62	3.52	3.42	3.37	3.31	3.26	3.20	3.14	3.08
11	6.72	5.26	4.63	4.28	4.04	3.76	3.76	3.66	3.59	3.53	3.43	3.33	3.23	3.17	3.12	3.06	3.00	2.94	2.88
12	6.55	5.10	4.47	4.12	3.89	3.61	3.61	3.51	3.44	3.37	3.28	3.18	3.07	3.02	2.96	2.91	2.85	2.79	2.72
13	6.41	4.97	4.35	4.00	3.77	3.48	3.48	3.39	3.31	3.25	3.15	3.05	2.95	2.89	2.84	2.78	2.72	2.66	2.60
14	6.30	4.86	4.24	3.89	3.66	3.38	3.38	3.29	3.21	3.15	3.05	2.95	2.84	2.79	2.73	2.67	2.61	2.55	2.49
15	6.20	4.77	4.15	3.80	3.58	3.29	3.29	3.20	3.12	3.06	2.96	2.86	2.76	2.70	2.64	2.59	2.52	2.46	2.40
16	6.12	4.69	4.08	3.73	3.50	3.22	3.22	3.12	3.05	2.99	2.89	2.79	2.68	2.63	2.57	2.51	2.45	2.38	2.32
17	6.04	4.62	4.01	3.66	3.44	3.16	3.6	3.06	2.98	2.92	2.82	2.72	2.62	2.56	2.50	2.44	2.38	2.32	2.25
18	5.98	4.56	3.95	3.61	3.38	3.10	31.0	3.01	2.93	2.87	2.77	2.67	2.56	2.50	2.44	2.38	2.32	2.26	2.19
19	5.92	4.51	3.90	3.56	3.33	3.05	30.5	2.96	2.88	2.82	2.72	2.62	2.51	2.45	2.39	2.33	2.27	2.20	2.13
20	5.87	4.46	3.86	3.51	3.29	3.01	30.1	2.91	2.84	2.77	2.68	2.57	2.46	2.41	2.35	2.29	2.22	2.16	2.09
21	5.83	4.42	3.82	3.48	3.25	2.97	29.7	2.87	2.80	2.73	2.64	2.53	2.42	2.37	2.31	2.25	2.18	2.11	2.04
22	5.79	4.38	3.78	3.44	3.22	2.93	29.3	2.84	2.76	2.70	2.60	2.50	2.39	2.33	2.27	2.21	2.14	2.08	2.00
23	5.75	4.35	3.75	3.41	3.18	2.90	29.0	2.81	2.73	2.67	2.57	2.47	2.36	2.30	2.24	2.18	2.11	2.04	1.97
24	5.72	4.32	3.72	3.38	3.15	2.87	29.7	2.78	2.70	2.64	2.54	2.44	2.33	2.27	2.21	2.15	2.08	2.01	1.94
25	5.69	4.29	3.69	3.35	3.13	2.85	28.5	2.75	2.68	2.61	2.51	2.41	2.30	2.24	2.18	2.12	2.05	1.98	1.91
26	5.66	4.27	3.67	3.33	3.10	2.82	28.2	2.73	2.65	2.59	2.49	2.39	2.28	2.22	2.16	2.09	2.03	1.95	1.88
27	5.63	4.24	3.65	3.31	3.08	2.80	28.0	2.71	2.63	2.57	2.47	2.36	2.25	2.19	2.13	2.07	2.00	1.93	1.85
28	5.61	4.22	3.63	3.29	3.06	2.78	27.8	2.69	2.61	2.55	2.45	2.34	2.23	2.17	2.11	2.05	1.98	1.91	1.83
29	5.59	4.20	3.61	3.27	3.04	2.76	27.6	2.67	2.59	2.53	2.43	2.32	2.21	2.15	2.09	2.03	1.96	1.89	1.81
30	5.57	4.18	3.56	3.25	3.03	2.76	27.5	2.65	2.57	2.51	2.41	2.31	2.20	2.14	2.07	2.01	1.94	1.87	1.79
40	5.42	4.05	3.46	3.13	2.90	2.62	26.2	2.53	2.45	2.39	2.29	2.18	2.07	2.01	1.94	1.88	1.80	1.72	1.64
60	5.29	3.93	3.34	3.01	2.79	2.51	25.1	2.41	2.33	2.27	2.17	2.06	1.94	1.88	1.82	1.74	1.67	1.58	1.48
120	5.15	3.80	3.23	2.89	2.67	2.39	23.9	2.30	2.22	2.16	2.05	1.94	1.82	1.76	1.69	1.61	1.53	1.43	1.31
∞	5.02	3.69	3.12	2.79	2.57	2.29	22.9	2.19	2.11	2.05	1.94	1.83	1.71	1.64	1.57	1.48	1.39	1.27	1.00

| 6 | F 분포표

$P(F \geq F_\alpha) = \alpha$
$(\alpha = 0.01)$

$v_2(d.f.)$	$v_1(d.f.)$ 1	2	3	4	5	6	7	8	9	10	12	15	20	24	30	40	60	120	∞
1	4052	4999.5	5403	5625	5764	5859	5928	5985	6022	6056	6106	6157	6209	6235	6061	6287	633	6339	6366
2	98.50	99.00	99.17	99.25	99.30	99.33	99.36	99.37	99.39	99.40	99.42	99.43	99.5	99.46	99.47	99.47	99.48	99.49	99.50
3	34.12	30.82	29.46	28.71	28.24	27.91	27.67	27.49	27.35	27.23	27.05	26.87	26.69	26.60	26.50	26.41	26.32	26.22	26.13
4	21.20	18.00	16.69	15.98	15.52	15.21	14.98	14.80	14.66	14.55	14.37	14.20	14.02	13.93	13.84	13.75	13.65	13.56	13.46
5	16.26	13.27	12.06	11.39	10.97	10.67	10.46	10.29	10.16	10.05	9.89	9.72	9.55	9.47	9.38	9.29	9.20	9.11	9.02
6	13.75	10.92	9.78	9.15	8.75	8.47	8.26	8.10	7.98	7.87	7.72	7.56	7.40	7.31	7.23	7.14	7.06	6.97	6.88
7	12.25	9.55	8.45	7.85	7.46	7.19	6.99	6.84	6.72	6.62	6.47	6.31	1.61	6.07	5.99	5.91	5.82	5.74	5.65
8	11.26	8.65	7.59	7.01	6.63	3.67	6.18	60.33	5.91	5.81	5.67	5.52	5.36	5.28	5.20	5.12	5.03	4.95	4.86
9	10.56	8.02	6.99	6.42	6.06	5.80	5.61	54.7	5.35	5.25	5.11	4.96	4.81	4.73	4.65	4.57	4.48	4.40	4.31
10	10.04	7.56	6.55	5.99	5.64	5.39	5.20	50.6	4.94	4.85	4.71	4.56	4.41	4.33	4.25	4.17	4.08	4.40	4.31
11	9.64	7.21	6.22	5.67	5.32	5.07	4.89	47.4	4.63	4.54	4.40	4.25	4.10	4.02	3.94	3.86	3.78	3.69	3.60
12	9.33	6.93	5.95	5.41	5.06	4.82	4.64	45.0	4.39	4.30	4.16	4.01	3.86	3.78	3.70	3.62	3.54	3.45	3.36
13	9.07	6.70	5.74	5.21	4.86	4.62	4.44	43.0	4.19	4.10	3.96	3.82	3.66	3.59	3.51	3.43	3.34	3.25	3.17
14	8.86	6.51	5.56	5.04	4.69	4.46	4.28	41.4	4.03	3.94	3.80	3.66	3.51	3.43	3.35	3.37	3.18	3.09	3.00
15	8.68	6.36	5.42	4.89	4.56	4.32	4.14	40.0	3.89	3.80	3.67	3.52	3.37	3.29	3.21	3.13	3.05	2.96	2.87
16	8.53	6.23	5.29	4.77	4.44	4.20	4.03	38.9	3.78	3.69	3.55	3.41	3.26	3.18	3.10	3.02	2.93	2.84	2.75
17	8.40	6.11	5.18	4.67	4.34	4.10	3.93	37.9	3.68	3.59	3.46	3.31	3.16	3.08	3.00	2.92	2.83	2.75	2.65
18	8.29	6.01	5.09	4.58	4.25	4.01	3.84	37.1	3.60	3.51	3.37	3.23	3.08	3.00	2.92	2.84	2.75	2.66	2.57
19	8.18	5.93	5.01	4.50	4.17	3.94	3.77	36.3	3.52	3.43	3.30	3.15	3.00	2.92	2.84	2.76	2.67	2.58	2.49
20	8.10	5.85	4.94	4.43	4.10	3.87	3.70	35.6	3.46	3.37	3.23	3.09	2.94	2.86	2.78	2.69	2.61	2.52	2.42
21	8.02	5.78	4.87	4.37	4.04	3.81	3.64	35.1	3.40	3.31	3.17	3.03	2.88	2.80	2.72	2.64	2.55	2.46	2.36
22	7.95	5.72	4.82	4.31	3.99	3.76	3.59	34.5	3.35	3.26	3.12	2.98	2.83	2.75	2.67	2.58	2.50	2.40	2.31
23	7.88	5.66	4.76	4.26	3.94	3.71	3.54	34.1	3.30	3.21	3.07	2.93	2.78	2.70	2.62	2.54	2.45	2.35	2.26
24	7.82	5.61	4.72	4.22	3.90	3.67	3.50	33.6	3.26	3.17	3.03	2.89	2.74	2.66	2.58	2.49	2.40	2.31	2.21
25	7.77	5.57	4.68	4.18	3.85	3.63	3.46	33.2	3.22	3.13	2.99	2.85	2.70	2.62	2.54	2.45	2.36	2.27	2.17
26	7.72	5.53	4.64	4.14	3.82	3.59	3.42	32.9	3.18	3.09	2.96	2.81	2.66	2.58	2.50	2.42	2.33	2.23	2.13
27	7.68	5.49	4.60	4.11	3.78	3.56	3.39	32.6	3.15	3.06	2.93	2.78	2.63	2.55	2.47	2.38	2.29	2.20	2.10
28	7.64	5.45	4.57	4.07	3.75	3.53	3.36	32.3	3.12	3.03	2.90	2.75	0.60	2.52	2.44	2.35	2.26	2.17	2.06
29	7.60	5.42	4.54	4.04	3.73	3.50	3.33	32.0	3.09	3.00	2.87	2.73	2.57	2.49	2.41	2.33	2.23	2.14	2.03
30	7.56	5.39	4.51	4.02	3.70	3.47	3.30	31.7	3.07	2.98	2.84	2.70	2.55	2.47	2.39	2.30	2.21	2.11	2.01
40	7.31	5.18	4.31	3.83	3.51	3.29	3.12	29.9	2.89	2.80	2.66	2.52	2.37	2.29	2.20	2.11	2.02	1.92	1.80
60	7.08	4.98	3.13	3.65	3.34	3.12	2.95	28.2	2.72	2.63	2.50	2.35	2.20	2.12	2.03	1.94	1.84	1.73	1.60
120	6.85	4.79	3.95	3.48	3.17	2.96	2.79	26.6	2.56	2.47	2.34	2.19	2.03	1.95	1.86	1.76	1.66	1.53	1.38
∞	6.63	4.61	3.78	3.32	3.02	2.80	2.64	51.	2.41	2.32	2.18	2.04	1.88	1.79	1.70	1.59	1.47	1.32	1.00

연습문제해답

제2장

2.1 (1) 6 (2) 7 (3) 8 (4) 9

2.2

연령	상대도수	누적상대도수
21–30	0.21	0.21
31–40	0.37	0.58
41–50	0.24	0.82
51–60	0.13	0.95
61–70	0.05	1.00
합계	1	

2.3 6.4, 12.8, 3.58

2.4 (1) 75.03, 75.0
(2) 93.62, 9.68
(3) 40, 11.5

2.5 (1) 2, 7, 14, 5, 2
(2) 74.33, 96.09, 9.80

2.6 39.26, 121.55, 11.02

2.7 4,020만원

2.8 그르다.

2.9 그르다.

2.10 생략

2.11 그렇다

2.12 (1) 5, 1.58 (2) 50, 15.8
(3) 평균 70으로 증가, 표준편차 불변

2.13 생략

2.14 (1) −0.73, 0.00, −1.10, 1.46, 0.37
(2) 0, 1, 1

2.15 생략

2.16 (2) 2.75 (3) 0.839

2.17 (2) −4.9 (3) −0.89

2.18 (1) 그렇다 (2) 그렇다 (3) 그렇다
(4) 수정할 필요가 없다.

2.19 생략

2.20 생략

제3장

3.1 $\{a, b, c, d, e\}$, $\{e\}$, $\{b, d, f\}$, $\{a, c, f\}$, $\{b, d\}$, $\{f\}$

3.2 (1) 36 (2) 5/36 (3) 1/2
(4)고전적 방법

3.3 (1) *YYY, YYN, YNY, NYY, YNN, NYN*
NNY, NNN

(2) 0.008, 0.032, 0.032, 0.032, 0.128,
0.128, 0.128, 0.512

3.4 (1) 0, 0, 0.7 (2) 0.5, 0.1, 0.6

3.5 (1) 아니다 (2) 아니다

3.6 10^{-8}

3.7 (1) $(0.5)^4$ (2) $(0.5)^4$ (3) $4 \times (0.5)^4$
(4) $(0.5)^4$ (5) $6 \times (0.5)^4$

3.8 $(0.5)^{12}$

3.9 0.011 (=4/355)

3.10 (1) 독립, 그러나 상호배반 아님
(2) 상호배반, 그러나 독립 아님
(3) 상호배반도 독립도 아님

3.11 (1) 아니다 (2) 아니다
(3) 아니다 (4)아니다

3.12 (1) 옳다 (2) 옳다

3.13 생략

3.14 (1) 24/90 (2) 24/90 (3) 48/90

3.15 (1) 0.4286 (2) 0.3456

3.16 (1) 0.3 (2) 0.4 (3) 0.857 (4) 0.429

3.17 (1) 0.45 (2) 0.80 (3) Yes

3.18 (1) 0.06, 0.035 (2) 0.095
(3)0.63, 0.37

3.19 (1) 0.01, 0.2, 0.09 (2) 0.3
(3)0.033, 0.667, 0.3

3.20 2/65

3.21 그렇다

3.22 2/3

3.23 6/13

제4장

4.1 (1) 0, 1, 2 (2) 0, 1/2, 1
(3) 둘 다 이산형 확률변수

4.2 (1)

x	0	1	2
확률	1/4	1/2	1/4

(2) 1, 0.5

(3)

y	0	1/2	1
확률	1/4	1/2	1/4

(4) 0.5, 0.125

(5) $\mu_Y = \frac{1}{2}\mu_X$

(6) $\sigma_Y^2 = (\frac{1}{2})^2\sigma_X^2$

4.3 (1) 0과 6 사이의 모든 실수
(2) 연속형

(3) 

(4) 1/6

4.4 1.5, 0.75

4.5 (1) 이산형 (2) 0.9 (3) 0.3 (4) 0.1

4.6 (1) 생략 (2) 연속형 (3) 0

(4) 1/4 (5) 1/2 (6) 7/16

4.7 (1) 2.625, 0.734 (2) 생략

(3) 0.625, 0.875

(4)

y	1	4	9	16
확률	1/8	1/4	1/2	1/8

(5) 7.625, 18.484 (6) 아니다.

4.8 (1) 분포는 문제4.2의 (1)과 동일

평균=1, 분산=1/2

(2) 90, 50

4.9 (1) 0.04 (2) 0.242 (3) 0.4 (4) 2.417

4.10 (1) 0.75 (2) 0.25 (3) 0.11

4.11 최대 1/16

4.12 (1) 1/2

(2)

y	0	1	2
확률	1/4	1/2	1/4

(3) 아니다. (4) 1

(5) 조건부기대값=0.5

y	0	1	2
확률	1/2	1/2	0

(6)조건부기대값=1.5

y	0	1	2
확률	0	1/2	1/2

(7) 0.25 (8) 0.707

4.13 (1)

x \ y	0	1	2
0	0.27	0.40	0.03
1	0.03	0.20	0.07

(2)

x	0	1
확률	0.7	0.3

y	0	1	2
확률	0.3	0.6	0.1

(3) X : 0.3, 0.46 Y : 0.8, 0.6

(4) 아니다.

(5) 조건부기대값=46/70

y	0	1	2
확률	27/70	40/70	3/70

(6) 조건부기대값=34/30

y	0	1	2
확률	1/10	2/3	7/30

(7) 0.1 (8) 0.364

4.14 0.15, 0.30, 0.15

4.15 (1)μ (2)$\sigma^2/2$

4.16 생략

4.17 생략

4.18 (1)12.5, 5.59 (2)12.5, 6.61

(3)12.5, 4.33

제5장

5.1 (1) 0.088 (2) 0.001

(3) 0.005 (4) 0.185

5.2 (1) 2, 1.6, 1.265 (2) 0.3, 0.27, 0.520

(3) 20, 16, 4 (4)45, 4.5, 2.121

5.3 (1) 0.2, 0.016, 0.126

(2) 0.1, 0.03, 0.173

(3) 0.2, 0.0016, 0.04

(4) 0.9, 0.0018, 0.042

5.4 (1) 0.967 (2) 0.989

(3) 0.727 (4) 0.444

5.5 (1) 0.302 (2) 2 (3) 1.265

5.6 (1) 0.584 (2) 6, 4.2 (3) 0.048

(4) 0.3, 0.0105

5.7 (1) 0.0486 (2) 0.1536 (3) 0.5, 0.375

5.8 0.616

5.9 (1) 0.3810 (2) 0.1333

(3) 0.1667 (4) 0.4286

5.10 (1) 2.5, 0.69 (2) 4, 1.96 (3) 6, 3.39

5.11 0.143

5.12 (1) 0.378 (2) 0.667

(3) 0.867

5.13 (1) 0, 1, 2, 3, 4

(2)

x	0	1	2	3	4	합
확률	0.071	0.354	0.424	0.141	0.010	1

(3) 1.67, 0.707

(4) 1.67, 0.972

5.14 (1) $f(x) = \dfrac{2^x e^{-2}}{x!}$ (2) $e^{-2} \doteq 0.135$

(3) $1 - e^{-2} \doteq 0.865$

5.15 (1) 0.1008 (2) 0.9161

5.16 0.1736

5.17 (1) 0.0067 (2) 0.5595

(3) 0.6160 (4) 5, 2.236

5.18 (1) 0.2149, 0.1341

(2) 0.2138, 0.1336

제6장

6.1 (1) $f(x) = 1/2,\ -1 < x < 1$ (2) 0

(3) 1/2 (4) 1/4

6.2 (1)0 (2)x (3)1 (4)생략

6.3 $F(x) = P(X \le x) = \begin{cases} 0 & , x \le a \\ \dfrac{x-a}{b-a} & , a < x < b \\ 1 & , x \ge b \end{cases}$

6.4 (1) 1/2, 1/12 (2) 1, 1/3 (3) 0, 1/3

6.5 (1) $f(x)=\frac{1}{50}$, $100 < x < 150$

(2) 125만원, 14.43만원

6.6 (1) 0.6826 (2) 0.9544 (3)0.9974

6.7 (1) 1.645 (2) 1.96 (3) 2.58

(4) 1.28 (5) 1.645 (6) 1.96

(7) −1.28 (8) −1.645 (9) −1.96

6.8 (1) 1 (2) n

6.9 (1) 0.5 (2) 0.4987 (3) 0.1359

(4) 0.6247

6.10 (1) 83.16 (2) 80.24 (3) 56.84

(4) 59.76

6.11 (1) 0.0228 (2) 약 1.368명

(3) 66.6분

6.12 (1) 0.0475 (2) $N(10, (2.4^2)$

6.13 점수의 표준편차가 7.81이하일 때

6.14 (1) 0.0228 (2) 31.32분

6.15 (1) 30, 21 (2) 그렇다 (3) 0.9786

(4) 0.9708 (5) 그렇다(0.9780)

6.16 (1) 24명 (2) 22.08, 4.70(명)

(3) 0.1210 (4) 0.2296

6.17 (1) 0.0228, 0.0668, 0.1587, 0.3085, 0.5, 0.6915, 0.8413, 0.9332, 0.9772

(2) 생략

6.18 (1) $F(t)=1-e^{-t/2}$ (2) 0

(3) 0.6321 (4) 0.1353

(5) 0.2325 (6) 2, 4

(7) 1.38

6.19 (1) 30분 (2) 0.2835 (3) 0.2636

6.20 (1) 8.6 (2) 41.6 (3) 20.8

6.21 (1) 9.1% (2) 10.4

6.22 (1) 1/3, 1/9 (2) 0.0498 (3) 생략

6.23 (1) 0.2212 (2) 0.3679

제7장

7.1 아니다.

7.2 생략

7.3 (1)

x	61	62	63
확률	1/3	1/3	1/3

(2) 62, 2/3 (3) (2)번과 동일

7.4 (1)

$\overline{X}$	61	61.5	62	62.5	63
확률	1/9	2/9	3/9	2/9	1/9

(2) 62, 1/3, 성립한다.

7.5 (1)

$\overline{X}$	61.5	62	62.5
확률	1/3	1/3	1/3

(2) 62, 1/6, 성립한다.

7.6 (1) 160 (2) 표7.2 (3) 160,25

7.7 (1) 200 (2) 2.5 (3) 정규분포
(4) 0.9544

7.8 (1) 6 (2) 1 (3) 0

7.9 (1) 5, 5 (2) 5, 5/7

7.10 (1) 0.3108 (2) 0.6826
(3) 0.9544 (4) 1

7.11 (1) 1/2로 줄어든다.
(2) $1/\sqrt{2}$로 줄어든다.

7.12 (1) 옳다 (2) 옳다

7.13 35

7.14 (1) 0.3 (2) 0.0458
(3) 평균 0.3, 표준편차 0.0458인 정규분포

7.15 (1)0.9464 (2)0.4844

7.16 1,057명

7.17 (1) 0.04, 0.000384 (2) 0.0796

7.18 (1) 0.3328 (2) 0.4582 (3) 0.9464

7.19 (1) 31.4104 (2) 3.24697 (3)27.4884
(4) 44.3141

7.20 (1) 0.4405 (2) 0.5456 (3) 0.5225
(4) 0.0090

7.21 (1)옳다 (2)틀리다

7.22 (1) 4
(2) $(29/4)s^2$이 자유도 29인 카이제곱
(3) 0.4651, 0.5349 (4)0.6640

7.23 생략

제8장

8.1 (1) 5, 20 (2)20, 100

8.2 표본평균, 약 63.66%

8.3 그르다

8.4 (1) $p-\frac{1}{n}$, $\frac{p(1-p)}{n}$
(2) 아니다 (3) 그렇다

8.5

df	5	10	15	20	25	29	∞
.01	4.032	3.169	2.947	2.845	2.787	2.756	2.576
.05	2.571	2.228	2.131	2.086	2.060	2.045	1.960
.10	2.015	1.812	1.753	1.725	1.708	1.699	1.645

8.6 $Z_{0.05}$, $t_{0.05}$, $Z_{0.025}$, $t_{0.025}$, $\chi^2_{0.05}$, $\chi^2_{0.025}$

8.7 (1) (18.77, 21.23) (2) (18.53, 21.47)

8.8 (1) (18.69, 21.31) (2) (18.40, 21.60)

8.9 (1) (19.51, 20.49) (2) (19.41, 20.59)

8.10 (1) (19.51, 20.49)
(2) (19.41, 20.59)

8.11 (1) 0.95 (2) 포함된다
(3) 포함되지 않는다 (4) 47.5명

8.12 (1)10 (2) 12 (3) (7.1, 12.9)
(4) (5.2458, 49.0780)

8.13 (1) 0.598 (2) 1.171
(3) (18.829, 21.171)

8.14 100

8.15 (1) 증가 (2) 증가 (3) 감소

8.16 (1) (20.125, 21.875) (2)(2.40, 8.26)

8.17 (1) 0.05 (2) (0.02, 0.08)

8.18 (34.63%, 52.87%)

8.19 그렇다

8.20 (1) 0.049(4.9%) (2)아니다.

8.21 1,065명

8.22 생략

제9장

9.1 (1) 자격이 없다
(2) 제1종오류: 자격을 갖춘 지망자를 선발하지 않는 것, 제2종오류: 자격을 갖추지 못한 지망자를 선발하는 것
(3) 대학의 학점, 영어성적, 면접결과 등

9.2 (1) 0.16 (2) 0.16
(3) $\alpha = 0.07$, $\beta = 0.31$
(4) $\alpha = 0.31$ $\beta = 0.07$

9.3 (1) 0.1719 (2) 0.3823 (3)0.9872
(4) 0.1719 (5) 0.6177, 0.0128
(6) 0.3823, 0.9872

9.4 (1) 0.0547 (2) 0.8327, 0.0702
(3) 0.1673, 0.9298

9.5 아니다. 관측된$Z = 1 < 1.645$

9.6 (1)-1.27 (2) $Z < -1.645$
(3) H_0를 기각하지 못한다.

9.7 (1) 13.94 (2) H_0를 기각한다.

9.8 (1) $\overline{X} > 5.1645$ (2)$\overline{X} > 5.233$

9.9 (1) 0, 0.5 (2) 1, 0.1587 (3) 2, 0.0228
(4) 3, 0.0013

9.10 (1) 그렇다. 관측된 $Z = -3.65 < -1.65$
(2) 0.0001

9.11 증가시킨다. 관측된 $Z=2.83<1.645$

p-값은 0.0023

9.12 (1) 변화가 있다는 귀무가설을 기각할 수 없다. 관측된 $Z=1.83$

(2) 0.0679

9.13 (1) H_0를 기각한다.

관측된 $t=2>1.753$

(2) H_0를 기각하지 못한다.

관측된 $t=2<2.131$

(3) 0.032, 0.064

9.14 (1) 0.2160, H_0를 기각하지 못한다.

(2) 0.0624, H_0를 기각하지 못한다.

(3) 0.0330, H_0를 기각한다.

9.15 없다. $|관측된 t|=|-0.84|<1.833$

9.16 $s<29.22$일 때

9.17 (1) 1.414

(2) H_0를 기각하지 못한다.

(3) 0.0786

9.18 (1) -0.707, 0.2397 H_0 기각 못한다.

(2) -1.41, 0.0786 H_0 기각 못한다.

(3) -2.828, 0.0023 H_0 기각할 수 있다.

9.19 제조업체의 주장을 기각할 수 없다.

관측된 $Z=-2.294>-2.326$

9.20 H_0를 기각하지 못한다.

관측된 $Z=0.7715$ p-값$=0.4404$

9.21 H_0를 기각하지 못한다.

관측된 $\chi^2=33.6<36.4151$

9.22 (1) 2 (2) 0.03197 (3) H_0 기각

(4)20 (5)0.17193

(6) H_0 기각 못한다.

제10장

10.1 (1)1 (2) 0.053 (3) (0.896, 1.104)

10.2 (1) $H_0: \mu_1=\mu_2$ $H_1: \mu_1 \neq \mu_2$

(2) 18.831, 0.000 (3) H_0 기각

10.3 받아 들일 수 없다.

관측된 $Z=1.56$

10.4 그렇다. 관측된 $Z=1.77$

10.5 (1) 2.1 (2) 4.795 (3) 1.039

(4) $(-0.1, 4.3)$

10.6 (1) $H_0: \mu_1=\mu_2$ $H_1: \mu_1 \neq \mu_2$

(2) H_0 기각. 관측된 $t=2.022>1.746$

(3) H_0 기각못함. 관측된 $t<2.12$

(4) 0.06

10.7 (1) 높다고 할 수 없다.

관측된 $t=1.15$

(2) 0.11

(3) 정규분포, 동일 모분산

10.8 (1) $H_0: \mu_1=\mu_2$ $H_1: \mu_1<\mu_2$

(2)-1.98 (3) 0.0239 (4) H_0 기각

10.9 (1) $H_0 : \mu_1 = \mu_2$ $H_1 : \mu_1 \neq \mu_2$

(또는 $H_1 : \mu_1 > \mu_2$)

(2) 2.335 (3) 0.028 (또는 0.014)

(4) H_0를 기각

10.10 (1) 5.71, 2.75 (2) (3.17, 8.26)

10.11 (1) $H_0 : d = 7$ $H_1 : d < 7$

(2) H_0 기각 못한다.

관측된 $t > -1.94$

10.12 (1) 0.08 (2) 0.038

(3) (0.018, 0.142)

10.13 (1) 2.11 (2) H_0 기각

(3) H_0 기각하지 못한다. (4)생략

10.14 (2) 없다

10.15 (2) 그렇다

10.16 (1) 아니다. 관측된 $Z = 0.57$

(2) 그렇다. 관측된 $Z = 1.70$

10.17 (1) (0.532, 0.668) (2)H_0 기각

(3) (0.067, 0.333) (4)H_0 기각

10.18 (1) $(-1.012, 0.112)$

(2) H_0 기각하지 못한다.

(3) 0.111

10.19 있다. 관측된 Z=2.236

10.20 (1) 2.79 (2) 9.55 (3) 0.38 (4) 0.22

10.21 그르다

10.22 (1) H_0 기각 못함

(2) H_0 기각(관측된 $F = 2.14$)

10.23 볼 수 있다. 관측된 $F = 2.78 > 1.98$

제11장

11.1 (1) 40, 48,14, 4, 5

(2) 세 집단의 모평균이 동일하지 않다.

11.2 (1) 14, 20, 18 (2) 74.67 (3) 46

(4) F 비=7.30

(5) 세 모델의 연비가 같지 않다.

11.3 (1) 54, 61, 58.5 (2) 100.67

(3) 397 (4)F 비=1.14

(5) 유의한 차이가 존재하지 않는다.

11.4 F 비=$22.4 > 2.77$(또는 p-값=0.000)

H_0 기각할 수 없다.

11.5 (1) F 비=17.45

(2) H_0 기각(임계값 3.16 또는 $p-$값=0.000)

11.6 (1) 346.2 (2) 337.35

(3) H_0 기각 (F비 $= 44.58 > 3.10$)

11.7 생략

11.8 (1) 6,100, 1.38, 2, 22,650, 10.27,

11,200, 2,800, 1.27, 2,206, 17

(2) A 주효과 F 비=1.38, 유의하지 않다.

B 주효과 F 비=10.27, 유의하다.

(3) 상호작용 F 비=1.27. 유의하지 않다.

11.9 (2)

변인	제곱합	df	평균제곱	F비	p-값
A	1,083	1	1,083	11.8	0.014
B	1,804.7	2	902.3	9.8	0.013
상호	2,922	2	1,461	15.9	0.004
오차	550	6	91.7		
합	6,379.7	11			

11.10 (1) 있다 (2) 있다 (3)없다

변인	제곱합	df	평균제곱	F비	p-값
성별	102.1	1	102.1	5.30	0.061
학력	342	2	171	8.80	0.016
상호	8.7	2	4.3	0.23	0.805
오차	111.5	6	19.3		
합	568.3	11			

제12장

12.1 (1) 1, 0.5 (2) 가정1－5 하에서 blue

(3) 생략 (4) 0.25 (5) 0.87

(6) H_0 기각 못함 (관측된 $t = 0.58 < 6.314$)

12.2 (1) 그르다 (2) 그르다 (3) 옳다

12.3 (1) $-0.5+3X$ (2) 3.036

(4) H_0 기각(관측된 $t = 3.85 < 2.048$)

12.4 (1) $2.9-0.3X$ (2) 0.72 (3) 0.039

(4) $(-0.381,\ -0.219)$

12.5 (1) 1.64+0.93

(2) H_0 기각 (관측된 $t = 2.37 < 2.353$)

12.6 (2) 존재한다 (관측된 $t = 3.0$)

(3) $(-0.35, -0.07)$

12.7 (1) 5937.009

(2) 존재한다(관측된 $t = 2.575 > 2.101$)

(3) H_0 기각하지 못한다 (관측된 $t = -0.996$)

12.8 $a^* = 0$, $b^* = b$

12.9 (1) 87.5, 80.5, 7

(2) $s_x^2 = 0.0056$, $s_y^2 = 3.02$

12.10 ~ 12.13 생략

12.14 (1) 그렇다 (2) 그렇다

(3) $\frac{2}{(X_n - X_1)^2}\sigma^2$

(4) 가정1－6 하에서 정규분포

(5) 아니다 (b보다 비효율적)

12.15 생략

찾아보기

저 자 소 개

홍 찬 식

- 서울대학교 경제학과 졸업, 경제학 학사
- 해군대학 경제학 교관
- 미국 University of Chicago 대학원 졸업, 경제학 박사
- 캐나다 University of Windsor 조교수
- 현재 숙명여자대학교 경제학부 교수

통 계 학 개정판

제 1 판 1쇄 발행 | 2007년 8월 20일
제 2 판 1쇄 발행 | 2011년 2월 24일
제 2 판 2쇄 발행 | 2012년 1월 20일
제 2 판 3쇄 발행 | 2017년 8월 16일

지 은 이 | 홍찬식
발 행 인 | 김은중
펴 낸 곳 | 서울경제경영출판사
북디자인 | (주)우일미디어디지텍

주 소 | 03767 서울특별시 서대문구 신촌로 205, 506호
전 화 | 02)313-2682
팩 스 | 02)313-8860

등 록 | 1998년 1월 22일 제5-63호

ISBN 978-89-88106-88-4 93310 정가 28,000원